TURING 图灵原创

宋浩 主编

线性代数精选450题

矩阵 矩阵
标变换 线性无关 矩阵的
转置 内积 线性方程组 零矩阵
数值方法 矩阵乘法
坐标变换 矩阵的秩
次型 内积 方程组 矩阵
值方法 基 零矩阵
线性方程组
称矩阵 基 交基
数值方法 矩阵乘法
正交矩阵 矩阵的秩
征值 矩阵转置 克拉默法则
方法 单位矩阵 矩阵乘
线性无关

特征值 克拉默法则 矩阵转
内积 矩阵分解 矩阵
正交投影 正交
特征值 克拉
线性变换
正交投影 坐标变换 基 向
克拉默法则 矩阵 单位
线性变换 基 零
组合 正交
矩阵转置
线性变换 数值方法
正交矩阵 线性组合 正交
分解 特征值 克拉默
向量空间

相关 反对称
列式
线性相关
向量 逆矩阵
角矩阵 行列
正定矩阵
数 线性相关
称矩阵 向量
对角矩阵 向量 范数
内积 正定矩阵
维数 线性相关 反对称矩阵 向量
范数 奇异值分解
正定矩阵
正定矩阵
称矩阵 向

人民邮电出版社
北京

图书在版编目（CIP）数据

线性代数精选450题 / 宋浩主编. -- 北京 : 人民邮电出版社, 2024. -- ISBN 978-7-115-65229-4

Ⅰ. 0151.2-44

中国国家版本馆CIP数据核字第2024QC8727号

内容提要

本书针对大学线性代数的课程内容——行列式、矩阵、向量、线性方程组、特征值与特征向量、二次型、向量空间——精心设计了450道经典与创新题目，并给出了相应的解题思路。书中题型规划合理，覆盖题型全面，解题思路清晰，非常适合想打牢线性代数基础的学生，以及研究生考试备考考生使用。

◆ 主　　编　宋　浩

责任编辑　赵　轩

责任印制　胡　南

◆ 人民邮电出版社出版发行　　北京市丰台区成寿寺路11号

邮编　100164　　电子邮件　315@ptpress.com.cn

网址　https://www.ptpress.com.cn

文畅阁印刷有限公司印刷

◆ 开本：787×1092　1/16

印张：13.5　　2024年11月第1版

字数：303千字　　2025年3月河北第4次印刷

定价：59.80元（附小册子）

读者服务热线：(010)84084456-6009　印装质量热线：(010)81055316

反盗版热线：(010)81055315

线性代数作为高等院校数学课程中的重要组成部分，不仅是数学专业学生的必修课，也是理工科学生的重要基础课程。它在处理多变量问题、优化问题、信号处理问题等领域具有广泛的应用。然而，线性代数的抽象性和理论深度往往使初学者感到困惑。面对矩阵运算、向量空间和特征值等概念，学生在学习的过程中可能会感到迷茫，缺乏清晰的解题思路，甚至产生畏难情绪。

为了帮助学生克服这些困难，更好地理解和掌握线性代数的核心知识，作者结合多年的教学经验和学生的实际需求，精心编写了这本习题集。本书旨在通过丰富的习题练习，帮助学生巩固理论知识，提高解题技巧，增强应用能力。

本书具有以下特点。

一、与教学同步

本书分为 7 章，分别为：行列式、矩阵、向量、线性方程组、特征值与特征向量、二次型、向量空间。

二、习题精选精解

1. 知识要点：本书包含 450 道习题及其解答。每一节的题目按照知识点分类。

2. 按题目难度分类：书中习题按照难度做了分类。基础题主要帮助学生理解和掌握线性代数的基本概念和运算，适合作为同步练习和章节复习；中等题涉及更复杂的线性代数问题，适合作为章节练习和期末备考的复习题，帮助学生进一步巩固基础知识，提高解题能力；综合题的难度也有所增加，适合作为期末备考的复习题，也可以作为考研学子第一轮复习的基础练习题。

三、题目与答案分开排版

本书分两部分：第一部分是精选习题，第二部分是答案和详细的习题解答过程。建议读者在使用本书时，先自己做习题，再查看答案和书中给出的详解，这样更容易了解自己对知识点的掌握情况，从而找出自己的薄弱环节。通过这种方式，学生可以更加深刻地理解基本概念，掌握基本理论，熟悉常用的解题方法和技巧，并避免一些常见的错误。

四、易于自学

书中的习题解答详细，适合学生自学。无论是作为课堂辅助教材，还是作为自学参考书，本书都能帮助学生更好地理解和掌握线性代数的知识。

本书适合于：

1. 学习线性代数课程的同步参考，期末考试复习用书；
2. 专升本同学复习线性代数的练习册；
3. 考研数学（数学一、数学二、数学三）的第一轮教材梳理；
4. 考研数学（396 经济类联考）的复习用书。

本书由宋浩老师主编，参加编写的有王继强、谭香、脱秋菊、丁伟华。全书由宋浩老师负责统稿。

尽管团队精心打磨、反复修改，不足之处仍在所难免，欢迎广大读者批评指正。

第1章　行列式

第2章　矩阵

第3章 向量

第4章 线性方程组

第5章 特征值与特征向量

第6章 二次型

第7章 向量空间

答案

第1章

行列式

第一节　二阶、三阶行列式

1 基础题 计算下列行列式.

(1) $\begin{vmatrix} 1 & 2 \\ 3 & 4 \end{vmatrix}$　(2) $\begin{vmatrix} 4 & 3 \\ -1 & -2 \end{vmatrix}$　(3) $\begin{vmatrix} x & x-1 \\ x^2+x+1 & x^2 \end{vmatrix}$

2 基础题 计算下列行列式.

(1) $\begin{vmatrix} 1 & 2 & 1 \\ 1 & 1 & 2 \\ 2 & 3 & 6 \end{vmatrix}$　(2) $\begin{vmatrix} 0 & -a & b \\ a & 0 & -c \\ b & -c & 0 \end{vmatrix}$

3 基础题 行列式 $D=\begin{vmatrix} x & y & 1 \\ y & x & -1 \\ 0 & 0 & 1 \end{vmatrix}=0$，则 x,y 应满足（　　）.

(A) $x=y$ 或 $x=-y$　　(B) $x=0$ 且 $y=0$

(C) $x=y$ 且 $x=-y$　　(D) $x=0$ 或 $y=0$

4 基础题 多项式 $f(x)=\begin{vmatrix} x & 1 & 2 \\ x & 2x & -1 \\ -2 & 3x & -2x \end{vmatrix}$ 中 x^3 的系数为______.

5 基础题 利用行列式解方程组 $\begin{cases} 3x_1+2x_2=4 \\ 4x_1-7x_2=15 \end{cases}$.

第二节　排列与逆序

6 基础题 求下列排列的逆序数，并判断奇偶性.

(1) 324651　(2) 58324716　(3) 7654321

7 中等题 求下列排列的逆序数，并判断奇偶性.

(1) $n(n-1)\cdots21$ (2) $13\cdots(2n-1)(2n)(2n-2)\cdots42$

8 中等题 设 $N(x_1x_2\cdots x_n)=k$，求 $N(x_nx_{n-1}\cdots x_1)$.

9 基础题 若 $29i\,651j\,74$ 为偶排列，则 $i=$______，$j=$______.

10 基础题 已知排列 $1i\,34\,j\,67k\,9$ 为奇排列，试确定 i,j,k 的值.

第三节 n 阶行列式

11 基础题 求五阶行列式中下列各项的符号.

(1) $a_{21}a_{34}a_{52}a_{15}a_{43}$ (2) $a_{41}a_{32}a_{13}a_{54}a_{25}$

12 基础题 四阶行列式中包含 $a_{21}a_{43}$ 且符号为正的项是________.

13 基础题 设 $a_{21}a_{5i}a_{16}a_{42}a_{6j}a_{34}$ 为六阶行列式中的负项，则 $i=$______，$j=$______.

14 基础题 设 n 阶行列式中有多于 n^2-n 个元素为零，证明该行列式的值为零.

15 基础题 用行列式的定义计算 $\begin{vmatrix}0&0&1&0\\0&1&0&0\\0&0&0&1\\1&0&0&0\end{vmatrix}$.

16 基础题 用行列式的定义计算 $\begin{vmatrix}1&1&1&0\\0&1&0&1\\0&1&1&1\\0&0&1&0\end{vmatrix}$.

17 基础题 用行列式的定义计算 $\begin{vmatrix}0&0&\cdots&0&1\\0&0&\cdots&2&0\\\vdots&\vdots&\ddots&\vdots&\vdots\\0&n-1&\cdots&0&0\\n&0&\cdots&0&0\end{vmatrix}$.

18 基础题 用行列式的定义计算 $\begin{vmatrix} 0 & 1 & 0 & \cdots & 0 \\ 0 & 0 & 2 & \cdots & 0 \\ \vdots & \vdots & \vdots & \ddots & \vdots \\ 0 & 0 & 0 & \cdots & n-1 \\ n & 0 & 0 & \cdots & 0 \end{vmatrix}$.

19 基础题 求函数 $f(x)=\begin{vmatrix} x-a_{11} & -a_{12} & -a_{13} & -a_{14} \\ -a_{21} & x-a_{22} & -a_{23} & -a_{24} \\ -a_{31} & -a_{32} & x-a_{33} & -a_{34} \\ -a_{41} & -a_{42} & -a_{43} & x-a_{44} \end{vmatrix}$ 中 x^4, x^3 的系数.

20 中等题 计算行列式 $D=\begin{vmatrix} 1 & 1 & 2 & 3 \\ 1 & 2-x^2 & 2 & 3 \\ 2 & 3 & 1 & 5 \\ 2 & 3 & 1 & 9-x^2 \end{vmatrix}$.

21 中等题 证明：元素均为 1 或 –1 的 n $(n \geqslant 2)$ 阶行列式 D 的值为偶数.

第四节 行列式的性质

22 基础题 如果 $D=\begin{vmatrix} a_{11} & a_{12} & a_{13} \\ a_{21} & a_{22} & a_{23} \\ a_{31} & a_{32} & a_{33} \end{vmatrix}$，$D_1=\begin{vmatrix} 2a_{11} & 2a_{12} & 2a_{13} \\ 2a_{21} & 2a_{22} & 2a_{23} \\ 2a_{31} & 2a_{32} & 2a_{33} \end{vmatrix}$，则 $D_1=$ (　　).

(A) $2D$　　(B) $4D$　　(C) $6D$　　(D) $8D$

23 基础题 设 n 阶行列式 $D=|a_{ij}|=m$，将其所有元素变号后，所得行列式的值为 ________.

24 基础题 计算行列式 $\begin{vmatrix} 1 & 1 & 1 \\ 0 & 1 & 2 \\ 1 & 2 & 3 \end{vmatrix}$.

25 基础题 计算行列式 $\begin{vmatrix} 17635 & 18635 \\ 16401 & 17401 \end{vmatrix}$.

26 基础题 计算行列式 $\begin{vmatrix} 1 & 1 & 1 & 1 \\ -1 & 1 & 1 & 1 \\ -1 & -1 & 1 & 1 \\ -1 & -1 & -1 & 1 \end{vmatrix}$.

27 基础题 计算行列式 $\begin{vmatrix} 1 & 1 & 1 & 0 \\ 1 & 1 & 0 & 1 \\ 1 & 0 & 1 & 1 \\ 0 & 1 & 1 & 1 \end{vmatrix}$.

28 基础题 计算行列式 $\begin{vmatrix} 1 & 1 & 1 & 1 \\ 1 & 2 & 3 & 4 \\ 1 & 3 & 6 & 10 \\ 1 & 4 & 10 & 20 \end{vmatrix}$.

29 基础题 计算行列式 $\begin{vmatrix} 1 & -1 & 1 & x-1 \\ 1 & -1 & x+1 & -1 \\ 1 & x-1 & 1 & -1 \\ 1+x & -1 & 1 & -1 \end{vmatrix}$.

30 中等题 计算行列式 $\begin{vmatrix} 1 & 1 & 1 & \cdots & 1 \\ 1 & 2 & 0 & \cdots & 0 \\ 1 & 0 & 3 & \cdots & 0 \\ \vdots & \vdots & \vdots & \ddots & \vdots \\ 1 & 0 & 0 & \cdots & n \end{vmatrix}$.

31 基础题 计算行列式 $\begin{vmatrix} a & b & c & d \\ a & b+a & c+b+a & d+c+b+a \\ a & b+2a & c+2b+3a & d+2c+3b+4a \\ a & b+3a & c+3b+6a & d+3c+6b+10a \end{vmatrix}$.

32 中等题 计算行列式 $\begin{vmatrix} a_1-b & a_2 & \cdots & a_n \\ a_1 & a_2-b & \cdots & a_n \\ \vdots & \vdots & \ddots & \vdots \\ a_1 & a_2 & \cdots & a_n-b \end{vmatrix}$.

33 中等题 计算行列式 $\begin{vmatrix} 1+a_1 & 1 & \cdots & 1 \\ 1 & 1+a_2 & \cdots & 1 \\ \vdots & \vdots & \ddots & \vdots \\ 1 & 1 & \cdots & 1+a_n \end{vmatrix}$（其中 $a_i \neq 0, i=1,2,\cdots,n$ ）.

34 中等题 计算行列式 $\begin{vmatrix} a_1-b_1 & a_1-b_2 & \cdots & a_1-b_n \\ a_2-b_1 & a_2-b_2 & \cdots & a_2-b_n \\ \vdots & \vdots & \ddots & \vdots \\ a_n-b_1 & a_n-b_2 & \cdots & a_n-b_n \end{vmatrix}$.

35 基础题 证明：对任意的 a,b,c，恒有 $\begin{vmatrix} 1 & 1 & 1 \\ a & b & c \\ b+c & c+a & a+b \end{vmatrix}=0$.

36 基础题 证明：$\begin{vmatrix} b_1+c_1 & c_1+a_1 & a_1+b_1 \\ b_2+c_2 & c_2+a_2 & a_2+b_2 \\ b_3+c_3 & c_3+a_3 & a_3+b_3 \end{vmatrix}=2\begin{vmatrix} a_1 & b_1 & c_1 \\ a_2 & b_2 & c_2 \\ a_3 & b_3 & c_3 \end{vmatrix}$.

【提示】利用性质拆分行列式.

37 基础题 证明：$\begin{vmatrix} ax+by & ay+bz & az+bx \\ ay+bz & az+bx & ax+by \\ az+bx & ax+by & ay+bz \end{vmatrix}=(a^3+b^3)\begin{vmatrix} x & y & z \\ y & z & x \\ z & x & y \end{vmatrix}$.

38 基础题 证明：$\begin{vmatrix} a^2 & (a+1)^2 & (a+2)^2 & (a+3)^2 \\ b^2 & (b+1)^2 & (b+2)^2 & (b+3)^2 \\ c^2 & (c+1)^2 & (c+2)^2 & (c+3)^2 \\ d^2 & (d+1)^2 & (d+2)^2 & (d+3)^2 \end{vmatrix}=0$.

39 基础题 设 $D=\begin{vmatrix} a_{11} & a_{12} & \cdots & a_{1n} \\ a_{21} & a_{22} & \cdots & a_{2n} \\ \vdots & \vdots & \ddots & \vdots \\ a_{n1} & a_{n2} & \cdots & a_{nn} \end{vmatrix}$，其中 $a_{ij}=-a_{ji}(i,j=1,2,\cdots,n)$. 证明：当 n 为奇数时，$D=0$.

40 基础题 计算行列式 $\begin{vmatrix} 1 & 1 & 1 & 1 \\ 1 & 2 & 3 & 4 \\ 1 & 4 & 9 & 16 \\ 1 & 8 & 27 & 64 \end{vmatrix}$.

第五节 行列式按一行（列）展开

41 基础题 已知四阶行列式 $D=4$，其第三行的元素分别为 $-1,0,2,3$，它们的余子式的值依次为 $6,-5,a,2$，则 $a=$______.

42 基础题 已知三阶行列式 $D=|a_{ij}|=1, A_{ij}=a_{ij}(i,j=1,2,3)$，且 a_{11},a_{12},a_{13} 为相等的正数，则 $a_{11}=$______.

43 中等题 设 $D=\begin{vmatrix}3&0&4&0\\2&2&2&2\\0&-7&0&0\\5&3&-2&2\end{vmatrix}$，则第四行各元素的余子式之和为（　　）.

(A) -28　　(B) 28　　(C) 26　　(D) -26

44 中等题 已知行列式 $\begin{vmatrix}a&b&c&d\\x&-1&-y&z+1\\1&-z&x+3&y\\y-2&x+1&0&z+3\end{vmatrix}$ 的代数余子式 $A_{11}=-9, A_{12}=3$, $A_{13}=-1, A_{14}=3$，求 x,y,z.

45 中等题 设 $\begin{vmatrix}3&3&1&1&1\\a&b&c&d&e\\2&4&6&3&1\\2&2&5&5&5\\2&1&3&4&4\end{vmatrix}=13$，试计算 $A_{41}+A_{42}$ 与 $A_{43}+A_{44}+A_{45}$ 的值.

46 基础题 计算行列式 $\begin{vmatrix}1&a&0&0\\0&1&a&0\\0&0&1&a\\a&0&0&1\end{vmatrix}$.

47 基础题 计算行列式 $\begin{vmatrix}0&0&0&5&5\\0&0&4&1&0\\0&3&2&0&0\\2&3&0&0&0\\4&0&0&0&1\end{vmatrix}$.

48 基础题 计算行列式$\begin{vmatrix} x & y & x+y \\ y & x+y & x \\ x+y & x & y \end{vmatrix}$.

49 基础题 计算行列式$\begin{vmatrix} 1 & 2 & 3 & 4 \\ 1 & 0 & 1 & 2 \\ 3 & -1 & -1 & 0 \\ 1 & 2 & 0 & -5 \end{vmatrix}$.

50 中等题 设$f(x)=\begin{vmatrix} x-2 & x-1 & x-2 & x-3 \\ 2x-2 & 2x-1 & 2x-2 & 2x-3 \\ 3x-3 & 3x-2 & 4x-5 & 3x-5 \\ 4x & 4x-3 & 5x-7 & 4x-3 \end{vmatrix}$，则方程$f(x)=0$的根有（　　）个.

(A) 1　　(B) 2　　(C) 3　　(D) 4

第六节　行列式按多行（列）展开

51 基础题 计算行列式$\begin{vmatrix} 1 & 2 & 2 & 1 \\ 0 & 1 & 0 & 2 \\ 2 & 0 & 1 & 1 \\ 0 & 2 & 0 & 1 \end{vmatrix}$.

52 基础题 计算行列式$\begin{vmatrix} 5 & 6 & 0 & 0 & 0 \\ 1 & 5 & 6 & 0 & 0 \\ 0 & 1 & 5 & 6 & 0 \\ 0 & 0 & 1 & 5 & 6 \\ 0 & 0 & 0 & 1 & 5 \end{vmatrix}$.

53 基础题 计算行列式$\begin{vmatrix} a & 0 & b & 0 \\ 0 & c & 0 & d \\ y & 0 & x & 0 \\ 0 & w & 0 & z \end{vmatrix}$.

54 中等题 计算行列式$\begin{vmatrix} 1 & 1 & 0 & 0 & 0 & 1 \\ x_1 & x_2 & 0 & 0 & 0 & x_3 \\ a_1 & b_1 & 1 & 1 & 1 & c_1 \\ a_2 & b_2 & x_1 & x_2 & x_3 & c_2 \\ a_3 & b_3 & x_1^2 & x_2^2 & x_3^2 & c_3 \\ x_1^2 & x_2^2 & 0 & 0 & 0 & x_3^2 \end{vmatrix}$.

55 中等题 计算行列式$\begin{vmatrix} 1 & 1 & 1 & 0 & 0 & 0 \\ 2 & 3 & 4 & 0 & 0 & 0 \\ 3 & 10 & 16 & 1 & 1 & 1 \\ -1 & 1 & 0 & 1 & 1 & 1 \\ -2 & 4 & 1 & 1 & 2 & 3 \\ -3 & 16 & 1 & 1 & 4 & 9 \end{vmatrix}$.

第七节 行列式的计算

56 基础题 当$a=$( )时，$\begin{vmatrix} a+2 & 4 & 1 \\ -4 & a+3 & 4 \\ -1 & 4 & a+4 \end{vmatrix}=0$.

(A) 3　　(B) −3　　(C) 2　　(D) −2

57 基础题 计算行列式$\begin{vmatrix} 246 & 427 & 327 \\ 1014 & 543 & 443 \\ -342 & 721 & 621 \end{vmatrix}$.

58 基础题 计算行列式$\begin{vmatrix} 1 & 2 & 3 & 4 \\ 2 & 3 & 4 & 1 \\ 3 & 4 & 1 & 2 \\ 4 & 1 & 2 & 3 \end{vmatrix}$.

59 基础题 计算行列式$\begin{vmatrix} a & 0 & b & c \\ 0 & a & c & b \\ b & c & a & 0 \\ c & b & 0 & a \end{vmatrix}$.

60 中等题 计算 n 阶行列式 $D=\begin{vmatrix}1&0&0&\cdots&0&a\\a&1&0&\cdots&0&0\\0&a&1&\cdots&0&0\\\vdots&\vdots&\vdots&\ddots&\vdots&\vdots\\0&0&0&\cdots&1&0\\0&0&0&\cdots&a&1\end{vmatrix}$.

61 中等题 计算 $n\ (n\geqslant 1)$ 阶行列式 $D_n=\begin{vmatrix}1&3&3&3&\cdots&3\\3&2&3&3&\cdots&3\\3&3&3&3&\cdots&3\\3&3&3&4&\cdots&3\\\vdots&\vdots&\vdots&\vdots&\ddots&\vdots\\3&3&3&3&\cdots&n\end{vmatrix}$.

62 中等题 计算 n 阶行列式 $\begin{vmatrix}a_1&1&1&\cdots&1\\1&a_2&0&\cdots&0\\1&0&a_3&\cdots&0\\\vdots&\vdots&\vdots&\ddots&\vdots\\1&0&0&\cdots&a_n\end{vmatrix}$，其中 $a_i\neq 0,i=1,2,\cdots,n$.

63 基础题 计算 n 阶行列式 $\begin{vmatrix}a&b&b&\cdots&b\\b&a&b&\cdots&b\\b&b&a&\cdots&b\\\vdots&\vdots&\vdots&\ddots&\vdots\\b&b&b&\cdots&a\end{vmatrix}$.

64 中等题 计算 n 阶行列式 $\begin{vmatrix}2&2&3&\cdots&n\\1&4&3&\cdots&n\\1&2&6&\cdots&n\\\vdots&\vdots&\vdots&\ddots&\vdots\\1&2&3&\cdots&2n\end{vmatrix}$.

65 中等题 计算行列式 $D_5=\begin{vmatrix}1-x&x&0&0&0\\-1&1-x&x&0&0\\0&-1&1-x&x&0\\0&0&-1&1-x&x\\0&0&0&-1&1-x\end{vmatrix}$.

66 中等题 证明 $D_n=\begin{vmatrix}2a & a^2 & & & & \\ 1 & 2a & a^2 & & & \\ & 1 & 2a & a^2 & & \\ & & \ddots & \ddots & \ddots & \\ & & & 1 & 2a & a^2 \\ & & & & 1 & 2a\end{vmatrix}_n=(n+1)a^n$.

【提示】用数学归纳法.

67 中等题 计算行列式$\begin{vmatrix}1 & 2 & 3 & 4 \\ 1 & 2^2 & 3^2 & 4^2 \\ 1 & 2^3 & 3^3 & 4^3 \\ 9 & 8 & 7 & 6\end{vmatrix}$.

68 中等题 计算行列式$\begin{vmatrix}1 & 1 & 1 & 1 \\ x_1 & x_2 & x_3 & x_4 \\ 2x_1^2-1 & 2x_2^2-1 & 2x_3^2-1 & 2x_4^2-1 \\ 4x_1^3-3x_1 & 4x_2^3-3x_2 & 4x_3^3-3x_3 & 4x_4^3-3x_4\end{vmatrix}$.

69 中等题 计算行列式$\begin{vmatrix}a_1 & a_2 & a_3 & a_4 \\ a_1^2 & a_2^2 & a_3^2 & a_4^2 \\ a_1^3 & a_2^3 & a_3^3 & a_4^3 \\ a_1^4 & a_2^4 & a_3^4 & a_4^4\end{vmatrix}$，其中 $a_i\neq 0, i=1,2,3,4$.

第八节 克拉默法则

70 基础题 若齐次线性方程组$\begin{cases}\lambda x_1+x_2+x_3=0 \\ x_1+\lambda x_2+x_3=0 \\ x_1+x_2+x_3=0\end{cases}$仅有零解，则 λ 应满足的条件是______.

71 基础题 已知齐次线性方程组$\begin{cases}(3-\lambda)x_1+x_2+x_3=0 \\ (2-\lambda)x_2-x_3=0 \\ 4x_1-2x_2+(1-\lambda)x_3=0\end{cases}$有非零解，求 λ 的值.

72 基础题 判断线性方程组$\begin{cases}c_{11}x_1+c_{12}x_2+c_{13}x_3+c_{14}x_4=0 \\ c_{22}x_2+c_{23}x_3+c_{24}x_4=0 \\ c_{33}x_3+c_{34}x_4=0 \\ c_{44}x_4=0\end{cases}$的解的情况（其中

$c_{ii} \neq 0, i=1,2,3,4$).

73 基础题 用克拉默法则求解方程组 $\begin{cases} x+y+z=0 \\ x+2y+3z=-1 \\ x+3y+6z=0 \end{cases}$.

74 基础题 解方程组 $\begin{cases} 2x_1+x_2-5x_3+x_4=8 \\ x_1-3x_2-6x_4=9 \\ 2x_2-x_3+2x_4=-5 \\ x_1+4x_2-7x_3+6x_4=0 \end{cases}$.

75 中等题 解方程组 $\begin{cases} 3x_1+5x_2+2x_3+x_4=3 \\ 3x_2+4x_4=4 \\ x_1+x_2+x_3+x_4=\dfrac{11}{6} \\ x_1-x_2-3x_3+2x_4=\dfrac{5}{6} \end{cases}$.

76 中等题 解方程组 $\begin{cases} x_1=0.5x_1+0.3x_2+0.4x_3+1 \\ x_2=0.4x_1+0.5x_3+2 \\ x_3=0.2x_1+0.1x_2+1.2 \end{cases}$.

77 中等题 解方程组 $\begin{cases} x_1+a_1x_2+a_1^2x_3+\cdots+a_1^{n-1}x_n=1 \\ x_1+a_2x_2+a_2^2x_3+\cdots+a_2^{n-1}x_n=1 \\ \qquad\cdots\cdots \\ x_1+a_nx_2+a_n^2x_3+\cdots+a_n^{n-1}x_n=1 \end{cases}$，其中 $a_1,a_2,\cdots,a_n$ 为两两互异的常数.

78 综合题 求二次多项式 $f(x)$，使得 $f(1)=0, f(2)=3, f(-3)=28$.

79 综合题 证明：若一元 n 次多项式 $f(x)=c_nx^n+c_{n-1}x^{n-1}+\cdots+c_1x+c_0$ 有 $n+1$ 个不同的根，则 $f(x)=0$.

80 综合题 证明：过三点 $P_i(x_i,y_i,z_i)(i=1,2,3)$ 的平面方程为

$$D=\begin{vmatrix} 1 & 1 & 1 & 1 \\ x & x_1 & x_2 & x_3 \\ y & y_1 & y_2 & y_3 \\ z & z_1 & z_2 & z_3 \end{vmatrix}=0.$$

第2章 矩阵

第一节 矩阵的概念

81 基础题 设矩阵$\boldsymbol{A}=\begin{pmatrix}1 & 2 & 3\\ 4 & -1 & 0\end{pmatrix}$, $\boldsymbol{B}=\begin{pmatrix}u^2 & 2 & 3\\ 4 & -1 & v^2\end{pmatrix}$, $\boldsymbol{A}=\boldsymbol{B}$，则$u=$______，$v=$______.

82 基础题 设$\boldsymbol{A}=\begin{pmatrix}1 & 0 & -1\\ -2 & -1 & 1\\ 1 & -2 & 5\end{pmatrix}$，则$\boldsymbol{A}$的负矩阵为______.

83 基础题 设$\boldsymbol{A}=\begin{pmatrix}0 & 0 & 0\\ 0 & 0 & 0\\ 0 & 0 & 0\end{pmatrix}$, $\boldsymbol{B}=\begin{pmatrix}0 & 0 & 0\\ 0 & 0 & 0\end{pmatrix}$，则$\boldsymbol{A}$和$\boldsymbol{B}$______（填“相等”或“不相等”）.

84 基础题 设$\boldsymbol{A}=\begin{pmatrix}1 & 0 & 0\\ 0 & 1 & 0\end{pmatrix}$，则$\boldsymbol{A}$______（填“是”或“不是”）单位矩阵.

第二节 矩阵的加法、减法和数乘

85 基础题 若$\boldsymbol{A}$和$\boldsymbol{B}$是数域F上的两个矩阵，如果$\boldsymbol{A}$和$\boldsymbol{B}$能够相加，则$\boldsymbol{A}$和$\boldsymbol{B}$必是______矩阵.

86 基础题 设矩阵$\boldsymbol{A}=\begin{pmatrix}1 & -1 & 1\\ 0 & 1 & 2\end{pmatrix}$, $\boldsymbol{B}=\begin{pmatrix}1 & 2 & 3\\ -1 & 2 & 4\end{pmatrix}$，则$2\boldsymbol{A}+\boldsymbol{B}=$______，$\boldsymbol{A}-2\boldsymbol{B}=$______.

87 基础题 设矩阵$\boldsymbol{A}=\begin{pmatrix}1 & 2\\ 2 & -1\\ 3 & 0\end{pmatrix}$, $\boldsymbol{B}=\begin{pmatrix}1 & -1\\ 2 & 3\\ 4 & 0\end{pmatrix}$，且$\boldsymbol{A}+2\boldsymbol{X}=3\boldsymbol{B}$，则$\boldsymbol{X}=$______.

第三节　矩阵的乘法

88 基础题 设 $\boldsymbol{A}=\begin{pmatrix}1&-1&1\\0&1&2\end{pmatrix}$, $\boldsymbol{B}=\begin{pmatrix}1&2\\2&-1\\3&0\end{pmatrix}$，则 $\boldsymbol{AB}=$________，$\boldsymbol{BA}=$________.

89 基础题 设 $\boldsymbol{A}=(1\quad 2\quad 3)$, $\boldsymbol{B}=\begin{pmatrix}3\\2\\1\end{pmatrix}$，则 $\boldsymbol{AB}=$________，$\boldsymbol{BA}=$________.

90 基础题 设 $\boldsymbol{A}$ 为方阵，如果矩阵满足 $\boldsymbol{AB}=\boldsymbol{AC}$，则必有（　　）.

(A) $\boldsymbol{A}=\boldsymbol{O}$　　(B) 当 $\boldsymbol{B}\neq\boldsymbol{C}$ 时，$\boldsymbol{A}=\boldsymbol{O}$

(C) 当 $\boldsymbol{A}\neq\boldsymbol{O}$ 时，$\boldsymbol{B}=\boldsymbol{C}$　　(D) 当 $|\boldsymbol{A}|\neq 0$ 时，$\boldsymbol{B}=\boldsymbol{C}$

91 基础题 下列矩阵可交换的是（　　）.

(A) $\boldsymbol{A}=\begin{pmatrix}1&2\\3&4\end{pmatrix}$, $\boldsymbol{B}=(1\quad 0\quad -1)$

(B) $\boldsymbol{A}=\begin{pmatrix}1&&\\&10&\\&&-9\end{pmatrix}$, $\boldsymbol{B}=\begin{pmatrix}1&&\\&-1&\\&&0\end{pmatrix}$

(C) $\boldsymbol{A}=\begin{pmatrix}1&0&-1\\-1&9&3\\4&2&0\end{pmatrix}$, $\boldsymbol{B}=\begin{pmatrix}\lambda_1&1&1\\&\lambda_2&1\\&&\lambda_3\end{pmatrix}$

(D) $\boldsymbol{A}=\begin{pmatrix}1&2\\2&-1\\3&0\end{pmatrix}$, $\boldsymbol{B}=\begin{pmatrix}1&2&4\\-1&3&0\end{pmatrix}$

92 基础题 设 $\boldsymbol{A}=\begin{pmatrix}1&2\\0&-1\end{pmatrix}$, $\boldsymbol{B}=\begin{pmatrix}1&3&2\\-1&-2&0\end{pmatrix}$, $\boldsymbol{C}=\begin{pmatrix}1&0&0\\1&1&0\\-3&2&1\end{pmatrix}$，求 $\boldsymbol{ABC}$.

93 中等题 设 $\boldsymbol{A}=\begin{pmatrix}1&0\\2&-1\end{pmatrix}$，求与 $\boldsymbol{A}$ 可交换的所有矩阵 $\boldsymbol{B}$.

第四节 方阵的幂

94 基础题 设$A=\begin{pmatrix}1&0&-1\\2&1&-1\\-1&2&3\end{pmatrix}$,$B=\begin{pmatrix}-1&1&2\\-2&-3&3\\4&0&1\end{pmatrix}$，求$A^2,B^2,(AB)^2,(BA)^2$.

95 基础题 设A,B为n阶方阵，E为n阶单位矩阵，则下列命题正确的是（　　）.

(A) $(A-B)^2=A^2-2AB+B^2$

(B) $A^2-B^2=(A+B)(A-B)$

(C) $(AB)^2=A^2B^2$

(D) $A-E$和$A+E$可交换

96 基础题 下列结论不正确的是（　　）.

(A) 如果A是下三角形矩阵，那么A^2也是下三角形矩阵

(B) 如果A是对称矩阵，那么A^2也是对称矩阵

(C) 如果A是反对称矩阵，那么A^2也是反对称矩阵

(D) 如果A是对角矩阵，那么A^2也是对角矩阵

97 基础题 若A,B为同阶方阵，则$(A+B)(A-B)=A^2-B^2$的充要条件为______.

98 中等题 计算$\begin{pmatrix}1&0\\3&1\end{pmatrix}^n$.

99 中等题 计算$\begin{pmatrix}1&1&2\\2&2&4\\3&3&6\end{pmatrix}^{100}$.

100 综合题 设$A=\begin{pmatrix}2&0&2\\0&4&0\\2&0&2\end{pmatrix}$, $n\geqslant 2$为正整数，则$A^n-4A^{n-1}=$______.

101 综合题 设$\alpha=(-1,0,1)^T$, $A=\alpha\alpha^T$, n为正整数，a为常数，求$|aE-A^n|$.

第五节　矩阵的转置

102 基础题 判断题：$(\boldsymbol{AB})^{\mathrm{T}} = \boldsymbol{A}^{\mathrm{T}}\boldsymbol{B}^{\mathrm{T}}$.（　　）

103 基础题 设矩阵 $\boldsymbol{A} = \begin{pmatrix} 1 & 3 \\ 0 & 1 \\ 5 & 6 \end{pmatrix}, \boldsymbol{B} = \begin{pmatrix} 1 & 0 \\ -1 & 1 \\ 1 & -1 \end{pmatrix}$，求 $\boldsymbol{A}^{\mathrm{T}}\boldsymbol{B}, \boldsymbol{B}^{\mathrm{T}}\boldsymbol{A}$.

104 基础题 设实对称矩阵 $\boldsymbol{A}$ 满足 $\boldsymbol{A}^2 = \boldsymbol{O}$，证明 $\boldsymbol{A} = \boldsymbol{O}$.

105 中等题 设 $\boldsymbol{\alpha}$ 为三维列向量，$\boldsymbol{\alpha}^{\mathrm{T}}$ 是 $\boldsymbol{\alpha}$ 的转置，若 $\boldsymbol{\alpha\alpha}^{\mathrm{T}} = \begin{pmatrix} 1 & -1 & 1 \\ -1 & 1 & -1 \\ 1 & -1 & 1 \end{pmatrix}$，则 $\boldsymbol{\alpha}^{\mathrm{T}}\boldsymbol{\alpha} =$______.

106 综合题 已知 $\boldsymbol{\alpha} = (1,2,3), \boldsymbol{\beta} = \left(1, \frac{1}{2}, \frac{1}{3}\right)$，设 $\boldsymbol{A} = \boldsymbol{\alpha}^{\mathrm{T}}\boldsymbol{\beta}$，其中 $\boldsymbol{\alpha}^{\mathrm{T}}$ 是 $\boldsymbol{\alpha}$ 的转置，则 $\boldsymbol{A}^n =$______.

第六节　方阵的行列式

107 基础题 判断题：对任意的 n 阶方阵 $\boldsymbol{A}, \boldsymbol{B}$，有 $|\boldsymbol{AB}| = |\boldsymbol{A}| \cdot |\boldsymbol{B}|$.（　　）

108 基础题 判断题：对任意的 n 阶方阵 $\boldsymbol{A}, \boldsymbol{B}$，有 $|\boldsymbol{A} + \boldsymbol{B}| = |\boldsymbol{A}| + |\boldsymbol{B}|$.（　　）

109 基础题 设 $\boldsymbol{A} = \begin{pmatrix} 1 & 1 & 1 & 1 \\ 1 & 1 & -1 & -1 \\ 1 & -1 & 1 & -1 \\ 1 & -1 & -1 & 1 \end{pmatrix}$，则 $|\boldsymbol{A}| =$______.

110 基础题 设四阶方阵 $\boldsymbol{A} = (\boldsymbol{\alpha}, \boldsymbol{\gamma}_2, \boldsymbol{\gamma}_3, \boldsymbol{\gamma}_4), \boldsymbol{B} = (\boldsymbol{\beta}, \boldsymbol{\gamma}_2, \boldsymbol{\gamma}_3, \boldsymbol{\gamma}_4)$，其中 $\boldsymbol{\alpha}, \boldsymbol{\beta}, \boldsymbol{\gamma}_2, \boldsymbol{\gamma}_3, \boldsymbol{\gamma}_4$ 均为四维列向量，且 $|\boldsymbol{A}| = 1, |\boldsymbol{B}| = 2$，则 $|\boldsymbol{A} + \boldsymbol{B}| =$______.

111 基础题 设 $\boldsymbol{A} = (\boldsymbol{\alpha}_1, \boldsymbol{\alpha}_2, \boldsymbol{\alpha}_3)$ 是三阶矩阵，则下列行列式中等于 $|\boldsymbol{A}|$ 的是（　　）.

(A) $|\boldsymbol{\alpha}_1 - \boldsymbol{\alpha}_2, \boldsymbol{\alpha}_2 - \boldsymbol{\alpha}_3, \boldsymbol{\alpha}_3 - \boldsymbol{\alpha}_1|$　　(B) $|\boldsymbol{\alpha}_1 + \boldsymbol{\alpha}_2, \boldsymbol{\alpha}_2 + \boldsymbol{\alpha}_3, \boldsymbol{\alpha}_3 + \boldsymbol{\alpha}_1|$

(C) $|\boldsymbol{\alpha}_1 - 2\boldsymbol{\alpha}_2, \boldsymbol{\alpha}_2 + \boldsymbol{\alpha}_1, \boldsymbol{\alpha}_3|$　　(D) $|\boldsymbol{\alpha}_1, \boldsymbol{\alpha}_2 + \boldsymbol{\alpha}_3, \boldsymbol{\alpha}_3 + \boldsymbol{\alpha}_1|$

112 中等题 设矩阵 $A=\begin{pmatrix}2&1\\-1&2\end{pmatrix}$，$E$ 为二阶单位矩阵，矩阵 B 满足 $BA=B+2E$，则 $|B|=$______.

113 中等题 设 $\alpha_1,\alpha_2,\alpha_3$ 均为 n 维列向量，记矩阵 $A=(\alpha_1,\alpha_2,\alpha_3)$, $B=(\alpha_1+\alpha_2+\alpha_3,\alpha_1+2\alpha_2+4\alpha_3,\alpha_1+3\alpha_2+9\alpha_3)$，如果 $|A|=1$，那么 $|B|=$______.

114 综合题 设三阶方阵 A,B 满足 $A^2B-A-B=E$，其中 E 是三阶单位矩阵，若 $A=\begin{pmatrix}1&0&1\\0&2&0\\-2&0&1\end{pmatrix}$，则 $|B|=$______.

第七节 方阵的伴随矩阵

115 基础题 设矩阵 $A=\begin{pmatrix}1&0&0\\0&-2&0\\0&0&1\end{pmatrix}$，$A^*$ 为 A 的伴随矩阵，则 $A^*=$______.

116 基础题 若 A,B 为 n 阶可逆矩阵，则 $(AB)^*=$______.

117 基础题 设 A 是四阶方阵，且 $|A|=2$，将 A 的第二列的 5 倍加到第四列得到矩阵 B，则 $|A^*B|=$______.

118 基础题 设 A 为 n 阶方阵，$|A|=a\neq 0$，则 $|A^*|=$______.

119 基础题 设 A 为 n 阶非零方阵，$|A|=0$，则 $|A^*|=$______.

120 基础题 设矩阵 A 为 n 阶可逆矩阵（$n\geqslant 3$），A^* 为 A 的伴随矩阵，k 为常数，且 $k\neq 0,\pm 1$，则必有 $(kA)^*=$（ ）.

(A) kA^*　　(B) $k^{n-1}A^*$　　(C) k^nA^*　　(D) $k^{-1}A^*$

121 中等题 设矩阵 A,B 满足 $A^*BA=2BA-8E$，其中 $A=\begin{pmatrix}1&0&0\\0&-2&0\\0&0&1\end{pmatrix}$，$A^*$ 为 A 的伴随矩阵，E 为单位矩阵，则 $B=$______.

122 中等题 设矩阵 $A=\begin{pmatrix}2&1&0\\1&2&0\\0&0&1\end{pmatrix}$，矩阵 B 满足 $ABA^*=2BA^*+E$，其中 A^* 为 A 的伴随矩阵，E 为单位矩阵，则 $|B|=$______.

第八节 逆矩阵

123 基础题 若 n 阶方阵 A,B,C 满足 $ABC=E$，E 为 n 阶单位矩阵，则 $C^{-1}=$______.

124 基础题 设 $A=\begin{pmatrix}1&-1\\-1&2\end{pmatrix}$，则 $A^*=$______，$A^{-1}=$______.

125 基础题 设矩阵 A 的伴随矩阵 $A^*=\begin{pmatrix}1&0&0\\0&-8&0\\0&0&-2\end{pmatrix}$，且 $|A|<0$，则 $A=$______.

126 基础题 判断题：如果 $A+A^2=E$，那么 A 为可逆矩阵.（　　）

127 基础题 判断题：若 n 阶矩阵 A 可逆，则 A^* 也可逆.（　　）

128 基础题 已知三阶方阵 $A=\begin{pmatrix}1&0&0\\2&2&0\\3&4&5\end{pmatrix}$，则 $(A^*)^{-1}=$______.

129 基础题 设 A 为 n 阶方阵，且 $A^2+A-5E=O$，则 $(A+2E)^{-1}=$（　　）.

(A) $A-E$　　(B) $A+E$　　(C) $\frac{1}{3}(A-E)$　　(D) $\frac{1}{3}(A+E)$

130 中等题 设 A，$A-E$ 可逆，若 B 满足 $[E-(A-E)^{-1}]B=A$，则 $B-A=$______.

131 中等题 设 A 为三阶方阵，$|A|=\frac{1}{2}$，则 $|(2A)^{-1}-3A^*|=$______.

132 中等题 设 $A,B,A+B,A^{-1}+B^{-1}$ 均为 n 阶可逆矩阵，则 $(A^{-1}+B^{-1})^{-1}=$______.

133 中等题 设 A,B 为三阶矩阵，且 $|A|=3,|B|=2,|A^{-1}+B|=2$，则 $|A+B^{-1}|=$______.

第九节 矩阵的初等变换

134 基础题 利用初等变换将下列矩阵化成标准形矩阵.

$$\begin{pmatrix} 1 & 0 & 1 \\ 1 & 2 & -1 \\ 1 & 2 & 3 \end{pmatrix},\begin{pmatrix} 1 & -1 & 2 & 1 \\ -1 & 1 & -1 & 3 \\ 2 & -1 & 1 & 0 \end{pmatrix}$$

135 基础题 利用初等变换将矩阵$\begin{pmatrix} 3 & 1 & -6 & -4 & 2 \\ 2 & 2 & -3 & -5 & 3 \\ 1 & -5 & -6 & 8 & -6 \end{pmatrix}$化成行简化阶梯形矩阵.

136 基础题 在下列矩阵中，是行简化阶梯形矩阵的是（　　）.

(A) $\begin{pmatrix} 1 & 0 & 0 & 0 \\ 0 & 0 & 0 & 0 \\ 0 & 0 & 1 & 0 \end{pmatrix}$　　(B) $\begin{pmatrix} 1 & 0 & 1 & 0 \\ 0 & 1 & 3 & 0 \\ 0 & 0 & 0 & 1 \\ 0 & 0 & 0 & 0 \end{pmatrix}$

(C) $\begin{pmatrix} 1 & 0 & 0 & 2 \\ 0 & 3 & 1 & 0 \\ 0 & 0 & 0 & 0 \end{pmatrix}$　　(D) $\begin{pmatrix} 1 & 0 & 1 & 2 \\ 0 & 1 & 3 & 0 \\ 0 & 0 & 0 & 1 \\ 0 & 1 & 2 & 0 \end{pmatrix}$

137 中等题 已知$\boldsymbol{A}=\begin{pmatrix} -1 & 0 & 1 \\ 1 & 2 & -1 \\ 1 & 2 & 3 \end{pmatrix}$，若存在下三角形可逆矩阵$\boldsymbol{P}$及上三角形可逆矩阵$\boldsymbol{Q}$，使得$\boldsymbol{PAQ}$为对角矩阵，则$\boldsymbol{P},\boldsymbol{Q}$可分别为（　　）.

(A) $\begin{pmatrix} 1 & 0 & 0 \\ 0 & 1 & 0 \\ 0 & 0 & 1 \end{pmatrix},\begin{pmatrix} 1 & 0 & 1 \\ 0 & 1 & 0 \\ 0 & 0 & 1 \end{pmatrix}$　　(B) $\begin{pmatrix} -1 & 0 & 0 \\ 1 & 1 & 0 \\ 0 & -1 & 1 \end{pmatrix},\begin{pmatrix} 1 & 0 & 1 \\ 0 & 1 & 0 \\ 0 & 0 & 1 \end{pmatrix}$

(C) $\begin{pmatrix} -1 & 0 & 0 \\ 1 & 1 & 0 \\ 0 & -1 & 1 \end{pmatrix},\begin{pmatrix} 1 & 0 & -1 \\ 0 & 1 & 0 \\ 0 & 0 & 1 \end{pmatrix}$　　(D) $\begin{pmatrix} -1 & 0 & 0 \\ 1 & 1 & 0 \\ 0 & -1 & 1 \end{pmatrix},\begin{pmatrix} 1 & 1 & 0 \\ 0 & 1 & 0 \\ 0 & 0 & 1 \end{pmatrix}$

138 中等题 已知$\boldsymbol{A}$为三阶方阵，$|\boldsymbol{A}|=3$，$\boldsymbol{A}^*$为$\boldsymbol{A}$的伴随矩阵，交换$\boldsymbol{A}$的第一行和第二行得矩阵$\boldsymbol{B}$，则$|\boldsymbol{BA}^*|=$______.

第十节 初等矩阵

139 基础题 在下列矩阵中，是初等矩阵的是（　　）.

(A) $\begin{pmatrix} 1 & 0 & 0 \\ 0 & 0 & 3 \\ 0 & 1 & 0 \end{pmatrix}$　　(B) $\begin{pmatrix} 1 & 0 & 0 & 1 \\ 0 & 1 & 0 & 0 \\ 0 & 0 & 1 & 0 \\ 0 & 0 & 0 & 1 \end{pmatrix}$

(C) $\begin{pmatrix} 1 & 0 & 0 & 1 \\ 0 & 1 & 0 & 0 \\ 0 & 0 & 0 & 0 \end{pmatrix}$　　(D) $\begin{pmatrix} 1 & 0 & 0 & 2 \\ 0 & 1 & 0 & 0 \\ 0 & 0 & 2 & 0 \\ 0 & 0 & 0 & 1 \end{pmatrix}$

140 基础题 初等矩阵（　　）.

(A) 都是可逆矩阵　　(B) 所定义的行列式的值等于 1

(C) 相乘仍是初等矩阵　　(D) 相加仍是初等矩阵

141 基础题 设 $\boldsymbol{A}$ 是四阶可逆矩阵，将 $\boldsymbol{A}$ 的第一行和第三行对换后得到的矩阵记作 $\boldsymbol{B}$.

(1) 证明 $\boldsymbol{B}$ 可逆；

(2) 求 $\boldsymbol{AB}^{-1}$.

142 中等题 设 $\boldsymbol{A}$ 为三阶方阵，$\boldsymbol{P}$ 为可逆矩阵，$\boldsymbol{P}^{-1}\boldsymbol{AP}=\begin{pmatrix} 1 & 0 & 0 \\ 0 & 1 & 0 \\ 0 & 0 & 2 \end{pmatrix}$，若 $\boldsymbol{P}=(\boldsymbol{\alpha}_1,\boldsymbol{\alpha}_2,\boldsymbol{\alpha}_3),\boldsymbol{Q}=(\boldsymbol{\alpha}_1+\boldsymbol{\alpha}_2,\boldsymbol{\alpha}_2,\boldsymbol{\alpha}_3)$，则 $\boldsymbol{Q}^{-1}\boldsymbol{AQ}=$（　　）.

(A) $\begin{pmatrix} 1 & 0 & 0 \\ 0 & 2 & 0 \\ 0 & 0 & 1 \end{pmatrix}$　(B) $\begin{pmatrix} 1 & 0 & 0 \\ 0 & 1 & 0 \\ 0 & 0 & 2 \end{pmatrix}$　(C) $\begin{pmatrix} 2 & 0 & 0 \\ 0 & 1 & 0 \\ 0 & 0 & 2 \end{pmatrix}$　(D) $\begin{pmatrix} 2 & 0 & 0 \\ 0 & 2 & 0 \\ 0 & 0 & 1 \end{pmatrix}$

143 中等题 若矩阵 $\boldsymbol{A}$ 经初等列变换化成 $\boldsymbol{B}$，则（　　）.

(A) 存在矩阵 $\boldsymbol{P}$，使得 $\boldsymbol{PA}=\boldsymbol{B}$

(B) 存在矩阵 $\boldsymbol{P}$，使得 $\boldsymbol{BP}=\boldsymbol{A}$

(C) 存在矩阵 $\boldsymbol{P}$，使得 $\boldsymbol{PB}=\boldsymbol{A}$

(D) 方程组 $\boldsymbol{Ax}=\boldsymbol{0}$ 与 $\boldsymbol{Bx}=\boldsymbol{0}$ 同解

144 中等题 已知 $\boldsymbol{A},\boldsymbol{B}$ 均为三阶方阵，将 $\boldsymbol{A}$ 的第三行乘以 (-2) 加到第二行得矩阵

$\boldsymbol{A}_1$，将 $\boldsymbol{B}$ 的第二列和第三列互换得矩阵 $\boldsymbol{B}_1$，其中 $\boldsymbol{A}_1\boldsymbol{B}_1=\begin{pmatrix}-1&1&1\\1&0&-2\\2&1&3\end{pmatrix}$，则 $\boldsymbol{AB}=$______.

第十一节　矩阵的等价

145 基础题 在下列矩阵中，与 $\begin{pmatrix}-3&1&1&1\\1&-3&1&1\\1&1&-3&1\\1&1&1&-3\end{pmatrix}$ 等价的矩阵为（　　）.

(A) $\begin{pmatrix}1&0&0&0\\0&1&0&0\\0&0&1&0\\0&0&0&1\end{pmatrix}$　　(B) $\begin{pmatrix}1&0&0&0\\0&1&0&0\\0&0&1&0\\0&0&0&0\end{pmatrix}$

(C) $\begin{pmatrix}1&0&0&0\\0&1&0&0\\0&0&0&0\\0&0&0&0\end{pmatrix}$　　(D) $\begin{pmatrix}1&0&0&0\\0&0&0&0\\0&0&0&0\\0&0&0&0\end{pmatrix}$

146 基础题 用初等变换化矩阵 $\boldsymbol{A}$ 为等价标准形，其中 $\boldsymbol{A}=\begin{pmatrix}1&-1&0&1&2\\2&0&1&1&0\\3&1&0&0&4\\2&2&0&-1&2\end{pmatrix}$.

147 中等题 设矩阵 $\boldsymbol{A}=\begin{pmatrix}1&0&1\\-1&-2&2\\0&2&t\end{pmatrix}$ 与 $\boldsymbol{B}=\begin{pmatrix}1&0&1\\2&-1&0\\4&-1&2\end{pmatrix}$ 等价，则 $t=$______.

148 中等题 设 $\boldsymbol{A}$ 与 $\boldsymbol{B}$ 为 n 阶矩阵，且 $\boldsymbol{A}$ 与 $\boldsymbol{B}$ 等价，则下列命题中正确的个数为（　　）.

① 若 $|\boldsymbol{A}|>0$，则 $|\boldsymbol{B}|>0$；

② 如果 $|\boldsymbol{A}|\neq 0$，那么存在矩阵 $\boldsymbol{P}$，使得 $\boldsymbol{PB}=\boldsymbol{E}$；

③ 如果 $|\boldsymbol{A}|\neq 0$，那么 $\boldsymbol{A}$ 与 $\boldsymbol{B}$ 的列向量组等价.

(A) 0 个　　(B) 1 个　　(C) 2 个　　(D) 3 个

第十二节　初等变换法求逆矩阵

149 基础题 设$A=\begin{pmatrix}1&2&3\\4&5&6\\7&8&10\end{pmatrix}$，用初等行变换法求$A^{-1}$.

150 基础题 用初等行变换法解矩阵方程$AX=B$，其中$A=\begin{pmatrix}3&-1&0\\-2&1&1\\2&-1&4\end{pmatrix}$，$B=\begin{pmatrix}-1\\5\\10\end{pmatrix}$.

151 基础题 设矩阵A,B满足$AB=A+2B$，其中$A=\begin{pmatrix}4&2&3\\1&1&0\\-1&2&3\end{pmatrix}$，求矩阵$B$.

第十三节　分块矩阵

152 基础题 $\begin{pmatrix}1&2&0&0\\2&5&0&0\\0&0&1&-1\\0&0&-1&2\end{pmatrix}^{-1}=$______.

153 基础题 $\begin{pmatrix}0&0&0&1\\0&0&1&0\\0&1&0&0\\1&0&0&0\end{pmatrix}^{-1}=$______.

154 中等题 设矩阵$B=\begin{pmatrix}1&-1&0&0\\0&1&-1&0\\0&0&1&-1\\0&0&0&1\end{pmatrix}$，$C=\begin{pmatrix}1&1&3&4\\1&2&2&1\\0&0&2&1\\0&0&0&2\end{pmatrix}$，矩阵$A$满足关系式$A(E-C^{-1}B)^{\mathrm{T}}C^{\mathrm{T}}=E$，求矩阵$A$.

155 中等题 设分块矩阵$A=\begin{pmatrix}A_1&O\\A_3&A_2\end{pmatrix}$，其中$A_1,A_2$为方阵，$O$为零矩阵，若$A$可逆，则(　　).

(A) A_1可逆，A_2不一定可逆　　(B) A_2可逆，A_1不一定可逆

(C) A_1, A_2都可逆　　(D) A_1, A_2都不一定可逆

第十四节　矩阵的秩

156 基础题 设$A=\begin{pmatrix} a & 1 & 2 \\ 2 & 1 & a \\ 1 & a & 2 \end{pmatrix}$，若$r(A)=2$，则$a=$______.

157 基础题 判断题：设矩阵A,B都是n阶非零矩阵，且$AB=O$，则A,B的秩一个等于n，一个小于n.（　　）

158 基础题 判断题：设A为$m\times n$矩阵，若$r(A)=s$，则存在m阶可逆矩阵P及n阶可逆矩阵Q，使得$PAQ=\begin{pmatrix} E_s & O \\ O & O \end{pmatrix}$.（　　）

159 基础题 设$A=\begin{pmatrix} -1 & -2 & 2 \\ -4 & u & -3 \\ -3 & 1 & -1 \end{pmatrix}$，$B$为三阶非零矩阵，且满足$AB=O$，则$u=$______.

160 基础题 已知四阶方阵A的秩为2，则$r(A^*)=$______.

161 中等题 如果n阶方阵A满足$A^2=A$，则（　　）.

(A) $A=O$　　(B) $A=E$

(C) $A=O$或$A=E$　　(D) A不可逆或$A-E$不可逆

162 中等题 设矩阵$A=\begin{pmatrix} 1 & 2 & 1 \\ 2 & 3 & t+2 \\ 1 & t & -2 \end{pmatrix}$与$B=\begin{pmatrix} 1 & 1 & t \\ -1 & t & 1 \\ 1 & -1 & 2 \end{pmatrix}$不等价，则$t=$______.

163 中等题 设A,B为n阶实矩阵，下列结论不成立的是（　　）.

(A) $r\begin{pmatrix} A & O \\ O & A^{\mathrm{T}}A \end{pmatrix}=2r(A)$　　(B) $r\begin{pmatrix} A & AB \\ O & A^{\mathrm{T}} \end{pmatrix}=2r(A)$

(C) $r\begin{pmatrix} A & BA \\ O & A^{\mathrm{T}}A \end{pmatrix}=2r(A)$　　(D) $r\begin{pmatrix} A & O \\ BA & A^{\mathrm{T}} \end{pmatrix}=2r(A)$

164 中等题 已知矩阵$\boldsymbol{A},\boldsymbol{B},\boldsymbol{C}$满足$\boldsymbol{ABC}=\boldsymbol{O}$，$\boldsymbol{E}$为$n$阶单位矩阵，记矩阵$\begin{pmatrix}\boldsymbol{O} & \boldsymbol{A}\\ \boldsymbol{BC} & \boldsymbol{E}\end{pmatrix}$，$\begin{pmatrix}\boldsymbol{AB} & \boldsymbol{C}\\ \boldsymbol{O} & \boldsymbol{E}\end{pmatrix}$，$\begin{pmatrix}\boldsymbol{E} & \boldsymbol{AB}\\ \boldsymbol{AB} & \boldsymbol{O}\end{pmatrix}$的秩分别为$r_1,r_2,r_3$，则（　　）.

(A) $r_1\leqslant r_2\leqslant r_3$　　(B) $r_1\leqslant r_3\leqslant r_2$

(C) $r_3\leqslant r_2\leqslant r_1$　　(D) $r_2\leqslant r_1\leqslant r_3$

165 综合题 设三阶矩阵$\boldsymbol{A}=\begin{pmatrix}a & b & b\\ b & a & b\\ b & b & a\end{pmatrix}$，若$\boldsymbol{A}$的伴随矩阵的秩等于1，则必有（　　）.

(A) $a=b$或$a+2b=0$　　(B) $a=b$或$a+2b\neq 0$

(C) $a\neq b$或$a+2b=0$　　(D) $a\neq b$且$a+2b\neq 0$

第3章

向量

第一节 向量的概念及线性运算

166 基础题 已知$\boldsymbol{\alpha}_1=(1,2,3),\boldsymbol{\alpha}_2=(3,2,1),\boldsymbol{\alpha}_3=(-2,0,2)$，求$3\boldsymbol{\alpha}_1+2\boldsymbol{\alpha}_2-4\boldsymbol{\alpha}_3$.

167 基础题 已知$\boldsymbol{\alpha}_1=(-1,1,-1),\boldsymbol{\alpha}_2=(2,-2,4)$，且$\boldsymbol{\alpha}_1-2\boldsymbol{x}=\dfrac{1}{2}(\boldsymbol{\alpha}_2+\boldsymbol{x})$，求$\boldsymbol{x}$.

第二节 向量的线性组合与线性表示

168 基础题 若列向量$\boldsymbol{\beta}$可由列向量组$\boldsymbol{\alpha}_1,\boldsymbol{\alpha}_2,\boldsymbol{\alpha}_3$线性表示，则（　　）.

(A) 存在一组不全为零的数k_1,k_2,k_3，使得$\boldsymbol{\beta}=k_1\boldsymbol{\alpha}_1+k_2\boldsymbol{\alpha}_2+k_3\boldsymbol{\alpha}_3$

(B) 存在唯一的一组数k_1,k_2,k_3，使得$\boldsymbol{\beta}=k_1\boldsymbol{\alpha}_1+k_2\boldsymbol{\alpha}_2+k_3\boldsymbol{\alpha}_3$

(C) $r(\boldsymbol{A})=r(\boldsymbol{B})$，其中$\boldsymbol{A}=(\boldsymbol{\alpha}_1,\boldsymbol{\alpha}_2,\boldsymbol{\alpha}_3)$, $\boldsymbol{B}=(\boldsymbol{\alpha}_1,\boldsymbol{\alpha}_2,\boldsymbol{\alpha}_3,\boldsymbol{\beta})$

(D) $r(\boldsymbol{A})<r(\boldsymbol{B})$，其中$\boldsymbol{A}=(\boldsymbol{\alpha}_1,\boldsymbol{\alpha}_2,\boldsymbol{\alpha}_3)$, $\boldsymbol{B}=(\boldsymbol{\alpha}_1,\boldsymbol{\alpha}_2,\boldsymbol{\alpha}_3,\boldsymbol{\beta})$

169 基础题 设向量$\boldsymbol{\beta}=(1,k,5)$可由向量$\boldsymbol{\alpha}_1=(1,-3,2),\boldsymbol{\alpha}_2=(2,-1,1)$线性表示，则$k=$________.

170 基础题 已知$\boldsymbol{\alpha}_1=(1,0,1),\boldsymbol{\alpha}_2=(1,1,1),\boldsymbol{\alpha}_3=(1,3,a)$，若向量$\boldsymbol{\beta}=(1,2,6)$不能由$\boldsymbol{\alpha}_1,\boldsymbol{\alpha}_2,\boldsymbol{\alpha}_3$线性表示，则$a=$________.

171 基础题 设三维列向量组$\boldsymbol{\alpha}_1=(1+\lambda,1,1)^{\mathrm{T}},\boldsymbol{\alpha}_2=(1,1+\lambda,1)^{\mathrm{T}},\boldsymbol{\alpha}_3=(1,1,1+\lambda)^{\mathrm{T}}$，$\boldsymbol{\beta}=(0,\lambda,\lambda^2)^{\mathrm{T}}$，当$\lambda$取何值时，

(1) $\boldsymbol{\beta}$可由$\boldsymbol{\alpha}_1,\boldsymbol{\alpha}_2,\boldsymbol{\alpha}_3$线性表示，且表示法唯一？

(2) $\boldsymbol{\beta}$可由$\boldsymbol{\alpha}_1,\boldsymbol{\alpha}_2,\boldsymbol{\alpha}_3$线性表示，但表示法不唯一？

(3) $\boldsymbol{\beta}$不能由$\boldsymbol{\alpha}_1,\boldsymbol{\alpha}_2,\boldsymbol{\alpha}_3$线性表示？

172 基础题 设矩阵 $\boldsymbol{A}=(\boldsymbol{\alpha}_1,\boldsymbol{\alpha}_2,\boldsymbol{\alpha}_3,\boldsymbol{\alpha}_4)$ 经过初等行变换化为 $\begin{pmatrix}2&1&2&1\\0&-2&4&2\\0&0&0&3\\0&0&0&0\end{pmatrix}$，则（　　）.

(A) $\boldsymbol{\alpha}_1$ 不能由 $\boldsymbol{\alpha}_2,\boldsymbol{\alpha}_3,\boldsymbol{\alpha}_4$ 线性表示

(B) $\boldsymbol{\alpha}_2$ 不能由 $\boldsymbol{\alpha}_1,\boldsymbol{\alpha}_3,\boldsymbol{\alpha}_4$ 线性表示

(C) $\boldsymbol{\alpha}_3$ 不能由 $\boldsymbol{\alpha}_1,\boldsymbol{\alpha}_2,\boldsymbol{\alpha}_4$ 线性表示

(D) $\boldsymbol{\alpha}_4$ 不能由 $\boldsymbol{\alpha}_1,\boldsymbol{\alpha}_2,\boldsymbol{\alpha}_3$ 线性表示

173 中等题 设向量组 $\boldsymbol{\alpha}_1=(a,2,10)^{\mathrm{T}},\boldsymbol{\alpha}_2=(-2,1,5)^{\mathrm{T}},\boldsymbol{\alpha}_3=(-1,1,4)^{\mathrm{T}}$，$\boldsymbol{\beta}=(1,b,c)^{\mathrm{T}}$，当 a,b,c 满足什么条件时，

(1) $\boldsymbol{\beta}$ 可由 $\boldsymbol{\alpha}_1,\boldsymbol{\alpha}_2,\boldsymbol{\alpha}_3$ 线性表示，且表示法唯一？

(2) $\boldsymbol{\beta}$ 不能由 $\boldsymbol{\alpha}_1,\boldsymbol{\alpha}_2,\boldsymbol{\alpha}_3$ 线性表示？

(3) $\boldsymbol{\beta}$ 可由 $\boldsymbol{\alpha}_1,\boldsymbol{\alpha}_2,\boldsymbol{\alpha}_3$ 线性表示，但表示法不唯一？

174 综合题 已知向量 $\boldsymbol{\alpha}_1=\begin{pmatrix}1\\2\\3\end{pmatrix},\boldsymbol{\alpha}_2=\begin{pmatrix}2\\1\\1\end{pmatrix},\boldsymbol{\beta}_1=\begin{pmatrix}2\\5\\9\end{pmatrix},\boldsymbol{\beta}_2=\begin{pmatrix}1\\0\\1\end{pmatrix}$，若 $\boldsymbol{\gamma}$ 既可由 $\boldsymbol{\alpha}_1,\boldsymbol{\alpha}_2$ 线性表示，也可由 $\boldsymbol{\beta}_1,\boldsymbol{\beta}_2$ 线性表示，则 $\boldsymbol{\gamma}=$（　　）.

(A) $k\begin{pmatrix}3\\3\\4\end{pmatrix},k\in\mathbf{R}$　(B) $k\begin{pmatrix}3\\5\\10\end{pmatrix},k\in\mathbf{R}$　(C) $k\begin{pmatrix}-1\\1\\2\end{pmatrix},k\in\mathbf{R}$　(D) $k\begin{pmatrix}1\\5\\8\end{pmatrix},k\in\mathbf{R}$

第三节　向量组的等价

175 基础题 已知向量组 $\boldsymbol{\alpha}_1,\boldsymbol{\alpha}_2,\boldsymbol{\alpha}_3$ 可由向量组 $\boldsymbol{\beta}_1,\boldsymbol{\beta}_2,\boldsymbol{\beta}_3$ 线性表示，且 $\begin{cases}\boldsymbol{\alpha}_1=2\boldsymbol{\beta}_1+\boldsymbol{\beta}_2-\boldsymbol{\beta}_3\\\boldsymbol{\alpha}_2=2\boldsymbol{\beta}_1-\boldsymbol{\beta}_2+2\boldsymbol{\beta}_3\\\boldsymbol{\alpha}_3=3\boldsymbol{\beta}_1+\boldsymbol{\beta}_3\end{cases}$，试将向量组 $\boldsymbol{\beta}_1,\boldsymbol{\beta}_2,\boldsymbol{\beta}_3$ 用 $\boldsymbol{\alpha}_1,\boldsymbol{\alpha}_2,\boldsymbol{\alpha}_3$ 线性表示.

176 中等题 设向量组 $\boldsymbol{\alpha}_1=(1,0,1)^{\mathrm{T}},\boldsymbol{\alpha}_2=(0,1,1)^{\mathrm{T}},\boldsymbol{\alpha}_3=(1,3,5)^{\mathrm{T}}$ 不能由向量组 $\boldsymbol{\beta}_1=(1,1,1)^{\mathrm{T}},\boldsymbol{\beta}_2=(1,2,3)^{\mathrm{T}},\boldsymbol{\beta}_3=(3,4,a)^{\mathrm{T}}$ 线性表示.

(1) 求 a 的值；(2) 将 $\boldsymbol{\beta}_1,\boldsymbol{\beta}_2,\boldsymbol{\beta}_3$ 用 $\boldsymbol{\alpha}_1,\boldsymbol{\alpha}_2,\boldsymbol{\alpha}_3$ 线性表示.

177 中等题 设矩阵 $\boldsymbol{A},\boldsymbol{B},\boldsymbol{C}$ 均为 n 阶矩阵，若 $\boldsymbol{BA}=\boldsymbol{C}$，且 $\boldsymbol{B}$ 可逆，则（　　）.

(A) 矩阵 $\boldsymbol{C}$ 的行向量组与矩阵 $\boldsymbol{A}$ 的行向量组等价

(B) 矩阵 $\boldsymbol{C}$ 的列向量组与矩阵 $\boldsymbol{A}$ 的列向量组等价

(C) 矩阵 $\boldsymbol{B}$ 的行向量组与矩阵 $\boldsymbol{A}$ 的行向量组等价

(D) 矩阵 $\boldsymbol{B}$ 的列向量组与矩阵 $\boldsymbol{A}$ 的列向量组等价

178 综合题 已知向量组 (I): $\boldsymbol{\alpha}_1=\begin{pmatrix}1\\1\\4\end{pmatrix},\boldsymbol{\alpha}_2=\begin{pmatrix}1\\0\\4\end{pmatrix},\boldsymbol{\alpha}_3=\begin{pmatrix}1\\2\\a^2+3\end{pmatrix}$ 与 (II): $\boldsymbol{\beta}_1=\begin{pmatrix}1\\1\\a+3\end{pmatrix}$, $\boldsymbol{\beta}_2=\begin{pmatrix}0\\2\\1-a\end{pmatrix},\boldsymbol{\beta}_3=\begin{pmatrix}1\\3\\a^2+3\end{pmatrix}$，若向量组 (I) 与 (II) 等价，求 a 的取值，并将 $\boldsymbol{\beta}_3$ 用 $\boldsymbol{\alpha}_1,\boldsymbol{\alpha}_2,\boldsymbol{\alpha}_3$ 线性表示.

179 中等题 设 $\boldsymbol{\alpha}_1=\begin{pmatrix}\lambda\\1\\1\end{pmatrix},\boldsymbol{\alpha}_2=\begin{pmatrix}1\\\lambda\\1\end{pmatrix},\boldsymbol{\alpha}_3=\begin{pmatrix}1\\1\\\lambda\end{pmatrix},\boldsymbol{\alpha}_4=\begin{pmatrix}1\\\lambda\\\lambda^2\end{pmatrix}$，若向量组 $\boldsymbol{\alpha}_1,\boldsymbol{\alpha}_2,\boldsymbol{\alpha}_3$ 与 $\boldsymbol{\alpha}_1,\boldsymbol{\alpha}_2,\boldsymbol{\alpha}_4$ 等价，则 λ 的取值范围是（　　）.

(A) $\{\lambda|\lambda\in\mathbf{R}\}$

(B) $\{\lambda|\lambda\in\mathbf{R},\lambda\neq-1\}$

(C) $\{\lambda|\lambda\in\mathbf{R},\lambda\neq-1,\lambda\neq-2\}$

(D) $\{\lambda|\lambda\in\mathbf{R},\lambda\neq-2\}$

第四节 向量组的线性相关性

180 基础题 向量组 $\boldsymbol{\alpha}_1,\boldsymbol{\alpha}_2,\cdots,\boldsymbol{\alpha}_s$ 线性无关的充分条件是 $\boldsymbol{\alpha}_1,\boldsymbol{\alpha}_2,\cdots,\boldsymbol{\alpha}_s$ 中的（　　）.

(A) 每个向量均不是零向量

(B) 任意两个向量的分量均不成比例

(C) 任意一个向量均不能由其余 $s-1$ 个向量线性表示

(D) 有一部分向量线性无关

181 基础题 若向量组 $\boldsymbol{\alpha}_1=(1,1,1),\boldsymbol{\alpha}_2=(a,0,b),\boldsymbol{\alpha}_3=(1,3,2)$ 线性相关，则 a,b 应满足（　　）.

(A) $a=b$　　(B) $a=-b$　　(C) $a=2b$　　(D) $a=-2b$

182 基础题 设 $\boldsymbol{A},\boldsymbol{B}$ 分别为 $m\times n$ 和 $m\times s$ 矩阵，向量组 (I) 是由 $\boldsymbol{A}$ 的行向量构成的向量组，向量组 (II) 是由 $(\boldsymbol{A},\boldsymbol{B})$ 的行向量构成的向量组，则下列结论正确的是（　　）.

(A) 若向量组 (II) 线性无关，则向量组 (I) 线性无关

(B) 若向量组 (II) 线性无关，则向量组 (I) 线性相关

(C) 若向量组 (I) 线性无关，则向量组 (II) 线性无关

(D) 若向量组 (I) 线性无关，则向量组 (II) 线性相关

183 基础题 设 n 维列向量组 (I): $\boldsymbol{\alpha}_1,\boldsymbol{\alpha}_2,\cdots,\boldsymbol{\alpha}_n$, (II): $\boldsymbol{\beta}_1,\boldsymbol{\beta}_2,\cdots,\boldsymbol{\beta}_n$, (III): $\gamma_1,\gamma_2,\cdots,\gamma_n$，令矩阵 $\boldsymbol{A}=(\boldsymbol{\alpha}_1,\boldsymbol{\alpha}_2,\cdots,\boldsymbol{\alpha}_n),\boldsymbol{B}=(\boldsymbol{\beta}_1,\boldsymbol{\beta}_2,\cdots,\boldsymbol{\beta}_n),\boldsymbol{C}=\boldsymbol{AB}=(\gamma_1,\gamma_2,\cdots,\gamma_n)$，已知向量组 (III) 线性相关，则（　　）.

(A) 向量组 (I) 与 (II) 均线性相关

(B) 向量组 (I) 或 (II) 中至少有一个线性相关

(C) 向量组 (I) 一定线性相关

(D) 向量组 (II) 一定线性相关

184 基础题 已知向量组 $\boldsymbol{\alpha}_1=(1,1,t),\boldsymbol{\alpha}_2=(1,t,1),\boldsymbol{\alpha}_3=(t,1,1)$ 线性相关，向量组 $\boldsymbol{\beta}_1=(1,0,2),\boldsymbol{\beta}_2=(2,1,t+4),\boldsymbol{\beta}_3=(0,t+2,3)$ 线性无关，则 $t=$________.

185 基础题 判断向量组 $\boldsymbol{\alpha}_1=(1,2,1,3),\boldsymbol{\alpha}_2=(1,1,-1,1),\boldsymbol{\alpha}_3=(4,5,-2,6)$ 的线性相关性.

186 基础题 设 $\boldsymbol{\alpha}_1=(1,1,1),\boldsymbol{\alpha}_2=(2,3,4),\boldsymbol{\alpha}_3=(1,3,t)$，当 t 为何值时，向量组 $\boldsymbol{\alpha}_1,\boldsymbol{\alpha}_2,\boldsymbol{\alpha}_3$ 线性相关？当向量组 $\boldsymbol{\alpha}_1,\boldsymbol{\alpha}_2,\boldsymbol{\alpha}_3$ 线性相关时，将 $\boldsymbol{\alpha}_3$ 表示为 $\boldsymbol{\alpha}_1$ 和 $\boldsymbol{\alpha}_2$ 的线性组合.

187 基础题 设向量组 (I): $\boldsymbol{\alpha}_1,\boldsymbol{\alpha}_2,\cdots,\boldsymbol{\alpha}_s$, (II): $\boldsymbol{\alpha}_1,\boldsymbol{\alpha}_2,\cdots,\boldsymbol{\alpha}_s,\boldsymbol{\beta}_1,\boldsymbol{\beta}_2,\cdots,\boldsymbol{\beta}_t$，则（　　）.

(A) 若向量组 (I) 线性无关，则向量组 (II) 线性无关

(B) 若向量组 (II) 线性相关，则向量组 (I) 线性相关

(C) 若向量组 (I) 线性相关，则向量组 (II) 线性无关

(D) 若向量组 (I) 线性相关，则向量组 (II) 线性相关

188 中等题 已知向量组 $\boldsymbol{\alpha}_1,\boldsymbol{\alpha}_2,\boldsymbol{\alpha}_3$ 线性无关，向量组 $\boldsymbol{\alpha}_1+2\boldsymbol{\alpha}_2,4\boldsymbol{\alpha}_2-3\boldsymbol{\alpha}_3,3\boldsymbol{\alpha}_3+a\boldsymbol{\alpha}_1$ 线性相关，则 $a=$________.

189 中等题 已知向量组 $\boldsymbol{\alpha}_1,\boldsymbol{\alpha}_2,\boldsymbol{\alpha}_3$ 线性无关，当常数 k,l 满足________时，向量组 $\boldsymbol{\alpha}_1+\boldsymbol{\alpha}_2,\boldsymbol{\alpha}_2+\boldsymbol{\alpha}_3,k\boldsymbol{\alpha}_3+l\boldsymbol{\alpha}_1$ 也线性无关.

190 中等题 设向量组 $\boldsymbol{\alpha}_1,\boldsymbol{\alpha}_2,\boldsymbol{\alpha}_3$ 线性无关，当常数 a,b,c 满足什么条件时，向量组 $a\boldsymbol{\alpha}_1-\boldsymbol{\alpha}_2,b\boldsymbol{\alpha}_2-\boldsymbol{\alpha}_3,c\boldsymbol{\alpha}_3-\boldsymbol{\alpha}_1$ 线性相关？

191 中等题 设 $\boldsymbol{\alpha}_1,\boldsymbol{\alpha}_2,\boldsymbol{\alpha}_3$ 均为三维向量，则对任意的常数 k,l，向量组 $\boldsymbol{\alpha}_1+k\boldsymbol{\alpha}_3$, $\boldsymbol{\alpha}_2+l\boldsymbol{\alpha}_3$ 线性无关是 $\boldsymbol{\alpha}_1,\boldsymbol{\alpha}_2,\boldsymbol{\alpha}_3$ 线性无关的（　　）.

(A) 必要非充分条件　　(B) 充分非必要条件

(C) 充要条件　　(D) 既非充分条件也非必要条件

192 中等题 已知 $\boldsymbol{\alpha}_1,\boldsymbol{\alpha}_2,\boldsymbol{\alpha}_3,\boldsymbol{\alpha}_4$ 均为三维列向量，且 $\boldsymbol{\alpha}_1,\boldsymbol{\alpha}_2$ 线性无关，$\boldsymbol{\alpha}_4$ 不能由 $\boldsymbol{\alpha}_1,\boldsymbol{\alpha}_2,\boldsymbol{\alpha}_3$ 线性表示，令 $\boldsymbol{A}=(\boldsymbol{\alpha}_1,\boldsymbol{\alpha}_2,\boldsymbol{\alpha}_3)$，则 $r(\boldsymbol{A})=$________.

193 中等题 已知向量组 $\boldsymbol{\alpha}_1,\boldsymbol{\alpha}_2,\cdots,\boldsymbol{\alpha}_s\,(s\geqslant 2)$ 线性无关，设 $\boldsymbol{\beta}_1=\boldsymbol{\alpha}_1+\boldsymbol{\alpha}_2,\boldsymbol{\beta}_2=\boldsymbol{\alpha}_2+\boldsymbol{\alpha}_3,\cdots,$ $\boldsymbol{\beta}_{s-1}=\boldsymbol{\alpha}_{s-1}+\boldsymbol{\alpha}_s,\boldsymbol{\beta}_s=\boldsymbol{\alpha}_s+\boldsymbol{\alpha}_1$，试讨论 $\boldsymbol{\beta}_1,\boldsymbol{\beta}_2,\cdots,\boldsymbol{\beta}_s$ 的线性相关性.

194 中等题 设 $\boldsymbol{A}$ 是 n 阶矩阵，$\boldsymbol{\alpha}$ 是 n 维列向量，若存在正整数 k，使得 $\boldsymbol{A}^k\boldsymbol{\alpha}=\boldsymbol{0}$, $\boldsymbol{A}^{k-1}\boldsymbol{\alpha}\neq\boldsymbol{0}$，证明向量组 $\boldsymbol{\alpha},\boldsymbol{A}\boldsymbol{\alpha},\cdots,\boldsymbol{A}^{k-1}\boldsymbol{\alpha}$ 线性无关.

195 中等题 已知 $\boldsymbol{\alpha}_i=(a_{i1},a_{i2},\cdots,a_{in})^{\mathrm{T}}\,(i=1,2,\cdots,r;r<n)$ 是 n 维实向量，且 $\boldsymbol{\alpha}_1,\boldsymbol{\alpha}_2,\cdots,$ $\boldsymbol{\alpha}_r$ 线性无关，若 $\boldsymbol{\beta}=(b_1,b_2,\cdots,b_n)^{\mathrm{T}}$ 是线性方程组

$$\begin{cases}a_{11}x_1+a_{12}x_2+\cdots+a_{1n}x_n=0\\a_{21}x_1+a_{22}x_2+\cdots+a_{2n}x_n=0\\\qquad\cdots\cdots\\a_{r1}x_1+a_{r2}x_2+\cdots+a_{rn}x_n=0\end{cases}$$

的非零解向量，试判断向量组 $\boldsymbol{\alpha}_1,\boldsymbol{\alpha}_2,\cdots,\boldsymbol{\alpha}_r,\boldsymbol{\beta}$ 的线性相关性.

196 中等题 设 $\boldsymbol{A}$ 为 n 阶矩阵，$\boldsymbol{\alpha}_1$ 为 n 维非零列向量，若 $\boldsymbol{A}\boldsymbol{\alpha}_1=2\boldsymbol{\alpha}_1$, $\boldsymbol{A}\boldsymbol{\alpha}_2=2\boldsymbol{\alpha}_2+$ $\boldsymbol{\alpha}_1,\boldsymbol{A}\boldsymbol{\alpha}_3=2\boldsymbol{\alpha}_3+\boldsymbol{\alpha}_2$，证明向量组 $\boldsymbol{\alpha}_1,\boldsymbol{\alpha}_2,\boldsymbol{\alpha}_3$ 线性无关.

197 中等题 证明 n 维列向量 $\boldsymbol{\alpha}_1,\boldsymbol{\alpha}_2,\cdots,\boldsymbol{\alpha}_n$ 线性无关的充要条件是

$$D=\begin{vmatrix}\boldsymbol{\alpha}_1^{\mathrm{T}}\boldsymbol{\alpha}_1&\boldsymbol{\alpha}_1^{\mathrm{T}}\boldsymbol{\alpha}_2&\cdots&\boldsymbol{\alpha}_1^{\mathrm{T}}\boldsymbol{\alpha}_n\\\boldsymbol{\alpha}_2^{\mathrm{T}}\boldsymbol{\alpha}_1&\boldsymbol{\alpha}_2^{\mathrm{T}}\boldsymbol{\alpha}_2&\cdots&\boldsymbol{\alpha}_2^{\mathrm{T}}\boldsymbol{\alpha}_n\\\vdots&\vdots&&\vdots\\\boldsymbol{\alpha}_n^{\mathrm{T}}\boldsymbol{\alpha}_1&\boldsymbol{\alpha}_n^{\mathrm{T}}\boldsymbol{\alpha}_2&\cdots&\boldsymbol{\alpha}_n^{\mathrm{T}}\boldsymbol{\alpha}_n\end{vmatrix}\neq 0,$$

其中 $\boldsymbol{\alpha}_i^{\mathrm{T}}$ 表示列向量 $\boldsymbol{\alpha}_i$ 的转置，$i=1,2,\cdots n$.

198 中等题 设向量组 $\boldsymbol{\alpha}_1,\boldsymbol{\alpha}_2,\cdots,\boldsymbol{\alpha}_m$ 线性无关，向量 $\boldsymbol{\beta}_1$ 可由它们线性表示，$\boldsymbol{\beta}_2$ 不能由它们线性表示，证明向量组 $\boldsymbol{\alpha}_1,\boldsymbol{\alpha}_2,\cdots,\boldsymbol{\alpha}_m,\lambda\boldsymbol{\beta}_1+\boldsymbol{\beta}_2$（$\lambda$ 为常数）线性无关.

第五节　极大线性无关组

199 基础题 已知矩阵 $\boldsymbol{A}=(\boldsymbol{\alpha}_1,\boldsymbol{\alpha}_2,\boldsymbol{\alpha}_3,\boldsymbol{\alpha}_4)$ 经初等行变换化为矩阵 $\boldsymbol{B}$，其中 $\boldsymbol{B}=\begin{pmatrix}1&0&1&-2\\0&-1&1&2\\0&0&-1&4\\0&0&0&0\end{pmatrix}$，则向量组 $\boldsymbol{\alpha}_1,\boldsymbol{\alpha}_2,\boldsymbol{\alpha}_3,\boldsymbol{\alpha}_4$ 的一个极大线性无关组为________. 其余向量由此极大线性无关组线性表示的关系式为________.

200 基础题 求向量组 $\boldsymbol{\alpha}_1=(1,3,2,0),\boldsymbol{\alpha}_2=(7,0,14,3),\boldsymbol{\alpha}_3=(2,-1,0,1),\boldsymbol{\alpha}_4=(5,1,6,2)$, $\boldsymbol{\alpha}_5=(2,-1,4,1)$ 的一个极大线性无关组，并将其余向量用该极大线性无关组线性表示.

201 基础题 若 $\boldsymbol{\alpha}_1,\boldsymbol{\alpha}_2,\boldsymbol{\alpha}_3$ 是向量组 $\boldsymbol{\alpha}_1,\boldsymbol{\alpha}_2,\boldsymbol{\alpha}_3,\boldsymbol{\alpha}_4$ 的一个极大线性无关组，则下列说法中错误的是（　　）.

(A) $\boldsymbol{\alpha}_1,\boldsymbol{\alpha}_2,\boldsymbol{\alpha}_3,\boldsymbol{\alpha}_4$ 线性相关

(B) 向量组 $\boldsymbol{\alpha}_1,\boldsymbol{\alpha}_2,\boldsymbol{\alpha}_3$ 与向量组 $\boldsymbol{\alpha}_1,\boldsymbol{\alpha}_2,\boldsymbol{\alpha}_3,\boldsymbol{\alpha}_4$ 等价

(C) 向量组 $\boldsymbol{\alpha}_1,\boldsymbol{\alpha}_2,\boldsymbol{\alpha}_3,\boldsymbol{\alpha}_4$ 中任意三个线性无关的部分组都是其一个极大线性无关组

(D) $\boldsymbol{\alpha}_2,\boldsymbol{\alpha}_3,\boldsymbol{\alpha}_4$ 也是向量组 $\boldsymbol{\alpha}_1,\boldsymbol{\alpha}_2,\boldsymbol{\alpha}_3,\boldsymbol{\alpha}_4$ 的一个极大线性无关组

第六节　向量组的秩

202 基础题 设向量组 $\boldsymbol{\alpha}_1=(1,-1,2),\boldsymbol{\alpha}_2=(2,-1,4),\boldsymbol{\alpha}_3=(1,a,2)$，则向量组 $\boldsymbol{\alpha}_1,\boldsymbol{\alpha}_2,\boldsymbol{\alpha}_3$ 的秩为（　　）.

(A) 1　　(B) 2　　(C) 3　　(D) 与 a 的取值有关

203 基础题 已知向量组 $\boldsymbol{\alpha}_1=(1,1,a,2)^{\mathrm{T}},\boldsymbol{\alpha}_2=(1,a,1,a+1)^{\mathrm{T}},\boldsymbol{\alpha}_3=(a,1,1,a+3)^{\mathrm{T}}$ 的秩为 2，则 $a=$________.

204 基础题 设向量组 (I): $\boldsymbol{\alpha}_1,\boldsymbol{\alpha}_2,\cdots,\boldsymbol{\alpha}_r$ 可由向量组 (II): $\boldsymbol{\beta}_1,\boldsymbol{\beta}_2,\cdots,\boldsymbol{\beta}_s$ 线性表示，则下列命题正确的是（　　）.

(A) 若向量组 (I) 线性无关，则 $r\leqslant s$

(B) 若向量组 (I) 线性相关，则 $r>s$

(C) 若向量组 (II) 线性无关，则 $r\leqslant s$

(D) 若向量组 (II) 线性相关，则 $r > s$

205 基础题 设 $\boldsymbol{\alpha}_1,\boldsymbol{\alpha}_2,\cdots,\boldsymbol{\alpha}_s$ 均为 n 维向量，则下列结论不正确的是（　　）.

(A) 若对任意一组不全为零的数 $k_1,k_2,\cdots,k_s$，都有 $k_1\boldsymbol{\alpha}_1+k_2\boldsymbol{\alpha}_2+\cdots+k_s\boldsymbol{\alpha}_s\neq\boldsymbol{0}$，则 $\boldsymbol{\alpha}_1,\boldsymbol{\alpha}_2,\cdots,\boldsymbol{\alpha}_s$ 线性无关

(B) 若 $\boldsymbol{\alpha}_1,\boldsymbol{\alpha}_2,\cdots,\boldsymbol{\alpha}_s$ 线性相关，则对任意一组不全为零的数 $k_1,k_2,\cdots,k_s$，都有 $k_1\boldsymbol{\alpha}_1+k_2\boldsymbol{\alpha}_2+\cdots+k_s\boldsymbol{\alpha}_s=\boldsymbol{0}$

(C) $\boldsymbol{\alpha}_1,\boldsymbol{\alpha}_2,\cdots,\boldsymbol{\alpha}_s$ 线性无关的充要条件是此向量组的秩为 s

(D) $\boldsymbol{\alpha}_1,\boldsymbol{\alpha}_2,\cdots,\boldsymbol{\alpha}_s$ 线性无关的必要条件是其中任意两个向量都线性无关

206 基础题 设 $\boldsymbol{A}_{m\times n},\boldsymbol{B}_{n\times s}$ 均为非零矩阵，且 $\boldsymbol{AB}=\boldsymbol{O}$，证明 $\boldsymbol{B}$ 的行向量组线性相关.

207 基础题 若 $\boldsymbol{\alpha}_1,\boldsymbol{\alpha}_2,\boldsymbol{\alpha}_3$ 是向量组 $\boldsymbol{\alpha}_1,\boldsymbol{\alpha}_2,\boldsymbol{\alpha}_3,\boldsymbol{\alpha}_4$ 的一个极大线性无关组，则下列说法不正确的是（　　）.

(A) 向量组 $\boldsymbol{\alpha}_1,\boldsymbol{\alpha}_2,\boldsymbol{\alpha}_3,\boldsymbol{\alpha}_4$ 的秩为 3

(B) $\boldsymbol{\alpha}_4$ 可由向量组 $\boldsymbol{\alpha}_1,\boldsymbol{\alpha}_2,\boldsymbol{\alpha}_3$ 线性表示

(C) $\boldsymbol{\alpha}_1$ 可由向量组 $\boldsymbol{\alpha}_1,\boldsymbol{\alpha}_2,\boldsymbol{\alpha}_3$ 线性表示

(D) $\boldsymbol{\alpha}_1$ 可由向量组 $\boldsymbol{\alpha}_2,\boldsymbol{\alpha}_3,\boldsymbol{\alpha}_4$ 线性表示

208 基础题 设 $\boldsymbol{A}$ 是 $m\times n$ 矩阵，$\boldsymbol{B}$ 是 $n\times m$ 矩阵，$\boldsymbol{E}$ 是 n 阶单位矩阵（$m>n$），已知 $\boldsymbol{BA}=\boldsymbol{E}$，试判断 $\boldsymbol{A}$ 的列向量组是否线性相关. 为什么？

209 基础题 设 $\boldsymbol{A},\boldsymbol{B}$ 都是 $m\times n$ 矩阵，证明 $r(\boldsymbol{A}+\boldsymbol{B})\leqslant r(\boldsymbol{A})+r(\boldsymbol{B})$.

210 基础题 已知 $\boldsymbol{\alpha}_1,\boldsymbol{\alpha}_2,\boldsymbol{\alpha}_3,\boldsymbol{\alpha}_4$ 均为列向量，且 $\boldsymbol{\beta}_1=\boldsymbol{\alpha}_1+\boldsymbol{\alpha}_2,\boldsymbol{\beta}_2=-\boldsymbol{\alpha}_1+\boldsymbol{\alpha}_2+2\boldsymbol{\alpha}_3,\boldsymbol{\beta}_3=-\boldsymbol{\alpha}_2+2\boldsymbol{\alpha}_3+\boldsymbol{\alpha}_4,\boldsymbol{\beta}_4=\boldsymbol{\alpha}_1+\boldsymbol{\alpha}_2+\boldsymbol{\alpha}_3+\boldsymbol{\alpha}_4$，证明 $r(\boldsymbol{\alpha}_1,\boldsymbol{\alpha}_2,\boldsymbol{\alpha}_3,\boldsymbol{\alpha}_4)=r(\boldsymbol{\beta}_1,\boldsymbol{\beta}_2,\boldsymbol{\beta}_3,\boldsymbol{\beta}_4)$.

211 基础题 设向量组 (I): $\boldsymbol{\alpha}_1,\boldsymbol{\alpha}_2,\cdots,\boldsymbol{\alpha}_s$ 与向量组 (II): $\boldsymbol{\beta}_1,\boldsymbol{\beta}_2,\cdots,\boldsymbol{\beta}_t$ 的秩均为 r，则下列命题不正确的是（　　）.

(A) 若 $s=t$，则向量组 (I) 与向量组 (II) 等价

(B) 若向量组 (I) 是向量组 (II) 的部分组，则向量组 (I) 与向量组 (II) 等价

(C) 若向量组 (I) 可由向量组 (II) 线性表示，则向量组 (I) 与向量组 (II) 等价

(D) 若 $r(\boldsymbol{\alpha}_1,\boldsymbol{\alpha}_2,\cdots,\boldsymbol{\alpha}_s,\boldsymbol{\beta}_1,\boldsymbol{\beta}_2,\cdots,\boldsymbol{\beta}_t)=r$，则向量组 (I) 与向量组 (II) 等价

212 中等题 设 n 维列向量组 $\boldsymbol{\alpha}_1,\boldsymbol{\alpha}_2,\cdots,\boldsymbol{\alpha}_s(s<n)$ 线性无关，则 n 维列向量组 $\boldsymbol{\beta}_1,\boldsymbol{\beta}_2,\cdots,\boldsymbol{\beta}_s$ 线性无关的充要条件是（　　）.

(A) 向量组 $\boldsymbol{\alpha}_1,\boldsymbol{\alpha}_2,\cdots,\boldsymbol{\alpha}_s$ 可由向量组 $\boldsymbol{\beta}_1,\boldsymbol{\beta}_2,\cdots,\boldsymbol{\beta}_s$ 线性表示

(B) 向量组 $\boldsymbol{\beta}_1,\boldsymbol{\beta}_2,\cdots,\boldsymbol{\beta}_s$ 可由向量组 $\boldsymbol{\alpha}_1,\boldsymbol{\alpha}_2,\cdots,\boldsymbol{\alpha}_s$ 线性表示

(C) 向量组 $\boldsymbol{\alpha}_1,\boldsymbol{\alpha}_2,\cdots,\boldsymbol{\alpha}_s$ 与向量组 $\boldsymbol{\beta}_1,\boldsymbol{\beta}_2,\cdots,\boldsymbol{\beta}_s$ 等价

(D) 矩阵 $\boldsymbol{A}=(\boldsymbol{\alpha}_1,\boldsymbol{\alpha}_2,\cdots,\boldsymbol{\alpha}_s)$ 与矩阵 $\boldsymbol{B}=(\boldsymbol{\beta}_1,\boldsymbol{\beta}_2,\cdots,\boldsymbol{\beta}_s)$ 等价

213 中等题 设矩阵 $\boldsymbol{A}=\begin{pmatrix}1&0&1\\1&1&2\\0&1&1\end{pmatrix}$，$\boldsymbol{\alpha}_1,\boldsymbol{\alpha}_2,\boldsymbol{\alpha}_3$ 为线性无关的三维列向量，则向量组 $\boldsymbol{A}\boldsymbol{\alpha}_1,\boldsymbol{A}\boldsymbol{\alpha}_2,\boldsymbol{A}\boldsymbol{\alpha}_3$ 的秩为________.

214 中等题 设三维列向量组 $\boldsymbol{\alpha}_1,\boldsymbol{\alpha}_2,\boldsymbol{\alpha}_3$ 线性无关，$\boldsymbol{\beta}_1=\boldsymbol{\alpha}_1+\boldsymbol{\alpha}_2+2\boldsymbol{\alpha}_3,\boldsymbol{\beta}_2=\boldsymbol{\alpha}_1+\boldsymbol{\alpha}_3$，$\boldsymbol{\beta}_3=2\boldsymbol{\alpha}_1-2\boldsymbol{\alpha}_2,\boldsymbol{\beta}_4=\boldsymbol{\alpha}_2+\boldsymbol{\alpha}_3$，则向量组 $\boldsymbol{\beta}_1,\boldsymbol{\beta}_2,\boldsymbol{\beta}_3,\boldsymbol{\beta}_4$ 的秩为________.

215 中等题 已知向量组 $\boldsymbol{\alpha}_1,\boldsymbol{\alpha}_2,\boldsymbol{\alpha}_3$ 线性无关，向量 $\boldsymbol{\beta}_1$ 可由 $\boldsymbol{\alpha}_1,\boldsymbol{\alpha}_2,\boldsymbol{\alpha}_3$ 线性表示，向量 $\boldsymbol{\beta}_2$ 不能由 $\boldsymbol{\alpha}_1,\boldsymbol{\alpha}_2,\boldsymbol{\alpha}_3$ 线性表示，则 $r(\boldsymbol{\alpha}_1,\boldsymbol{\alpha}_2,\boldsymbol{\alpha}_3,\boldsymbol{\beta}_1+\boldsymbol{\beta}_2)=$________.

216 中等题 已知向量组 (I): $\boldsymbol{\alpha}_1,\boldsymbol{\alpha}_2,\boldsymbol{\alpha}_3$，(II): $\boldsymbol{\alpha}_1,\boldsymbol{\alpha}_2,\boldsymbol{\alpha}_3,\boldsymbol{\alpha}_4$，(III): $\boldsymbol{\alpha}_1,\boldsymbol{\alpha}_2,\boldsymbol{\alpha}_3,\boldsymbol{\alpha}_5$，如果向量组的秩分别为 $r(\mathrm{I})=r(\mathrm{II})=3,r(\mathrm{III})=4$，证明向量组 $\boldsymbol{\alpha}_1,\boldsymbol{\alpha}_2,\boldsymbol{\alpha}_3,\boldsymbol{\alpha}_5-\boldsymbol{\alpha}_4$ 的秩为 4.

217 中等题 设 $a_1,a_2,\cdots,a_r(r\leqslant n)$ 是互不相同的数，$\boldsymbol{\alpha}_i=(1,a_i,a_i^2,\cdots,a_i^{n-1})^{\mathrm{T}}(i=1,2,\cdots,r)$，问 $\boldsymbol{\alpha}_1,\boldsymbol{\alpha}_2,\cdots,\boldsymbol{\alpha}_r$ 线性相关还是线性无关?

218 中等题 设向量 $\boldsymbol{\alpha}=\boldsymbol{\alpha}_1+\boldsymbol{\alpha}_2+\cdots+\boldsymbol{\alpha}_s(s>1),\boldsymbol{\beta}_1=\boldsymbol{\alpha}-\boldsymbol{\alpha}_1,\boldsymbol{\beta}_2=\boldsymbol{\alpha}-\boldsymbol{\alpha}_2,\cdots,\boldsymbol{\beta}_s=\boldsymbol{\alpha}-\boldsymbol{\alpha}_s$，则（　　）.

(A) $r(\boldsymbol{\alpha}_1,\boldsymbol{\alpha}_2,\cdots,\boldsymbol{\alpha}_s)=r(\boldsymbol{\beta}_1,\boldsymbol{\beta}_2,\cdots,\boldsymbol{\beta}_s)$

(B) $r(\boldsymbol{\alpha}_1,\boldsymbol{\alpha}_2,\cdots,\boldsymbol{\alpha}_s)>r(\boldsymbol{\beta}_1,\boldsymbol{\beta}_2,\cdots,\boldsymbol{\beta}_s)$

(C) $r(\boldsymbol{\alpha}_1,\boldsymbol{\alpha}_2,\cdots,\boldsymbol{\alpha}_s)<r(\boldsymbol{\beta}_1,\boldsymbol{\beta}_2,\cdots,\boldsymbol{\beta}_s)$

(D) 不能确定两者之间的大小关系

219 中等题 设矩阵 $\boldsymbol{A}_{m\times n}$ 的秩 $r(\boldsymbol{A})=m<n$，$\boldsymbol{E}$ 为 m 阶单位矩阵，下列结论中正确的是（　　）.

(A) $\boldsymbol{A}$ 的任意 m 个列向量必线性无关

(B) $\boldsymbol{A}$ 的任意一个 m 阶子式不等于零

(C) 若矩阵 $\boldsymbol{B}$ 满足 $\boldsymbol{BA}=\boldsymbol{O}$，则 $\boldsymbol{B}=\boldsymbol{O}$

(D) $\boldsymbol{A}$ 通过初等行变换必可化为 $(\boldsymbol{E},0)$ 的形式

220 中等题 已知向量组 (I): $\boldsymbol{\beta}_1=\begin{pmatrix}0\\1\\-1\end{pmatrix},\boldsymbol{\beta}_2=\begin{pmatrix}a\\2\\1\end{pmatrix},\boldsymbol{\beta}_3=\begin{pmatrix}b\\1\\0\end{pmatrix}$ 与向量组 (II): $\boldsymbol{\alpha}_1=\begin{pmatrix}1\\2\\-3\end{pmatrix}$, $\boldsymbol{\alpha}_2=\begin{pmatrix}3\\0\\1\end{pmatrix},\boldsymbol{\alpha}_3=\begin{pmatrix}9\\6\\-7\end{pmatrix}$ 具有相同的秩，且 $\boldsymbol{\beta}_3$ 可由向量组 (II) 线性表示，求 a,b 的值.

第4章

线性方程组

第一节　线性方程组的表示法

221 基础题 写出线性方程组$\begin{cases}2x_1-x_2+x_3=2\\x_1+4x_2+5x_3=3\\x_1+x_2+2x_3=-5\end{cases}$的矩阵形式及向量形式.

第二节　线性方程组解的判定

222 基础题 已知线性方程组$\begin{cases}ax_1+x_2+x_3=1\\x_1+ax_2+x_3=1\\x_1+x_2+ax_3=-2\end{cases}$有无穷多解，则$a=$______.

223 基础题 已知线性方程组$\begin{cases}x_1+x_2-x_3=1\\2x_1+3x_2+ax_3=3\\x_1+ax_2+3x_3=2\end{cases}$无解，则$a=$______.

224 基础题 设线性方程组$\begin{cases}x_1+a_1x_2+a_1^2x_3=a_1^3\\x_1+a_2x_2+a_2^2x_3=a_2^3\\x_1+a_3x_2+a_3^2x_3=a_3^3\\x_1+a_4x_2+a_4^2x_3=a_4^3\end{cases}$，证明：若$a_1,a_2,a_3,a_4$两两不相等，则此线性方程组无解.

225 基础题 若非齐次线性方程组$\begin{cases}x_1+kx_2=3\\kx_1+x_2+x_3=1\\(1-3k)x_2+x_3=-8\end{cases}$有唯一解，则(　　).

(A) $k=0$　　(B) $k\neq 0$　　(C) $k\neq 3$　　(D) $k\neq 0$且$k\neq 3$

226 基础题 设$\boldsymbol{A}$是$m\times n$矩阵，则线性方程组$\boldsymbol{Ax}=\boldsymbol{b}$有唯一解的充要条件是(　　).

(A) $m=n$且$|\boldsymbol{A}|\neq 0$

(B) $\boldsymbol{Ax}=\boldsymbol{0}$ 仅有零解

(C) $r(\boldsymbol{A})=n$，且 $\boldsymbol{b}$ 可由 $\boldsymbol{A}$ 的列向量组线性表示

(D) $\boldsymbol{A}$ 的列向量组与 $(\boldsymbol{A},\boldsymbol{b})$ 的列向量组等价

227 基础题 已知齐次线性方程组 $\begin{cases}x_1+2x_2-2x_3=0\\2x_1-x_2+\lambda x_3=0\\3x_1+x_2-3x_3=0\end{cases}$ 有非零解，则 $\lambda=$______.

228 基础题 齐次线性方程组 $\boldsymbol{Ax}=\boldsymbol{0}$ 有非零解的充要条件是（　　）.

(A) $\boldsymbol{A}$ 的行向量组线性无关　　(B) $\boldsymbol{A}$ 的列向量组线性无关

(C) $\boldsymbol{A}$ 的行向量组线性相关　　(D) $\boldsymbol{A}$ 的列向量组线性相关

229 基础题 设 $\boldsymbol{A}$ 为 $m\times n$ 矩阵，以下四个命题正确的是（　　）.

① 当 $m\geqslant n$ 时，齐次线性方程组 $\boldsymbol{Ax}=\boldsymbol{0}$ 仅有零解；

② 当 $m<n$ 时，齐次线性方程组 $\boldsymbol{Ax}=\boldsymbol{0}$ 有非零解；

③ 若 $\boldsymbol{A}$ 有 n 阶子式不为零，则齐次线性方程组 $\boldsymbol{Ax}=\boldsymbol{0}$ 仅有零解；

④ 若 $\boldsymbol{A}$ 的所有 $n-1$ 阶子式都不为零，则齐次线性方程组 $\boldsymbol{Ax}=\boldsymbol{0}$ 仅有零解.

(A) ①②　　(B) ②③　　(C) ②③④　　(D) ①②③④

230 基础题 设 $\boldsymbol{A}$ 为 $m\times n$ 矩阵，$\boldsymbol{B}$ 为 $n\times m$ 矩阵，则齐次线性方程组 $(\boldsymbol{AB})\boldsymbol{x}=\boldsymbol{0}$（　　）.

(A) 当 $m>n$ 时仅有零解　　(B) 当 $m<n$ 时仅有零解

(C) 当 $m>n$ 时必有非零解　　(D) 当 $m<n$ 时必有非零解

231 基础题 设 $\boldsymbol{A}$ 是 n 阶方阵，$\boldsymbol{\alpha}$ 是 n 维列向量，若 $r\begin{pmatrix}\boldsymbol{A} & \boldsymbol{\alpha}\\ \boldsymbol{\alpha}^{\mathrm{T}} & 0\end{pmatrix}=r(\boldsymbol{A})$，则线性方程组（　　）.

(A) $\boldsymbol{Ax}=\boldsymbol{\alpha}$ 必有无穷多解

(B) $\boldsymbol{Ax}=\boldsymbol{\alpha}$ 必有唯一解

(C) $\begin{pmatrix}\boldsymbol{A} & \boldsymbol{\alpha}\\ \boldsymbol{\alpha}^{\mathrm{T}} & 0\end{pmatrix}\begin{pmatrix}x\\y\end{pmatrix}=0$ 仅有零解

(D) $\begin{pmatrix}\boldsymbol{A} & \boldsymbol{\alpha}\\ \boldsymbol{\alpha}^{\mathrm{T}} & 0\end{pmatrix}\begin{pmatrix}x\\y\end{pmatrix}=0$ 必有非零解

232 中等题 设矩阵 $\boldsymbol{A}=\begin{pmatrix}1&1&1\\1&2&a\\1&4&a^2\end{pmatrix},\boldsymbol{b}=\begin{pmatrix}1\\d\\d^2\end{pmatrix}$，若集合 $\Omega=\{1,2\}$，则线性方程组 $\boldsymbol{Ax}=\boldsymbol{b}$ 有无穷多解的充要条件是（　　）.

(A) $a\notin\Omega,d\notin\Omega$　　(B) $a\notin\Omega,d\in\Omega$

(C) $a\in\Omega,d\notin\Omega$　　(D) $a\in\Omega,d\in\Omega$

233 中等题 设 $\boldsymbol{\alpha}=\begin{pmatrix}a_1\\a_2\\a_3\end{pmatrix},\boldsymbol{\beta}=\begin{pmatrix}b_1\\b_2\\b_3\end{pmatrix},\boldsymbol{c}=\begin{pmatrix}c_1\\c_2\\c_3\end{pmatrix}$，则三条直线 $a_1x+b_1y+c_1=0,a_2x+b_2y+c_2=0,a_3x+b_3y+c_3=0$（其中 $a_i^2+b_i^2\neq0,i=1,2,3$）交于一点的充要条件是（　　）.

(A) $\boldsymbol{\alpha},\boldsymbol{\beta},\boldsymbol{\gamma}$ 线性相关　　(B) $\boldsymbol{\alpha},\boldsymbol{\beta},\boldsymbol{\gamma}$ 线性无关

(C) $r(\boldsymbol{\alpha},\boldsymbol{\beta},\boldsymbol{\gamma})=r(\boldsymbol{\alpha},\boldsymbol{\beta})$　　(D) $\boldsymbol{\alpha},\boldsymbol{\beta},\boldsymbol{\gamma}$ 线性相关，$\boldsymbol{\alpha},\boldsymbol{\beta}$ 线性无关

234 中等题 设平面上三条直线 $a_1x+b_1y+c_1=0,a_2x+b_2y+c_2=0,a_3x+b_3y+c_3=0$ 围成一个三角形，记

$$\boldsymbol{A}=\begin{pmatrix}a_1&b_1\\a_2&b_2\end{pmatrix},\boldsymbol{B}=\begin{pmatrix}a_1&b_1\\a_2&b_2\\a_3&b_3\end{pmatrix},\boldsymbol{C}=\begin{pmatrix}a_1&b_1&c_1\\a_2&b_2&c_2\\a_3&b_3&c_3\end{pmatrix},$$

则（　　）.

(A) $r(\boldsymbol{A})=r(\boldsymbol{B})=r(\boldsymbol{C})=2$　　(B) $r(\boldsymbol{A})=r(\boldsymbol{B})=r(\boldsymbol{C})=1$

(C) $r(\boldsymbol{A})=r(\boldsymbol{B})=2,r(\boldsymbol{C})=3$　　(D) $r(\boldsymbol{A})=r(\boldsymbol{B})=1,r(\boldsymbol{C})=2$

235 中等题 设 $\boldsymbol{A}$ 是 $m\times n$ 矩阵，非齐次线性方程组 $\boldsymbol{Ax}=\boldsymbol{b}$ 有解的充分条件是（　　）.

(A) $r(\boldsymbol{A})=m$　　(B) $r(\boldsymbol{A})=n$

(C) $\boldsymbol{A}$ 的行向量组线性相关　　(D) $\boldsymbol{A}$ 的列向量组线性相关

236 中等题 设 $\boldsymbol{A}$ 为 3×4 矩阵，$r(\boldsymbol{A})=3$，则（　　）.

(A) $\boldsymbol{A}$ 的列向量组线性无关

(B) 非齐次线性方程组 $\boldsymbol{Ax}=\boldsymbol{b}$ 有唯一解

(C) 线性方程组 $\boldsymbol{Ax}=\boldsymbol{b}$ 的增广矩阵的行向量线性无关

(D) 线性方程组 $\boldsymbol{Ax}=\boldsymbol{b}$ 的增广矩阵的任意三个列向量线性无关

237 综合题 已知线性方程组 $\begin{cases} ax_1 + x_3 = 1 \\ x_1 + ax_2 + x_3 = 0 \\ x_1 + 2x_2 + ax_3 = 0 \\ ax_1 + bx_2 = 2 \end{cases}$ 有解，其中 a,b 为常数，若 $\begin{vmatrix} a & 0 & 1 \\ 1 & a & 1 \\ 1 & 2 & a \end{vmatrix} = 4$，则 $\begin{vmatrix} 1 & a & 1 \\ 1 & 2 & a \\ a & b & 0 \end{vmatrix} =$ ________.

第三节　线性方程组解的性质

238 基础题 设 $\boldsymbol{\eta}_1, \boldsymbol{\eta}_2, \cdots, \boldsymbol{\eta}_s$ 为非齐次线性方程组 $\boldsymbol{Ax} = \boldsymbol{b}$ 的解，若 $c_1\boldsymbol{\eta}_1 + c_2\boldsymbol{\eta}_2 + \cdots + c_s\eta_s$ 也是该方程组的一个解，则 $c_1 + c_2 + \cdots + c_s =$ ________；若 $k_1\boldsymbol{\eta}_1 + k_2\boldsymbol{\eta}_2 + \cdots + k_s\boldsymbol{\eta}_s$ 是其导出组 $\boldsymbol{Ax} = \boldsymbol{0}$ 的解，则 $k_1 + k_2 + \cdots + k_s =$ ________.

239 基础题 设 $\boldsymbol{\alpha}_1, \boldsymbol{\alpha}_2$ 是非齐次线性方程组 $\boldsymbol{Ax} = \boldsymbol{b}$ 的解，且 $3\boldsymbol{\alpha}_1 - \boldsymbol{\alpha}_2 = (4, -8, -4)^{\mathrm{T}}$，则 $\boldsymbol{Ax} = \boldsymbol{b}$ 的一个解是 ________.

第四节　齐次线性方程组的基础解系

240 基础题 已知 $\boldsymbol{\alpha}_1, \boldsymbol{\alpha}_2, \boldsymbol{\alpha}_3$ 是齐次线性方程组 $\boldsymbol{Ax} = \boldsymbol{0}$ 的一个基础解系，则（　　）为 $\boldsymbol{Ax} = \boldsymbol{0}$ 的基础解系.

(A) $\boldsymbol{\alpha}_1 + \boldsymbol{\alpha}_2, \boldsymbol{\alpha}_2 + \boldsymbol{\alpha}_3, \boldsymbol{\alpha}_3 + \boldsymbol{\alpha}_1$　　(B) $\boldsymbol{\alpha}_2 - \boldsymbol{\alpha}_1, \boldsymbol{\alpha}_3 - \boldsymbol{\alpha}_2, \boldsymbol{\alpha}_1 - \boldsymbol{\alpha}_3$

(C) $2\boldsymbol{\alpha}_2 - \boldsymbol{\alpha}_1, \frac{1}{2}\boldsymbol{\alpha}_3 - \boldsymbol{\alpha}_2, \boldsymbol{\alpha}_1 - \boldsymbol{\alpha}_3$　　(D) $\boldsymbol{\alpha}_1 + \boldsymbol{\alpha}_2 + \boldsymbol{\alpha}_3, \boldsymbol{\alpha}_3 - \boldsymbol{\alpha}_2, -\boldsymbol{\alpha}_1 - 2\boldsymbol{\alpha}_3$

241 基础题 设齐次线性方程组 $\boldsymbol{Ax} = \boldsymbol{0}$ 的系数矩阵 $\boldsymbol{A}$ 经初等行变换化为阶梯形矩阵 $\begin{pmatrix} 1 & 1 & -2 & 0 & 1 \\ 0 & 0 & 2 & 3 & 2 \\ 0 & 0 & 0 & 0 & 4 \end{pmatrix}$，则自由未知量不能取（　　）.

(A) x_4, x_5　　(B) x_2, x_3　　(C) x_2, x_4　　(D) x_1, x_3

242 基础题 求齐次线性方程组 $\begin{cases} x_1 + x_2 - 2x_4 - 6x_5 = 0 \\ 3x_1 - 2x_2 - x_3 + x_4 + 7x_5 = 0 \\ 3x_1 - x_2 - x_3 + 3x_5 = 0 \end{cases}$ 的一个基础解系.

243 基础题 设 $\boldsymbol{A}, \boldsymbol{B}$ 是 $n(n \geqslant 2)$ 阶矩阵，$\boldsymbol{AB} = \boldsymbol{O}$，则下列结论正确的是（　　）.

(A) $\boldsymbol{A}=\boldsymbol{O}$ 或 $\boldsymbol{B}=\boldsymbol{O}$ (B) $\boldsymbol{BA}=\boldsymbol{O}$

(C) 若 $\boldsymbol{\beta}_i$ 是 $\boldsymbol{B}$ 的行向量，则 $\boldsymbol{A}\boldsymbol{\beta}_i^{\mathrm{T}}=\mathbf{0}$ (D) $r(\boldsymbol{A})+r(\boldsymbol{B})\leqslant n$

244 基础题 设 $\boldsymbol{A},\boldsymbol{B}$ 为满足 $\boldsymbol{AB}=\boldsymbol{O}$ 的两个非零矩阵，则下列结论正确的是（ ）.

(A) $\boldsymbol{A}$ 的列向量组线性相关，$\boldsymbol{B}$ 的行向量组线性相关

(B) $\boldsymbol{A}$ 的列向量组线性相关，$\boldsymbol{B}$ 的列向量组线性相关

(C) $\boldsymbol{A}$ 的行向量组线性相关，$\boldsymbol{B}$ 的列向量组线性相关

(D) $\boldsymbol{A}$ 的行向量组线性相关，$\boldsymbol{B}$ 的行向量组线性相关

245 基础题 设 $\boldsymbol{A}$ 是 n 阶方阵，$|\boldsymbol{A}|=0$，若 $\boldsymbol{A}$ 中某个元素的代数余子式 $A_{ij}\neq 0$，则齐次线性方程组 $\boldsymbol{Ax}=\mathbf{0}$ 的基础解系中所含向量的个数为______.

246 基础题 已知 $\boldsymbol{A}=\begin{pmatrix}1&-1&2&-1\\4&-4&3&-2\\1&-1&t&1\end{pmatrix}$，若齐次线性方程组 $\boldsymbol{Ax}=\mathbf{0}$ 的基础解系中含有两个向量，则 $t=$______.

247 基础题 设 $\boldsymbol{\eta}_1,\boldsymbol{\eta}_2,\boldsymbol{\eta}_3$ 是 $\boldsymbol{Ax}=\mathbf{0}$ 的基础解系，则该方程组的基础解系还可以表示为（ ）.

(A) $\boldsymbol{\eta}_1,\boldsymbol{\eta}_2,\boldsymbol{\eta}_3$ 的一个等价的向量组

(B) $\boldsymbol{\eta}_1,\boldsymbol{\eta}_2,\boldsymbol{\eta}_3$ 的一个等秩的向量组

(C) $\boldsymbol{\eta}_1,\boldsymbol{\eta}_1+\boldsymbol{\eta}_2,\boldsymbol{\eta}_1+\boldsymbol{\eta}_2+\boldsymbol{\eta}_3$

(D) $\boldsymbol{\eta}_1-\boldsymbol{\eta}_2,\boldsymbol{\eta}_2-\boldsymbol{\eta}_3,\boldsymbol{\eta}_3-\boldsymbol{\eta}_1$

248 中等题 已知向量组 $\boldsymbol{\alpha}_1=(0,1,1,0)^{\mathrm{T}},\boldsymbol{\alpha}_2=(-1,2,2,1)^{\mathrm{T}}$ 与向量组 $\boldsymbol{\beta}_1=(-1,1,1,1)^{\mathrm{T}}$，$\boldsymbol{\beta}_2=(-1,a,0,1)^{\mathrm{T}}$ 都是齐次线性方程组 $\boldsymbol{Ax}=\mathbf{0}$ 的基础解系，则 $a=$______.

249 中等题 设 $\boldsymbol{A}$ 是 4×4 矩阵，$r(\boldsymbol{A})=3$，向量 $\boldsymbol{\alpha}_1=(1,2,1,3)^{\mathrm{T}},\boldsymbol{\alpha}_2=(1,1,-1,1)^{\mathrm{T}},\boldsymbol{\alpha}_3=(1,3,3,5)^{\mathrm{T}},\boldsymbol{\alpha}_4=(4,5,-2,6)^{\mathrm{T}},\boldsymbol{\alpha}_5=(-3,-5,-1,-6)^{\mathrm{T}}$ 均是方程组 $\boldsymbol{A}^*\boldsymbol{x}=\mathbf{0}$ 的解，其中 $\boldsymbol{A}^*$ 是 $\boldsymbol{A}$ 的伴随矩阵，则 $\boldsymbol{A}^*\boldsymbol{x}=\mathbf{0}$ 的基础解系是（ ）.

(A) $\boldsymbol{\alpha}_1$ (B) $\boldsymbol{\alpha}_1,\boldsymbol{\alpha}_2$ (C) $\boldsymbol{\alpha}_2,\boldsymbol{\alpha}_3,\boldsymbol{\alpha}_4$ (D) $\boldsymbol{\alpha}_1,\boldsymbol{\alpha}_3,\boldsymbol{\alpha}_5$

250 中等题 设 $\boldsymbol{A}=(\boldsymbol{\alpha}_1,\boldsymbol{\alpha}_2,\boldsymbol{\alpha}_3,\boldsymbol{\alpha}_4)$ 是四阶矩阵，$\boldsymbol{A}^*$ 是 $\boldsymbol{A}$ 的伴随矩阵，若 $(1,0,1,0)^{\mathrm{T}}$ 是方程组 $\boldsymbol{Ax}=\mathbf{0}$ 的一个基础解系，则 $\boldsymbol{A}^*\boldsymbol{x}=\mathbf{0}$ 的基础解系可以为（ ）.

(A) $\boldsymbol{\alpha}_1,\boldsymbol{\alpha}_3$ (B) $\boldsymbol{\alpha}_1,\boldsymbol{\alpha}_2$ (C) $\boldsymbol{\alpha}_1,\boldsymbol{\alpha}_2,\boldsymbol{\alpha}_3$ (D) $\boldsymbol{\alpha}_1,\boldsymbol{\alpha}_2,\boldsymbol{\alpha}_4$

251 中等题 设有齐次线性方程组 $Ax=0$ 和 $Bx=0$，其中 A,B 均为 $m\times n$ 矩阵，现有四个命题：

① 若 $Ax=0$ 的解均是 $Bx=0$ 的解，则 $r(A)\geqslant r(B)$；

② 若 $r(A)\geqslant r(B)$，则 $Ax=0$ 的解均是 $Bx=0$ 的解；

③ 若 $Ax=0$ 和 $Bx=0$ 同解，则 $r(A)=r(B)$；

④ 若 $r(A)=r(B)$，则 $Ax=0$ 和 $Bx=0$ 同解.

以上命题正确的是（　　）.

(A) ①②　　(B) ①③　　(C) ②④　　(D) ③④

252 中等题 设 n 阶矩阵 A 的伴随矩阵 $A^*\neq O$，若 ξ_1,ξ_2,ξ_3,ξ_4 是非齐次线性方程组 $Ax=b$ 的互不相等的解，则对应的齐次线性方程组 $Ax=0$ 的基础解系（　　）.

(A) 不存在　　(B) 仅含一个非零解向量

(C) 含有两个线性无关的解向量　　(D) 含有三个线性无关的解向量

253 中等题 设非齐次线性方程组 $A_{m\times n}x=b$ 有无穷多解，$r(A)=r<n$，则该方程组的线性无关的解向量的个数至多为（　　）.

(A) r　　(B) $r+1$　　(C) $n-r$　　(D) $n-r+1$

254 中等题 设 $A=(\alpha_1,\alpha_2,\alpha_3,\alpha_4)$ 是四阶矩阵，已知 $\eta_1=(-2,1,3,1)^{\mathrm{T}},\eta_2=(1,0,0,-2)^{\mathrm{T}}$ 是齐次线性方程组 $Ax=0$ 的基础解系，则必有（　　）.

(A) $\alpha_1,\alpha_3,\alpha_4$ 线性无关　　(B) $\alpha_2,\alpha_3,\alpha_4$ 线性无关

(C) α_1,α_4 线性无关　　(D) α_2,α_4 线性无关

255 综合题 设四阶矩阵 $A=(a_{ij})$ 不可逆，a_{12} 的代数余子式 $A_{12}\neq 0$，$\alpha_1,\alpha_2,\alpha_3,\alpha_4$ 为矩阵 A 的列向量，A^* 是 A 的伴随矩阵，则 $A^*x=0$ 的通解为（　　）.

(A) $x=k_1\alpha_1+k_2\alpha_2+k_3\alpha_3$，其中 k_1,k_2,k_3 为任意常数

(B) $x=k_1\alpha_1+k_2\alpha_2+k_3\alpha_4$，其中 k_1,k_2,k_3 为任意常数

(C) $x=k_1\alpha_1+k_2\alpha_3+k_3\alpha_4$，其中 k_1,k_2,k_3 为任意常数

(D) $x=k_1\alpha_2+k_2\alpha_3+k_3\alpha_4$，其中 k_1,k_2,k_3 为任意常数

256 中等题 已知 $A=\begin{pmatrix}1&2&3\\2&4&t\\3&6&9\end{pmatrix}$，$B$ 为三阶非零矩阵，且满足 $BA=O$，则（　　）.

(A) 当 $t=6$ 时，B 的秩必为 1　　(B) 当 $t=6$ 时，B 的秩必为 2

(C) 当 $t\neq 6$ 时，B 的秩必为 1　　(D) 当 $t\neq 6$ 时，B 的秩必为 2

257 综合题 设有一四维列向量组 $\boldsymbol{\alpha}_1,\boldsymbol{\alpha}_2,\boldsymbol{\alpha}_3,\boldsymbol{\alpha}_4$，记 $\boldsymbol{A}=(\boldsymbol{\alpha}_1,\boldsymbol{\alpha}_2,\boldsymbol{\alpha}_3,\boldsymbol{\alpha}_4)$，若齐次线性方程组 $\boldsymbol{Ax}=\boldsymbol{0}$ 的解为 $\boldsymbol{X}=k(1,0,1,0)^{\mathrm{T}}$，求向量组 $\boldsymbol{\alpha}_1,\boldsymbol{\alpha}_2,\boldsymbol{\alpha}_3,\boldsymbol{\alpha}_4$ 的极大线性无关组.

第五节 线性方程组解的结构

258 基础题 已知 $\boldsymbol{\beta}_1,\boldsymbol{\beta}_2$ 是非齐次线性方程组 $\boldsymbol{Ax}=\boldsymbol{b}$ 的两个解，$\boldsymbol{\alpha}_1,\boldsymbol{\alpha}_2$ 是对应的齐次线性方程组 $\boldsymbol{Ax}=\boldsymbol{0}$ 的基础解系，k_1,k_2 为任意常数，则方程组 $\boldsymbol{Ax}=\boldsymbol{b}$ 的通解为（　　）.

(A) $k_1\boldsymbol{\alpha}_1+k_2(\boldsymbol{\alpha}_1+\boldsymbol{\alpha}_2)+\frac{1}{2}(\boldsymbol{\beta}_1-\boldsymbol{\beta}_2)$

(B) $k_1\boldsymbol{\alpha}_1+k_2(\boldsymbol{\beta}_1+\boldsymbol{\beta}_2)+\frac{1}{2}(\boldsymbol{\beta}_1-\boldsymbol{\beta}_2)$

(C) $k_1\boldsymbol{\alpha}_1+k_2(\boldsymbol{\beta}_1-\boldsymbol{\beta}_2)+\frac{1}{2}(\boldsymbol{\beta}_1+\boldsymbol{\beta}_2)$

(D) $k_1(\boldsymbol{\alpha}_1-\boldsymbol{\alpha}_2)+k_2\boldsymbol{\alpha}_2+\frac{1}{2}(\boldsymbol{\beta}_1+\boldsymbol{\beta}_2)$

259 基础题 设 $\boldsymbol{A}=(a_{ij})$ 是 n 阶矩阵，$r(\boldsymbol{A})=n-1$，若 $\boldsymbol{A}$ 中各行元素之和均为零，则齐次线性方程组 $\boldsymbol{Ax}=\boldsymbol{0}$ 的通解为________. 若 $\boldsymbol{A}$ 中元素 a_{11} 的代数余子式 $A_{11}\neq 0$，则齐次线性方程组 $\boldsymbol{Ax}=\boldsymbol{0}$ 的通解为________.

260 基础题 设 $\boldsymbol{\alpha}_1,\boldsymbol{\alpha}_2,\boldsymbol{\alpha}_3$ 是四元非齐次线性方程组 $\boldsymbol{Ax}=\boldsymbol{b}$ 的三个解向量，且 $r(\boldsymbol{A})=3,\boldsymbol{\alpha}_1=(1,2,3,4)^{\mathrm{T}},\boldsymbol{\alpha}_2+\boldsymbol{\alpha}_3=(0,1,2,3)^{\mathrm{T}}$，$c$ 为任意常数，则线性方程组 $\boldsymbol{Ax}=\boldsymbol{b}$ 的通解为（　　）.

(A) $\begin{pmatrix}1\\2\\3\\4\end{pmatrix}+c\begin{pmatrix}1\\1\\1\\1\end{pmatrix}$　　(B) $\begin{pmatrix}1\\2\\3\\4\end{pmatrix}+c\begin{pmatrix}0\\1\\2\\3\end{pmatrix}$

(C) $\begin{pmatrix}1\\2\\3\\4\end{pmatrix}+c\begin{pmatrix}2\\3\\4\\5\end{pmatrix}$　　(D) $\begin{pmatrix}1\\2\\3\\4\end{pmatrix}+c\begin{pmatrix}3\\4\\5\\6\end{pmatrix}$

261 中等题 已知 $\boldsymbol{A}=(\boldsymbol{\alpha}_1,\boldsymbol{\alpha}_2,\boldsymbol{\alpha}_3)$ 为三阶矩阵，$\boldsymbol{\alpha}_2,\boldsymbol{\alpha}_3$ 线性无关，且 $\boldsymbol{\alpha}_1=2\boldsymbol{\alpha}_2-3\boldsymbol{\alpha}_3$，则齐次线性方程组 $\boldsymbol{Ax}=\boldsymbol{0}$ 的通解为________.

262 中等题 已知$\boldsymbol{\alpha}_1=(1,0,1)^{\mathrm{T}},\boldsymbol{\alpha}_2=(2,1,1)^{\mathrm{T}}$是线性方程组$\begin{cases}-x_1+ax_2+2x_3=1\\x_1-x_2+ax_3=2\\5x_1+bx_2-4x_3=a\end{cases}$的两个解，则此线性方程组的通解为________.

263 中等题 已知矩阵$\boldsymbol{A}=(\boldsymbol{\alpha}_1,\boldsymbol{\alpha}_2,\boldsymbol{\alpha}_3,\boldsymbol{\alpha}_4)$, $\boldsymbol{\alpha}_1,\boldsymbol{\alpha}_2,\boldsymbol{\alpha}_3,\boldsymbol{\alpha}_4$均为四维列向量，其中$\boldsymbol{\alpha}_1,\boldsymbol{\alpha}_2$线性无关，若向量$\boldsymbol{\beta}=\boldsymbol{\alpha}_1+\boldsymbol{\alpha}_2-\boldsymbol{\alpha}_3+\boldsymbol{\alpha}_4=\boldsymbol{\alpha}_1+2\boldsymbol{\alpha}_2-3\boldsymbol{\alpha}_3=2\boldsymbol{\alpha}_1+\boldsymbol{\alpha}_2-4\boldsymbol{\alpha}_3+2\boldsymbol{\alpha}_4$，求线性方程组$\boldsymbol{Ax}=\boldsymbol{\beta}$的通解.

264 综合题 设$\boldsymbol{A}$是n阶矩阵，且$\boldsymbol{A}^2=\boldsymbol{E}$，证明$r(\boldsymbol{A}+\boldsymbol{E})+r(\boldsymbol{A}-\boldsymbol{E})=n$.

265 综合题 在空间直角坐标系中，三个平面$\pi_i:a_ix+b_iy+c_iz=d_i(i=1,2,3)$的位置关系如图4-1所示，记$\boldsymbol{\alpha}_i=(a_i,b_i,c_i),\boldsymbol{\beta}_i=(a_i,b_i,c_i,d_i)$，若$r\begin{pmatrix}\boldsymbol{\alpha}_1\\\boldsymbol{\alpha}_2\\\boldsymbol{\alpha}_3\end{pmatrix}=m,r\begin{pmatrix}\boldsymbol{\beta}_1\\\boldsymbol{\beta}_2\\\boldsymbol{\beta}_3\end{pmatrix}=n$，则（　　）.

(A) $m=1,n=2$　　(B) $m=n=2$

(C) $m=2,n=3$　　(D) $m=n=3$

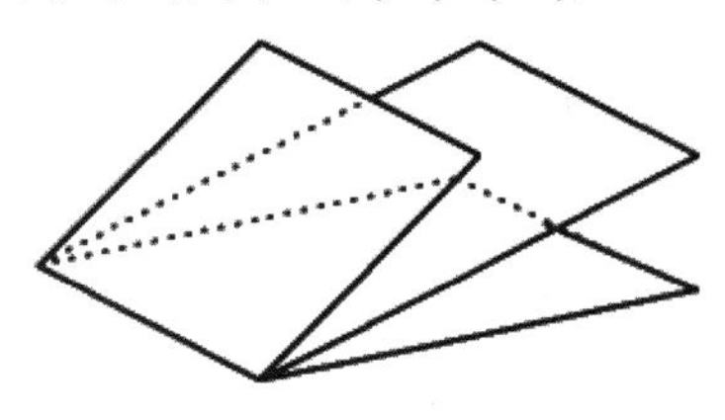

图4-1

266 综合题 如图4-2所示，三个平面两两相交，它们的方程$a_{i1}x+a_{i2}y+a_{i3}z=b_i(i=1,2,3)$组成的线性方程组的系数矩阵和增广矩阵分别记为$\boldsymbol{A},\overline{\boldsymbol{A}}$，则（　　）.

(A) $r(\boldsymbol{A})=2,r(\overline{\boldsymbol{A}})=3$　　(B) $r(\boldsymbol{A})=2,r(\overline{\boldsymbol{A}})=2$

(C) $r(\boldsymbol{A})=1,r(\overline{\boldsymbol{A}})=2$　　(D) $r(\boldsymbol{A})=1,r(\overline{\boldsymbol{A}})=1$

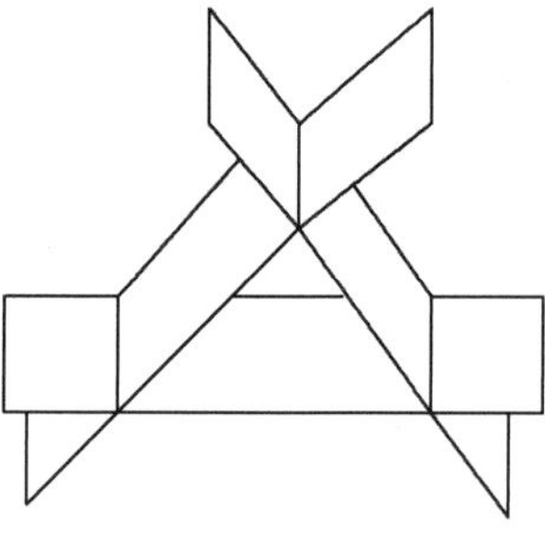

图4-2

267 中等题 设$m\times n$矩阵$\boldsymbol{A}$的秩为$r<n$，$\boldsymbol{\gamma}_0$为非齐次线性方程组$\boldsymbol{Ax}=\boldsymbol{b}$的一个解，$\boldsymbol{\eta}_1,\boldsymbol{\eta}_2,\cdots,\boldsymbol{\eta}_{n-r}$为其导出组$\boldsymbol{Ax}=\boldsymbol{0}$的一个基础解系，求证：$\boldsymbol{\eta}_1,\boldsymbol{\eta}_2,\cdots,\boldsymbol{\eta}_{n-r},\boldsymbol{\gamma}_0$线性无关.

第六节 线性方程组的求解

268 基础题 求齐次线性方程组$\begin{cases}x_1+2x_2+x_3+3x_4+x_5=0\\x_1+2x_2+2x_3+7x_4=0\\2x_1+4x_2+2x_3+6x_4+x_5=0\end{cases}$的通解.

269 基础题 求线性方程组 $\begin{cases} 2x_1+x_2-x_3+3x_4=1 \\ x_1+2x_2+3x_3+x_4=2 \\ 3x_2+7x_3-x_4=3 \\ x_1-x_2-4x_3+2x_4=-1 \end{cases}$ 的通解.

270 基础题 已知齐次线性方程组 $\begin{cases} (1+a)x_1+2x_2+3x_3+4x_4=0 \\ x_1+(2+a)x_2+3x_3+4x_4=0 \\ x_1+2x_2+(3+a)x_3+4x_4=0 \\ x_1+2x_2+3x_3+(4+a)x_4=0 \end{cases}$ 有非零解，求常数 a 及方程组的通解.

271 中等题 设齐次线性方程组 $\begin{cases} ax_1+bx_2+\cdots+bx_n=0 \\ bx_1+ax_2+\cdots+bx_n=0 \\ \qquad\cdots\cdots \\ bx_1+bx_2+\cdots+ax_n=0 \end{cases}$，其中 $a\neq 0,\ b\neq 0,\ n\geqslant 2$.

当 a,b 为何值时，线性方程组仅有零解？当 a,b 为何值时，线性方程组有非零解？在有非零解时，求出通解，并用基础解系表示通解.

272 中等题 设 $\boldsymbol{A}=\begin{pmatrix} 1 & -1 & -1 \\ -1 & 1 & 1 \\ 0 & -4 & -2 \end{pmatrix},\xi_1=\begin{pmatrix} -1 \\ 1 \\ -2 \end{pmatrix}$.

(1) 求满足 $A\boldsymbol{\xi}_2=\xi_1,\boldsymbol{A}^2\xi_3=\xi_1$ 的所有向量 ξ_2,ξ_3；

(2) 对 (1) 中的任意向量，证明 ξ_1,ξ_2,ξ_3 线性无关.

273 中等题 已知非齐次线性方程组 $\begin{cases} x_1+x_2+x_3+x_4=-1 \\ 4x_1+3x_2+5x_3-x_4=-1 \\ ax_1+x_2+3x_3+bx_4=1 \end{cases}$ 有三个线性无关的解，求证：方程组的系数矩阵 $\boldsymbol{A}$ 的秩 $r(\boldsymbol{A})=2$.

274 中等题 设实矩阵 $\boldsymbol{A}=(a_{ij})_{3\times 3}$ 满足 $a_{ij}=A_{ij}(i,j=1,2,3)$，其中 A_{ij} 是元素 a_{ij} 的代数余子式，且 $a_{33}=-1$，求方程组 $\boldsymbol{Ax}=\boldsymbol{b}$ 的解，其中 $\boldsymbol{b}=(0,0,1)^{\mathrm{T}}$.

275 综合题 已知 a 是常数，且矩阵 $\boldsymbol{A}=\begin{pmatrix} 1 & 2 & a \\ 1 & 3 & 0 \\ 2 & 7 & -a \end{pmatrix}$ 经初等列变换化为矩阵

$\boldsymbol{B}=\begin{pmatrix}1 & a & 2\\ 0 & 1 & 1\\ -1 & 1 & 1\end{pmatrix}$. (1) 求 a；(2) 求满足 $\boldsymbol{AP}=\boldsymbol{B}$ 的可逆矩阵 $\boldsymbol{P}$.

第七节　线性方程组的公共解

276 基础题 设线性方程组 (I) $\begin{cases}x_1+x_2+x_3+x_4+x_5=a\\ 3x_1+2x_2+x_3+x_4-3x_5=0\end{cases}$ 与线性方程组 (II) $\begin{cases}x_2+2x_3+2x_4+6x_5=b\\ 5x_1+4x_2+3x_3+3x_4-x_5=2\end{cases}$ 有公共解，求 a,b 的值及所有公共解.

277 中等题 设齐次线性方程组 (I): $\boldsymbol{Ax}=\boldsymbol{0}$ 的一个基础解系为 $\boldsymbol{\alpha}_1=(1,1,1,0,2)^{\mathrm{T}}$，$\boldsymbol{\alpha}_2=(0,1,1,0,1)^{\mathrm{T}},\boldsymbol{\alpha}_3=(2,1,0,1,3)^{\mathrm{T}}$，齐次线性方程组 (II): $\boldsymbol{Bx}=\boldsymbol{0}$ 的一个基础解系为 $\boldsymbol{\beta}_1=(0,2,-2,0,2)^{\mathrm{T}},\boldsymbol{\beta}_2=(1,-3,3,-1,-2)^{\mathrm{T}}$，求方程组 (I) 与 (II) 的公共解.

278 中等题 已知线性方程组 (I) $\begin{cases}x_1-x_3=2\\ x_2-2x_4=2\\ x_3+x_4=-1\end{cases}$ 与线性方程组 (II) $\begin{cases}-2x_1+x_2+ax_3-5x_4=1\\ x_1+x_2-x_3+bx_4=4\\ 3x_1+x_2+x_3+2x_4=c\end{cases}$ 是同解方程组，求 a,b,c 的值.

279 中等题 设 $\boldsymbol{A}=\begin{pmatrix}1 & -1 & 0 & -1\\ 1 & 1 & 0 & 3\\ 2 & 1 & 2 & 6\end{pmatrix},\boldsymbol{B}=\begin{pmatrix}1 & 0 & 1 & 2\\ 1 & -1 & a & a-1\\ 2 & -3 & 2 & -2\end{pmatrix}$，向量 $\boldsymbol{\alpha}=\begin{pmatrix}0\\ 2\\ 3\end{pmatrix},\boldsymbol{\beta}=\begin{pmatrix}1\\ 0\\ -1\end{pmatrix}$.

(1) 证明：方程组 $\boldsymbol{Ax}=\boldsymbol{\alpha}$ 的解均为方程组 $\boldsymbol{Bx}=\boldsymbol{\beta}$ 的解；

(2) 若方程组 $\boldsymbol{Ax}=\boldsymbol{\alpha}$ 与方程组 $\boldsymbol{Bx}=\boldsymbol{\beta}$ 不同解，求 a 的值.

280 综合题 设 $\boldsymbol{A}$ 为 $m\times n$ 矩阵，则与 $\boldsymbol{Ax}=\boldsymbol{b}$ 同解的方程组是（　　）.

(A) 当 $m=n$ 时，$\boldsymbol{A}^{\mathrm{T}}\boldsymbol{x}=\boldsymbol{b}$

(B) $\boldsymbol{QAx}=\boldsymbol{Qb}$，其中 $\boldsymbol{Q}$ 为可逆矩阵

(C) $r(\boldsymbol{A})=r(\bar{\boldsymbol{A}})$，由 $\boldsymbol{Ax}=\boldsymbol{b}$ 前 r 个方程组成的方程组

(D) $r(\boldsymbol{A})=r(\boldsymbol{C})$, $\boldsymbol{C}_{m\times n}\boldsymbol{x}=\boldsymbol{b}$

第5章

特征值与特征向量

第一节 特征值与特征向量的定义及关系

281 基础题 设 $\boldsymbol{\alpha}$ 是线性方程组 $\boldsymbol{A}_{n\times n}\boldsymbol{x}=\boldsymbol{0}$ 的一个非零解，求矩阵 $\boldsymbol{A}$ 的一个特征值和对应的特征向量.

282 基础题 设矩阵 $\boldsymbol{A}_{n\times n}$ 的每行元素之和均为2，求 $\boldsymbol{A}$ 的一个特征值和对应的特征向量.

283 基础题 设 $\boldsymbol{A}_{2\times 2}(\boldsymbol{\alpha},\boldsymbol{\beta})=(\boldsymbol{\alpha},2\boldsymbol{\beta})$，其中 $\boldsymbol{\alpha},\boldsymbol{\beta}$ 均为非零向量，求 $\boldsymbol{A}$ 的特征值和对应的特征向量.

284 基础题 设 $\boldsymbol{\alpha}$ 为 n 维单位列向量，$\boldsymbol{E}$ 为 n 阶单位矩阵，求矩阵 $\boldsymbol{A}=\boldsymbol{E}-2\boldsymbol{\alpha}\boldsymbol{\alpha}^{\mathrm{T}}$ 的一个特征值和对应的特征向量.

285 基础题 设矩阵 $\boldsymbol{A}$ 的特征值为 λ_0，线性方程组 $(\lambda_0\boldsymbol{E}-\boldsymbol{A})\boldsymbol{x}=\boldsymbol{0}$ 的基础解系为 $\boldsymbol{\alpha}_1,\boldsymbol{\alpha}_2$，则 $\boldsymbol{A}$ 对应于特征值 λ_0 的全部特征向量为（　　）.

(A) $c_1\boldsymbol{\alpha}_1(c_1\neq 0)$　　(B) $c_2\boldsymbol{\alpha}_2(c_2\neq 0)$

(C) $c_1\boldsymbol{\alpha}_1+c_2\boldsymbol{\alpha}_2$（$c_1,c_2$ 全不为0）　　(D) $c_1\boldsymbol{\alpha}_1+c_2\boldsymbol{\alpha}_2$（$c_1,c_2$ 不全为0）

286 基础题 设矩阵 $\boldsymbol{A}=\begin{pmatrix}3&2&-1\\x&-2&2\\3&y&-1\end{pmatrix}$ 的一个特征向量为 $\boldsymbol{\alpha}=\begin{pmatrix}1\\-2\\3\end{pmatrix}$，求 x,y 及 $\boldsymbol{\alpha}$ 对应的特征值.

287 基础题 设 n 阶矩阵 $\boldsymbol{A}$ 对应于特征值 λ 的线性无关的特征向量有 n 个，则 $\boldsymbol{A}=$ ________.

288 基础题 设矩阵 $\boldsymbol{A}$ 的两个互异特征值 λ_1,λ_2 对应的特征向量分别为 $\boldsymbol{\alpha}_1,\boldsymbol{\alpha}_2$，求证：$\boldsymbol{\alpha}_1+\boldsymbol{\alpha}_2$ 不是 $\boldsymbol{A}$ 的特征向量.

289 基础题 设矩阵 $\boldsymbol{A}$ 对应于特征值 $\lambda_1,\lambda_2,\lambda_3$ 的特征向量分别为 $\boldsymbol{\alpha}_1,\boldsymbol{\alpha}_2,\boldsymbol{\alpha}_3$，求证：若 $\boldsymbol{\alpha}_1+\boldsymbol{\alpha}_2+\boldsymbol{\alpha}_3$ 也是 $\boldsymbol{A}$ 的特征向量，则 $\lambda_1,\lambda_2,\lambda_3$ 中至少有两个相等.

290 中等题 设三阶矩阵 $\boldsymbol{A}$ 的特征值 $\lambda_1,\lambda_2,\lambda_3$ 互不相同，对应的特征向量分别为 $\boldsymbol{\alpha}_1,\boldsymbol{\alpha}_2,\boldsymbol{\alpha}_3$，求向量组 $\boldsymbol{\alpha}_1,\boldsymbol{A}(\boldsymbol{\alpha}_1+\boldsymbol{\alpha}_2),\ \boldsymbol{A}^2(\boldsymbol{\alpha}_1+\boldsymbol{\alpha}_2+\boldsymbol{\alpha}_3)$ 线性无关的充要条件.

291 中等题 设 n 阶对称矩阵 $\boldsymbol{A}$ 对应于特征值 λ 的一个特征向量为 $\boldsymbol{\alpha}$，$\boldsymbol{P}$ 为 n 阶可逆矩阵，求矩阵 $(\boldsymbol{P}^{-1}\boldsymbol{AP})^{\mathrm{T}}$ 对应于特征值 λ 的特征向量.

292 综合题 设 $\boldsymbol{A},\boldsymbol{B}$ 为三阶矩阵，求证：$\boldsymbol{AB}$ 与 $\boldsymbol{BA}$ 有相同的非零特征值.

293 综合题 设 n 阶矩阵 $\boldsymbol{A},\boldsymbol{B}$ 可交换，且 $\boldsymbol{A}$ 有 n 个互不相同的特征值，求证：$\boldsymbol{A}$ 的特征向量都是 $\boldsymbol{B}$ 的特征向量.

第二节 特征值与特征向量的性质

294 基础题 设三阶矩阵 $\boldsymbol{A}$ 满足 $\boldsymbol{A}\boldsymbol{\alpha}_i=i\boldsymbol{\alpha}_i$，其中 $\boldsymbol{\alpha}_i\neq\boldsymbol{0},i=1,2,3$，求 $2\boldsymbol{A}^{-1}+\boldsymbol{E}$ 的特征值.

295 基础题 设矩阵 $\boldsymbol{A}=\begin{pmatrix}1&2&2\\2&1&2\\2&2&1\end{pmatrix}$，求 $|2\boldsymbol{E}+\boldsymbol{A}^{-1}|$.

296 基础题 设三阶矩阵 $\boldsymbol{A}$ 的特征值为 $1,2,-3$，求 $|\boldsymbol{A}^*+3\boldsymbol{A}|$.

297 基础题 设三阶矩阵 $\boldsymbol{A}$ 的特征值为 $-1,1,2$，判断矩阵 $\boldsymbol{B}=\boldsymbol{A}^2+3\boldsymbol{A}+\boldsymbol{E}$ 的可逆性.

298 基础题 设四阶矩阵 $\boldsymbol{A}$ 满足 $|2\boldsymbol{E}+\boldsymbol{A}|=0,\boldsymbol{AA}^{\mathrm{T}}=\boldsymbol{E},|\boldsymbol{A}|<0$，求 $\boldsymbol{A}$ 的伴随矩阵 $\boldsymbol{A}^*$ 的一个特征值.

299 基础题 设矩阵 $\boldsymbol{A}=\begin{pmatrix}1&-3&3\\3&a&3\\6&-6&b\end{pmatrix}$ 有特征值 $\lambda_1=-2,\lambda_2=4,\lambda_3$，求 a,b,λ_3.

300 基础题 设三阶可逆矩阵 $\boldsymbol{A}$ 的每行元素之和均为常数 a，求矩阵 $\boldsymbol{A}^{-1}+3\boldsymbol{E}$ 的每

行元素之和.

301 中等题 设$\boldsymbol{\alpha},\boldsymbol{\beta}$为三维单位列向量，求证：(1) $\operatorname{tr}(\boldsymbol{\alpha}\boldsymbol{\beta}^{\mathrm{T}})=\boldsymbol{\alpha}^{\mathrm{T}}\boldsymbol{\beta}$；(2) $r(\boldsymbol{E}-\boldsymbol{\alpha}\boldsymbol{\alpha}^{\mathrm{T}})=2$.

302 中等题 设三阶矩阵$\boldsymbol{A}$满足$\boldsymbol{A}^2+\boldsymbol{A}-2\boldsymbol{E}=\boldsymbol{O}$，且$1<|\boldsymbol{A}|<5$，求$|\boldsymbol{A}|$.

303 中等题 求证：若$\boldsymbol{A}$为正交矩阵，且$|\boldsymbol{A}|<0$，则$\boldsymbol{A}$必有特征值-1.

304 中等题 求证：若$\boldsymbol{A}$为幂幺矩阵，即$\boldsymbol{A}^2=\boldsymbol{E}$，且$|\boldsymbol{A}|<0$，则$\boldsymbol{A}$必有特征值$-1$.

305 中等题 设$\boldsymbol{\alpha}_1,\boldsymbol{\alpha}_2$分别为三阶矩阵$\boldsymbol{A}$对应于特征值$-1,1$的特征向量，向量$\boldsymbol{\alpha}_3$满足$\boldsymbol{A}\boldsymbol{\alpha}_3=\boldsymbol{\alpha}_2+\boldsymbol{\alpha}_3$，求证：$\boldsymbol{\alpha}_1,\boldsymbol{\alpha}_2,\boldsymbol{\alpha}_3$线性无关.

第三节　特征值与特征向量的求法

306 基础题 求矩阵$\boldsymbol{A}=\begin{pmatrix}3&-1\\-1&3\end{pmatrix}$的特征值与特征向量.

307 基础题 求矩阵$\boldsymbol{A}=\begin{pmatrix}0&2\\-2&0\end{pmatrix}$的特征值.

308 基础题 求矩阵$\boldsymbol{A}=\begin{pmatrix}1&2&3&4\\2&4&6&8\\3&6&9&12\\4&8&12&16\end{pmatrix}$的特征值.

309 基础题 求矩阵$\boldsymbol{A}=\begin{pmatrix}-3&-1&2\\0&-1&4\\-1&0&1\end{pmatrix}$的实特征值及对应的特征向量.

310 基础题 求矩阵$\boldsymbol{A}=\begin{pmatrix}a_{11}&a_{12}&\cdots&a_{1n}\\0&a_{22}&\cdots&a_{2n}\\\vdots&\vdots&&\vdots\\0&0&\cdots&a_{nn}\end{pmatrix}$的特征值.

311 基础题 元素均为非零常数 a 的 n 阶矩阵 $\boldsymbol{A}$ 的非零特征值为 ________.

312 基础题 求矩阵 $\boldsymbol{A}=\begin{pmatrix}0&0&1\\0&1&0\\1&0&0\end{pmatrix}$ 的特征值与特征向量.

313 基础题 求矩阵 $\boldsymbol{A}=\begin{pmatrix}-1&1&0\\-4&3&0\\1&0&2\end{pmatrix}$ 的特征值与特征向量.

314 基础题 求矩阵 $\boldsymbol{A}=\begin{pmatrix}1&-2&2\\-2&-2&4\\2&4&-2\end{pmatrix}$ 的特征值与特征向量.

315 综合题 设 $\boldsymbol{\alpha}=\begin{pmatrix}a_1\\a_2\\\vdots\\a_n\end{pmatrix},\boldsymbol{\beta}=\begin{pmatrix}b_1\\b_2\\\vdots\\b_n\end{pmatrix}$ 均为非零向量，且 $\boldsymbol{\alpha}^{\mathrm{T}}\boldsymbol{\beta}=0$，令矩阵 $\boldsymbol{A}=\boldsymbol{\alpha}\boldsymbol{\beta}^{\mathrm{T}}$，求

(1) $\boldsymbol{A}^2$；(2) $\boldsymbol{A}$ 的特征值与特征向量.

第四节　相似矩阵的概念与性质

316 基础题 同阶矩阵 $\boldsymbol{A}$ 与 $\boldsymbol{B}$ 相似的充分条件是（　　）.

(A) $\boldsymbol{A}$ 与 $\boldsymbol{B}$ 有相同的特征值　　(B) $\boldsymbol{A}$ 与 $\boldsymbol{B}$ 有相同的特征向量

(C) $\boldsymbol{A}$ 与 $\boldsymbol{B}$ 相似于同一个矩阵 $\boldsymbol{C}$　　(D) $\boldsymbol{A}^2$ 与 $\boldsymbol{B}^2$ 相似

317 基础题 设矩阵 $\boldsymbol{A}$ 相似于矩阵 $\boldsymbol{B}=\begin{pmatrix}1&&\\&-1&\\&&1\end{pmatrix}$，则 $\boldsymbol{A}^2=$ ________.

318 基础题 求证：设 $\boldsymbol{A}$ 与 $\boldsymbol{B}$ 可交换，则对任意的可逆矩阵 $\boldsymbol{P}$，$\boldsymbol{P}^{-1}\boldsymbol{A}\boldsymbol{P}$ 与 $\boldsymbol{P}^{-1}\boldsymbol{B}\boldsymbol{P}$ 也可交换.

319 基础题 求证：设交换三阶方阵 $\boldsymbol{A}$ 的前两行，再交换所得矩阵的前两列，得矩阵 $\boldsymbol{B}$，则 $\boldsymbol{A}\sim\boldsymbol{B}$.

320 基础题 求证：若A,B为n阶矩阵，且A可逆，则$AB \sim BA$.

321 基础题 求证：若$A \sim B$，且$A^2 = A$，则$B^2 = B$.

322 基础题 判断矩阵$A = \begin{pmatrix} 3 & 4 & 0 \\ 0 & 2 & 0 \\ 0 & 0 & 0 \end{pmatrix}$与$B = \begin{pmatrix} 0 & 0 & 0 \\ 0 & 3 & 0 \\ 2 & 1 & 1 \end{pmatrix}$是否相似，是否等价.

323 基础题 设矩阵$A = \begin{pmatrix} 2 & 0 & 0 \\ 0 & 1 & 1 \\ 0 & 2 & a \end{pmatrix} \sim \begin{pmatrix} 1 & 0 & 0 \\ 0 & 3 & 2 \\ 0 & -1 & b \end{pmatrix} = B$，求$a,b$.

324 基础题 设A,B为三阶矩阵，且$A \sim B$，A的特征值为$-1,2,2$，求$|B^2 - 3B + 5E|$.

325 中等题 设向量$\alpha = (1,3,2), \beta = (1,-1,2)$，矩阵$A$与$\alpha^{\mathrm{T}}\beta$相似，求矩阵$(A+2E)^*$的最小特征值.

326 中等题 设矩阵$A \sim B = \begin{pmatrix} 1 & 0 & 0 \\ 2 & 3 & 0 \\ 4 & 5 & 6 \end{pmatrix}$，则$r(A-E) = $________.

327 中等题 设A为三阶矩阵，$\alpha_1,\alpha_2,\alpha_3$为线性无关的三维列向量组，且$A\alpha_1 = \alpha_2 + \alpha_3, A\alpha_2 = \alpha_1 + \alpha_3, A\alpha_3 = \alpha_1 + \alpha_2$，求一个与$A$相似的矩阵.

328 综合题 设A为三阶矩阵，α为三维列向量，且$\alpha, A\alpha, A^2\alpha$线性无关，$A^3\alpha = 3A\alpha - 2A^2\alpha$，求$|A+E|$.

第五节　矩阵的对角化

329 基础题 判断矩阵$A = \begin{pmatrix} 1 & 2 \\ 3 & 4 \end{pmatrix}$可否对角化.

330 基础题 求证：若$bc > 0$，则矩阵$A = \begin{pmatrix} a & b \\ c & d \end{pmatrix}$与某一对角矩阵相似.

331 基础题 设矩阵 $\boldsymbol{A}\sim\begin{pmatrix}2&3&1\\0&1&2\\0&0&3\end{pmatrix}=\boldsymbol{B}$，判断 $\boldsymbol{A}$ 可否对角化.

332 基础题 设 $\boldsymbol{A}$ 为三阶矩阵，且 $|\boldsymbol{A}+\boldsymbol{E}|=|\boldsymbol{A}-2\boldsymbol{E}|=|\boldsymbol{A}+3\boldsymbol{E}|=0$，判断 $\boldsymbol{A}$ 是否可对角化.

333 中等题 判断矩阵 $\boldsymbol{A}=\begin{pmatrix}4&2&3\\2&1&2\\-1&-2&0\end{pmatrix}$ 可否对角化.

334 基础题 设矩阵 $\boldsymbol{A}=\begin{pmatrix}3&1&2\\0&2&a\\0&0&3\end{pmatrix}$ 可对角化，求 a 的值.

335 基础题 设矩阵 $\boldsymbol{A}=\begin{pmatrix}0&0&1\\x&1&y\\1&0&0\end{pmatrix}$ 有三个线性无关的特征向量，求 x,y 应满足的条件.

336 中等题 设矩阵 $\boldsymbol{A}=\begin{pmatrix}1&2&-3\\-1&4&-3\\1&a&5\end{pmatrix}$ 有一个二重特征值，求 a 的值，并判断 $\boldsymbol{A}$ 可否对角化.

337 中等题 设三阶矩阵 $\boldsymbol{A}=(\boldsymbol{\alpha}_1,\boldsymbol{\alpha}_2,\boldsymbol{\alpha}_3)$ 有三个互异特征值，且 $\boldsymbol{\alpha}_3=\boldsymbol{\alpha}_1+2\boldsymbol{\alpha}_2$，求证：$r(\boldsymbol{A})=2$.

338 中等题 求证：若 n 阶矩阵 $\boldsymbol{A}$ 是主对角线上的元素均为 1 的上三角形矩阵，且其余元素至少有一个不为 0，则 $\boldsymbol{A}$ 必不可对角化.

339 中等题 求证：若 n 阶非零矩阵 $\boldsymbol{A}$ 满足 $\boldsymbol{A}^k=\boldsymbol{O}(k\in\mathbf{N})$，则 $\boldsymbol{A}$ 必不可对角化.

340 综合题 设矩阵 $\boldsymbol{A}=\begin{pmatrix}-2&0&0\\2&x&2\\3&1&1\end{pmatrix},\boldsymbol{B}=\begin{pmatrix}-1&&\\&2&\\&&y\end{pmatrix}$，且 $\boldsymbol{A}\sim\boldsymbol{B}$，求 (1) x,y；(2) 可逆矩阵 $\boldsymbol{P}$，使得 $\boldsymbol{P}^{-1}\boldsymbol{AP}=\boldsymbol{B}$.

341 综合题 设矩阵 $A=\begin{pmatrix}1&-1&1\\x&4&y\\-3&-3&5\end{pmatrix}$ 有三个线性无关的特征向量，且其二重特征值为 2，求可逆矩阵 P，使得 $P^{-1}AP$ 为对角矩阵.

342 综合题 设矩阵 $A=\begin{pmatrix}2&1&1\\0&2&0\\0&-1&1\end{pmatrix}$，求 A^{100}.

343 综合题 设三阶矩阵 A 的特征值为 $1,2,3$，对应的特征向量分别为 $\alpha_1=(1,1,1)^T$，$\alpha_2=(1,0,1)^T,\alpha_3=(0,1,1)^T$，求 A 和 A^3.

第六节 向量的内积

344 基础题 求向量 $\alpha=\begin{pmatrix}1\\-2\\2\end{pmatrix}$ 和 $\beta=\begin{pmatrix}1\\2\\-1\end{pmatrix}$ 的内积.

345 基础题 求向量 $\alpha=(2,1,0)$ 和 $\beta=(0,2,1)$ 的内积.

346 基础题 求向量 $\alpha=(-1,2,-1)^T$ 的长度.

347 基础题 将向量 $\alpha=(1,-2,3)$ 单位化.

348 基础题 将向量组 $\alpha_1=\begin{pmatrix}1\\0\\1\end{pmatrix},\alpha_2=\begin{pmatrix}0\\1\\1\end{pmatrix},\alpha_3=\begin{pmatrix}1\\1\\0\end{pmatrix}$ 化为正交向量组.

349 中等题 将向量组 $\alpha_1=(1,-1)^T,\alpha_2=(1,2)^T$ 化为单位正交向量组.

350 中等题 求非零向量 γ，使得 γ 与向量 $\alpha=(1,1,0)$，$\beta=(-1,0,2)$ 都正交.

351 中等题 求非零向量 α,β，使得 $\alpha,\beta,\gamma=(1,1,1)^T$ 为正交向量组.

352 基础题 判断矩阵 $A=\begin{pmatrix} \frac{1}{\sqrt{2}} & -\frac{\sqrt{2}}{6} & \frac{2}{3} \\ \frac{1}{\sqrt{2}} & \frac{\sqrt{2}}{6} & -\frac{2}{3} \\ 0 & \frac{2\sqrt{2}}{3} & \frac{1}{3} \end{pmatrix}$ 是否为正交矩阵.

353 基础题 求证：不论 θ 取何值，矩阵 $A=\begin{pmatrix} \cos\theta & \sin\theta & 0 \\ -\sin\theta & \cos\theta & 0 \\ 0 & 0 & 1 \end{pmatrix}$ 都是正交矩阵.

354 基础题 $\begin{pmatrix} \frac{1}{\sqrt{6}} & \frac{1}{\sqrt{2}} & \frac{1}{\sqrt{3}} \\ -\frac{2}{\sqrt{6}} & 0 & \frac{1}{\sqrt{3}} \\ \frac{1}{\sqrt{6}} & -\frac{1}{\sqrt{2}} & \frac{1}{\sqrt{3}} \end{pmatrix}^{-1} =$ ________.

355 基础题 设 $A=(a_{ij})_{n\times n}$ 为正交矩阵，且 $|A|\neq -1$，求证：$A_{ij}=a_{ij}$，其中 A_{ij} 为 a_{ij} 的代数余子式（$i,j=1,2,\cdots,n$）.

356 中等题 求证：若 $\boldsymbol{\alpha}$ 为 n 维单位列向量，E 为 n 阶单位矩阵，则 $A=E-2\boldsymbol{\alpha}\boldsymbol{\alpha}^{\mathrm{T}}$ 为正交矩阵.

357 综合题 设 $A=(a_{ij})_{3\times 3}$ 为正交矩阵，其中 $a_{33}=-1$，若向量 $\boldsymbol{b}=\begin{pmatrix} 0 \\ 0 \\ 1 \end{pmatrix}$，试求解线性方程组 $A\boldsymbol{x}=\boldsymbol{b}$.

第七节 实对称矩阵的对角化

358 中等题 求矩阵 $A=\begin{pmatrix} 1 & 2 & 3 & 4 \\ 2 & 4 & 6 & 8 \\ 3 & 6 & 9 & 12 \\ 4 & 8 & 12 & 16 \end{pmatrix}$ 的特征值.

359 基础题 设三阶实对称矩阵 A 满足 $A^4+2A^3+A^2+2A=O$，且 $r(A)=2$，求 A

的全部特征值.

360 基础题 求证：若 $\boldsymbol{A}$ 为四阶实对称矩阵，$\boldsymbol{A}^2+\boldsymbol{A}=\boldsymbol{O}$，且 $r(\boldsymbol{A})=3$，则

$$\boldsymbol{A}\sim\begin{pmatrix}-1&&&\\&-1&&\\&&-1&\\&&&0\end{pmatrix}.$$

361 基础题 设三阶矩阵 $\boldsymbol{A}$ 有三个两两正交的特征向量，求证：$\boldsymbol{A}$ 为对称矩阵.

362 中等题 设矩阵 $\boldsymbol{A}=\begin{pmatrix}2&2&-2\\2&5&-4\\-2&-4&5\end{pmatrix}$，求正交矩阵 $\boldsymbol{Q}$，使得 $\boldsymbol{Q}^{-1}\boldsymbol{A}\boldsymbol{Q}=\boldsymbol{\Lambda}$ 为对角矩阵.

363 综合题 设矩阵 $\boldsymbol{A}=\begin{pmatrix}1&1&a\\1&a&1\\a&1&1\end{pmatrix}$，向量 $\boldsymbol{\beta}=\begin{pmatrix}1\\1\\-2\end{pmatrix}$，且线性方程组 $\boldsymbol{A}\boldsymbol{x}=\boldsymbol{\beta}$ 无解.

(1) 求 a；(2) 求正交矩阵 $\boldsymbol{Q}$，使得 $\boldsymbol{Q}^{\mathrm{T}}\boldsymbol{A}\boldsymbol{Q}$ 为对角矩阵.

364 综合题 设矩阵 $\boldsymbol{A}=\begin{pmatrix}0&-1&4\\-1&3&a\\4&a&0\end{pmatrix}$，另有正交矩阵 $\boldsymbol{Q}$，其第一列为 $\boldsymbol{\alpha}_1=\dfrac{1}{\sqrt{6}}\begin{pmatrix}1\\2\\1\end{pmatrix}$，且 $\boldsymbol{Q}^{\mathrm{T}}\boldsymbol{A}\boldsymbol{Q}$ 为对角矩阵，求 $a,\boldsymbol{Q}$.

365 基础题 设矩阵 $\boldsymbol{A}=\begin{pmatrix}1&2\\2&1\end{pmatrix}$，求 $\boldsymbol{A}^{10}$.

366 综合题 设 $\boldsymbol{A}$ 为三阶实对称矩阵，其特征值为 $\lambda_1=\lambda_2=3,\lambda_3=6$，且 $\lambda_3=6$ 对应的一个特征向量为 $\boldsymbol{\alpha}_3=(1,1,1)^{\mathrm{T}}$，求 $\boldsymbol{A}$.

367 综合题 求证：$n(n\geqslant 2)$ 阶矩阵 $\boldsymbol{A}=\begin{pmatrix}1&1&\cdots&1\\1&1&\cdots&1\\\vdots&\vdots&&\vdots\\1&1&\cdots&1\end{pmatrix}$ 与 $\boldsymbol{B}=\begin{pmatrix}n&0&\cdots&0\\1&0&\cdots&0\\\vdots&\vdots&&\vdots\\1&0&\cdots&0\end{pmatrix}$ 相似.

368 综合题 设 $\boldsymbol{A}$ 为三阶实对称矩阵，$r(\boldsymbol{A})=2$，且 $\boldsymbol{A}\begin{pmatrix}1 & 1\\ 0 & 0\\ -1 & 1\end{pmatrix}=\begin{pmatrix}-1 & 1\\ 0 & 0\\ 1 & 1\end{pmatrix}$，求 (1) $\boldsymbol{A}$ 的特征值与特征向量；(2) $\boldsymbol{A}$.

369 综合题 设三阶实对称矩阵 $\boldsymbol{A}$ 的特征值为 $\lambda_1=1,\lambda_2=2,\lambda_3=-2$，且 $\boldsymbol{\alpha}_1=(1,-1,1)^{\mathrm{T}}$ 为 $\boldsymbol{A}$ 对应于特征值 λ_1 的特征向量，记矩阵 $\boldsymbol{B}=\boldsymbol{A}^5-4\boldsymbol{A}^3+\boldsymbol{E}$. (1) 试证 $\boldsymbol{\alpha}_1$ 是 $\boldsymbol{B}$ 的特征向量，并求 $\boldsymbol{B}$ 的全部特征值与特征向量；(2) 求 $\boldsymbol{B}$.

370 综合题 设三阶实对称矩阵 $\boldsymbol{A}$ 的每行元素之和均为 3，向量 $\boldsymbol{\alpha}_1=(-1,2,-1)^{\mathrm{T}}$，$\boldsymbol{\alpha}_2=(0,-1,1)^{\mathrm{T}}$ 为线性方程组 $\boldsymbol{Ax}=\boldsymbol{0}$ 的两个解，求 (1) $\boldsymbol{A}$ 的特征值与特征向量；(2) 正交矩阵 $\boldsymbol{Q}$ 和对角矩阵 $\boldsymbol{\Lambda}$，使得 $\boldsymbol{Q}^{\mathrm{T}}\boldsymbol{AQ}=\boldsymbol{\Lambda}$；(3) $\left(\boldsymbol{A}-\dfrac{3}{2}\boldsymbol{E}\right)^6$，其中 $\boldsymbol{E}$ 为三阶单位矩阵.

第6章

二次型

第一节　二次型及矩阵表示

371 基础题 二次型$f(x_1,x_2,x_3)=x_1^2-2x_1x_2+2x_1x_3+3x_2^2+6x_2x_3-x_3^2$的矩阵为______.

372 基础题 以$\begin{pmatrix}2&1&2\\1&-1&-3\\2&-3&1\end{pmatrix}$为矩阵的二次型为______.

373 基础题 二次型$f(x_1,x_2)=(x_1,x_2)\begin{pmatrix}2&1\\-3&1\end{pmatrix}\begin{pmatrix}x_1\\x_2\end{pmatrix}$的矩阵为______.

374 基础题 二次型$f(x_1,x_2,x_3)=(x_1+x_2)^2+(x_2-x_3)^2+(x_3+x_1)^2$的秩为______.

375 中等题 二次型$f(x_1,x_2,\cdots,x_n)=n^2(x_1^2+x_2^2+\cdots+x_n^2)-(x_1+x_2+\cdots+x_n)^2\ (n\geqslant 2)$的秩为______.

376 中等题 设二次型$f(x_1,x_2,x_3)=\boldsymbol{x}^{\mathrm{T}}(\boldsymbol{A}^{\mathrm{T}}\boldsymbol{A})\boldsymbol{x}$的秩为2，其中矩阵$\boldsymbol{A}=\begin{pmatrix}1&0&1\\0&1&1\\-1&0&a\\0&a&-1\end{pmatrix}$，求$a$的值.

377 综合题 设向量$\boldsymbol{\alpha}=(a_1,a_2,a_3)^{\mathrm{T}},\boldsymbol{\beta}=(b_1,b_2,b_3)^{\mathrm{T}}$，求证：二次型$f(x_1,x_2,x_3)=2(a_1x_1+a_2x_2+a_3x_3)^2+(b_1x_1+b_2x_2+b_3x_3)^2$的矩阵为$2\boldsymbol{\alpha}\boldsymbol{\alpha}^{\mathrm{T}}+\boldsymbol{\beta}\boldsymbol{\beta}^{\mathrm{T}}$.

378 基础题 二次型$f(x_1,x_2,x_3)=x_1^2-3x_2^2+2x_3^2$的秩为______，正惯性指数、负惯性指数分别为______.

379 基础题 将二次型$f(x_1,x_2,x_3)=x_1^2+3x_2^2-2x_3^2$化为规范形.

380 综合题 将二次型$f(x_1,x_2,x_3)=-4x_1^2+3x_3^2$化为规范形.

381 综合题 求二次型$f(x_1,x_2)=x_1^2+4x_1x_2+5x_2^2$在可逆线性变换$\begin{cases}x_1=y_1+y_2\\x_2=y_1+2y_2\end{cases}$下的形式.

382 综合题 判断矩阵$\boldsymbol{A}=\begin{pmatrix}1&2\\2&1\end{pmatrix}$与$\boldsymbol{B}=\begin{pmatrix}1&-2\\-2&1\end{pmatrix}$是否合同.

383 综合题 求证：与对称矩阵合同的矩阵只能为对称矩阵.

384 综合题 设$\boldsymbol{A}$为n阶矩阵，交换$\boldsymbol{A}$的第i,j列，再交换第i,j行得矩阵$\boldsymbol{B}$，求证：$\boldsymbol{A}$与$\boldsymbol{B}$合同.

385 中等题 设$\boldsymbol{A}$为n阶可逆矩阵，且$\boldsymbol{A}$与$-\boldsymbol{A}$合同，求证：n为偶数.

第二节 化二次型为标准形

386 基础题 利用配方法将二次型$f(x_1,x_2,x_3)=x_1^2-2x_1x_2+2x_1x_3-3x_2^2-6x_2x_3+4x_3^2$化为标准形.

387 基础题 利用配方法将二次型$f(x_1,x_2,x_3)=2x_1x_2-4x_1x_3+10x_2x_3$化为标准形.

388 基础题 利用正交变换法将二次型$f(x_1,x_2,x_3)=2x_1^2+x_2^2-4x_1x_2-4x_2x_3$化为标准形.

389 基础题 利用正交变换法将二次型$f(x_1,x_2,x_3)=-2x_1x_2+2x_1x_3+2x_2x_3$化为标准形.

390 中等题 二次型$f(x_1,x_2,x_3)=x_1^2+2x_2^2+3x_3^2+4x_1x_2-4x_2x_3$的正惯性指数为________.

391 中等题 设二次型$f(x_1,x_2,x_3)=x_1^2-x_2^2+2ax_1x_3+4x_2x_3$的负惯性指数为1，求$a$的取值范围.

392 中等题 判断方程$3x^2+5y^2+5z^2+4xy-4xz-10yz=1$表示的二次曲面的类型.

393 综合题 设二次型$f(x_1,x_2,x_3)=2x_1^2+3x_2^2+3x_3^2+2ax_2x_3(a>0)$经正交变换化为标准形$y_1^2+2y_2^2+5y_3^2$，求$a$的值及所作的正交变换.

394 综合题 设二次型$f(x_1,x_2,x_3)=\boldsymbol{x}^{\mathrm{T}}\boldsymbol{A}\boldsymbol{x}$（$\boldsymbol{A}$为实对称矩阵）的秩为1，且$\boldsymbol{A}$的每行元素之和均为3，求$f(x_1,x_2,x_3)$在正交变换下的标准形.

395 综合题 设二次型$f(x_1,x_2,x_3)=2x_1^2-x_2^2+ax_3^2+2x_1x_2-8x_1x_3+2x_2x_3$在正交变换$\boldsymbol{x}=\boldsymbol{Q}\boldsymbol{y}$下的标准形为$\lambda_1y_1^2+\lambda_2y_2^2$，求$a$的值及正交矩阵$\boldsymbol{Q}$.

396 综合题 设二次型$f(x_1,x_2,x_3)$经正交变换

$$\begin{cases} x_1=\dfrac{1}{3}(2y_1+2y_2+y_3) \\ x_2=\dfrac{1}{3}(-2y_1+y_2+2y_3) \\ x_3=\dfrac{1}{3}(y_1-2y_2+2y_3) \end{cases}$$

化为标准形$f=4y_1^2+y_2^2-2y_3^2$，求$f(x_1,x_2,x_3)$.

397 基础题 二次型$f(x_1,x_2,x_3)=2x_1^2+x_2^2-4x_3^2-4x_1x_2-2x_2x_3$的规范形为______.

398 基础题 二次型$f(x_1,x_2,x_3)=2x_1^2+4x_1x_3$的规范形为______.

399 基础题 设二次型$f(x_1,x_2,x_3)=a(x_1^2+x_2^2+x_3^2)-2x_1x_2-2x_2x_3-2x_1x_3$的规范形为$y_1^2+y_2^2-y_3^2$，则$a$的取值范围为______.

400 基础题 设二次型$f(x_1,x_2,x_3)=x_1^2+x_2^2+x_3^2+2ax_1x_2+2ax_1x_3+2ax_2x_3$的规范形为$z_1^2$，求$a$的值.

401 基础题 设二次型$f(\boldsymbol{x})=\boldsymbol{x}^{\mathrm{T}}\begin{pmatrix}1&0&-2\\2&-2&1\\-2&1&a\end{pmatrix}\boldsymbol{x}$的秩为2，求$f(\boldsymbol{x})$的规范形.

402 基础题 设实对称矩阵$\boldsymbol{A},\boldsymbol{B}$合同，其中$\boldsymbol{A}=\begin{pmatrix}1&2&0\\2&1&0\\0&0&1\end{pmatrix}$，则二次型$f(\boldsymbol{x})=\boldsymbol{x}^{\mathrm{T}}\boldsymbol{B}\boldsymbol{x}$的规范形为______.

403 中等题 设二次型$f(x_1,x_2,x_3)=ax_1^2+2x_2^2-2x_3^2+2bx_1x_3$的矩阵的迹、行列式分别为$1,-12$，其中$b>0$，求$f(x_1,x_2,x_3)$的规范形.

404 中等题 设$\boldsymbol{A}$为三阶实对称矩阵，$\boldsymbol{A}^2-2\boldsymbol{A}=3\boldsymbol{E}$，且$|\boldsymbol{A}|=3$，求二次型$\boldsymbol{x}^{\mathrm{T}}\boldsymbol{A}\boldsymbol{x}$的规范形.

405 综合题 将二次型$f(x_1,x_2,x_3)=(x_1-x_2+x_3)^2+(x_2+x_3)^2+(x_1+ax_3)^2$化为规范形，其中$a$为待定参数.

406 基础题 设$\boldsymbol{A},\boldsymbol{B}$为$n$阶矩阵，且$\boldsymbol{A}$与$\boldsymbol{B}$合同，则下列说法错误的是（　　）.

(A) $\boldsymbol{A}$与$\boldsymbol{B}$等价　　(B) $\boldsymbol{A}$与$\boldsymbol{B}$有相同的特征值

(C) $\boldsymbol{A}$与$\boldsymbol{B}$的可逆性相同　　(D) $r(\boldsymbol{A})=r(\boldsymbol{B})$

407 基础题 下列矩阵中与矩阵$\boldsymbol{A}=\begin{pmatrix}2&0&0\\0&0&-2\\0&-2&3\end{pmatrix}$合同的是（　　）.

(A) $\begin{pmatrix}2&&\\&-1&\\&&0\end{pmatrix}$　　(B) $\begin{pmatrix}2&&\\&-1&\\&&1\end{pmatrix}$　　(C) $\begin{pmatrix}2&&\\&-1&\\&&-1\end{pmatrix}$　　(D) $\begin{pmatrix}0&&\\&1&\\&&1\end{pmatrix}$

408 中等题 求证：矩阵$\boldsymbol{A}=\begin{pmatrix}1&1&1&1\\1&1&1&1\\1&1&1&1\\1&1&1&1\end{pmatrix}$与$\boldsymbol{B}=\begin{pmatrix}4&0&0&0\\0&0&0&0\\0&0&0&0\\0&0&0&0\end{pmatrix}$合同且相似.

409 中等题 设矩阵$\boldsymbol{A}=\begin{pmatrix}3&0&1\\0&4&0\\1&0&3\end{pmatrix},\boldsymbol{B}=\begin{pmatrix}&&1\\&2&\\1&&\end{pmatrix}$，则$\boldsymbol{A}$与$\boldsymbol{B}$（　　）.

(A) 合同且相似　　(B) 合同，但不相似

(C) 不合同，但相似　　(D) 既不合同，也不相似

第三节 二次型和对称矩阵的正定性

410 基础题 判断二次型$f(x_1,x_2,x_3)=x_1^2+2x_2^2+3x_3^2$的正定性.

411 基础题 判断二次型$f(x_1,x_2,x_3)=x_1^2+2x_2^2$的正定性.

412 基础题 判断二次型$f(x_1,x_2,x_3)=2x_1^2+x_2^2+x_3^2+2x_1x_2$的正定性.

413 基础题 判断二次型$f(x_1,x_2,x_3)=x_1^2+2x_2^2+3x_3^2+2x_1x_2+2x_1x_3$的正定性.

414 基础题 判断二次型$f(x_1,x_2,x_3)=x_1^2+6x_2^2+4x_1x_2+4x_2x_3$的正定性.

415 基础题 求 t 取何值时，二次型 $f(x_1,x_2,x_3)=x_1^2+2x_2^2+5x_3^2+2x_1x_2+2x_1x_3-4tx_2x_3$为正定二次型?

416 基础题 求证：n阶矩阵$\boldsymbol{A}=\begin{pmatrix}2 & -1 & & & \\ -1 & 2 & -1 & & \\ & \ddots & \ddots & \ddots & \\ & & -1 & 2 & -1 \\ & & & -1 & 2\end{pmatrix}$为正定矩阵.

417 基础题 求证: (1) 与正定矩阵合同的矩阵只能为正定矩阵; (2) 任意两个正定矩阵都合同.

418 中等题 求证：若$\boldsymbol{A}$为实对称矩阵，且满足$\boldsymbol{A}^2-3\boldsymbol{A}+2\boldsymbol{E}=\boldsymbol{O}$，则$\boldsymbol{A}+\boldsymbol{E}$为正定矩阵.

419 中等题 求证：若$\boldsymbol{A}$与$\boldsymbol{A}-\boldsymbol{E}$均为正定矩阵，则$\boldsymbol{E}-\boldsymbol{A}^{-1}$也为正定矩阵.

420 中等题 求证：若$\boldsymbol{A}$为反对称矩阵，则$\boldsymbol{E}-\boldsymbol{A}^2$为正定矩阵.

421 中等题 求证：若实对称矩阵$\boldsymbol{A}$正定，则$\boldsymbol{A}$的主对角线上的元素都大于 0.

422 中等题 设三阶实对称矩阵 $\boldsymbol{A}$ 的秩为 2，且 $\boldsymbol{A}^2+2\boldsymbol{A}=\boldsymbol{O}$，求 k 为何值时，$\boldsymbol{A}+k\boldsymbol{E}$ 正定?

423 综合题 求 $a_1,a_2,\cdots,a_n$ 满足什么条件时，二次型$f(x_1,x_2,\cdots,x_n)=(x_1+a_1x_2)^2+(x_2+a_2x_3)^2+\cdots+(x_{n-1}+a_{n-1}x_n)^2+(x_n+a_nx_1)^2$正定?

424 综合题 设二次型$f(x_1,x_2,x_3)$的秩为 1，且在线性变换

$$\begin{cases} x_1 = \dfrac{1}{\sqrt{2}}y_1 - \dfrac{\sqrt{2}}{6}y_2 + \dfrac{2}{3}y_3 \\ x_2 = \dfrac{1}{\sqrt{2}}y_1 + \dfrac{\sqrt{2}}{6}y_2 - \dfrac{2}{3}y_3 \\ x_3 = \dfrac{2\sqrt{2}}{3}y_2 + \dfrac{1}{3}y_3 \end{cases}$$

下可化为标准形 $ay_1^2 + by_2^2 + 9y_3^2$. (1) 求 $f(x_1,x_2,x_3)$；(2) 判断 $f(x_1,x_2,x_3)$ 的正定性.

425 综合题 设线性方程组 $\boldsymbol{Ax}=\mathbf{0}$ 有非零解，且二次型 $f(\boldsymbol{x})=\boldsymbol{x}^{\mathrm{T}}\boldsymbol{Bx}$ 正定，其中 $\boldsymbol{x}=\begin{pmatrix} x_1 \\ x_2 \\ x_3 \end{pmatrix}, \boldsymbol{A}=\begin{pmatrix} a+3 & 1 & 2 \\ 2a & a-1 & 1 \\ a-3 & -3 & a \end{pmatrix}, \boldsymbol{B}=\begin{pmatrix} 3 & 1 & 2 \\ 1 & a & -2 \\ 2 & -2 & 9 \end{pmatrix}$. (1) 求 a 的值; (2) 若 $\boldsymbol{x}^{\mathrm{T}}\boldsymbol{x}=2$，求 $f(\boldsymbol{x})$ 的最大值.

426 综合题 设 $\boldsymbol{D}=\begin{pmatrix} \boldsymbol{A} & \boldsymbol{C} \\ \boldsymbol{C}^{\mathrm{T}} & \boldsymbol{B} \end{pmatrix}$ 为正定矩阵，其中 $\boldsymbol{A},\boldsymbol{B}$ 分别为 m,n 阶对称矩阵，$\boldsymbol{C}$ 为 $m\times n$ 矩阵. (1) 求 $\boldsymbol{P}^{\mathrm{T}}\boldsymbol{DP}$，其中 $\boldsymbol{P}=\begin{pmatrix} \boldsymbol{E}_m & -\boldsymbol{A}^{-1}\boldsymbol{C} \\ \boldsymbol{O} & \boldsymbol{E}_n \end{pmatrix}$；(2) 判断 $\boldsymbol{B}-\boldsymbol{C}^{\mathrm{T}}\boldsymbol{A}^{-1}\boldsymbol{C}$ 是否为正定矩阵.

427 综合题 设矩阵 $\boldsymbol{A}=\begin{pmatrix} 1 & 0 & 1 \\ 0 & 2 & 0 \\ 1 & 0 & 1 \end{pmatrix}, \boldsymbol{B}=(k\boldsymbol{E}+\boldsymbol{A})^2$，其中 k 为常数，求 (1) 对角矩阵 $\boldsymbol{\Lambda}$，使得 $\boldsymbol{B}\sim\boldsymbol{\Lambda}$；(2) k 为何值时，$\boldsymbol{B}$ 为正定矩阵?

428 综合题 设 $\boldsymbol{A}$ 为 $m\times n$ 矩阵，$\boldsymbol{B}=\boldsymbol{A}^{\mathrm{T}}\boldsymbol{A}+\lambda\boldsymbol{E}$，其中 $\lambda>0$，$\boldsymbol{E}$ 为单位矩阵，证明 $\boldsymbol{B}$ 为正定矩阵.

429 综合题 设 $\boldsymbol{A},\boldsymbol{B}$ 为 n 阶实对称矩阵，$\boldsymbol{A}$ 与 $\boldsymbol{B}$ 合同，且 $\boldsymbol{A}^3+\boldsymbol{A}^2+\boldsymbol{A}=3\boldsymbol{E}$. (1) 求证：$\boldsymbol{A}$ 为正定矩阵; (2) 判断二次型 $\boldsymbol{x}^{\mathrm{T}}\boldsymbol{Bx}+\boldsymbol{x}^{\mathrm{T}}\boldsymbol{x}$ 的正定性.

430 综合题 设矩阵 $A=\begin{pmatrix} 1 & 1 & \cdots & 1 \\ a_1 & a_2 & \cdots & a_n \\ a_1^2 & a_2^2 & \cdots & a_n^2 \\ \vdots & \vdots & & \vdots \\ a_1^{n-1} & a_2^{n-1} & \cdots & a_n^{n-1} \end{pmatrix}$，其中 $a_i \neq a_j (1 \leqslant i \neq j \leqslant n)$，判断矩阵 $B = A^{\mathrm{T}} A$ 是否正定.

第 7 章

向量空间

第一节　向量空间的概念

431 基础题 验证三阶矩阵的全体对于矩阵的加法和数乘运算构成线性空间.

432 基础题 验证 n 次多项式的全体 $P[x]=\{p\mid p=a_nx^n+a_{n-1}x^{n-1}+\cdots+a_0$，其中 $a_n,a_{n-1},\cdots,a_0\in\mathbf{R}$，且 $a_n\neq 0\}$ 对于通常的多项式加法和数乘运算不构成线性空间.

433 中等题 将所有 $n\times n$ 矩阵构成的集合记作 V，$W=\{\boldsymbol{A}\mid |\boldsymbol{A}|=0\}\subset V$，判断 W 关于矩阵的加法和数乘运算是否构成线性子空间.

434 中等题 在三维空间 $\mathbf{R}^3$ 中，已知向量 $\boldsymbol{\alpha}=(1,-1,1)^{\mathrm{T}},\boldsymbol{\beta}=(1,1,0)^{\mathrm{T}}$，求向量 $\boldsymbol{\gamma}$，使得向量 $\boldsymbol{\alpha},\boldsymbol{\beta},\boldsymbol{\gamma}$ 是 $\mathbf{R}^3$ 的一个基.

435 综合题 判断函数集合 $V=\{\alpha\mid(a_1x+a_0)\mathrm{e}^x$，其中 $a_1,a_0\in\mathbf{R}\}$ 关于函数的线性运算是否构成线性空间. 如果构成线性空间，这个线性空间是几维的.

第二节　向量空间的基、维数、坐标

436 基础题 函数集合 $V=\{\alpha\mid(a_2x^2+a_1x+a_0)\mathrm{e}^x$，其中 $a_2,a_1,a_0\in\mathbf{R}\}$ 关于函数的线性运算构成的线性空间的维数是______，________可取作这个空间的一个基.

437 基础题 齐次线性方程组 $x_1+x_2+\cdots+x_n=0$ 的解空间的维数为______.

438 基础题 已知 a 是数域 P 中的一个固定的数，$W=\{(a,x_1,x_2,\cdots,x_n)\mid x_i\in P,\ i=1,2,\cdots,n\}$ 是 P^{n+1} 的一个子空间，则 $a=$______，维（W）=______.

439 基础题 设齐次线性方程组 $\begin{cases}x_1-2x_2+3x_3-4x_4=0\\x_1+5x_2+3x_3+3x_4=0\end{cases}$ 的解空间是 V，试确定 V 的

维数及 V 的一个基.

440 基础题 方程 $\dfrac{d^4y}{dx^4}=y(x)$ 的所有解的一个基是______.

441 基础题 设五阶矩阵 $\boldsymbol{A}$ 的列向量是 $\mathbf{R}^5$ 的一个基，则方程组 $\boldsymbol{Ax}=\boldsymbol{0}$ 只有零解的原因为______，如果 $\boldsymbol{b}\in\mathbf{R}^5$，则方程组 $\boldsymbol{Ax}=\boldsymbol{b}$ 有______解.

442 基础题 下列向量组中（　　）是 $\mathbf{R}^3$ 的一个基.

(A) $(1,2,0),(0,1,-1)$　　(B) $(1,1,-1),(2,3,4),(4,1,-1),(0,1,-1)$

(C) $(1,2,2),(-1,2,1),(0,8,0)$　　(D) $(1,2,2),(-1,2,1),(0,8,6)$

443 中等题 在 $\mathbf{R}^3$ 中，求向量 $\boldsymbol{\alpha}=(1,2,3)^T$ 在基 $\boldsymbol{\alpha}_1=(1,0,0)^T,\boldsymbol{\alpha}_2=(1,1,0)^T,\boldsymbol{\alpha}_3=(1,1,1)^T$ 下的坐标.

444 中等题 求 $\mathbf{R}^3$ 中由向量 $\boldsymbol{\alpha}_1=(1,0,-1)^T,\boldsymbol{\alpha}_2=(-1,-1,2)^T,\boldsymbol{\alpha}_3=(2,3,-5)^T$ 生成的子空间的一个基和维数.

445 综合题 设 $\boldsymbol{\alpha}_1,\boldsymbol{\alpha}_2,\boldsymbol{\alpha}_3$ 是 3 维线性空间 V 的一个基，$\boldsymbol{\beta}_1,\boldsymbol{\beta}_2,\boldsymbol{\beta}_3$ 为一向量组，满足 $\boldsymbol{\beta}_1=\dfrac{1}{3}(2\boldsymbol{\alpha}_1+2\boldsymbol{\alpha}_2-\boldsymbol{\alpha}_3),\boldsymbol{\beta}_2=\dfrac{1}{3}(2\boldsymbol{\alpha}_1-\boldsymbol{\alpha}_2+2\boldsymbol{\alpha}_3),\boldsymbol{\beta}_3=\dfrac{1}{3}(\boldsymbol{\alpha}_1-2\boldsymbol{\alpha}_2-2\boldsymbol{\alpha}_3)$，证明 $\boldsymbol{\beta}_1,\boldsymbol{\beta}_2,\boldsymbol{\beta}_3$ 也是线性空间 V 的一个基.

446 综合题 设向量组 $\boldsymbol{\alpha}_1,\boldsymbol{\alpha}_2,\boldsymbol{\alpha}_3$ 是 $\mathbf{R}^3$ 的一个基，$\boldsymbol{\beta}_1=2\boldsymbol{\alpha}_1+2k\boldsymbol{\alpha}_3,\boldsymbol{\beta}_2=2\boldsymbol{\alpha}_2$，$\boldsymbol{\beta}_3=\boldsymbol{\alpha}_1+(k+1)\boldsymbol{\alpha}_3$. (1) 证明 $\boldsymbol{\beta}_1,\boldsymbol{\beta}_2,\boldsymbol{\beta}_3$ 也是 $\mathbf{R}^3$ 的一个基; (2) 当 k 为何值时，存在非零向量 ξ 在基 $\boldsymbol{\alpha}_1,\boldsymbol{\alpha}_2,\boldsymbol{\alpha}_3$ 与基 $\boldsymbol{\beta}_1,\boldsymbol{\beta}_2,\boldsymbol{\beta}_3$ 下的坐标相同，并求 ξ?

第三节　基变换与坐标变换

447 基础题 设 $\varepsilon_1,\varepsilon_2,\varepsilon_3$ 是线性空间的一个基，$\boldsymbol{\alpha}=x_1\varepsilon_1+x_2\varepsilon_2+x_3\varepsilon_3$，则由基 $\varepsilon_1,\varepsilon_2,\varepsilon_3$ 到基 $\varepsilon_2,\varepsilon_3,\varepsilon_1$ 的过渡矩阵为______，$\boldsymbol{\alpha}$ 在基 $\varepsilon_3,\varepsilon_2,\varepsilon_1$ 下的坐标是______，由基 $\varepsilon_1,\varepsilon_2,\varepsilon_3$ 到基 $\varepsilon_2+\varepsilon_3,\varepsilon_3+\varepsilon_1,\varepsilon_1+\varepsilon_2$ 的过渡矩阵为______.

448 基础题 在 $\mathbf{R}^3$ 中，取两个基 $\boldsymbol{\alpha}_1=(3,-2,2)^T,\boldsymbol{\alpha}_2=(-1,1,-1)^T,\boldsymbol{\alpha}_3=(0,1,4)^T$ 和 $\boldsymbol{\beta}_1=(-3,-1,-4)^T,\boldsymbol{\beta}_2=(5,-2,1)^T,\boldsymbol{\beta}_3=(-1,-1,6)^T$，试求从 $\boldsymbol{\alpha}_1,\boldsymbol{\alpha}_2,\boldsymbol{\alpha}_3$ 到 $\boldsymbol{\beta}_1,\boldsymbol{\beta}_2,\boldsymbol{\beta}_3$ 的过

渡矩阵.

449 中等题 在$\mathbf{R}^4$中，取两个基

$$\begin{cases}\boldsymbol{\varepsilon}_1=(1,0,0,0)^{\mathrm{T}}\\ \boldsymbol{\varepsilon}_2=(0,1,0,0)^{\mathrm{T}}\\ \boldsymbol{\varepsilon}_3=(0,0,1,0)^{\mathrm{T}}\\ \boldsymbol{\varepsilon}_4=(0,0,0,1)^{\mathrm{T}}\end{cases} \text{和} \begin{cases}\boldsymbol{\alpha}_1=(1,1,2,0)^{\mathrm{T}}\\ \boldsymbol{\alpha}_2=(1,1,3,1)^{\mathrm{T}}\\ \boldsymbol{\alpha}_3=(5,3,2,1)^{\mathrm{T}}\\ \boldsymbol{\alpha}_4=(2,1,1,1)^{\mathrm{T}}\end{cases}.$$

(1) 求由前一个基到后一个基的过渡矩阵；

(2) 求向量$(x_1,x_2,x_3,x_4)^{\mathrm{T}}$在后一个基下的坐标；

(3) 求在两个基下有相同坐标的向量.

450 综合题 设向量组$\boldsymbol{\alpha}_1=(1,2,1)^{\mathrm{T}},\boldsymbol{\alpha}_2=(1,3,2)^{\mathrm{T}},\boldsymbol{\alpha}_3=(1,a,3)^{\mathrm{T}}$为$\mathbf{R}^3$的一个基，$\boldsymbol{\beta}=(1,1,1)^{\mathrm{T}}$在这个基下的坐标为$(b,c,1)^{\mathrm{T}}$.

(1) 求a,b,c；

(2) 证明$\boldsymbol{\alpha}_2,\boldsymbol{\alpha}_3,\boldsymbol{\beta}$是$\mathbf{R}^3$的一个基，并求从$\boldsymbol{\alpha}_2,\boldsymbol{\alpha}_3,\boldsymbol{\beta}$到$\boldsymbol{\alpha}_1,\boldsymbol{\alpha}_2,\boldsymbol{\alpha}_3$的过渡矩阵.

答案

第1章 行列式

1 答案 (1) -2；(2) -5；(3) 1.

(1) $\begin{vmatrix}1 & 2\\3 & 4\end{vmatrix}=1\times4-2\times3=-2$.

(2) $\begin{vmatrix}4 & 3\\-1 & -2\end{vmatrix}=4\times(-2)-3\times(-1)=-5$.

(3) $\begin{vmatrix}x & x-1\\x^2+x+1 & x^2\end{vmatrix}=x\cdot x^2-(x-1)(x^2+x+1)=x^3-(x^3-1)=1$.

2 答案 (1) -3；(2) 0.

(1) $\begin{vmatrix}1 & 2 & 1\\1 & 1 & 2\\2 & 3 & 6\end{vmatrix}=1\times1\times6+2\times2\times2+1\times1\times3-1\times1\times2-2\times1\times6-1\times2\times3=-3$.

(2) $\begin{vmatrix}0 & -a & b\\a & 0 & -c\\b & -c & 0\end{vmatrix}=0\times0\times0+(-a)\times(-c)\times b+b\times a\times(-c)-$

$b\times0\times b-(-a)\times a\times0-0\times(-c)\times(-c)=0$.

【计算器功能操作】以卡西欧 fx-999CN CW 为例，按[开机][主页]开机打开主屏幕，选择矩阵应用，按[OK]进入.

定义矩阵：进入矩阵应用后，按[工具]打开工具菜单，按[OK]打开【矩阵行列数】界面，选择行数【3 行】、列数【3 列】，按[OK]打开【矩阵元素编辑】界面，逐个输入数据，每输入一个数据按[EXE]确认，如图 1-1 所示.

图 1-1

计算行列式：按[AC]退出，返回到矩阵应用的计算界面，按[目录][OK][OK][∨][∨][∨][OK]调用【行列式】，按[目录][OK][∨][OK]调用【MatA】，再按[OK]执行计算得出结果，如图 1-2 所示.

图 1-2

3 答案 (A).

因为 $D=\begin{vmatrix} x & y & 1 \\ y & x & -1 \\ 0 & 0 & 1 \end{vmatrix}=x^2-y^2=0$，所以有 $x=y$ 或 $x=-y$，故选 (A).

4 答案 -4.

行列式的展开式中只有主对角线上三个元素的乘积含有 x^3，其系数为 -4，故应填 -4.

> **评注**
> 此类题目无须计算行列式的值，只需考虑能够出现 x^n 的项，然后将其系数相加即可.

5 答案 $x_1=2, x_2=-1$.

因为 $D=\begin{vmatrix} 3 & 2 \\ 4 & -7 \end{vmatrix}=3\times(-7)-2\times4=-29$，$D_1=\begin{vmatrix} 4 & 2 \\ 15 & -7 \end{vmatrix}=4\times(-7)-2\times15=-58$，$D_2=\begin{vmatrix} 3 & 4 \\ 4 & 15 \end{vmatrix}=$ $3\times15-4\times4=29$，所以方程组的解为 $x_1=\dfrac{D_1}{D}=\dfrac{-58}{-29}=2, x_2=\dfrac{D_2}{D}=\dfrac{29}{-29}=-1$.

6 答案 (1) 7，奇排列；(2) 16，偶排列；(3) 21，奇排列.

(1) $N(324651)=2+1+1+2+1=7$，奇排列.　　从前向后找

(2) $N(58324716)=2+6+1+2+3+2+0=16$，偶排列.　　从后向前找

(3) $N(7654321)=6+5+4+3+2+1=21$，奇排列.

> **评注**
> 在求逆序数时，可以按从前向后或从后向前两种顺序找逆序数的个数.

7 答案 (1) $\dfrac{n(n-1)}{2}$，当 $n=4k$ 或 $4k+1$ 时，此排列为偶排列；当 $n=4k+2$ 或 $4k+3$ 时，此排列为奇排列；(2) $n(n-1)$，偶排列.

(1) $N(n(n-1)\cdots21)=(n-1)+(n-2)+\cdots+2+1=\dfrac{n(n-1)}{2}$.

当 $n=4k$ 时，$\dfrac{n(n-1)}{2}=2k(4k-1)$ 为偶数；

当 $n=4k+1$ 时，$\dfrac{n(n-1)}{2}=2k(4k+1)$ 为偶数；

当 $n=4k+2$ 时，$\dfrac{n(n-1)}{2}=(2k+1)(4k+1)$ 为奇数；

当 $n=4k+3$ 时，$\dfrac{n(n-1)}{2}=(2k+1)(4k+3)$ 为奇数.

因此，当 $n=4k$ 或 $4k+1$ 时，此排列为偶排列；当 $n=4k+2$ 或 $4k+3$ 时，此排列为奇排列.

对 n 分四种情况进行讨论，是为了方便判断 $\frac{n(n-1)}{2}$ 的奇偶性.

(2) $N(13\cdots(2n-1)(2n)(2n-2)\cdots42)=0+1+\cdots+(n-1)+(n-1)+\cdots+1+0=n(n-1)$.

对任意的 $n\in\mathbf{N}>0$，$n(n-1)$ 均为偶数，故此排列为偶排列.

8 答案 $\frac{n(n-1)}{2}-k$.

因为排列中的任意两个数 x_i,x_j 在排列 $x_1x_2\cdots x_n$ 或 $x_nx_{n-1}\cdots x_1$ 中有且只有一个构成逆序，所以两个排列的逆序数之和为从 n 个元素中取两个元素的组合数 C_n^2，即 $N(x_1x_2\cdots x_n)+N(x_nx_{n-1}\cdots x_1)=\mathrm{C}_n^2=\frac{n(n-1)}{2}$. 由于 $N(x_1x_2\cdots x_n)=k$，因此 $N(x_nx_{n-1}\cdots x_1)=\frac{n(n-1)}{2}-k$.

9 答案 $i=8,j=3$.

此排列中缺少数字 3 和 8，于是，当 $i=3,j=8$ 时，$N(293651874)=17$，奇排列；当 $i=8$, $j=3$ 时，$N(298651374)=22$，偶排列. 所以，$i=8,j=3$.

10 答案 2,8,5 或 5,2,8 或 8,5,2.

此排列中缺少数字 2,5,8，不妨令 $i=2,j=5,k=8$，则 $N(123456789)=0$，偶排列. 由于对换改变排列的奇偶性，因此有 $i=2,j=8,k=5$ 或 $i=5,j=2,k=8$ 或 $i=8,j=5,k=2$.

11 答案 (1) 负号；(2) 正号.

(1) 方法一：将该项中各元素的位置调整为按行标的自然顺序排列，即 $a_{15}a_{21}a_{34}a_{43}a_{52}$，则其列标的排列为 51432，逆序数 $N(51432)=7$，奇排列，故该项的符号为负号.

方法二：分别计算该项行标和列标的排列逆序数，$N(23514)=4$, $N(14253)=3$，逆序数之和为 7，故该项的符号为负号.

(2) 该项中各元素的列标为自然顺序排列，行标的排列逆序数 $N(43152)=6$，偶排列，故该项的符号为正号.

12 答案 $a_{12}a_{21}a_{34}a_{43}$.

根据行列式的定义，四阶行列式中包含 $a_{21}a_{43}$ 的项有两个，分别为 $a_{12}a_{21}a_{34}a_{43}$ 和 $a_{14}a_{21}a_{32}a_{43}$，前者列标的排列逆序数 $N(2143)=2$，故该项的符号为正号；后者列标的排列逆序数 $N(4123)=3$，故该项的符号为负号，所以答案应为 $a_{12}a_{21}a_{34}a_{43}$.

13 答案 $i=3,j=5$.

将 $a_{21}a_{5i}a_{16}a_{42}a_{6j}a_{34}$ 调整为按行标的自然顺序排列，即 $a_{16}a_{21}a_{34}a_{42}a_{5i}a_{6j}$，其列标的排列为 $6142ij$，显然 i,j 分别应为 3 或 5. 若取 $i=3,j=5$，则 $N(614235)=7$，该项为负项；若取 $i=5,j=3$，则 $N(614253)=8$，该项为正项. 由题意知应取 $i=3,j=5$.

14 证明 n 阶行列式共有 n^2 个元素，由条件零元素多于 n^2-n 个知非零元素必少于 n 个，则行列式展开式的每一项的 n 个元素中至少有一个为零，即所有项都等于零，从而该行列式的值为零.

15 答案 1.

行列式的一般项为 $(-1)^{N(j_1j_2j_3j_4)}a_{1j_1}a_{2j_2}a_{3j_3}a_{4j_4}$，在所有元素中，只有 $a_{13}=a_{22}=a_{34}=a_{41}=1$，其余元素均为零，因此，在该行列式的展开式中，只有一个非零项，即 $a_{13}a_{22}a_{34}a_{41}$，其他项均为零．由于 $N(3241)=4$，因此

$$\begin{vmatrix}0&0&1&0\\0&1&0&0\\0&0&0&1\\1&0&0&0\end{vmatrix}=(-1)^4=1.$$

16 答案 0.

行列式的一般项为 $(-1)^{N(j_1j_2j_3j_4)}a_{1j_1}a_{2j_2}a_{3j_3}a_{4j_4}$，显然非零项的第一列元素只能取 $a_{11}=1$，第四行元素只能取 $a_{43}=1$，则剩余的两个元素为 $a_{22}=a_{34}=1$ 或 $a_{24}=a_{32}=1$，即非零项为 $a_{11}a_{22}a_{34}a_{43}$ 和 $a_{11}a_{24}a_{32}a_{43}$，其他项均为零．因为 $N(1243)=1, N(1423)=2$，所以

$$\begin{vmatrix}1&1&1&0\\0&1&0&1\\0&1&1&1\\0&0&1&0\end{vmatrix}=(-1)\times1+(-1)^2\times1=0.$$

17 答案 $(-1)^{\frac{(n-1)n}{2}}n!$.

行列式的一般项为 $(-1)^{N(j_1j_2\cdots j_n)}a_{1j_1}a_{2j_2}\cdots a_{nj_n}$，显然非零元素只有 $a_{1n}=1,a_{2,n-1}=2,\cdots,a_{n-1,2}=n-1,a_{n1}=n$，其他元素均为零．因此，在该行列式的展开式中，只有一个非零项，即 $a_{1n}a_{2,n-1}\cdots a_{n-1,2}a_{n1}$，其他项均为零，$N(n(n-1)\cdots21)=(n-1)+(n-2)+\cdots+2+1=\dfrac{(n-1)n}{2}$，于是

$$\begin{vmatrix}0&0&\cdots&0&1\\0&0&\cdots&2&0\\\vdots&\vdots&\ddots&\vdots&\vdots\\0&n-1&\cdots&0&0\\n&0&\cdots&0&0\end{vmatrix}=(-1)^{\frac{(n-1)n}{2}}n!.$$

18 答案 $(-1)^{n-1}n!$.

行列式的一般项为 $(-1)^{N(j_1j_2\cdots j_n)}a_{1j_1}a_{2j_2}\cdots a_{nj_n}$，显然非零元素只有 $a_{12}=1,a_{23}=2,\cdots,a_{n-1,n}=n-1,a_{n1}=n$，其他元素均为零．因此，在该行列式的展开式中，只有一个非零项，即 $a_{12}a_{23}\cdots a_{n-1,n}a_{n1}$，其他项均为零，$N(23\cdots n1)=n-1$，于是

$$\begin{vmatrix}0&1&0&\cdots&0\\0&0&2&\cdots&0\\\vdots&\vdots&\vdots&\ddots&\vdots\\0&0&0&\cdots&n-1\\n&0&0&\cdots&0\end{vmatrix}=(-1)^{n-1}n!.$$

19 答案 1，$-(a_{11}+a_{22}+a_{33}+a_{44})$.

根据行列式的定义，$f(x)$ 中含 x^4, x^3 的项仅能由 $(x-a_{11})\cdot(x-a_{22})\cdot(x-a_{33})\cdot(x-a_{44})$ 产生，因此，x^4 的系数为 1，x^3 的系数为 $(-a_{11})+(-a_{22})+(-a_{33})+(-a_{44})=-(a_{11}+a_{22}+a_{33}+a_{44})$.

20 答案 $-3(x-1)(x+1)(x-2)(x+2)$.

显然，当 $x=+1,+2$ 时，$D=0$. 由于 D 是 x 的四次多项式，因此可设 $D=a(x-1)(x+1)(x-2)(x+2)$，其中 x^4 的系数为 a.

因为 D 中含 x^4 的项为

$$a_{11}a_{22}a_{33}a_{44}-a_{13}a_{22}a_{31}a_{44}=1\cdot(2-x^2)\cdot1\cdot(9-x^2)-2\cdot(2-x^2)\cdot2\cdot(9-x^2)=-3x^4+33x^2-54,$$

所以 $a=-3$，从而 $D=-3(x-1)(x+1)(x-2)(x+2)$.

本题直接根据行列式的定义展开比较烦琐，可考虑巧用定义.

21 提示 根据行列式的定义，D 的展开式中的项均为 1 或 -1.

【证明】因为 D 的元素均为 1 或 -1，所以由行列式的定义知 D 的展开式中有 $n!$ 项，且都是 1 或 -1. 不妨设有 k 项为 -1，则有 $n!-k$ 项为 1，从而 $D=(-1)\cdot k+1\cdot(n!-k)=n!-2k$. 由于 $n\geqslant 2$，因此 $n!$ 为偶数，故 $D=n!-2k$ 也为偶数.

22 答案 (D).

由行列式的性质知 $D_1=2\times2\times2\times D=8D$. 故选 (D).

对于 n 阶行列式有 $|ka_{ij}|=k^n|a_{ij}|$.

23 答案 $(-1)^n m$.

由行列式的性质知将 n 阶行列式所有元素变号，即行列式每行（列）元素均乘以 (-1)，故新行列式由原行列式乘以 $(-1)^n$ 所得，其值为 $(-1)^n m$.

24 答案 0.

$$\begin{vmatrix}1&1&1\\0&1&2\\1&2&3\end{vmatrix}\xlongequal[\text{加到第3行}]{\text{第1行乘以}(-1)}\begin{vmatrix}1&1&1\\0&1&2\\0&1&2\end{vmatrix}=0.$$

评注

行列式有两行元素对应相等，行列式的值为零.

25 答案 1234000.

$$\begin{vmatrix}17635&18635\\16401&17401\end{vmatrix}=\begin{vmatrix}17635&17635+1000\\16401&16401+1000\end{vmatrix}$$

$$=\begin{vmatrix}17635&17635\\16401&16401\end{vmatrix}+\begin{vmatrix}17635&1000\\16401&1000\end{vmatrix}=0+1000\begin{vmatrix}17635&1\\16401&1\end{vmatrix}=1000\times(17635-16401)$$

$$=1234000.$$

评注

若行列式某一行（列）的各元素都是两个数之和，则此行列式等于两个行列式之和，两个行列式分别以这两个数为该行（列）对应位置的元素，其他位置的元素与原行列式的元素相同.

26 答案 8.

$$\begin{vmatrix}1&1&1&1\\-1&1&1&1\\-1&-1&1&1\\-1&-1&-1&1\end{vmatrix}\xlongequal[\text{其余各行}]{\text{第1行加到}}\begin{vmatrix}1&1&1&1\\0&2&2&2\\0&0&2&2\\0&0&0&2\end{vmatrix}=2^3=8.$$

27 答案 -3.

$$\begin{vmatrix}1&1&1&0\\1&1&0&1\\1&0&1&1\\0&1&1&1\end{vmatrix}\xlongequal[\text{加到第1列}]{\text{第2,3,4列}}\begin{vmatrix}3&1&1&0\\3&1&0&1\\3&0&1&1\\3&1&1&1\end{vmatrix}=3\begin{vmatrix}1&1&1&0\\1&1&0&1\\1&0&1&1\\1&1&1&1\end{vmatrix}\xlongequal[\text{加到其余各列}]{\text{第1列乘以}(-1)}3\begin{vmatrix}1&0&0&-1\\1&0&-1&0\\1&-1&0&0\\1&0&0&0\end{vmatrix}$$

$$=3\cdot(-1)^{N(4321)}\cdot(-1)^3=-3.$$

28 答案 1.

$$\begin{vmatrix}1&1&1&1\\1&2&3&4\\1&3&6&10\\1&4&10&20\end{vmatrix}\xlongequal[\text{第3行乘以}(-1)\text{加到第4行}]{\substack{\text{第1行乘以}(-1)\text{加到第2行}\\\text{第2行乘以}(-1)\text{加到第3行}}}\begin{vmatrix}1&1&1&1\\0&1&2&3\\0&1&3&6\\0&1&4&10\end{vmatrix}\xlongequal[\text{第3行乘以}(-1)\text{加到第4行}]{\text{第2行乘以}(-1)\text{加到第3行}}\begin{vmatrix}1&1&1&1\\0&1&2&3\\0&0&1&3\\0&0&1&4\end{vmatrix}$$

$$\xlongequal[\text{加到第4行}]{\text{第3行乘以}(-1)}\begin{vmatrix}1&1&1&1\\0&1&2&3\\0&0&1&3\\0&0&0&1\end{vmatrix}=1^4=1.$$

评注

将行列式某一行（列）的所有元素乘以同一个数k后加到另一行（列）对应位置的元素上，行列式的值不变. 利用此性质可使行列式中的元素尽可能多地变为零.

29 答案 x^4.

$$\begin{vmatrix}1&-1&1&x-1\\1&-1&x+1&-1\\1&x-1&1&-1\\1+x&-1&1&-1\end{vmatrix}\xlongequal[\text{加到第1列}]{\text{第2,3,4列}}\begin{vmatrix}x&-1&1&x-1\\x&-1&x+1&-1\\x&x-1&1&-1\\x&-1&1&-1\end{vmatrix}\xlongequal[\text{加到第1,2,3行}]{\text{第4行乘以}(-1)}\begin{vmatrix}0&0&0&x\\0&0&x&0\\0&x&0&0\\x&-1&1&-1\end{vmatrix}$$

$$=(-1)^{N(4321)}x^4=x^4.$$

30 答案 $\left(1-\sum_{i=2}^{n}\frac{1}{i}\right)n!$.

$$\begin{vmatrix}1&1&1&\cdots&1\\1&2&0&\cdots&0\\1&0&3&\cdots&0\\\vdots&\vdots&\vdots&\ddots&\vdots\\1&0&0&\cdots&n\end{vmatrix}\xlongequal[\substack{\text{加到第1列}\\ i=2,3,\cdots,n}]{\text{第}i\text{列乘以}\left(-\frac{1}{i}\right)}\begin{vmatrix}1-\frac{1}{2}-\cdots-\frac{1}{n}&1&1&\cdots&1\\0&2&0&\cdots&0\\0&0&3&\cdots&0\\\vdots&\vdots&\vdots&\ddots&\vdots\\0&0&0&\cdots&n\end{vmatrix}=\left(1-\sum_{i=2}^{n}\frac{1}{i}\right)n!.$$

31 答案 a^4.

$$\begin{vmatrix}a&b&c&d\\a&b+a&c+b+a&d+c+b+a\\a&b+2a&c+2b+3a&d+2c+3b+4a\\a&b+3a&c+3b+6a&d+3c+6b+10a\end{vmatrix}$$

$$\xlongequal[\text{加到其余各行}]{\text{第1行乘以}(-1)}\begin{vmatrix}a&b&c&d\\0&a&b+a&c+b+a\\0&2a&2b+3a&2c+3b+4a\\0&3a&3b+6a&3c+6b+10a\end{vmatrix}$$

$$\xlongequal[\text{第2行乘以}(-3)\text{加到第4行}]{\text{第2行乘以}(-2)\text{加到第3行}}\begin{vmatrix}a&b&c&d\\0&a&b+a&c+b+a\\0&0&a&b+2a\\0&0&3a&3b+7a\end{vmatrix}$$

$$\xlongequal[\text{加到第4行}]{\text{第3行乘以}(-3)}\begin{vmatrix}a&b&c&d\\0&a&b+a&c+b+a\\0&0&a&b+2a\\0&0&0&a\end{vmatrix}=a^4.$$

32 答案 $(-1)^{n-1}\left(\sum_{i=1}^{n}a_i-b\right)b^{n-1}$.

$$\begin{vmatrix}a_1-b&a_2&\cdots&a_n\\a_1&a_2-b&\cdots&a_n\\\vdots&\vdots&\ddots&\vdots\\a_1&a_2&\cdots&a_n-b\end{vmatrix}\xlongequal{\text{各列均加到第1列}}\begin{vmatrix}\sum_{i=1}^{n}a_i-b&a_2&\cdots&a_n\\\sum_{i=1}^{n}a_i-b&a_2-b&\cdots&a_n\\\vdots&\vdots&\ddots&\vdots\\\sum_{i=1}^{n}a_i-b&a_2&\cdots&a_n-b\end{vmatrix}$$

$$=\left(\sum_{i=1}^{n}a_i-b\right)\begin{vmatrix}1&a_2&\cdots&a_n\\1&a_2-b&\cdots&a_n\\\vdots&\vdots&\ddots&\vdots\\1&a_2&\cdots&a_n-b\end{vmatrix}\xlongequal[\text{加到其余各行}]{\text{第1行乘以}(-1)}\left(\sum_{i=1}^{n}a_i-b\right)\begin{vmatrix}1&a_2&\cdots&a_n\\0&-b&\cdots&0\\\vdots&\vdots&\ddots&\vdots\\0&0&\cdots&-b\end{vmatrix}$$

$$=(-1)^{n-1}\left(\sum_{i=1}^{n}a_i-b\right)b^{n-1}.$$

33 答案 $\left(1+a_1+\dfrac{a_1}{a_2}+\cdots+\dfrac{a_1}{a_n}\right)a_2\cdots a_n$.

$$\begin{vmatrix}1+a_1 & 1 & \cdots & 1\\ 1 & 1+a_2 & \cdots & 1\\ \vdots & \vdots & \ddots & \vdots\\ 1 & 1 & \cdots & 1+a_n\end{vmatrix}\xlongequal[\text{加到其余各行}]{\text{第1行乘以}(-1)}\begin{vmatrix}1+a_1 & 1 & \cdots & 1\\ -a_1 & a_2 & \cdots & 0\\ \vdots & \vdots & \ddots & \vdots\\ -a_1 & 0 & \cdots & a_n\end{vmatrix}$$

$$\xlongequal[i=2,\cdots,n]{\text{第}i\text{列乘以}\frac{a_1}{a_i}\text{加到第1列}}\begin{vmatrix}1+a_1+\dfrac{a_1}{a_2}+\cdots+\dfrac{a_1}{a_n} & 1 & \cdots & 1\\ 0 & a_2 & \cdots & 0\\ \vdots & \vdots & \ddots & \vdots\\ 0 & 0 & \cdots & a_n\end{vmatrix}$$

$$=\left(1+a_1+\frac{a_1}{a_2}+\cdots+\frac{a_1}{a_n}\right)a_2\cdots a_n.$$

34 答案 $\begin{cases}a_1-b_1, & n=1,\\ (a_2-a_1)(b_2-b_1), & n=2,\\ 0, & n\geqslant 3.\end{cases}$

$$\begin{vmatrix}a_1-b_1 & a_1-b_2 & \cdots & a_1-b_n\\ a_2-b_1 & a_2-b_2 & \cdots & a_2-b_n\\ \vdots & \vdots & \ddots & \vdots\\ a_n-b_1 & a_n-b_2 & \cdots & a_n-b_n\end{vmatrix}\xlongequal[\text{加到其余各行}]{\text{第1行乘以}(-1)}\begin{vmatrix}a_1-b_1 & a_1-b_2 & \cdots & a_1-b_n\\ a_2-a_1 & a_2-a_1 & \cdots & a_2-a_1\\ \vdots & \vdots & \ddots & \vdots\\ a_n-a_1 & a_n-a_1 & \cdots & a_n-a_1\end{vmatrix}$$

$$=(a_2-a_1)(a_3-a_1)\cdots(a_n-a_1)\begin{vmatrix}a_1-b_1 & a_1-b_2 & \cdots & a_1-b_n\\ 1 & 1 & \cdots & 1\\ \vdots & \vdots & \ddots & \vdots\\ 1 & 1 & \cdots & 1\end{vmatrix}$$

$$=\begin{cases}a_1-b_1, & n=1,\\ (a_2-a_1)(b_2-b_1), & n=2,\\ 0, & n\geqslant 3.\end{cases}$$

35 证明 $\begin{vmatrix}1 & 1 & 1\\ a & b & c\\ b+c & c+a & a+b\end{vmatrix}\xlongequal{\text{第2行加到第3行}}\begin{vmatrix}1 & 1 & 1\\ a & b & c\\ b+c+a & c+a+b & a+b+c\end{vmatrix}$

$$=(a+b+c)\begin{vmatrix}1 & 1 & 1\\ a & b & c\\ 1 & 1 & 1\end{vmatrix}=0.$$

36 证明 左端 $=\underset{\text{第1列乘以(-1)加到第3列}}{\begin{vmatrix} b_1 & c_1+a_1 & a_1+b_1 \\ b_2 & c_2+a_2 & a_2+b_2 \\ b_3 & c_3+a_3 & a_3+b_3 \end{vmatrix}}+\underset{\text{第1列乘以(-1)加到第2列}}{\begin{vmatrix} c_1 & c_1+a_1 & a_1+b_1 \\ c_2 & c_2+a_2 & a_2+b_2 \\ c_3 & c_3+a_3 & a_3+b_3 \end{vmatrix}}$

$$=\underset{\text{第3列乘以(-1)加到第2列}}{\begin{vmatrix} b_1 & c_1+a_1 & a_1 \\ b_2 & c_2+a_2 & a_2 \\ b_3 & c_3+a_3 & a_3 \end{vmatrix}}+\underset{\text{第2列乘以(-1)加到第3列}}{\begin{vmatrix} c_1 & a_1 & a_1+b_1 \\ c_2 & a_2 & a_2+b_2 \\ c_3 & a_3 & a_3+b_3 \end{vmatrix}}$$

$$=\begin{vmatrix} b_1 & c_1 & a_1 \\ b_2 & c_2 & a_2 \\ b_3 & c_3 & a_3 \end{vmatrix}+\begin{vmatrix} c_1 & a_1 & b_1 \\ c_2 & a_2 & b_2 \\ c_3 & a_3 & b_3 \end{vmatrix}=2\begin{vmatrix} a_1 & b_1 & c_1 \\ a_2 & b_2 & c_2 \\ a_3 & b_3 & c_3 \end{vmatrix}=\text{右端}.$$

37 证明 左端 $=\begin{vmatrix} ax & ay+bz & az+bx \\ ay & az+bx & ax+by \\ az & ax+by & ay+bz \end{vmatrix}+\begin{vmatrix} by & ay+bz & az+bx \\ bz & az+bx & ax+by \\ bx & ax+by & ay+bz \end{vmatrix}$

$$=a\underset{\text{第1列乘以}(-b)\text{加到第3列}}{\begin{vmatrix} x & ay+bz & az+bx \\ y & az+bx & ax+by \\ z & ax+by & ay+bz \end{vmatrix}}+b\underset{\text{第1列乘以}(-a)\text{加到第2列}}{\begin{vmatrix} y & ay+bz & az+bx \\ z & az+bx & ax+by \\ x & ax+by & ay+bz \end{vmatrix}}$$

$$=a\begin{vmatrix} x & ay+bz & az \\ y & az+bx & ax \\ z & ax+by & ay \end{vmatrix}+b\begin{vmatrix} y & bz & az+bx \\ z & bx & ax+by \\ x & by & ay+bz \end{vmatrix}$$

$$=a^2\underset{\text{第3列乘以}(-b)\text{加到第2列}}{\begin{vmatrix} x & ay+bz & z \\ y & az+bx & x \\ z & ax+by & y \end{vmatrix}}+b^2\underset{\text{第2列乘以}(-a)\text{加到第3列}}{\begin{vmatrix} y & z & az+bx \\ z & x & ax+by \\ x & y & ay+bz \end{vmatrix}}$$

$$=a^2\begin{vmatrix} x & ay & z \\ y & az & x \\ z & ax & y \end{vmatrix}+b^2\begin{vmatrix} y & z & bx \\ z & x & by \\ x & y & bz \end{vmatrix}=a^3\begin{vmatrix} x & y & z \\ y & z & x \\ z & x & y \end{vmatrix}+b^3\begin{vmatrix} y & z & x \\ z & x & y \\ x & y & z \end{vmatrix}$$

$$=a^3\begin{vmatrix} x & y & z \\ y & z & x \\ z & x & y \end{vmatrix}+b^3\begin{vmatrix} x & y & z \\ y & z & x \\ z & x & y \end{vmatrix}=(a^3+b^3)\begin{vmatrix} x & y & z \\ y & z & x \\ z & x & y \end{vmatrix}=\text{右端}.$$

38 证明 左端 $\underset{\text{加到其余各列}}{\overset{\text{第1列乘以(-1)}}{=\!=\!=\!=}}\begin{vmatrix} a^2 & 2a+1 & 4a+4 & 6a+9 \\ b^2 & 2b+1 & 4b+4 & 6b+9 \\ c^2 & 2c+1 & 4c+4 & 6c+9 \\ d^2 & 2d+1 & 4d+4 & 6d+9 \end{vmatrix}\underset{\text{第2列乘以(-3)加到第4列}}{\overset{\text{第2列乘以(-2)加到第3列}}{=\!=\!=\!=}}\begin{vmatrix} a^2 & 2a+1 & 2 & 6 \\ b^2 & 2b+1 & 2 & 6 \\ c^2 & 2c+1 & 2 & 6 \\ d^2 & 2d+1 & 2 & 6 \end{vmatrix}=0.$

39 证明 由 $a_{ij}=-a_{ji}$ 知 $a_{ii}=0(i=1,2,\cdots,n)$，则

$$D=\begin{vmatrix} 0 & a_{12} & \cdots & a_{1n} \\ -a_{12} & 0 & \cdots & a_{2n} \\ \vdots & \vdots & \ddots & \vdots \\ -a_{1n} & -a_{2n} & \cdots & 0 \end{vmatrix}=(-1)^n\begin{vmatrix} 0 & -a_{12} & \cdots & -a_{1n} \\ a_{12} & 0 & \cdots & -a_{2n} \\ \vdots & \vdots & \ddots & \vdots \\ a_{1n} & a_{2n} & \cdots & 0 \end{vmatrix}=(-1)^n D^{\mathrm{T}}=(-1)^n D,$$

当 n 为奇数时，$D=0$.

此行列式称为反对称行列式，当 n 为奇数时，其值为零.

40 答案 12.

此行列式为四阶范德蒙德行列式，则

$$\begin{vmatrix}1&1&1&1\\1&2&3&4\\1&4&9&16\\1&8&27&64\end{vmatrix}=(2-1)\times(3-1)\times(4-1)\times(3-2)\times(4-2)\times(4-3)=12\,.$$

评注

$n(n\geqslant 2)$ 阶范德蒙德行列式

$$D_n=\begin{vmatrix}1&1&1&\cdots&1\\a_1&a_2&a_3&\cdots&a_n\\a_1^2&a_2^2&a_3^2&\cdots&a_n^2\\\vdots&\vdots&\vdots&\ddots&\vdots\\a_1^{n-1}&a_2^{n-1}&a_3^{n-1}&\cdots&a_n^{n-1}\end{vmatrix}=\prod_{1\leqslant j<i\leqslant n}(a_i-a_j)\,,$$

其中 $\prod\limits_{1\leqslant j<i\leqslant n}(a_i-a_j)$ 表示所有可能的差 $(a_i-a_j)\,(1\leqslant j<i\leqslant n)$ 的乘积.

41 答案 8.

由条件知行列式第三行元素的代数余子式的值依次为 $6,5,a,-2$，则

$D=(-1)\times 6+0\times 5+2\times a+3\times(-2)=2a-12=4$，故 $a=8$.

42 答案 $\dfrac{\sqrt{3}}{3}$.

由条件知 $D=a_{11}A_{11}+a_{12}A_{12}+a_{13}A_{13}=a_{11}^2+a_{12}^2+a_{13}^2=3a_{11}^2=1$，故 $a_{11}=\dfrac{\sqrt{3}}{3}$.

43 答案 (A).

$M_{41}+M_{42}+M_{43}+M_{44}=-A_{41}+A_{42}-A_{43}+A_{44}$

$$=\begin{vmatrix}3&0&4&0\\2&2&2&2\\0&-7&0&0\\-1&1&-1&1\end{vmatrix}\xlongequal{\text{按第3行展开}}-7\times(-1)^{3+2}\begin{vmatrix}3&4&0\\2&2&2\\-1&-1&1\end{vmatrix}$$

$$\xlongequal{\text{第3列加到第1,2列}}7\begin{vmatrix}3&4&0\\4&4&2\\0&0&1\end{vmatrix}\xlongequal{\text{按第3行展开}}7\begin{vmatrix}3&4\\4&4\end{vmatrix}=-28\,.$$

故选 (A).

评注

逆向利用行（列）展开构造新的行列式，即用第四行元素的代数余子式 $A_{41},A_{42},A_{43},A_{44}$ 的系数 $-1,1,-1,1$ 替换 D 中第四行的元素.

44 答案 $x=0,y=3,z=-1$.

由 $a_{i1}A_{11}+a_{i2}A_{12}+a_{i3}A_{13}+a_{i4}A_{14}=0,i=2,3,4$ 得

$$\begin{cases}-9x-3+y+3(z+1)=0\\-9-3z-(x+3)+3y=0\\-9(y-2)+3(x+1)+3(z+3)=0\end{cases}，即\begin{cases}9x-y-3z=0\\x-3y+3z=-12\\x-3y+z=-10\end{cases},$$

解得 $x=0,y=3,z=-1$.

评注

行列式某行（列）的各元素与另一行（列）对应元素的代数余子式的乘积之和等于零.

45 答案 $A_{41}+A_{42}=-1$，$A_{43}+A_{44}+A_{45}=3$.

因为 $\begin{vmatrix}3&3&1&1&1\\a&b&c&d&e\\2&4&6&3&1\\2&2&5&5&5\\2&1&3&4&4\end{vmatrix}=13$，将该行列式按第四行展开，得

$$2A_{41}+2A_{42}+5A_{43}+5A_{44}+5A_{45}=13 \quad ①$$

另外，用第一行元素与第四行元素的代数余子式对应相乘，得

$$3A_{41}+3A_{42}+A_{43}+A_{44}+A_{45}=0 \quad ②$$

联立①式与②式，解得 $A_{41}+A_{42}=-1,A_{43}+A_{44}+A_{45}=3$.

46 答案 $1-a^4$.

$$\begin{vmatrix}1&a&0&0\\0&1&a&0\\0&0&1&a\\a&0&0&1\end{vmatrix}\xlongequal{\text{按第1列展开}}\begin{vmatrix}1&a&0\\0&1&a\\0&0&1\end{vmatrix}+a\cdot(-1)^{4+1}\begin{vmatrix}a&0&0\\1&a&0\\0&1&a\end{vmatrix}=1-a^4.$$

47 答案 240.

$$\begin{vmatrix}0&0&0&5&5\\0&0&4&1&0\\0&3&2&0&0\\2&3&0&0&0\\4&0&0&0&1\end{vmatrix}\xlongequal{\text{按第5列展开}}5\times(-1)^{1+5}\begin{vmatrix}0&0&4&1\\0&3&2&0\\2&3&0&0\\4&0&0&0\end{vmatrix}+(-1)^{5+5}\begin{vmatrix}0&0&0&5\\0&0&4&1\\0&3&2&0\\2&3&0&0\end{vmatrix}$$

$$=5\times(-1)^{N(4321)}4!+(-1)^{N(4321)}5!=5!+5!=240.$$

48 答案 $-2(x^3+y^3)$.

$$\begin{vmatrix} x & y & x+y \\ y & x+y & x \\ x+y & x & y \end{vmatrix} \xlongequal[\text{提取公因子}]{\text{第2,3列加到第1列}} 2(x+y)\begin{vmatrix} 1 & y & x+y \\ 1 & x+y & x \\ 1 & x & y \end{vmatrix}$$

$$\xlongequal[\text{加到第2,3行}]{\text{第1行乘以(-1)}} 2(x+y)\begin{vmatrix} 1 & y & x+y \\ 0 & x & -y \\ 0 & x-y & -x \end{vmatrix} \xlongequal{\text{按第1列展开}} 2(x+y)\begin{vmatrix} x & -y \\ x-y & -x \end{vmatrix}$$

$$=2(x+y)[-x^2+y(x-y)]=-2(x^3+y^3).$$

49 答案 -24.

$$\begin{vmatrix} 1 & 2 & 3 & 4 \\ 1 & 0 & 1 & 2 \\ 3 & -1 & -1 & 0 \\ 1 & 2 & 0 & -5 \end{vmatrix} \xlongequal[\text{第1列乘以(-2)加到第4列}]{\text{第1列乘以(-1)加到第3列}} \begin{vmatrix} 1 & 2 & 2 & 2 \\ 1 & 0 & 0 & 0 \\ 3 & -1 & -4 & -6 \\ 1 & 2 & -1 & -7 \end{vmatrix} \xlongequal{\text{按第2行展开}} -\begin{vmatrix} 2 & 2 & 2 \\ -1 & -4 & -6 \\ 2 & -1 & -7 \end{vmatrix}$$

$$\xlongequal[\text{加到第2,3列}]{\text{第1列乘以(-1)}} -\begin{vmatrix} 2 & 0 & 0 \\ -1 & -3 & -5 \\ 2 & -3 & -9 \end{vmatrix} \xlongequal{\text{按第1行展开}} -2\begin{vmatrix} -3 & -5 \\ -3 & -9 \end{vmatrix} = -24.$$

评注

先利用性质将某行（列）元素化为只有一个非零元素，然后按此行（列）展开，降为低阶行列式. 此方法是计算一般行列式的主要方法，应熟练掌握.

50 答案 (B).

$$f(x)=\begin{vmatrix} x-2 & x-1 & x-2 & x-3 \\ 2x-2 & 2x-1 & 2x-2 & 2x-3 \\ 3x-3 & 3x-2 & 4x-5 & 3x-5 \\ 4x & 4x-3 & 5x-7 & 4x-3 \end{vmatrix}$$

$$\xlongequal[\text{加到第2,3,4列}]{\text{第1列乘以(-1)}} \begin{vmatrix} x-2 & 1 & 0 & -1 \\ 2x-2 & 1 & 0 & -1 \\ 3x-3 & 1 & x-2 & -2 \\ 4x & -3 & x-7 & -3 \end{vmatrix} \xlongequal[\text{加到第2行}]{\text{第1行乘以(-1)}} \begin{vmatrix} x-2 & 1 & 0 & -1 \\ x & 0 & 0 & 0 \\ 3x-3 & 1 & x-2 & -2 \\ 4x & -3 & x-7 & -3 \end{vmatrix}$$

$$\xlongequal{\text{按第2行展开}} -x\begin{vmatrix} 1 & 0 & -1 \\ 1 & x-2 & -2 \\ -3 & x-7 & -3 \end{vmatrix} \xlongequal{\text{第1列加到第3列}} -x\begin{vmatrix} 1 & 0 & 0 \\ 1 & x-2 & -1 \\ -3 & x-7 & -6 \end{vmatrix}$$

$$\xlongequal{\text{按第1行展开}} -x\begin{vmatrix} x-2 & -1 \\ x-7 & -6 \end{vmatrix} = 5x(x-1),$$

故方程 $f(x)=0$ 有 2 个根，应选 (B).

51 答案 9.

方法一：根据拉普拉斯定理，按第二、四两行展开，除去为零的子式，得

$$\begin{vmatrix}1&2&2&1\\0&1&0&2\\2&0&1&1\\0&2&0&1\end{vmatrix}=\begin{vmatrix}1&2\\2&1\end{vmatrix}\cdot(-1)^{2+4+2+4}\begin{vmatrix}1&2\\2&1\end{vmatrix}=(-3)\times(-3)=9.$$

方法二：
$$\begin{vmatrix}1&2&2&1\\0&1&0&2\\2&0&1&1\\0&2&0&1\end{vmatrix}\xlongequal{\text{交换第2,3行}}-\begin{vmatrix}1&2&2&1\\2&0&1&1\\0&1&0&2\\0&2&0&1\end{vmatrix}\xlongequal{\text{交换第2,3列}}\begin{vmatrix}1&2&2&1\\2&1&0&1\\0&0&1&2\\0&0&2&1\end{vmatrix}$$

$$\xlongequal{\text{按第1,2行展开}}\begin{vmatrix}1&2\\2&1\end{vmatrix}\cdot(-1)^{1+2+1+2}\begin{vmatrix}1&2\\2&1\end{vmatrix}=(-3)\times(-3)=9.$$

评注

求解此类问题两种方法均可，方法二看起来更方便，便于计算.

一般地，设 $\boldsymbol{A}$ 为 m 阶方阵，$\boldsymbol{B}$ 为 n 阶方阵，则

(1) $\begin{vmatrix}\boldsymbol{A}&\boldsymbol{C}\\\boldsymbol{O}&\boldsymbol{B}\end{vmatrix}=\begin{vmatrix}\boldsymbol{A}&\boldsymbol{O}\\\boldsymbol{C}&\boldsymbol{B}\end{vmatrix}=\begin{vmatrix}\boldsymbol{A}&\boldsymbol{O}\\\boldsymbol{O}&\boldsymbol{B}\end{vmatrix}=|\boldsymbol{A}|\cdot|\boldsymbol{B}|$；

(2) $\begin{vmatrix}\boldsymbol{C}&\boldsymbol{A}\\\boldsymbol{B}&\boldsymbol{O}\end{vmatrix}=\begin{vmatrix}\boldsymbol{O}&\boldsymbol{A}\\\boldsymbol{B}&\boldsymbol{C}\end{vmatrix}=\begin{vmatrix}\boldsymbol{O}&\boldsymbol{A}\\\boldsymbol{B}&\boldsymbol{O}\end{vmatrix}=(-1)^{mn}|\boldsymbol{A}|\cdot|\boldsymbol{B}|$.

52 答案 665.

根据拉普拉斯定理，按前两行展开，除去为零的子式，得

$$\begin{vmatrix}5&6&0&0&0\\1&5&6&0&0\\0&1&5&6&0\\0&0&1&5&6\\0&0&0&1&5\end{vmatrix}=\begin{vmatrix}5&6\\1&5\end{vmatrix}\cdot(-1)^{1+2+1+2}\begin{vmatrix}5&6&0\\1&5&6\\0&1&5\end{vmatrix}+\begin{vmatrix}5&0\\1&6\end{vmatrix}\cdot(-1)^{1+2+1+3}\begin{vmatrix}1&6&0\\0&5&6\\0&1&5\end{vmatrix}+$$

$$\begin{vmatrix}6&0\\5&6\end{vmatrix}\cdot(-1)^{1+2+2+3}\begin{vmatrix}0&6&0\\0&5&6\\0&1&5\end{vmatrix}$$

$$=19\times65-30\times19+0=665.$$

53 答案 $(ax-by)(cz-dw)$.

$$\begin{vmatrix}a&0&b&0\\0&c&0&d\\y&0&x&0\\0&w&0&z\end{vmatrix}\xlongequal{\text{交换第2,3行}}-\begin{vmatrix}a&0&b&0\\y&0&x&0\\0&c&0&d\\0&w&0&z\end{vmatrix}\xlongequal{\text{交换第2,3列}}\begin{vmatrix}a&b&0&0\\y&x&0&0\\0&0&c&d\\0&0&w&z\end{vmatrix}$$

$$=\begin{vmatrix}a&b\\y&x\end{vmatrix}\cdot\begin{vmatrix}c&d\\w&z\end{vmatrix}=(ax-by)(cz-dw).$$

54 答案 $(x_2-x_1)^2(x_3-x_1)^2(x_3-x_2)^2$.

$$\begin{vmatrix} 1 & 1 & 0 & 0 & 0 & 1 \\ x_1 & x_2 & 0 & 0 & 0 & x_3 \\ a_1 & b_1 & 1 & 1 & 1 & c_1 \\ a_2 & b_2 & x_1 & x_2 & x_3 & c_2 \\ a_3 & b_3 & x_1^2 & x_2^2 & x_3^2 & c_3 \\ x_1^2 & x_2^2 & 0 & 0 & 0 & x_3^2 \end{vmatrix} \xlongequal{\text{第6行逐次与第5,4,3行交换}} - \begin{vmatrix} 1 & 1 & 0 & 0 & 0 & 1 \\ x_1 & x_2 & 0 & 0 & 0 & x_3 \\ x_1^2 & x_2^2 & 0 & 0 & 0 & x_3^2 \\ a_1 & b_1 & 1 & 1 & 1 & c_1 \\ a_2 & b_2 & x_1 & x_2 & x_3 & c_2 \\ a_3 & b_3 & x_1^2 & x_2^2 & x_3^2 & c_3 \end{vmatrix}$$

$$\xlongequal{\text{第6列逐次与第5,4,3列交换}} \begin{vmatrix} 1 & 1 & 1 & 0 & 0 & 0 \\ x_1 & x_2 & x_3 & 0 & 0 & 0 \\ x_1^2 & x_2^2 & x_3^2 & 0 & 0 & 0 \\ a_1 & b_1 & c_1 & 1 & 1 & 1 \\ a_2 & b_2 & c_2 & x_1 & x_2 & x_3 \\ a_3 & b_3 & c_3 & x_1^2 & x_2^2 & x_3^2 \end{vmatrix} = \underbrace{\begin{vmatrix} 1 & 1 & 1 \\ x_1 & x_2 & x_3 \\ x_1^2 & x_2^2 & x_3^2 \end{vmatrix} \cdot \begin{vmatrix} 1 & 1 & 1 \\ x_1 & x_2 & x_3 \\ x_1^2 & x_2^2 & x_3^2 \end{vmatrix}}_{\text{(均为范德蒙德行列式)}}$$

$$= (x_2 - x_1)^2 (x_3 - x_1)^2 (x_3 - x_2)^2 .$$

55 答案 4.

$$\begin{vmatrix} 1 & 1 & 1 & 0 & 0 & 0 \\ 2 & 3 & 4 & 0 & 0 & 0 \\ 3 & 10 & 16 & 1 & 1 & 1 \\ -1 & 1 & 0 & 1 & 1 & 1 \\ -2 & 4 & 1 & 1 & 2 & 3 \\ -3 & 16 & 1 & 1 & 4 & 9 \end{vmatrix} \xlongequal[\text{加到第3行}]{\text{第4行乘以}(-1)} \begin{vmatrix} 1 & 1 & 1 & 0 & 0 & 0 \\ 2 & 3 & 4 & 0 & 0 & 0 \\ 4 & 9 & 16 & 0 & 0 & 0 \\ -1 & 1 & 0 & 1 & 1 & 1 \\ -2 & 4 & 1 & 1 & 2 & 3 \\ -3 & 16 & 1 & 1 & 4 & 9 \end{vmatrix}$$

$$= \begin{vmatrix} 1 & 1 & 1 \\ 2 & 3 & 4 \\ 4 & 9 & 16 \end{vmatrix} \cdot \begin{vmatrix} 1 & 1 & 1 \\ 1 & 2 & 3 \\ 1 & 4 & 9 \end{vmatrix} \quad \text{(均为范德蒙德行列式)}$$

$$= (3-2)\times(4-2)\times(4-3)\times(2-1)\times(3-1)\times(3-2) = 4 .$$

评注

恰当应用拉普拉斯定理可以快速降低较高阶行列式的阶数.

56 答案 (B).

$$\begin{vmatrix} a+2 & 4 & 1 \\ -4 & a+3 & 4 \\ -1 & 4 & a+4 \end{vmatrix} \xlongequal{\text{第3列加到第1列}} \begin{vmatrix} a+3 & 4 & 1 \\ 0 & a+3 & 4 \\ a+3 & 4 & a+4 \end{vmatrix} \xlongequal[\text{加到第3行}]{\text{第1行乘以}(-1)} \begin{vmatrix} a+3 & 4 & 1 \\ 0 & a+3 & 4 \\ 0 & 0 & a+3 \end{vmatrix}$$

$$= (a+3)^3 = 0 ,$$

故 $a = -3$，应选 (B).

57 答案 -294×10^5.

$$\begin{vmatrix} 246 & 427 & 327 \\ 1014 & 543 & 443 \\ -342 & 721 & 621 \end{vmatrix} \xlongequal[\text{第3列乘以}(-1)\text{加到第2列}]{\text{第2,3列加到第1列}} \begin{vmatrix} 1000 & 100 & 327 \\ 2000 & 100 & 443 \\ 1000 & 100 & 621 \end{vmatrix} \xlongequal{\text{提取公因子}} 1000 \times 100 \times \begin{vmatrix} 1 & 1 & 327 \\ 2 & 1 & 443 \\ 1 & 1 & 621 \end{vmatrix}$$

$$\xlongequal[\text{加到第2,3行}]{\text{第1行乘以(-1)}} 10^5\begin{vmatrix}1&1&327\\1&0&116\\0&0&294\end{vmatrix} \xlongequal{\text{按第2列展开}} -10^5\begin{vmatrix}1&116\\0&294\end{vmatrix} = -294\times10^5 .$$

58 答案 160.

$$\begin{vmatrix}1&2&3&4\\2&3&4&1\\3&4&1&2\\4&1&2&3\end{vmatrix} \xlongequal[\text{提取公因子}]{\text{第2,3,4列加到第1列}} 10\begin{vmatrix}1&2&3&4\\1&3&4&1\\1&4&1&2\\1&1&2&3\end{vmatrix}$$

$$\xlongequal[\text{加到第2,3,4行}]{\text{第1行乘以(-1)}} 10\begin{vmatrix}1&2&3&4\\0&1&1&-3\\0&2&-2&-2\\0&-1&-1&-1\end{vmatrix} \xlongequal{\text{按第1列展开}} 10\begin{vmatrix}1&1&-3\\2&-2&-2\\-1&-1&-1\end{vmatrix}$$

$$\xlongequal{\text{第1列加到第2,3列}} 10\begin{vmatrix}1&2&-2\\2&0&0\\-1&-2&-2\end{vmatrix} \xlongequal{\text{按第2行展开}} 10\times(-2)\begin{vmatrix}2&-2\\-2&-2\end{vmatrix} = 160 .$$

59 答案 $(a+b+c)(a-b-c)(a-b+c)(a+b-c)$.

$$\begin{vmatrix}a&0&b&c\\0&a&c&b\\b&c&a&0\\c&b&0&a\end{vmatrix} \xlongequal[\text{提取公因子}]{\text{第2,3,4列加到第1列}} (a+b+c)\begin{vmatrix}1&0&b&c\\1&a&c&b\\1&c&a&0\\1&b&0&a\end{vmatrix}$$

$$\xlongequal[\text{加到第2,3,4行}]{\text{第1行乘以(-1)}} (a+b+c)\begin{vmatrix}1&0&b&c\\0&a&c-b&b-c\\0&c&a-b&-c\\0&b&-b&a-c\end{vmatrix}$$

$$\xlongequal{\text{按第1列展开}} (a+b+c)\begin{vmatrix}a&c-b&b-c\\c&a-b&-c\\b&-b&a-c\end{vmatrix}$$

$$\xlongequal{\text{第2列加到第3列}} (a+b+c)\begin{vmatrix}a&c-b&0\\c&a-b&a-b-c\\b&-b&a-b-c\end{vmatrix}$$

$$\xlongequal[\text{加到第2行}]{\text{第3行乘以(-1)}} (a+b+c)\begin{vmatrix}a&c-b&0\\c-b&a&0\\b&-b&a-b-c\end{vmatrix}$$

$$\xlongequal{\text{按第3列展开}} (a+b+c)(a-b-c)\begin{vmatrix}a&c-b\\c-b&a\end{vmatrix}$$

$$=(a+b+c)(a-b-c)(a-b+c)(a+b-c) .$$

60 答案 $1+(-1)^{n+1}a^n$.

$$D \xlongequal{\text{按第1行展开}} \begin{vmatrix} 1 & 0 & \cdots & 0 & 0 \\ a & 1 & \cdots & 0 & 0 \\ \vdots & \vdots & \ddots & \vdots & \vdots \\ 0 & 0 & \cdots & 1 & 0 \\ 0 & 0 & \cdots & a & 1 \end{vmatrix}_{n-1} + (-1)^{1+n} a \begin{vmatrix} a & 1 & \cdots & 0 & 0 \\ 0 & a & \cdots & 0 & 0 \\ \vdots & \vdots & \ddots & \vdots & \vdots \\ 0 & 0 & \cdots & a & 1 \\ 0 & 0 & \cdots & 0 & a \end{vmatrix}_{n-1} = 1 + (-1)^{n+1} a^n .$$

61 答案 $D_n = \begin{cases} -7, & n = 2, \\ 6(n-3)!, & n \geqslant 3. \end{cases}$

当 $n = 2$ 时，$D_n = \begin{vmatrix} 1 & 3 \\ 3 & 2 \end{vmatrix} = -7$；

当 $n \geqslant 3$ 时，

$$D_n = \begin{vmatrix} 1 & 3 & 3 & 3 & \cdots & 3 \\ 3 & 2 & 3 & 3 & \cdots & 3 \\ 3 & 3 & 3 & 3 & \cdots & 3 \\ 3 & 3 & 3 & 4 & \cdots & 3 \\ \vdots & \vdots & \vdots & \vdots & \ddots & \vdots \\ 3 & 3 & 3 & 3 & \cdots & n \end{vmatrix} \xlongequal[\text{加到其余各行}]{\text{第3行乘以}(-1)} \begin{vmatrix} -2 & 0 & 0 & 0 & \cdots & 0 \\ 0 & -1 & 0 & 0 & \cdots & 0 \\ 3 & 3 & 3 & 3 & \cdots & 3 \\ 0 & 0 & 0 & 1 & \cdots & 0 \\ \vdots & \vdots & \vdots & \vdots & \ddots & \vdots \\ 0 & 0 & 0 & 0 & \cdots & n-3 \end{vmatrix}$$

$$\xlongequal{\text{按第3列展开}} 3 \begin{vmatrix} -2 & 0 & 0 & \cdots & 0 \\ 0 & -1 & 0 & \cdots & 0 \\ 0 & 0 & 1 & \cdots & 0 \\ \vdots & \vdots & \vdots & \ddots & \vdots \\ 0 & 0 & 0 & \cdots & n-3 \end{vmatrix} = 6(n-3)! .$$

综上所述，$D_n = \begin{cases} -7, & n = 2, \\ 6(n-3)!, & n \geqslant 3. \end{cases}$

62 答案 $\left(a_1 - \sum_{i=2}^{n} \frac{1}{a_i} \right) a_2 a_3 \cdots a_n .$

$$\begin{vmatrix} a_1 & 1 & 1 & \cdots & 1 \\ 1 & a_2 & 0 & \cdots & 0 \\ 1 & 0 & a_3 & \cdots & 0 \\ \vdots & \vdots & \vdots & \ddots & \vdots \\ 1 & 0 & 0 & \cdots & a_n \end{vmatrix} \xlongequal[\substack{\text{加到第1列} \\ i=2,3,\cdots,n}]{\text{第}i\text{列乘以}\frac{-1}{a_i}} \begin{vmatrix} a_1 - \sum_{i=2}^{n} \frac{1}{a_i} & 1 & 1 & \cdots & 1 \\ 0 & a_2 & 0 & \cdots & 0 \\ 0 & 0 & a_3 & \cdots & 0 \\ \vdots & \vdots & \vdots & \ddots & \vdots \\ 0 & 0 & 0 & \cdots & a_n \end{vmatrix} = \left(a_1 - \sum_{i=2}^{n} \frac{1}{a_i} \right) a_2 a_3 \cdots a_n .$$

63 答案 $[a + (n-1)b](a-b)^{n-1}$.

$$\begin{vmatrix} a & b & b & \cdots & b \\ b & a & b & \cdots & b \\ b & b & a & \cdots & b \\ \vdots & \vdots & \vdots & \ddots & \vdots \\ b & b & b & \cdots & a \end{vmatrix} \xlongequal[\text{提取公因子}]{\text{各列均加到第1列}} [a + (n-1)b] \begin{vmatrix} 1 & b & b & \cdots & b \\ 1 & a & b & \cdots & b \\ 1 & b & a & \cdots & b \\ \vdots & \vdots & \vdots & \ddots & \vdots \\ 1 & b & b & \cdots & a \end{vmatrix}$$

$$\xlongequal[\text{加到其余各行}]{\text{第1行乘以}(-1)}[a+(n-1)b]\begin{vmatrix}1 & b & b & \cdots & b \\ 0 & a-b & 0 & \cdots & 0 \\ 0 & 0 & a-b & \cdots & 0 \\ \vdots & \vdots & \vdots & \ddots & \vdots \\ 0 & 0 & 0 & \cdots & a-b\end{vmatrix}=[a+(n-1)b](a-b)^{n-1}.$$

64 答案 $(n+1)n!$.

$$\begin{vmatrix}2 & 2 & 3 & \cdots & n \\ 1 & 4 & 3 & \cdots & n \\ 1 & 2 & 6 & \cdots & n \\ \vdots & \vdots & \vdots & \ddots & \vdots \\ 1 & 2 & 3 & \cdots & 2n\end{vmatrix}\xlongequal[\text{加到其余各行}]{\text{第1行乘以}(-1)}\begin{vmatrix}2 & 2 & 3 & \cdots & n \\ -1 & 2 & 0 & \cdots & 0 \\ -1 & 0 & 3 & \cdots & 0 \\ \vdots & \vdots & \vdots & \ddots & \vdots \\ -1 & 0 & 0 & \cdots & n\end{vmatrix}$$

$$\xlongequal[i=2,3,\cdots,n]{\text{第}i\text{列乘以}\frac{1}{i}\text{加到第1列}}\begin{vmatrix}n+1 & 2 & 3 & \cdots & n \\ 0 & 2 & 0 & \cdots & 0 \\ 0 & 0 & 3 & \cdots & 0 \\ \vdots & \vdots & \vdots & \ddots & \vdots \\ 0 & 0 & 0 & \cdots & n\end{vmatrix}=(n+1)n!.$$

65 答案 $-x^5+x^4-x^3+x^2-x+1$.

方法一：

$$D_5\xlongequal{\text{按第1行展开}}(1-x)D_4-x\begin{vmatrix}-1 & x & 0 & 0 \\ 0 & 1-x & x & 0 \\ 0 & -1 & 1-x & x \\ 0 & 0 & -1 & 1-x\end{vmatrix}\xlongequal{\text{按第1列展开}}(1-x)D_4+xD_3,$$

移项得 $D_5-D_4=-x(D_4-D_3)$，递推有 $D_4-D_3=-x(D_3-D_2),D_3-D_2=-x(D_2-D_1)$，因为 $D_1=1-x,D_2=\begin{vmatrix}1-x & x \\ -1 & 1-x\end{vmatrix}=(1-x)^2+x=1-x+x^2$，所以 $D_2-D_1=x^2$，于是 $D_3-D_2=-x^3,D_4-D_3=x^4,D_5-D_4=-x^5$，故

$$\begin{aligned}D_5&=-x^5+D_4=-x^5+x^4+D_3=-x^5+x^4-x^3+D_2=-x^5+x^4-x^3+x^2+D_1\\&=-x^5+x^4-x^3+x^2-x+1.\end{aligned}$$

方法二：

$$D_5\xlongequal{\text{将第1列拆开}}\underbrace{\begin{vmatrix}1 & x & 0 & 0 & 0 \\ 0 & 1-x & x & 0 & 0 \\ 0 & -1 & 1-x & x & 0 \\ 0 & 0 & -1 & 1-x & x \\ 0 & 0 & 0 & -1 & 1-x\end{vmatrix}}_{\text{按第1列展开}}+\underbrace{\begin{vmatrix}-x & x & 0 & 0 & 0 \\ -1 & 1-x & x & 0 & 0 \\ 0 & -1 & 1-x & x & 0 \\ 0 & 0 & -1 & 1-x & x \\ 0 & 0 & 0 & -1 & 1-x\end{vmatrix}}_{\text{第1列加到第2列}}$$

$$=D_4+\begin{vmatrix}-x&0&0&0&0\\-1&-x&x&0&0\\0&-1&1-x&x&0\\0&0&-1&1-x&x\\0&0&0&-1&1-x\end{vmatrix}\xrightarrow{\text{第2列加到第3列}}=D_4+\begin{vmatrix}-x&0&0&0&0\\-1&-x&0&0&0\\0&-1&-x&x&0\\0&0&-1&1-x&x\\0&0&0&-1&1-x\end{vmatrix}$$

第3列加到第4列

$$=D_4+\begin{vmatrix}-x&0&0&0&0\\-1&-x&0&0&0\\0&-1&-x&0&0\\0&0&-1&-x&x\\0&0&0&-1&1-x\end{vmatrix}=D_4+\begin{vmatrix}-x&0&0&0&0\\-1&-x&0&0&0\\0&-1&-x&0&0\\0&0&-1&-x&0\\0&0&0&-1&-x\end{vmatrix}=D_4+(-x)^5,$$

第4列加到第5列

递推得$D_n=D_{n-1}+(-x)^n, n=5,4,3,2$，故

$$D_5=D_4-x^5=D_3+x^4-x^5=D_2-x^3+x^4-x^5=D_1+x^2-x^3+x^4-x^5$$
$$=1-x+x^2-x^3+x^4-x^5.$$

66 证明 $$D_n\xlongequal{\text{按第1行展开}}2aD_{n-1}-a^2\begin{vmatrix}1&a^2&&&&\\0&2a&a^2&&&\\&1&2a&a^2&&\\&&\ddots&\ddots&\ddots&\\&&&1&2a&a^2\\&&&&1&2a\end{vmatrix}_{n-1}=2aD_{n-1}-a^2D_{n-2},$$

按第1列展开

其中$D_1=2a, D_2=3a^2$.

假设$n=k$及$n=k-1$时等式成立，即$D_k=(k+1)a^k, D_{k-1}=ka^{k-1}$，则

$$D_{k+1}=2aD_k-a^2D_{k-1}=2a(k+1)a^k-a^2ka^{k-1}=(k+2)a^{k+1},$$

由数学归纳法知$D_n=(n+1)a^n$对所有的正整数成立.

67 答案 -120.

$$\begin{vmatrix}1&2&3&4\\1&2^2&3^2&4^2\\1&2^3&3^3&4^3\\9&8&7&6\end{vmatrix}\xlongequal{\text{第1行加到第4行}}\begin{vmatrix}1&2&3&4\\1&2^2&3^2&4^2\\1&2^3&3^3&4^3\\10&10&10&10\end{vmatrix}=10\begin{vmatrix}1&2&3&4\\1&2^2&3^2&4^2\\1&2^3&3^3&4^3\\1&1&1&1\end{vmatrix}$$

$$\xlongequal{\text{第4行逐次交换到第1行}}-10\begin{vmatrix}1&1&1&1\\1&2&3&4\\1&2^2&3^2&4^2\\1&2^3&3^3&4^3\end{vmatrix}$$

$$\xlongequal{\text{范德蒙德行列式}}-10\times(2-1)\times(3-1)\times(4-1)\times(3-2)\times(4-2)\times(4-3)=-120.$$

【计算器功能操作】以卡西欧 fx-999CN CW 为例，按◐⌂开机打开主屏幕，选择矩阵应

用，按OK进入.

定义矩阵：进入矩阵应用后，按⋯打开工具菜单，按OK打开【矩阵行列数】界面，选择行数【4 行】、列数【4 列】，按OK打开【矩阵元素编辑】界面，逐个输入数据，每输入一个数据按EXE确认. 在输入平方数时，先输入底数后按x^2；在输入立方数时，先输入底数后按x^2再按数字3，如图 1-3 所示.

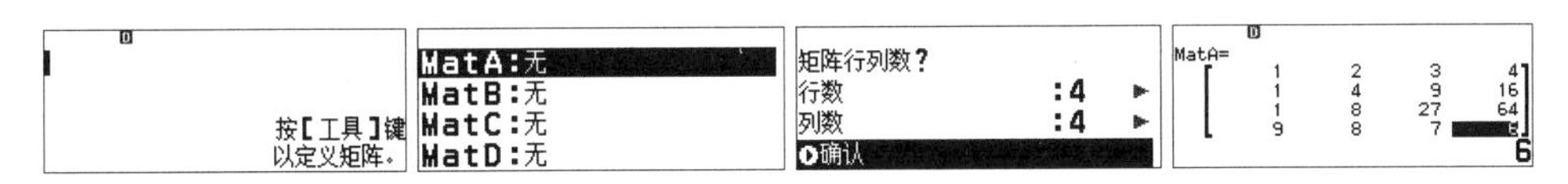

图 1-3

计算行列式：按AC退出，返回到矩阵应用的计算界面，按📖OK OK∨∨∨OK调用【行列式】，按📖OK∨OK调用【MatA】，再按OK执行计算得出结果，如图 1-4 所示.

图 1-4

68 答案 $8\prod\limits_{1\leqslant i<j\leqslant 4}(x_j-x_i)$.

$$\begin{vmatrix}1&1&1&1\\x_1&x_2&x_3&x_4\\2x_1^2-1&2x_2^2-1&2x_3^2-1&2x_4^2-1\\4x_1^3-3x_1&4x_2^3-3x_2&4x_3^3-3x_3&4x_4^3-3x_4\end{vmatrix}$$

$$\xlongequal[\text{第2行乘以3加到第4行}]{\text{第1行加到第3行}}\begin{vmatrix}1&1&1&1\\x_1&x_2&x_3&x_4\\2x_1^2&2x_2^2&2x_3^2&2x_4^2\\4x_1^3&4x_2^3&4x_3^3&4x_4^3\end{vmatrix}=8\begin{vmatrix}1&1&1&1\\x_1&x_2&x_3&x_4\\x_1^2&x_2^2&x_3^2&x_4^2\\x_1^3&x_2^3&x_3^3&x_4^3\end{vmatrix}$$

$$\xlongequal{\text{范德蒙德行列式}}8\prod_{1\leqslant i<j\leqslant 4}(x_j-x_i).$$

69 答案 $a_1a_2a_3a_4\prod\limits_{1\leqslant i<j\leqslant 4}(a_j-a_i)$.

方法一：$$\begin{vmatrix}a_1&a_2&a_3&a_4\\a_1^2&a_2^2&a_3^2&a_4^2\\a_1^3&a_2^3&a_3^3&a_4^3\\a_1^4&a_2^4&a_3^4&a_4^4\end{vmatrix}\xlongequal{\text{添加1行1列}}\begin{vmatrix}1&1&1&1&1\\0&a_1&a_2&a_3&a_4\\0&a_1^2&a_2^2&a_3^2&a_4^2\\0&a_1^3&a_2^3&a_3^3&a_4^3\\0&a_1^4&a_2^4&a_3^4&a_4^4\end{vmatrix}$$

$$\xlongequal{\text{范德蒙德行列式}}a_1a_2a_3a_4\prod_{1\leqslant i<j\leqslant 4}(a_j-a_i).$$

方法二：$\begin{vmatrix} a_1 & a_2 & a_3 & a_4 \\ a_1^2 & a_2^2 & a_3^2 & a_4^2 \\ a_1^3 & a_2^3 & a_3^3 & a_4^3 \\ a_1^4 & a_2^4 & a_3^4 & a_4^4 \end{vmatrix} \xlongequal{\text{各列提取公因子}} a_1a_2a_3a_4 \begin{vmatrix} 1 & 1 & 1 & 1 \\ a_1 & a_2 & a_3 & a_4 \\ a_1^2 & a_2^2 & a_3^2 & a_4^2 \\ a_1^3 & a_2^3 & a_3^3 & a_4^3 \end{vmatrix}$

$$\xlongequal{\text{范德蒙德行列式}} a_1a_2a_3a_4 \prod_{1 \leqslant i < j \leqslant 4} (a_j - a_i).$$

70 答案 $\lambda \neq 1$.

由方程组仅有零解知其系数行列式不为零，即

$$D = \begin{vmatrix} \lambda & 1 & 1 \\ 1 & \lambda & 1 \\ 1 & 1 & 1 \end{vmatrix} = \begin{vmatrix} \lambda-1 & 0 & 0 \\ 0 & \lambda-1 & 0 \\ 1 & 1 & 1 \end{vmatrix} = (\lambda-1)^2 \neq 0\text{，故 } \lambda \neq 1.$$

71 答案 $\lambda_1 = 3, \lambda_2 = 4, \lambda_3 = -1$.

由方程组有非零解知其系数行列式为零，即

$$D = \begin{vmatrix} 3-\lambda & 1 & 1 \\ 0 & 2-\lambda & -1 \\ 4 & -2 & 1-\lambda \end{vmatrix} = \begin{vmatrix} 3-\lambda & 3-\lambda & 0 \\ 0 & 2-\lambda & -1 \\ 4 & -2 & 1-\lambda \end{vmatrix} = \begin{vmatrix} 3-\lambda & 0 & 0 \\ 0 & 2-\lambda & -1 \\ 4 & -6 & 1-\lambda \end{vmatrix}$$

$$= (3-\lambda)\begin{vmatrix} 2-\lambda & -1 \\ -6 & 1-\lambda \end{vmatrix} = (3-\lambda)\begin{vmatrix} 4-\lambda & -1 \\ 2\lambda-8 & 1-\lambda \end{vmatrix} = (3-\lambda)\begin{vmatrix} 4-\lambda & -1 \\ 0 & -1-\lambda \end{vmatrix}$$

$$= -(3-\lambda)(4-\lambda)(1+\lambda) = 0,$$

所以 $\lambda_1 = 3, \lambda_2 = 4, \lambda_3 = -1$.

72 答案 仅有零解.

系数行列式 $D = \begin{vmatrix} c_{11} & c_{12} & c_{13} & c_{14} \\ & c_{22} & c_{23} & c_{24} \\ & & c_{33} & c_{34} \\ & & & c_{44} \end{vmatrix} = c_{11}c_{22}c_{33}c_{44} \neq 0$，由克拉默法则知该方程组仅有零解.

73 答案 $x = 3, y = -5, z = 2$.

计算行列式，$D = \begin{vmatrix} 1 & 1 & 1 \\ 1 & 2 & 3 \\ 1 & 3 & 6 \end{vmatrix} = 1 \neq 0, D_1 = \begin{vmatrix} 0 & 1 & 1 \\ -1 & 2 & 3 \\ 0 & 3 & 6 \end{vmatrix} = 3, D_2 = \begin{vmatrix} 1 & 0 & 1 \\ 1 & -1 & 3 \\ 1 & 0 & 6 \end{vmatrix} = -5, D_3 = \begin{vmatrix} 1 & 1 & 0 \\ 1 & 2 & -1 \\ 1 & 3 & 0 \end{vmatrix} = 2$，

所以原方程组有唯一解，$x = \dfrac{D_1}{D} = 3, y = \dfrac{D_2}{D} = -5, z = \dfrac{D_3}{D} = 2$.

74 答案 $x_1 = 3, x_2 = -4, x_3 = -1, x_4 = 1$.

计算行列式，

$$D = \begin{vmatrix} 2 & 1 & -5 & 1 \\ 1 & -3 & 0 & -6 \\ 0 & 2 & -1 & 2 \\ 1 & 4 & -7 & 6 \end{vmatrix} = \begin{vmatrix} 0 & 7 & -5 & 13 \\ 1 & -3 & 0 & -6 \\ 0 & 2 & -1 & 2 \\ 0 & 7 & -7 & 12 \end{vmatrix} = -\begin{vmatrix} 7 & -5 & 13 \\ 2 & -1 & 2 \\ 7 & -7 & 12 \end{vmatrix}$$

$$=-\begin{vmatrix}-3 & -5 & 3\\0 & -1 & 0\\-7 & -7 & -2\end{vmatrix}=\begin{vmatrix}-3 & 3\\-7 & -2\end{vmatrix}=\begin{vmatrix}-3 & 0\\-7 & -9\end{vmatrix}=27\neq 0,$$

$$D_1=\begin{vmatrix}8 & 1 & -5 & 1\\9 & -3 & 0 & -6\\-5 & 2 & 1 & 2\\0 & 4 & -7 & 6\end{vmatrix}=\begin{vmatrix}11 & 1 & -5 & -1\\0 & -3 & 0 & 0\\1 & 2 & 1 & 2\\12 & 4 & -7 & -2\end{vmatrix}=-3\begin{vmatrix}11 & -5 & -1\\1 & -1 & -2\\12 & -7 & -2\end{vmatrix}$$

$$=-3\begin{vmatrix}11 & 6 & 21\\1 & 0 & 0\\12 & 5 & 22\end{vmatrix}=3\begin{vmatrix}6 & 21\\5 & 22\end{vmatrix}=3\begin{vmatrix}1 & -1\\5 & 22\end{vmatrix}=3\times 27=81,$$

$$D_2=\begin{vmatrix}2 & 8 & -5 & 1\\1 & 9 & 0 & -6\\0 & -5 & -1 & 2\\1 & 0 & -7 & 6\end{vmatrix}=\begin{vmatrix}0 & 8 & 9 & -11\\0 & 9 & 7 & -12\\0 & -5 & -1 & 2\\1 & 0 & -7 & 6\end{vmatrix}=-\begin{vmatrix}8 & 9 & -11\\9 & 7 & -12\\-5 & -1 & 2\end{vmatrix}$$

$$=-\begin{vmatrix}-1 & 2 & 1\\9 & 7 & -12\\-5 & -1 & 2\end{vmatrix}=-\begin{vmatrix}0 & 0 & 1\\-3 & 31 & -12\\-3 & -5 & 2\end{vmatrix}=\begin{vmatrix}3 & 31\\3 & -5\end{vmatrix}=-108,$$

$$D_3=\begin{vmatrix}2 & 1 & 8 & 1\\1 & -3 & 9 & -6\\0 & 2 & -5 & 2\\1 & 4 & 0 & 6\end{vmatrix}=\begin{vmatrix}0 & 7 & -10 & 13\\1 & -3 & 9 & -6\\0 & 2 & -5 & 2\\0 & 7 & -9 & 12\end{vmatrix}=-\begin{vmatrix}7 & -10 & 13\\2 & -5 & 2\\7 & -9 & 12\end{vmatrix}$$

$$=-\begin{vmatrix}0 & -1 & 1\\2 & -5 & 2\\7 & -9 & 12\end{vmatrix}=-\begin{vmatrix}0 & 0 & 1\\2 & -3 & 2\\7 & 3 & 12\end{vmatrix}=-\begin{vmatrix}2 & -3\\7 & 3\end{vmatrix}=-27,$$

$$D_4=\begin{vmatrix}2 & 1 & -5 & 8\\1 & -3 & 0 & 9\\0 & 2 & -1 & -5\\1 & 4 & -7 & 0\end{vmatrix}=\begin{vmatrix}0 & 7 & -5 & -10\\1 & -3 & 0 & 9\\0 & 2 & -1 & -5\\0 & 7 & -7 & -9\end{vmatrix}=-\begin{vmatrix}7 & -5 & -10\\2 & -1 & -5\\7 & -7 & -9\end{vmatrix}$$

$$=-\begin{vmatrix}7 & -5 & -10\\2 & -1 & -5\\0 & -2 & 1\end{vmatrix}=-\begin{vmatrix}7 & -25 & -10\\2 & -11 & -5\\0 & 0 & 1\end{vmatrix}=-\begin{vmatrix}7 & -25\\2 & -11\end{vmatrix}=27,$$

所以原方程组有唯一解，$x_1=\dfrac{D_1}{D}=3, x_2=\dfrac{D_2}{D}=-4, x_3=\dfrac{D_3}{D}=-1, x_4=\dfrac{D_4}{D}=1$.

75 答案 $x_1=\dfrac{1}{3}, x_2=0, x_3=\dfrac{1}{2}, x_4=1.$

原方程组的同解方程组为$\begin{cases}3x_1+5x_2+2x_3+x_4=3\\3x_2+4x_4=4\\6x_1+6x_2+6x_3+6x_4=11\\6x_1-6x_2-18x_3+12x_4=5\end{cases}$，计算行列式，

$$D=\begin{vmatrix}3&5&2&1\\0&3&0&4\\6&6&6&6\\6&-6&-18&12\end{vmatrix}=6\begin{vmatrix}3&2&-1&-2\\0&3&0&4\\1&0&0&0\\6&-12&-24&6\end{vmatrix}=6\begin{vmatrix}2&-1&-2\\3&0&4\\-12&-24&6\end{vmatrix}$$

$$=6\begin{vmatrix}0&-1&0\\3&0&4\\-60&-24&54\end{vmatrix}=6\begin{vmatrix}3&4\\-60&54\end{vmatrix}=6\times402=2412\neq0,$$

$$D_1=\begin{vmatrix}3&5&2&1\\4&3&0&4\\11&6&6&6\\5&-6&-18&12\end{vmatrix}=\begin{vmatrix}0&0&0&1\\-8&-17&-8&4\\-7&-24&-6&6\\-31&-66&-42&12\end{vmatrix}=\begin{vmatrix}8&17&8\\7&24&6\\31&66&42\end{vmatrix}$$

$$=\begin{vmatrix}0&1&8\\1&12&6\\-11&-18&42\end{vmatrix}=\begin{vmatrix}0&1&0\\1&12&-90\\-11&-18&186\end{vmatrix}=-\begin{vmatrix}1&-90\\-11&186\end{vmatrix}=804,$$

$$D_2=\begin{vmatrix}3&3&2&1\\0&4&0&4\\6&11&6&6\\6&5&-18&12\end{vmatrix}=\begin{vmatrix}3&2&2&1\\0&0&0&4\\6&5&6&6\\6&-7&-18&12\end{vmatrix}=4\begin{vmatrix}3&2&2\\6&5&6\\6&-7&-18\end{vmatrix}$$

$$=4\begin{vmatrix}3&2&2\\0&1&2\\0&-11&-22\end{vmatrix}=12\begin{vmatrix}1&2\\-11&-22\end{vmatrix}=0,$$

$$D_3=\begin{vmatrix}3&5&3&1\\0&3&4&4\\6&6&11&6\\6&-6&5&12\end{vmatrix}=\begin{vmatrix}3&5&3&1\\0&3&4&4\\0&-4&5&4\\0&-16&-1&10\end{vmatrix}=3\begin{vmatrix}3&4&4\\-4&5&4\\-16&-1&10\end{vmatrix}$$

$$=3\begin{vmatrix}7&0&4\\0&1&4\\-6&-11&10\end{vmatrix}=3\begin{vmatrix}7&0&4\\0&1&0\\-6&-11&54\end{vmatrix}=3\begin{vmatrix}7&4\\-6&54\end{vmatrix}=3\times402=1206,$$

$$D_4=\begin{vmatrix}3&5&2&3\\0&3&0&4\\6&6&6&11\\6&-6&-18&5\end{vmatrix}=\begin{vmatrix}3&5&2&3\\0&3&0&4\\0&-4&2&5\\0&-16&-22&-1\end{vmatrix}=3\begin{vmatrix}3&0&4\\-4&2&5\\-16&-22&-1\end{vmatrix}$$

$$=3\begin{vmatrix}3&0&4\\-4&2&5\\-60&0&54\end{vmatrix}=6\begin{vmatrix}3&4\\-60&54\end{vmatrix}=6\times402=2412,$$

所以原方程组有唯一解，$x_1=\dfrac{D_1}{D}=\dfrac{1}{3},x_2=\dfrac{D_2}{D}=0,x_3=\dfrac{D_3}{D}=\dfrac{1}{2},x_4=\dfrac{D_4}{D}=1$.

评注

为了方便计算，可将系数或常数项有分数的方程乘以适当的整数，化为整系数（常数项）方程组后再求解.

【计算器功能操作】以卡西欧 fx-999CN CW 为例，按开机打开主屏幕，选择方程应用，按OK进入.

选择解四元线性方程组：进入方程应用后，按OK打开【线性方程组】界面，选择【4个未知数】，按OK打开【四元线性方程组】界面，逐个输入数据，每输入一个数据按EXE确认，如图 1-5 所示.

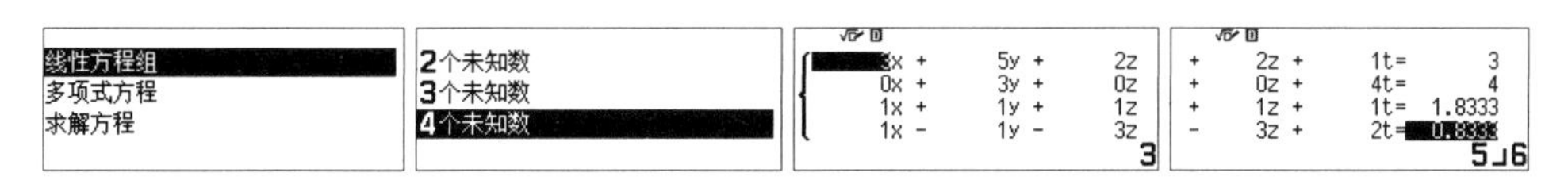

图 1-5

解方程：按多次EXE得出结果，如图 1-6 所示.

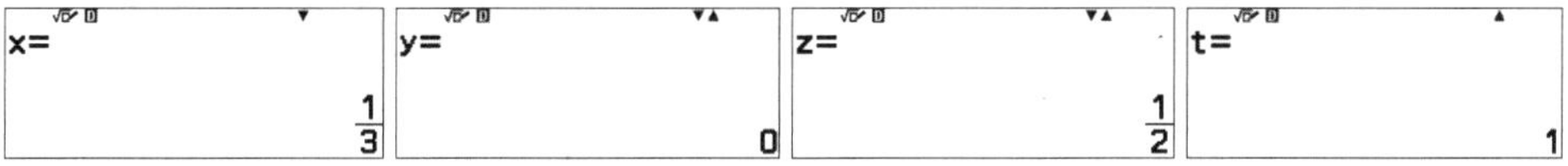

x= $\frac{1}{3}$　y= 0　z= $\frac{1}{2}$　t= 1

图 1-6

76 答案 $x_1=10,x_2=8,x_3=4$.

将方程组标准化得 $\begin{cases}0.5x_1-0.3x_2-0.4x_3=1\\0.4x_1-x_2+0.5x_3=-2\\0.2x_1+0.1x_2-x_3=-1.2\end{cases}$，即 $\begin{cases}5x_1-3x_2-4x_3=10\\4x_1-10x_2+5x_3=-20\\2x_1+x_2-10x_3=-12\end{cases}$，计算行列式，

$$D=\begin{vmatrix}5&-3&-4\\4&-10&5\\2&1&-10\end{vmatrix}=\begin{vmatrix}11&0&-34\\24&0&-95\\2&1&-10\end{vmatrix}=\begin{vmatrix}11&34\\24&95\end{vmatrix}=229,$$

$$D_1=\begin{vmatrix}10&-3&-4\\-20&-10&5\\-12&1&-10\end{vmatrix}=\begin{vmatrix}-6&-11&-4\\0&0&5\\-52&-19&-10\end{vmatrix}=-5\begin{vmatrix}6&11\\52&19\end{vmatrix}=2290,$$

$$D_2=\begin{vmatrix}5&10&-4\\4&-20&5\\2&-12&-10\end{vmatrix}=\begin{vmatrix}5&40&21\\4&4&25\\2&0&0\end{vmatrix}=2\begin{vmatrix}40&21\\4&25\end{vmatrix}=1832,$$

$$D_3=\begin{vmatrix}5&-3&10\\4&-10&-20\\2&1&-12\end{vmatrix}=\begin{vmatrix}11&0&-26\\24&0&-140\\2&1&-12\end{vmatrix}=\begin{vmatrix}11&26\\24&140\end{vmatrix}=916.$$

所以原方程组有唯一解，$x_1=\frac{D_1}{D}=10,x_2=\frac{D_2}{D}=8,x_3=\frac{D_3}{D}=4$.

77 答案 $x_1=1,x_2=x_3=\cdots=x_n=0$.

计算行列式，

$$D=\begin{vmatrix}1 & a_1 & a_1^2 & \cdots & a_1^{n-1}\\1 & a_2 & a_2^2 & \cdots & a_2^{n-1}\\ \vdots & \vdots & \vdots & \ddots & \vdots\\1 & a_n & a_n^2 & \cdots & a_n^{n-1}\end{vmatrix}=\prod_{1\leqslant j<i\leqslant n}(a_i-a_j)\neq 0\text{，（范德蒙德行列式）}$$

$$D_1=D=\prod_{1\leqslant j<i\leqslant n}(a_i-a_j)\text{，}$$

$$D_2=\begin{vmatrix}1 & 1 & a_1^2 & \cdots & a_1^{n-1}\\1 & 1 & a_2^2 & \cdots & a_2^{n-1}\\ \vdots & \vdots & \vdots & \ddots & \vdots\\1 & 1 & a_n^2 & \cdots & a_n^{n-1}\end{vmatrix}=0, D_3=\cdots=D_n=0.$$

由克拉默法则知该方程组有唯一解，$x_1=\dfrac{D_1}{D}=1, x_2=x_3=\cdots=x_n=0$.

78 答案 $f(x)=2x^2-3x+1$.

设所求二次多项式为$f(x)=ax^2+bx+c$，由题意得

$$\begin{cases}f(1)=a+b+c=0\\f(2)=4a+2b+c=3\\f(-3)=9a-3b+c=28\end{cases}\text{，}$$

这是一个关于未知数 a, b, c 的线性方程组，计算行列式，

$$D=\begin{vmatrix}1 & 1 & 1\\4 & 2 & 1\\9 & -3 & 1\end{vmatrix}=\begin{vmatrix}0 & 0 & 1\\3 & 1 & 1\\8 & -4 & 1\end{vmatrix}=\begin{vmatrix}3 & 1\\8 & -4\end{vmatrix}=-20\text{，}$$

$$D_1=\begin{vmatrix}0 & 1 & 1\\3 & 2 & 1\\28 & -3 & 1\end{vmatrix}=\begin{vmatrix}0 & 0 & 1\\3 & 1 & 1\\28 & -4 & 1\end{vmatrix}=\begin{vmatrix}3 & 1\\28 & -4\end{vmatrix}=-40\text{，}$$

$$D_2=\begin{vmatrix}1 & 0 & 1\\4 & 3 & 1\\9 & 28 & 1\end{vmatrix}=\begin{vmatrix}0 & 0 & 1\\3 & 3 & 1\\8 & 28 & 1\end{vmatrix}=\begin{vmatrix}3 & 3\\8 & 28\end{vmatrix}=60\text{，}$$

$$D_3=\begin{vmatrix}1 & 1 & 0\\4 & 2 & 3\\9 & -3 & 28\end{vmatrix}=\begin{vmatrix}1 & 0 & 0\\4 & -2 & 3\\9 & -12 & 28\end{vmatrix}=\begin{vmatrix}-2 & 3\\-12 & 28\end{vmatrix}=-20\text{，}$$

由克拉默法则知$a=\dfrac{D_1}{D}=2, b=\dfrac{D_2}{D}=-3, c=\dfrac{D_3}{D}=1$，于是，所求多项式为

$$f(x)=2x^2-3x+1.$$

79 证明 设$f(x)=c_0+c_1x+c_2x^2+\cdots+c_nx^n$ 的 $n+1$ 个不同的根分别为 $x_1, x_2, \cdots, x_n, x_{n+1}$，则 $f(x_1)=f(x_2)=\cdots=f(x_n)=f(x_{n+1})=0$，即

$$\begin{cases} c_0+c_1x_1+c_2x_1^2+\cdots+c_nx_1^n=0 \\ c_0+c_1x_2+c_2x_2^2+\cdots+c_nx_2^n=0 \\ \qquad\cdots\cdots \\ c_0+c_1x_n+c_2x_n^2+\cdots+c_nx_n^n=0 \\ c_0+c_1x_{n+1}+c_2x_{n+1}^2+\cdots+c_nx_{n+1}^n=0 \end{cases},$$

将 $c_0,c_1,c_2,\cdots,c_n$ 视为未知量，则该方程组为齐次线性方程组，其系数行列式

$$D=\begin{vmatrix} 1 & x_1 & x_1^2 & \cdots & x_1^n \\ 1 & x_2 & x_2^2 & \cdots & x_2^n \\ \vdots & \vdots & \vdots & \ddots & \vdots \\ 1 & x_n & x_n^2 & \cdots & x_n^n \\ 1 & x_{n+1} & x_{n+1}^2 & \cdots & x_{n+1}^n \end{vmatrix}=\prod_{1\leqslant j<i\leqslant n+1}(x_i-x_j)\neq 0,$$

由克拉默法则知该方程组仅有零解，$c_0=c_1=c_2=\cdots=c_n=0$，从而 $f(x)=0$.

80 证明 设所求平面方程为 $Ax+By+Cz+D=0$（A,B,C 不全为零），平面上任意一点为 $P(x,y,z)$，则

$$\begin{cases} Ax+By+Cz+D=0 \\ Ax_1+By_1+Cz_1+D=0 \\ Ax_2+By_2+Cz_2+D=0 \\ Ax_3+By_3+Cz_3+D=0 \end{cases},$$

这是一个以 A,B,C,D 为未知量的齐次线性方程组. 因为 A,B,C 不全为零，即该方程组有非零解，所以其系数行列式

$$D=\begin{vmatrix} x & y & z & 1 \\ x_1 & y_1 & z_1 & 1 \\ x_2 & y_2 & z_2 & 1 \\ x_3 & y_3 & z_3 & 1 \end{vmatrix}=0,$$

转置交换，即

$$D=\begin{vmatrix} 1 & 1 & 1 & 1 \\ x & x_1 & x_2 & x_3 \\ y & y_1 & y_2 & y_3 \\ z & z_1 & z_2 & z_3 \end{vmatrix}=0.$$

评注

本结论的特殊情形为：在 xOy 平面上，过两点 $P_i(x_i,y_i)(i=1,2)$ 的直线方程为 $D=\begin{vmatrix} 1 & 1 & 1 \\ x & x_1 & x_2 \\ y & y_1 & y_2 \end{vmatrix}=0$.

第2章 矩阵

81 答案 $u=\pm1$， $v=0$.

根据矩阵相等的定义，有 $u^2=1,v^2=0\Rightarrow u=\pm1,v=0$.

82 答案 $\begin{pmatrix}-1&0&1\\2&1&-1\\-1&2&-5\end{pmatrix}$.

根据负矩阵的定义，每个元素取其相反数即可.

83 答案 不相等.

必须是同型矩阵才能比较是否相等.

84 答案 不是.

单位矩阵必须是方阵，主对角线上的元素全是1，其余元素全为零.

85 答案 同型.

只有同型矩阵才能相加减.

86 答案 $\begin{pmatrix}3&0&5\\-1&4&8\end{pmatrix}$， $\begin{pmatrix}-1&-5&-5\\2&-3&-6\end{pmatrix}$.

$2\boldsymbol{A}+\boldsymbol{B}=2\begin{pmatrix}1&-1&1\\0&1&2\end{pmatrix}+\begin{pmatrix}1&2&3\\-1&2&4\end{pmatrix}=\begin{pmatrix}2&-2&2\\0&2&4\end{pmatrix}+\begin{pmatrix}1&2&3\\-1&2&4\end{pmatrix}=\begin{pmatrix}3&0&5\\-1&4&8\end{pmatrix}$,

$\boldsymbol{A}-2\boldsymbol{B}=\begin{pmatrix}1&-1&1\\0&1&2\end{pmatrix}-2\begin{pmatrix}1&2&3\\-1&2&4\end{pmatrix}=\begin{pmatrix}1&-1&1\\0&1&2\end{pmatrix}-\begin{pmatrix}2&4&6\\-2&4&8\end{pmatrix}=\begin{pmatrix}-1&-5&-5\\2&-3&-6\end{pmatrix}$.

87 答案 $\begin{pmatrix}1&-\frac{5}{2}\\2&5\\\frac{9}{2}&0\end{pmatrix}$.

由 $\boldsymbol{A}+2\boldsymbol{X}=3\boldsymbol{B}$ 得

$$\boldsymbol{X}=\frac{1}{2}(3\boldsymbol{B}-\boldsymbol{A})=\frac{1}{2}\left[3\begin{pmatrix}1&-1\\2&3\\4&0\end{pmatrix}-\begin{pmatrix}1&2\\2&-1\\3&0\end{pmatrix}\right]$$

$$=\frac{1}{2}\left[\begin{pmatrix}3&-3\\6&9\\12&0\end{pmatrix}-\begin{pmatrix}1&2\\2&-1\\3&0\end{pmatrix}\right]=\frac{1}{2}\begin{pmatrix}2&-5\\4&10\\9&0\end{pmatrix}=\begin{pmatrix}1&-\frac{5}{2}\\2&5\\\frac{9}{2}&0\end{pmatrix}.$$

88 答案 $\begin{pmatrix}2&3\\8&-1\end{pmatrix}$，$\begin{pmatrix}1&1&5\\2&-3&0\\3&-3&3\end{pmatrix}$.

$$\boldsymbol{AB}=\begin{pmatrix}1&-1&1\\0&1&2\end{pmatrix}\begin{pmatrix}1&2\\2&-1\\3&0\end{pmatrix}=\begin{pmatrix}2&3\\8&-1\end{pmatrix},\boldsymbol{BA}=\begin{pmatrix}1&2\\2&-1\\3&0\end{pmatrix}\begin{pmatrix}1&-1&1\\0&1&2\end{pmatrix}=\begin{pmatrix}1&1&5\\2&-3&0\\3&-3&3\end{pmatrix}.$$

89 答案 10，$\begin{pmatrix}3&6&9\\2&4&6\\1&2&3\end{pmatrix}$.

$$\boldsymbol{AB}=(1\quad 2\quad 3)\begin{pmatrix}3\\2\\1\end{pmatrix}=3+4+3=10,\boldsymbol{BA}=\begin{pmatrix}3\\2\\1\end{pmatrix}(1\quad 2\quad 3)=\begin{pmatrix}3&6&9\\2&4&6\\1&2&3\end{pmatrix}.$$

90 答案 (D).

因为矩阵乘法不满足消去律，所以$\boldsymbol{AB}=\boldsymbol{AC}$不一定有$\boldsymbol{B}=\boldsymbol{C}$．由$\boldsymbol{AB}=\boldsymbol{AC}$知$\boldsymbol{A}(\boldsymbol{B}-\boldsymbol{C})=\boldsymbol{O}$，当$\boldsymbol{A}\neq\boldsymbol{O}$时，不一定有$\boldsymbol{B}-\boldsymbol{C}=\boldsymbol{O}$，当$\boldsymbol{B}\neq\boldsymbol{C}$时，也不一定有$\boldsymbol{A}=\boldsymbol{O}$，但$|\boldsymbol{A}|\neq 0$时说明$\boldsymbol{A}$可逆，等式两端同时左乘$\boldsymbol{A}^{-1}$得$\boldsymbol{B}=\boldsymbol{C}$，故选 (D).

91 答案 (B).

对角矩阵和任何矩阵可交换.

92 答案 $\begin{pmatrix}-8&3&2\\3&2&0\end{pmatrix}$.

$$\boldsymbol{ABC}=\begin{pmatrix}1&2\\0&-1\end{pmatrix}\begin{pmatrix}1&3&2\\-1&-2&0\end{pmatrix}\begin{pmatrix}1&0&0\\1&1&0\\-3&2&1\end{pmatrix}=\begin{pmatrix}-1&-1&2\\1&2&0\end{pmatrix}\begin{pmatrix}1&0&0\\1&1&0\\-3&2&1\end{pmatrix}=\begin{pmatrix}-8&3&2\\3&2&0\end{pmatrix}.$$

93 答案 $\begin{pmatrix}a&0\\c&a-c\end{pmatrix}$，其中$a,c$为任意常数.

设$\boldsymbol{B}=\begin{pmatrix}a&b\\c&d\end{pmatrix}$，因为$\boldsymbol{A}$与$\boldsymbol{B}$可交换，即满足$\boldsymbol{AB}=\boldsymbol{BA}$，

$$\boldsymbol{AB}=\begin{pmatrix}1&0\\2&-1\end{pmatrix}\begin{pmatrix}a&b\\c&d\end{pmatrix}=\begin{pmatrix}a&b\\2a-c&2b-d\end{pmatrix},$$

$$\boldsymbol{BA}=\begin{pmatrix}a&b\\c&d\end{pmatrix}\begin{pmatrix}1&0\\2&-1\end{pmatrix}=\begin{pmatrix}a+2b&-b\\c+2d&-d\end{pmatrix},$$

由$\begin{pmatrix}a&b\\2a-c&2b-d\end{pmatrix}=\begin{pmatrix}a+2b&-b\\c+2d&-d\end{pmatrix}$得$a=a+2b,b=-b,2a-c=c+2d,2b-d=-d$，解得 $b=0,d=a-c$，所以$\boldsymbol{B}=\begin{pmatrix}a&0\\c&a-c\end{pmatrix}$，其中$a,c$为任意常数.

94 答案 $\begin{pmatrix}2&-2&-4\\5&-1&-6\\0&8&8\end{pmatrix}$，$\begin{pmatrix}7&-4&3\\20&7&-10\\0&4&9\end{pmatrix}$，$\begin{pmatrix}26&-13&8\\102&-49&28\\74&-33&16\end{pmatrix}$，$\begin{pmatrix}-36&22&58\\20&-18&-38\\-28&19&47\end{pmatrix}$.

$$A^2=\begin{pmatrix}1&0&-1\\2&1&-1\\-1&2&3\end{pmatrix}\begin{pmatrix}1&0&-1\\2&1&-1\\-1&2&3\end{pmatrix}=\begin{pmatrix}2&-2&-4\\5&-1&-6\\0&8&8\end{pmatrix},$$

$$B^2=\begin{pmatrix}-1&1&2\\-2&-3&3\\4&0&1\end{pmatrix}\begin{pmatrix}-1&1&2\\-2&-3&3\\4&0&1\end{pmatrix}=\begin{pmatrix}7&-4&3\\20&7&-10\\0&4&9\end{pmatrix},$$

$$AB=\begin{pmatrix}1&0&-1\\2&1&-1\\-1&2&3\end{pmatrix}\begin{pmatrix}-1&1&2\\-2&-3&3\\4&0&1\end{pmatrix}=\begin{pmatrix}-5&1&1\\-8&-1&6\\9&-7&7\end{pmatrix},$$

$$(AB)^2=(AB)(AB)=\begin{pmatrix}-5&1&1\\-8&-1&6\\9&-7&7\end{pmatrix}\begin{pmatrix}-5&1&1\\-8&-1&6\\9&-7&7\end{pmatrix}=\begin{pmatrix}26&-13&8\\102&-49&28\\74&-33&16\end{pmatrix},$$

$$BA=\begin{pmatrix}-1&1&2\\-2&-3&3\\4&0&1\end{pmatrix}\begin{pmatrix}1&0&-1\\2&1&-1\\-1&2&3\end{pmatrix}=\begin{pmatrix}-1&5&6\\-11&3&14\\3&2&-1\end{pmatrix},$$

$$(BA)^2=(BA)(BA)=\begin{pmatrix}-1&5&6\\-11&3&14\\3&2&-1\end{pmatrix}\begin{pmatrix}-1&5&6\\-11&3&14\\3&2&-1\end{pmatrix}=\begin{pmatrix}-36&22&58\\20&-18&-38\\-28&19&47\end{pmatrix}.$$

【计算器功能操作】以卡西欧 fx-999CN CW 为例，按开机打开主屏幕，选择矩阵应用，按 OK 进入.

定义矩阵：进入矩阵应用后，按打开工具菜单，按 OK 打开【矩阵行列数】界面，选择行数【3 行】、列数【3 列】，按 OK 打开【矩阵元素编辑】界面，逐个输入数据，每输入一个数据按 EXE 确认．类似操作定义矩阵 $\boldsymbol{B}$，如图 2-1 所示.

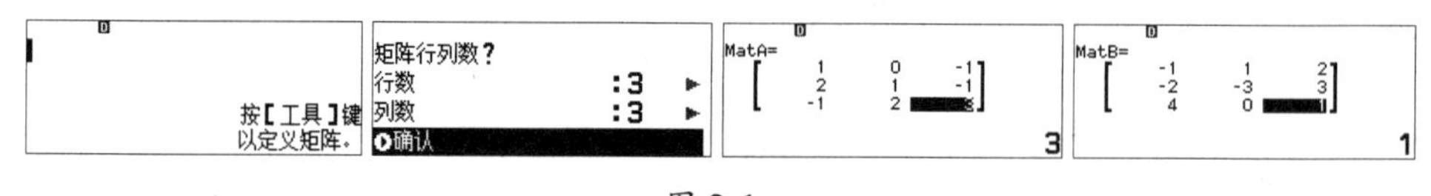

图 2-1

计算 $\boldsymbol{A}^2$ 与 $\boldsymbol{B}^2$：按 AC 退出，返回到矩阵应用的计算界面，按 OK OK 调用【MatA】，再按 EXE 得出结果．类似操作得出 $\boldsymbol{B}^2$，如图 2-2 所示.

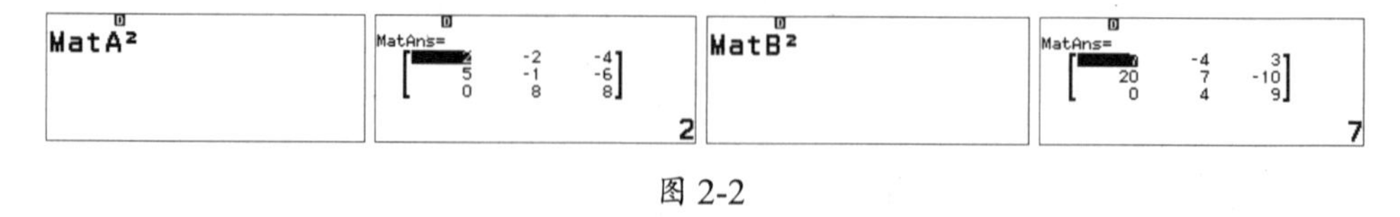

图 2-2

计算 $(\boldsymbol{AB})^2$ 与 $(\boldsymbol{BA})^2$：按 AC 退出，返回到矩阵应用的计算界面，按 (OK OK × OK OK) EXE 得出结果．类似操作得出 $(\boldsymbol{BA})^2$，如图 2-3 所示.

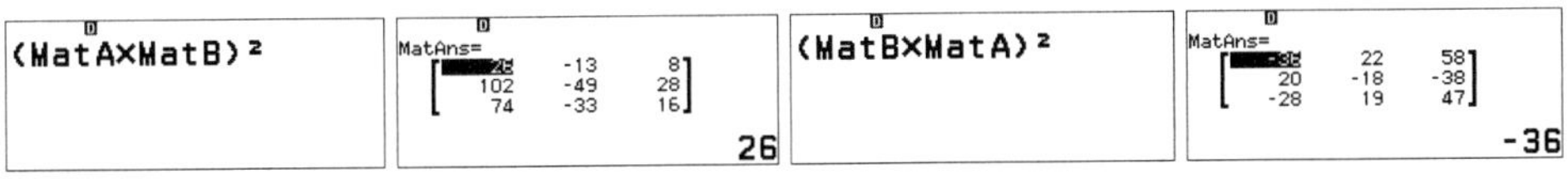

图 2-3

95 答案 (D).

因为单位矩阵和任何矩阵可交换，所以 $(\boldsymbol{A}-\boldsymbol{E})(\boldsymbol{A}+\boldsymbol{E})=(\boldsymbol{A}+\boldsymbol{E})(\boldsymbol{A}-\boldsymbol{E})=\boldsymbol{A}^2-\boldsymbol{E}^2$，其余选项中 $\boldsymbol{AB}$ 不一定等于 $\boldsymbol{BA}$.

96 答案 (C).

若 $\boldsymbol{A}$ 是反对称矩阵，则 $\boldsymbol{A}=-\boldsymbol{A}^{\mathrm{T}},\boldsymbol{A}^2=(-\boldsymbol{A}^{\mathrm{T}})^2=(\boldsymbol{A}^{\mathrm{T}})^2=(\boldsymbol{A}^2)^{\mathrm{T}}$，所以 $\boldsymbol{A}^2$ 不再是反对称矩阵，而是对称矩阵.

97 答案 $\boldsymbol{AB}=\boldsymbol{BA}$.

$(\boldsymbol{A}+\boldsymbol{B})(\boldsymbol{A}-\boldsymbol{B})=\boldsymbol{A}^2-\boldsymbol{AB}+\boldsymbol{BA}-\boldsymbol{B}^2=\boldsymbol{A}^2-\boldsymbol{B}^2 \Leftrightarrow \boldsymbol{AB}=\boldsymbol{BA}$.

98 答案 $\begin{pmatrix}1&0\\3n&1\end{pmatrix}$.

$\boldsymbol{A}=\begin{pmatrix}1&0\\0&1\end{pmatrix}+\begin{pmatrix}0&0\\3&0\end{pmatrix}=\boldsymbol{E}+\boldsymbol{B}$，其中 $\boldsymbol{B}=\begin{pmatrix}0&0\\3&0\end{pmatrix}$，而 $\boldsymbol{B}^2=\begin{pmatrix}0&0\\3&0\end{pmatrix}\begin{pmatrix}0&0\\3&0\end{pmatrix}=\begin{pmatrix}0&0\\0&0\end{pmatrix}$，由二项式定理得

$$\boldsymbol{A}^n=(\boldsymbol{E}+\boldsymbol{B})^n=\boldsymbol{E}+\mathrm{C}_n^1\boldsymbol{E}^{n-1}\boldsymbol{B}+\underbrace{\mathrm{C}_n^2\boldsymbol{E}^{n-2}\boldsymbol{B}^2+\cdots+\boldsymbol{B}^n}_{\text{这些都是零矩阵}}=\boldsymbol{E}+\mathrm{C}_n^1\boldsymbol{E}^{n-1}\boldsymbol{B}$$

$$=\begin{pmatrix}1&0\\0&1\end{pmatrix}+\begin{pmatrix}0&0\\3n&0\end{pmatrix}=\begin{pmatrix}1&0\\3n&1\end{pmatrix}.$$

注：也可以用数学归纳法得出结论.

99 答案 $9^{99}\begin{pmatrix}1&1&2\\2&2&4\\3&3&6\end{pmatrix}$.

当矩阵的行对应成比例时，矩阵一定能写成一个列矩阵与一个行矩阵的乘积的形式，根据矩阵乘法的结合律，先计算行矩阵与列矩阵的乘积，所得结果为一个数，然后归结为两个矩阵的乘法，所以

$$\begin{pmatrix}1&1&2\\2&2&4\\3&3&6\end{pmatrix}^{100}=\begin{pmatrix}1\\2\\3\end{pmatrix}\underbrace{(1\ \ 1\ \ 2)\begin{pmatrix}1\\2\\3\end{pmatrix}}_{9}(1\ \ 1\ \ 2)\cdots\begin{pmatrix}1\\2\\3\end{pmatrix}(1\ \ 1\ \ 2)=9^{99}\begin{pmatrix}1\\2\\3\end{pmatrix}(1\ \ 1\ \ 2)=9^{99}\begin{pmatrix}1&1&2\\2&2&4\\3&3&6\end{pmatrix}.$$

100 答案 $\boldsymbol{O}$.

$\boldsymbol{A}^2=\begin{pmatrix}2&0&2\\0&4&0\\2&0&2\end{pmatrix}\begin{pmatrix}2&0&2\\0&4&0\\2&0&2\end{pmatrix}=\begin{pmatrix}8&0&8\\0&16&0\\8&0&8\end{pmatrix}=4\boldsymbol{A}$，因为 $\boldsymbol{A}^2=4\boldsymbol{A}$，所以当 $n=2$ 时，$\boldsymbol{A}^2-4\boldsymbol{A}=\boldsymbol{O}$，当 $n>2$ 时，$\boldsymbol{A}^n-4\boldsymbol{A}^{n-1}=(\boldsymbol{A}^2-4\boldsymbol{A})\boldsymbol{A}^{n-2}=\boldsymbol{O}\boldsymbol{A}^{n-2}=\boldsymbol{O}$.

综上所述，$A^n - 4A^{n-1} = O$.

101 答案 $a^2(a-2^n)$.

因为 $\alpha^T\alpha = (-1,0,1)\begin{pmatrix}-1\\0\\1\end{pmatrix} = 2$，所以

$$A^n = (\alpha\alpha^T)(\alpha\alpha^T)\cdots(\alpha\alpha^T) = \alpha(\alpha^T\alpha)(\alpha^T\alpha)\cdots\alpha^T$$
$$= \begin{pmatrix}-1\\0\\1\end{pmatrix}2^{n-1}(-1\quad 0\quad 1) = 2^{n-1}\begin{pmatrix}1&0&-1\\0&0&0\\-1&0&1\end{pmatrix},$$

$$|aE - A^n| = \begin{vmatrix}a-2^{n-1}&0&2^{n-1}\\0&a&0\\2^{n-1}&0&a-2^{n-1}\end{vmatrix} = a\begin{vmatrix}a-2^{n-1}&2^{n-1}\\2^{n-1}&a-2^{n-1}\end{vmatrix} = a^2(a-2^n).$$

102 答案 错误.

牢记 $(AB)^T = B^TA^T$.

103 答案 $\begin{pmatrix}6&-5\\8&-5\end{pmatrix}$，$\begin{pmatrix}6&8\\-5&-5\end{pmatrix}$.

$A^TB = \begin{pmatrix}1&0&5\\3&1&6\end{pmatrix}\begin{pmatrix}1&0\\-1&1\\1&-1\end{pmatrix} = \begin{pmatrix}6&-5\\8&-5\end{pmatrix}$，$B^TA = \begin{pmatrix}1&-1&1\\0&1&-1\end{pmatrix}\begin{pmatrix}1&3\\0&1\\5&6\end{pmatrix} = \begin{pmatrix}6&8\\-5&-5\end{pmatrix}$. 显然，$(A^TB)^T = B^T(A^T)^T = B^TA$.

104 证明 A 对称 $\Rightarrow A = A^T$，所以 $A^2 = AA^T = O$，则主对角线上的元素为 $\sum_{j=1}^{n} a_{ij}^2 = 0 \Rightarrow a_{ij} = 0(i,j=1,2,\cdots,n)$，即 $A = O$.

105 答案 3.

由 $\alpha\alpha^T = \begin{pmatrix}1&-1&1\\-1&1&-1\\1&-1&1\end{pmatrix}$ 知 $\alpha = \begin{pmatrix}1\\-1\\1\end{pmatrix}$ 或 $\alpha = \begin{pmatrix}-1\\1\\-1\end{pmatrix}$，所以 $\alpha^T\alpha = (1,-1,1)\begin{pmatrix}1\\-1\\1\end{pmatrix} = 3$ 或 $\alpha^T\alpha = (-1,1,-1)\begin{pmatrix}-1\\1\\-1\end{pmatrix} = 3$.

106 答案 $3^{n-1}\begin{pmatrix}1&\frac{1}{2}&\frac{1}{3}\\2&1&\frac{2}{3}\\3&\frac{3}{2}&1\end{pmatrix}$.

注意到 $\beta\alpha^T = \left(1,\frac{1}{2},\frac{1}{3}\right)\begin{pmatrix}1\\2\\3\end{pmatrix} = 3$ 是一个数，所以，利用矩阵乘法的结合律，有

$$A^n=(\alpha^{\mathrm T}\beta)^n=\alpha^{\mathrm T}\underbrace{\underbrace{\beta\cdot\alpha^{\mathrm T}}_{3}\underbrace{\beta\cdots\cdots\alpha^{\mathrm T}}_{3}}_{(n-1)\text{个}}\beta=3^{n-1}\alpha^{\mathrm T}\beta=3^{n-1}\begin{pmatrix}1\\2\\3\end{pmatrix}\left(1,\frac{1}{2},\frac{1}{3}\right)=3^{n-1}\begin{pmatrix}1&\frac{1}{2}&\frac{1}{3}\\2&1&\frac{2}{3}\\3&\frac{3}{2}&1\end{pmatrix}.$$

107 答案 正确.

对于同阶方阵，乘积的行列式等于其行列式的乘积.

108 答案 错误.

两个矩阵的和的行列式不等于其行列式的和. 例如，$A=\begin{pmatrix}1&0\\0&1\end{pmatrix},B=\begin{pmatrix}-1&0\\0&-1\end{pmatrix}$，显然 $A+B=O$，其定义的行列式等于 0，而 $|A|=1,|B|=1,|A|+|B|=2\neq|A+B|=0$.

109 答案 -16.

$$|A|=\begin{vmatrix}1&1&1&1\\1&1&-1&-1\\1&-1&1&-1\\1&-1&-1&1\end{vmatrix}=\begin{vmatrix}1&1&1&1\\0&0&-2&-2\\0&-2&0&-2\\0&-2&-2&0\end{vmatrix}=-\begin{vmatrix}1&1&1&1\\0&-2&0&-2\\0&0&-2&-2\\0&0&0&4\end{vmatrix}=-16.$$

110 答案 24.

$$|A+B|=|\alpha+\beta\quad 2\gamma_2\quad 2\gamma_3\quad 2\gamma_4|=2^3|\alpha+\beta\quad \gamma_2\quad \gamma_3\quad \gamma_4|$$
$$=2^3(|\alpha\quad \gamma_2\quad \gamma_3\quad \gamma_4|+|\beta\quad \gamma_2\quad \gamma_3\quad \gamma_4|)=8\times(1+2)=24.$$

111 答案 (D).

$$|\alpha_1-\alpha_2,\alpha_2-\alpha_3,\alpha_3-\alpha_1|=|\alpha_1-\alpha_3,\alpha_2-\alpha_3,\alpha_3-\alpha_1|=|\alpha_1-\alpha_3,\alpha_2-\alpha_3,0|=0,$$
$$|\alpha_1+\alpha_2,\alpha_2+\alpha_3,\alpha_3+\alpha_1|=|\alpha_1-\alpha_3,\alpha_2+\alpha_3,\alpha_3+\alpha_1|=|\alpha_1-\alpha_3,\alpha_2+\alpha_3,2\alpha_1|=2|-\alpha_3,\alpha_2,\alpha_1|=2|A|,$$
$$|\alpha_1-2\alpha_2,\alpha_2+\alpha_1,\alpha_3|=3|\alpha_1,\alpha_2+\alpha_1,\alpha_3|=3|\alpha_1,\alpha_2,\alpha_3|=3|A|,$$
$$|\alpha_1,\alpha_2+\alpha_3,\alpha_3+\alpha_1|=|\alpha_1,\alpha_2,\alpha_3|=|A|.$$

112 答案 2.

由 $BA=B+2E$ 得 $B(A-E)=2E$，等式两端同时取行列式，有 $|B||A-E|=|2E|=4$，所以 $|B|=\dfrac{4}{|A-E|}=\dfrac{4}{\begin{vmatrix}1&1\\-1&1\end{vmatrix}}=\dfrac{4}{2}=2$.

113 答案 2.

$$|B|=|\alpha_1+\alpha_2+\alpha_3,\alpha_1+2\alpha_2+4\alpha_3,\alpha_1+3\alpha_2+9\alpha_3|=|\alpha_1+\alpha_2+\alpha_3,\alpha_2+3\alpha_3,2\alpha_2+8\alpha_3|$$
$$=|\alpha_1+\alpha_2+\alpha_3,\alpha_2+3\alpha_3,2\alpha_3|=2|\alpha_1+\alpha_2+\alpha_3,\alpha_2+3\alpha_3,\alpha_3|=2|\alpha_1+\alpha_2+\alpha_3,\alpha_2,\alpha_3|$$
$$=2|\alpha_1,\alpha_2,\alpha_3|=2.$$

114 答案 $\dfrac{1}{2}$.

由 $A^2B-A-B=E$ 得 $(A^2-E)B=A+E$，即 $(A+E)(A-E)B=A+E$，等式两端同时取

行列式并利用矩阵乘积的行列式等于其行列式的乘积，有 $|A+E||A-E||B|=|A+E|$，

因为 $|A+E|=\begin{vmatrix}2&0&1\\0&3&0\\-2&0&2\end{vmatrix}\neq 0$，所以，$|B|=\dfrac{1}{|A-E|}=\dfrac{1}{\begin{vmatrix}0&0&1\\0&1&0\\-2&0&0\end{vmatrix}}=\dfrac{1}{2}$.

注：本题分解到 $(A+E)(A-E)B=A+E$ 这步时也可以利用 $A+E$ 的可逆性得到.

115 答案 $\begin{pmatrix}-2&0&0\\0&1&0\\0&0&-2\end{pmatrix}$.

$A_{11}=(-1)^{1+1}\begin{vmatrix}-2&0\\0&1\end{vmatrix}=-2$，同理，

$$A_{12}=0, A_{13}=0, A_{21}=0, A_{22}=1,\ A_{23}=0, A_{31}=0, A_{32}=0, A_{33}=-2,$$

所以 $A^*=\begin{pmatrix}-2&0&0\\0&1&0\\0&0&-2\end{pmatrix}$.

116 答案 B^*A^*.

因为 $(AB)(AB)^*=|A||B|E$，且 $AB(B^*A^*)=A(BB^*)A^*=A(|B|E)A^*=|B|AA^*=|B||A|E$，所以 $(AB)^*=B^*A^*$.

117 答案 16.

$|A|=2\Rightarrow|A^*|=|A|^3=8$，所以 $|A^*B|=|A^*||B|=|A^*||A|=8\times2=16$.

118 答案 a^{n-1}.

$AA^*=|A|E$，等式两端同时取行列式，得 $|A||A^*|=|A|^n$，故 $|A^*|=|A|^{n-1}=a^{n-1}$.

119 答案 0.

假设 $|A^*|\neq 0$，则 A^* 可逆，$AA^*=|A|E$ 两端同时右乘 $(A^*)^{-1}$，得 $A=O$，这与 A 为 n 阶非零方阵矛盾，故 $|A^*|=0$.

120 答案 (B).

$(kA)(kA)^*=|kA|E, |kA|=k^n|A|$，所以 $(kA)^*=k^{n-1}|A|A^{-1}E=k^{n-1}A^*$，故选 (B).

121 答案 $\begin{pmatrix}2&0&0\\0&-4&0\\0&0&2\end{pmatrix}$.

因为 $A^*BA=2BA-8E$，等式两端同时左乘 A，并利用 $AA^*=|A|E=\begin{vmatrix}1&0&0\\0&-2&0\\0&0&1\end{vmatrix}=-2E$，

得 $-2BA=2ABA-8A$，所以 $(-2E-2A)BA=-8A$，即 $(E+A)B=4E$，故

$$B=4(E+A)^{-1}=4\begin{pmatrix}2&0&0\\0&-1&0\\0&0&2\end{pmatrix}^{-1}=4\begin{pmatrix}\frac{1}{2}&0&0\\0&-1&0\\0&0&\frac{1}{2}\end{pmatrix}=\begin{pmatrix}2&0&0\\0&-4&0\\0&0&2\end{pmatrix}.$$

122 答案 $\frac{1}{9}$.

由 $ABA^*=2BA^*+E$ 得 $(A-2E)BA^*=E$，等式两端同时取行列式，有 $|A-2E||B||A^*|=1$，

其中 $|A-2E|=\begin{vmatrix}0&1&0\\1&0&0\\0&0&-1\end{vmatrix}=1, |A^*|=|A|^2=\begin{vmatrix}2&1&0\\1&2&0\\0&0&1\end{vmatrix}^2=3^2=9$，所以，$|B|=\frac{1}{9}$.

123 答案 AB.

由 $ABC=E$ 知 A,B,C 均为可逆矩阵，等式两端同时右乘 C^{-1}，得 $C^{-1}=AB$.

124 答案 $\begin{pmatrix}2&1\\1&1\end{pmatrix}$，$\begin{pmatrix}2&1\\1&1\end{pmatrix}$.

$A^*=\begin{pmatrix}2&1\\1&1\end{pmatrix}, |A|=1$，所以 $A^{-1}=\frac{A^*}{|A|}=A^*=\begin{pmatrix}2&1\\1&1\end{pmatrix}$.

评注 二阶矩阵的伴随矩阵等于主对角线上的元素互换位置，副对角线上的元素变号.

125 答案 $\begin{pmatrix}-4&&\\&\frac{1}{2}&\\&&2\end{pmatrix}$.

由 $|A^*|=|A|^2=16$ 知 $|A|=\pm4$，因为 $|A|<0$，所以 $|A|=-4$，

$$AA^*=|A|E=-4E\Rightarrow A=-4(A^*)^{-1}=-4\begin{pmatrix}1&0&0\\0&-8&0\\0&0&-2\end{pmatrix}^{-1}=\begin{pmatrix}-4&&\\&\frac{1}{2}&\\&&2\end{pmatrix}.$$

评注 对角矩阵的逆矩阵等于其主对角线上的元素的倒数.

126 答案 正确.

因为 $A+A^2=E\Rightarrow A(E+A)=E$，所以 A 为可逆矩阵.

127 答案 正确.

A 可逆，则 $|A|\neq0$，因为 $|A^*|=|A|^{n-1}\neq0$，所以 A^* 也可逆.

128 答案 $\begin{pmatrix}\frac{1}{10}&0&0\\\frac{1}{5}&\frac{1}{5}&0\\\frac{3}{10}&\frac{2}{5}&\frac{1}{2}\end{pmatrix}$.

由 $|A|=10$ 知 A 可逆，等式 $AA^*=|A|E$ 两端同时左乘 A^{-1}，得 $A^*=|A|A^{-1}$，两端同时取逆，得

$$(A^*)^{-1}=(|A|A^{-1})^{-1}=\frac{A}{|A|}=\frac{1}{10}\begin{pmatrix}1&0&0\\2&2&0\\3&4&5\end{pmatrix}=\begin{pmatrix}\frac{1}{10}&0&0\\\frac{1}{5}&\frac{1}{5}&0\\\frac{3}{10}&\frac{2}{5}&\frac{1}{2}\end{pmatrix}.$$

129 答案 (C).

由 $A^2+A-5E=O$ 得 $A^2+A-2E=3E$，即 $(A+2E)(A-E)=3E$，所以 $(A+2E)^{-1}=\frac{1}{3}(A-E)$，故选 (C).

130 答案 $\{[E-(A-E)^{-1}]^{-1}-E\}A$.

由于 $[E-(A-E)^{-1}]B=A$，且 A 可逆，等式两端同时右乘 A^{-1}，有 $[E-(A-E)^{-1}]BA^{-1}=E$，从而 $B=[E-(A-E)^{-1}]^{-1}A$，因此

$$B-A=[E-(A-E)^{-1}]^{-1}A-A=\{[E-(A-E)^{-1}]^{-1}-E\}A.$$

131 答案 -2.

因为 $|A|=\frac{1}{2}$，所以 $|A^{-1}|=2, A^*=|A|A^{-1}=\frac{1}{2}A^{-1}$，因此 $|(2A)^{-1}-3A^*|=\left|\frac{1}{2}A^{-1}-\frac{3}{2}A^{-1}\right|=$ $|-A^{-1}|=(-1)^3|A^{-1}|=-2$.

132 答案 $A(A+B)^{-1}B$.

$$\begin{aligned}(A^{-1}+B^{-1})^{-1}&=(EA^{-1}+B^{-1}E)^{-1}=(B^{-1}BA^{-1}+B^{-1}AA^{-1})^{-1}=[B^{-1}(BA^{-1}+AA^{-1})]^{-1}\\&=[B^{-1}(B+A)A^{-1}]^{-1}=A(A+B)^{-1}B.\end{aligned}$$

133 答案 3.

$$\begin{aligned}|A+B^{-1}|&=|A+EB^{-1}|=|A+AA^{-1}B^{-1}|=|A||E+A^{-1}B^{-1}|=|A||BB^{-1}+A^{-1}B^{-1}|\\&=|A||B+A^{-1}||B^{-1}|=3\times2\times\frac{1}{2}=3.\end{aligned}$$

134 答案 $\begin{pmatrix}1&0&0\\0&1&0\\0&0&1\end{pmatrix}, \begin{pmatrix}1&0&0&0\\0&1&0&0\\0&0&1&0\end{pmatrix}$.

$$\begin{pmatrix}1&0&1\\1&2&-1\\1&2&3\end{pmatrix}\to\begin{pmatrix}1&0&1\\0&2&-2\\0&2&2\end{pmatrix}\to\begin{pmatrix}1&0&1\\0&2&-2\\0&0&4\end{pmatrix}\to\begin{pmatrix}1&0&0\\0&1&0\\0&0&1\end{pmatrix},$$

$$\begin{pmatrix}1&-1&2&1\\-1&1&-1&3\\2&-1&1&0\end{pmatrix}\to\begin{pmatrix}1&-1&2&1\\0&0&1&4\\0&1&-3&-2\end{pmatrix}\to\begin{pmatrix}1&-1&2&1\\0&1&-3&2\\0&0&1&4\end{pmatrix}\to\begin{pmatrix}1&0&0&1\\0&1&0&2\\0&0&1&4\end{pmatrix}\to\begin{pmatrix}1&0&0&0\\0&1&0&0\\0&0&1&0\end{pmatrix}.$$

135 答案 $\begin{pmatrix} 1 & 0 & -\frac{9}{4} & -\frac{3}{4} & \frac{1}{4} \\ 0 & 1 & \frac{3}{4} & -\frac{7}{4} & \frac{5}{4} \\ 0 & 0 & 0 & 0 & 0 \end{pmatrix}$.

$$\begin{pmatrix} 3 & 1 & -6 & -4 & 2 \\ 2 & 2 & -3 & -5 & 3 \\ 1 & -5 & -6 & 8 & -6 \end{pmatrix} \to \begin{pmatrix} 1 & -1 & -3 & 1 & -1 \\ 2 & 2 & -3 & -5 & 3 \\ 1 & -5 & -6 & 8 & -6 \end{pmatrix} \to \begin{pmatrix} 1 & -1 & -3 & 1 & -1 \\ 0 & 4 & 3 & -7 & 5 \\ 0 & -4 & -3 & 7 & -5 \end{pmatrix} \to$$

$$\begin{pmatrix} 1 & -1 & -3 & 1 & -1 \\ 0 & 4 & 3 & -7 & 5 \\ 0 & 0 & 0 & 0 & 0 \end{pmatrix} \to \begin{pmatrix} 1 & 0 & -\frac{9}{4} & -\frac{3}{4} & \frac{1}{4} \\ 0 & 1 & \frac{3}{4} & -\frac{7}{4} & \frac{5}{4} \\ 0 & 0 & 0 & 0 & 0 \end{pmatrix}.$$

136 答案 (B).

行简化阶梯形矩阵满足以下四个特点：(1) 全是 0 的行（如果有）位于矩阵的最下方；(2) 非零行的首非零元的列标随着行标的增加严格增加，即每一行第一个非零元的列标随着行标的增加而严格增加；(3) 非零行的首非零元全为 1；(4) 首非零元所在列的其余元素均为零.

137 答案 (B).

对于选项 (A)，$\begin{pmatrix} 1 & 0 & 0 \\ 0 & 1 & 0 \\ 0 & 0 & 1 \end{pmatrix}\begin{pmatrix} -1 & 0 & 1 \\ 1 & 2 & -1 \\ 1 & 2 & 3 \end{pmatrix}\begin{pmatrix} 1 & 0 & 1 \\ 0 & 1 & 0 \\ 0 & 0 & 1 \end{pmatrix} = \begin{pmatrix} -1 & 0 & 0 \\ 1 & 2 & 0 \\ 1 & 2 & 4 \end{pmatrix}$；

对于选项 (B)，$\begin{pmatrix} -1 & 0 & 0 \\ 1 & 1 & 0 \\ 0 & -1 & 1 \end{pmatrix}\begin{pmatrix} -1 & 0 & 1 \\ 1 & 2 & -1 \\ 1 & 2 & 3 \end{pmatrix}\begin{pmatrix} 1 & 0 & 1 \\ 0 & 1 & 0 \\ 0 & 0 & 1 \end{pmatrix} = \begin{pmatrix} 1 & 0 & -1 \\ 0 & 2 & 0 \\ 0 & 0 & 4 \end{pmatrix}\begin{pmatrix} 1 & 0 & 1 \\ 0 & 1 & 0 \\ 0 & 0 & 1 \end{pmatrix} = \begin{pmatrix} 1 & 0 & 0 \\ 0 & 2 & 0 \\ 0 & 0 & 4 \end{pmatrix}$.

同理，可检查选项 (C) 和选项 (D)，所以选 (B).

138 答案 -27.

$|\boldsymbol{A}|=3$，交换两行，行列式变号，故 $|\boldsymbol{B}|=-3$，于是 $|\boldsymbol{BA}^*|=|\boldsymbol{B}||\boldsymbol{A}^*|=-3|\boldsymbol{A}|^2=(-3)\times 9=-27$.

139 答案 (B).

初等矩阵都是方阵，显然选项 (C) 不是初等矩阵．初等矩阵是单位矩阵作一次初等变换得到的矩阵．选项 (A) 和选项 (D) 都作了两次初等变换.

140 答案 (A).

根据定义知初等矩阵皆可逆，但其定义的行列式的值不一定等于 1．初等矩阵相加和相乘后所得的矩阵都不是初等矩阵.

141 答案 (1) 略；(2) $\boldsymbol{E}(1,3)$.

(1) $|\boldsymbol{B}|=-|\boldsymbol{A}|\neq 0$，故 $\boldsymbol{B}$ 可逆.

(2) $\boldsymbol{B}=\boldsymbol{E}(1,3)\boldsymbol{A}$，其中 $\boldsymbol{E}(1,3)$ 表示四阶单位矩阵交换第一行和第三行后得到的初等矩阵，

所以 $AB^{-1}=A[E(1,3)A]^{-1}=AA^{-1}E(1,3)^{-1}=E(1,3)$.

142 答案 (B).

P 的第二列加到第一列得 Q，故 $Q=P\begin{pmatrix}1&0&0\\1&1&0\\0&0&1\end{pmatrix}, Q^{-1}=\begin{pmatrix}1&0&0\\1&1&0\\0&0&1\end{pmatrix}^{-1}P^{-1}$，所以

$$Q^{-1}AQ=\begin{pmatrix}1&0&0\\1&1&0\\0&0&1\end{pmatrix}^{-1}P^{-1}AP\begin{pmatrix}1&0&0\\1&1&0\\0&0&1\end{pmatrix}=\begin{pmatrix}1&0&0\\1&1&0\\0&0&1\end{pmatrix}^{-1}\begin{pmatrix}1&0&0\\0&1&0\\0&0&2\end{pmatrix}\begin{pmatrix}1&0&0\\1&1&0\\0&0&1\end{pmatrix}$$

$$=\begin{pmatrix}1&0&0\\-1&1&0\\0&0&1\end{pmatrix}\begin{pmatrix}1&0&0\\0&1&0\\0&0&2\end{pmatrix}\begin{pmatrix}1&0&0\\1&1&0\\0&0&1\end{pmatrix}=\begin{pmatrix}1&0&0\\0&1&0\\0&0&2\end{pmatrix}.$$

143 答案 (B).

矩阵 A 经初等列变换化成 B，即存在初等矩阵 $P_i, i=1,2,\cdots,t$，使得 $AP_1P_2\cdots P_t=B$，因为 P_i 均可逆，所以 $A=BP_t^{-1}\cdots P_2^{-1}P_1^{-1}$，记 $P=P_t^{-1}\cdots P_2^{-1}P_1^{-1}$，故选 (B).

144 答案 $\begin{pmatrix}-1&1&1\\5&4&2\\2&3&1\end{pmatrix}$.

根据初等矩阵和初等变换之间的关系，得

$$A_1=\begin{pmatrix}1&0&0\\0&1&-2\\0&0&1\end{pmatrix}A, B_1=B\begin{pmatrix}1&0&0\\0&0&1\\0&1&0\end{pmatrix}, A_1B_1=\begin{pmatrix}1&0&0\\0&1&-2\\0&0&1\end{pmatrix}AB\begin{pmatrix}1&0&0\\0&0&1\\0&1&0\end{pmatrix},$$

$$AB=\begin{pmatrix}1&0&0\\0&1&-2\\0&0&1\end{pmatrix}^{-1}A_1B_1\begin{pmatrix}1&0&0\\0&0&1\\0&1&0\end{pmatrix}^{-1}=\begin{pmatrix}1&0&0\\0&1&2\\0&0&1\end{pmatrix}A_1B_1\begin{pmatrix}1&0&0\\0&0&1\\0&1&0\end{pmatrix},$$

这相当于将 A_1B_1 的第三行的 2 倍加到第二行，再交换所得矩阵的第二列和第三列，故

$$\begin{pmatrix}-1&1&1\\1&0&-2\\2&1&3\end{pmatrix}\to\begin{pmatrix}-1&1&1\\5&2&4\\2&1&3\end{pmatrix}\to\begin{pmatrix}-1&1&1\\5&4&2\\2&3&1\end{pmatrix}.$$

145 答案 (B).

$$\begin{pmatrix}-3&1&1&1\\1&-3&1&1\\1&1&-3&1\\1&1&1&-3\end{pmatrix}\to\begin{pmatrix}1&1&1&-3\\0&-4&0&4\\0&0&-4&4\\0&4&4&-8\end{pmatrix}\to\begin{pmatrix}1&1&1&-3\\0&-4&0&4\\0&0&-4&4\\0&0&4&-4\end{pmatrix}\to$$

$$\begin{pmatrix}1&1&1&-3\\0&-4&0&4\\0&0&-4&4\\0&0&0&0\end{pmatrix}\to\begin{pmatrix}1&0&0&0\\0&1&0&0\\0&0&1&0\\0&0&0&0\end{pmatrix}.$$

146 答案 $\begin{pmatrix} 1 & 0 & 0 & 0 & 0 \\ 0 & 1 & 0 & 0 & 0 \\ 0 & 0 & 1 & 0 & 0 \\ 0 & 0 & 0 & 0 & 0 \end{pmatrix}$.

$$\begin{pmatrix} 1 & -1 & 0 & 1 & 2 \\ 2 & 0 & 1 & 1 & 0 \\ 3 & 1 & 0 & 0 & 4 \\ 2 & 2 & 0 & -1 & 2 \end{pmatrix} \to \begin{pmatrix} 1 & -1 & 0 & 1 & 2 \\ 0 & 2 & 1 & -1 & -4 \\ 0 & 4 & 0 & -3 & -2 \\ 0 & 2 & -1 & -2 & 2 \end{pmatrix} \to \begin{pmatrix} 1 & -1 & 0 & 1 & 2 \\ 0 & 2 & 1 & -1 & -4 \\ 0 & 0 & -2 & -1 & 6 \\ 0 & 0 & -2 & -1 & 6 \end{pmatrix} \to$$

$$\begin{pmatrix} 1 & -1 & 0 & 1 & 2 \\ 0 & 2 & 1 & -1 & -4 \\ 0 & 0 & -2 & -1 & 6 \\ 0 & 0 & 0 & 0 & 0 \end{pmatrix} \to \begin{pmatrix} 1 & 0 & 0 & 0 & 0 \\ 0 & 1 & 0 & 0 & 0 \\ 0 & 0 & 1 & 0 & 0 \\ 0 & 0 & 0 & 0 & 0 \end{pmatrix}.$$

147 答案 -3.

等价的矩阵具有相同的秩，

$$\boldsymbol{B} = \begin{pmatrix} 1 & 0 & 1 \\ 2 & -1 & 0 \\ 4 & -1 & 2 \end{pmatrix} \to \begin{pmatrix} 1 & 0 & 1 \\ 0 & -1 & -2 \\ 0 & -1 & -2 \end{pmatrix} \to \begin{pmatrix} 1 & 0 & 1 \\ 0 & -1 & -2 \\ 0 & 0 & 0 \end{pmatrix},$$

$$\boldsymbol{A} = \begin{pmatrix} 1 & 0 & 1 \\ -1 & -2 & 2 \\ 0 & 2 & t \end{pmatrix} \to \begin{pmatrix} 1 & 0 & 1 \\ 0 & -2 & 3 \\ 0 & 2 & t \end{pmatrix} \to \begin{pmatrix} 1 & 0 & 1 \\ 0 & -2 & 3 \\ 0 & 0 & t+3 \end{pmatrix} \Rightarrow t = -3.$$

148 答案 (C).

对于①，$\boldsymbol{A}$ 与 $\boldsymbol{B}$ 等价，则 $\boldsymbol{A}$ 与 $\boldsymbol{B}$ 有相同的秩，其行列式的值要么都等于零，要么都不等于零，但不能保证 $|\boldsymbol{A}|>0$，则 $|\boldsymbol{B}|>0$. 例如，$|\boldsymbol{A}| = \begin{vmatrix} 1 & \\ & 1 \end{vmatrix} = 1, |\boldsymbol{B}| = \begin{vmatrix} 1 & \\ & -1 \end{vmatrix} = -1$.

对于②，$|\boldsymbol{A}| \neq 0$，则 $|\boldsymbol{B}| \neq 0$，说明 $\boldsymbol{B}$ 可逆，$\boldsymbol{B}^{-1}\boldsymbol{B} = \boldsymbol{E}, \boldsymbol{P} = \boldsymbol{B}^{-1}$.

对于③，$\boldsymbol{A}$ 与 $\boldsymbol{B}$ 等价，则 $\boldsymbol{A}$ 与 $\boldsymbol{B}$ 的列向量组的秩相等，因此列向量组等价. 正确的命题有 2 个，故选 (C).

149 答案 $\begin{pmatrix} -\frac{2}{3} & -\frac{4}{3} & 1 \\ -\frac{2}{3} & \frac{11}{3} & -2 \\ 1 & -2 & 1 \end{pmatrix}$.

$$(\boldsymbol{A}, \boldsymbol{E}) = \left(\begin{array}{ccc|ccc} 1 & 2 & 3 & 1 & 0 & 0 \\ 4 & 5 & 6 & 0 & 1 & 0 \\ 7 & 8 & 10 & 0 & 0 & 1 \end{array}\right) \to \left(\begin{array}{ccc|ccc} 1 & 2 & 3 & 1 & 0 & 0 \\ 0 & -3 & -6 & -4 & 1 & 0 \\ 0 & -6 & -11 & -7 & 0 & 1 \end{array}\right) \to \left(\begin{array}{ccc|ccc} 1 & 2 & 3 & 1 & 0 & 0 \\ 0 & -3 & -6 & -4 & 1 & 0 \\ 0 & 0 & 1 & 1 & -2 & 1 \end{array}\right) \to$$

$$\left(\begin{array}{ccc|ccc}1&2&0&-2&6&-3\\0&-3&0&2&-11&6\\0&0&1&1&-2&1\end{array}\right)\to\left(\begin{array}{ccc|ccc}1&0&0&-\frac{2}{3}&-\frac{4}{3}&1\\0&1&0&-\frac{2}{3}&\frac{11}{3}&-2\\0&0&1&1&-2&1\end{array}\right).$$

所以，$A^{-1}=\begin{pmatrix}-\frac{2}{3}&-\frac{4}{3}&1\\-\frac{2}{3}&\frac{11}{3}&-2\\1&-2&1\end{pmatrix}$.

【计算器功能操作】以卡西欧 fx-999CN CW 为例，按⏻⌂开机打开主屏幕，选择矩阵应用，按OK进入.

定义矩阵：进入矩阵应用后，按⋯打开工具菜单，按OK打开【矩阵行列数】界面，选择行数【3 行】、列数【3 列】，按OK打开【矩阵元素编辑】界面，逐个输入数据，每输入一个数据按EXE确认，如图 2-4 所示.

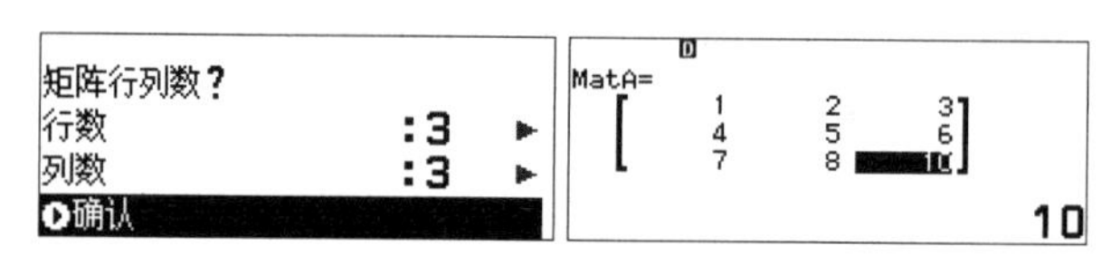

图 2-4

计算逆矩阵：按AC退出，返回到矩阵应用的计算界面，按📖OK∨OK调用【MatA】，按📖OKOK∨∨OK调用【逆矩阵】，再按OK执行计算得出结果，如图 2-5 所示.

图 2-5

150 答案 $\begin{pmatrix}1\\4\\3\end{pmatrix}$.

方法一：$(A,B)=\left(\begin{array}{ccc|c}3&-1&0&-1\\-2&1&1&5\\2&-1&4&10\end{array}\right)\to\left(\begin{array}{ccc|c}1&0&1&4\\0&1&3&13\\0&0&5&15\end{array}\right)\to\left(\begin{array}{ccc|c}1&0&0&1\\0&1&0&4\\0&0&1&3\end{array}\right)$，所以，$X=\begin{pmatrix}1\\4\\3\end{pmatrix}$.

方法二：用初等行变换法求 A^{-1}，得

$$A^{-1}=\begin{pmatrix}1&\frac{4}{5}&-\frac{1}{5}\\2&\frac{12}{5}&-\frac{3}{5}\\0&\frac{1}{5}&\frac{1}{5}\end{pmatrix},X=A^{-1}B=\begin{pmatrix}1&\frac{4}{5}&-\frac{1}{5}\\2&\frac{12}{5}&-\frac{3}{5}\\0&\frac{1}{5}&\frac{1}{5}\end{pmatrix}\begin{pmatrix}-1\\5\\10\end{pmatrix}=\begin{pmatrix}1\\4\\3\end{pmatrix}.$$

151 答案 $\begin{pmatrix} 3 & -8 & -6 \\ 2 & -9 & -6 \\ -2 & 12 & 9 \end{pmatrix}$.

由 $AB = A + 2B$ 得 $(A-2E)B = A$，因为 $|A-2E| = \begin{vmatrix} 2 & 2 & 3 \\ 1 & -1 & 0 \\ -1 & 2 & 1 \end{vmatrix} = \begin{vmatrix} 2 & 4 & 3 \\ 1 & 0 & 0 \\ -1 & 1 & 1 \end{vmatrix} \neq 0$，所以 $A-2E$ 可逆，从而 $B = (A-2E)^{-1}A$，由于

$$(A-2E \mid A) = \left(\begin{array}{ccc|ccc} 2 & 2 & 3 & 4 & 2 & 3 \\ 1 & -1 & 0 & 1 & 1 & 0 \\ -1 & 2 & 1 & -1 & 2 & 3 \end{array}\right) \to \left(\begin{array}{ccc|ccc} 1 & 3 & 3 & 3 & 1 & 3 \\ 0 & -4 & -3 & -2 & 0 & -3 \\ 0 & 1 & 1 & 0 & 3 & 3 \end{array}\right) \to$$

$$\left(\begin{array}{ccc|ccc} 1 & -1 & 0 & 1 & 1 & 0 \\ 0 & -4 & -3 & -2 & 0 & -3 \\ 0 & 1 & 1 & 0 & 3 & 3 \end{array}\right) \to \left(\begin{array}{ccc|ccc} 1 & 0 & 0 & 3 & -8 & -6 \\ 0 & 1 & 0 & 2 & -9 & -6 \\ 0 & 0 & 1 & -2 & 12 & 9 \end{array}\right),$$

因此 $B = \begin{pmatrix} 3 & -8 & -6 \\ 2 & -9 & -6 \\ -2 & 12 & 9 \end{pmatrix}$.

注：此题和上题一样，我们可以利用初等变换法先求 $A-2E$ 的逆矩阵，然后计算 $(A-2E)^{-1}$ 与 A 的乘积.

152 答案 $\begin{pmatrix} 5 & -2 & 0 & 0 \\ -2 & 1 & 0 & 0 \\ 0 & 0 & 2 & 1 \\ 0 & 0 & 1 & 1 \end{pmatrix}$.

利用分块矩阵求逆，因为分块矩阵 $\begin{pmatrix} A & O \\ O & B \end{pmatrix}^{-1} = \begin{pmatrix} A^{-1} & O \\ O & B^{-1} \end{pmatrix}$，二阶矩阵 $|A| = |B| = 1$，其伴随矩阵等于主对角线上的元素互换，副对角线上的元素变号，所以可以直接写出此矩阵的逆矩阵：

$$\begin{pmatrix} 1 & 2 & 0 & 0 \\ 2 & 5 & 0 & 0 \\ 0 & 0 & 1 & -1 \\ 0 & 0 & -1 & 2 \end{pmatrix}^{-1} = \left(\begin{array}{cc|cc} 1 & 2 & 0 & 0 \\ 2 & 5 & 0 & 0 \\ \hline 0 & 0 & 1 & -1 \\ 0 & 0 & -1 & 2 \end{array}\right)^{-1} = \begin{pmatrix} 5 & -2 & 0 & 0 \\ -2 & 1 & 0 & 0 \\ 0 & 0 & 2 & 1 \\ 0 & 0 & 1 & 1 \end{pmatrix}.$$

153 答案 $\begin{pmatrix} 0 & 0 & 0 & 1 \\ 0 & 0 & 1 & 0 \\ 0 & 1 & 0 & 0 \\ 1 & 0 & 0 & 0 \end{pmatrix}$.

利用分块矩阵求逆，设 $B = \begin{pmatrix} 0 & 1 \\ 1 & 0 \end{pmatrix}$，则 $B^{-1} = B$，

$$\begin{pmatrix}0&0&0&1\\0&0&1&0\\0&1&0&0\\1&0&0&0\end{pmatrix}^{-1}=\left(\begin{array}{cc|cc}0&0&0&1\\0&0&1&0\\\hline 0&1&0&0\\1&0&0&0\end{array}\right)^{-1}=\begin{pmatrix}\boldsymbol{O}&\boldsymbol{B}\\\boldsymbol{B}&\boldsymbol{O}\end{pmatrix}^{-1}=\begin{pmatrix}\boldsymbol{O}&\boldsymbol{B}^{-1}\\\boldsymbol{B}^{-1}&\boldsymbol{O}\end{pmatrix}=\begin{pmatrix}\boldsymbol{O}&\boldsymbol{B}\\\boldsymbol{B}&\boldsymbol{O}\end{pmatrix}=\begin{pmatrix}0&0&0&1\\0&0&1&0\\0&1&0&0\\1&0&0&0\end{pmatrix}.$$

154 答案 $\begin{pmatrix}-\frac{1}{2}&\frac{1}{2}&0&0\\1&0&0&0\\-\frac{3}{2}&-\frac{3}{2}&1&0\\4&1&-2&1\end{pmatrix}$.

$$\boldsymbol{A}(\boldsymbol{E}-\boldsymbol{C}^{-1}\boldsymbol{B})^{\mathrm{T}}\boldsymbol{C}^{\mathrm{T}}=\boldsymbol{E}\Rightarrow\boldsymbol{A}[\boldsymbol{E}^{\mathrm{T}}-(\boldsymbol{C}^{-1}\boldsymbol{B})^{\mathrm{T}}]\boldsymbol{C}^{\mathrm{T}}=\boldsymbol{E}\Rightarrow\boldsymbol{A}[\boldsymbol{E}-\boldsymbol{B}^{\mathrm{T}}(\boldsymbol{C}^{\mathrm{T}})^{-1}]\boldsymbol{C}^{\mathrm{T}}=\boldsymbol{E}\Rightarrow$$

$$\boldsymbol{A}(\boldsymbol{C}^{\mathrm{T}}-\boldsymbol{B}^{\mathrm{T}})=\boldsymbol{E}\Rightarrow\boldsymbol{A}=[(\boldsymbol{C}-\boldsymbol{B})^{\mathrm{T}}]^{-1}\Rightarrow\boldsymbol{A}=[(\boldsymbol{C}-\boldsymbol{B})^{-1}]^{\mathrm{T}}.$$

$$\boldsymbol{C}-\boldsymbol{B}=\begin{pmatrix}1&1&3&4\\1&2&2&1\\0&0&2&1\\0&0&0&2\end{pmatrix}-\begin{pmatrix}1&-1&0&0\\0&1&-1&0\\0&0&1&-1\\0&0&0&1\end{pmatrix}=\begin{pmatrix}0&2&3&4\\1&1&3&1\\0&0&1&2\\0&0&0&1\end{pmatrix},$$

$$(\boldsymbol{C}-\boldsymbol{B})^{-1}=\begin{pmatrix}0&2&3&4\\1&1&3&1\\0&0&1&2\\0&0&0&1\end{pmatrix}^{-1}=\left(\begin{array}{cc|cc}0&2&3&4\\1&1&3&1\\\hline 0&0&1&2\\0&0&0&1\end{array}\right)^{-1}=\begin{pmatrix}\boldsymbol{X}&\boldsymbol{Y}\\\boldsymbol{O}&\boldsymbol{Z}\end{pmatrix}^{-1}=\begin{pmatrix}\boldsymbol{X}^{-1}&-\boldsymbol{X}^{-1}\boldsymbol{Y}\boldsymbol{Z}^{-1}\\\boldsymbol{O}&\boldsymbol{Z}^{-1}\end{pmatrix},$$

因为 $\boldsymbol{X}^{-1}=\begin{pmatrix}-\frac{1}{2}&1\\\frac{1}{2}&0\end{pmatrix}$, $\boldsymbol{Z}^{-1}=\begin{pmatrix}1&-2\\0&1\end{pmatrix}$，所以

$$-\boldsymbol{X}^{-1}\boldsymbol{Y}\boldsymbol{Z}^{-1}=-\begin{pmatrix}-\frac{1}{2}&1\\\frac{1}{2}&0\end{pmatrix}\begin{pmatrix}3&4\\3&1\end{pmatrix}\begin{pmatrix}1&-2\\0&1\end{pmatrix}=-\begin{pmatrix}\frac{3}{2}&-1\\\frac{3}{2}&2\end{pmatrix}\begin{pmatrix}1&-2\\0&1\end{pmatrix}=\begin{pmatrix}-\frac{3}{2}&4\\-\frac{3}{2}&1\end{pmatrix},$$

$$故\ \boldsymbol{A}=\begin{pmatrix}-\frac{1}{2}&1&-\frac{3}{2}&4\\\frac{1}{2}&0&-\frac{3}{2}&1\\0&0&1&-2\\0&0&0&1\end{pmatrix}^{\mathrm{T}}=\begin{pmatrix}-\frac{1}{2}&\frac{1}{2}&0&0\\1&0&0&0\\-\frac{3}{2}&-\frac{3}{2}&1&0\\4&1&-2&1\end{pmatrix}.$$

155 答案 (C).

由 $\boldsymbol{A}^{-1}=\begin{pmatrix}\boldsymbol{A}_1^{-1}&\boldsymbol{O}\\-\boldsymbol{A}_2^{-1}\boldsymbol{A}_3\boldsymbol{A}_1^{-1}&\boldsymbol{A}_2^{-1}\end{pmatrix}$ 知 $\boldsymbol{A}$ 可逆的充要条件为 $\boldsymbol{A}_1,\boldsymbol{A}_2$ 均可逆，故选 (C).

156 答案 1 或 2 或 -3.

$\begin{pmatrix} a & 1 & 2 \\ 2 & 1 & a \\ 1 & a & 2 \end{pmatrix} \to \begin{pmatrix} 1 & a & 2 \\ 0 & 1-2a & a-4 \\ 0 & 1-a^2 & 2-2a \end{pmatrix}$，因为 $r(\boldsymbol{A})=2$，所以 $\dfrac{1-2a}{1-a^2}=\dfrac{a-4}{2-2a}$，由 $(1-a^2)(a-4)=(1-2a)(2-2a)$ 得 $a^3-7a+6=0$，解得 $a=2$ 或 $a=1$ 或 $a=-3$.

157 答案 错误.

由 $\boldsymbol{AB}=\boldsymbol{O}$ 知 $r(\boldsymbol{A})+r(\boldsymbol{B})\leqslant n$，因为矩阵 $\boldsymbol{A},\boldsymbol{B}$ 都是 n 阶非零矩阵，所以 $r(\boldsymbol{A})\geqslant 1, r(\boldsymbol{B})\geqslant 1$，因此不可能某个矩阵的秩等于 n.

158 答案 正确.

$r(\boldsymbol{A})=s$，则 $\boldsymbol{A}$ 的等价标准形为 $\begin{pmatrix} \boldsymbol{E}_s & \boldsymbol{O} \\ \boldsymbol{O} & \boldsymbol{O} \end{pmatrix}$，矩阵 $\boldsymbol{A}$ 经过初等变换一定可以化为其等价标准形，即存在 m 阶可逆矩阵 $\boldsymbol{P}$ 及 n 阶可逆矩阵 $\boldsymbol{Q}$，使得 $\boldsymbol{PAQ}=\begin{pmatrix} \boldsymbol{E}_s & \boldsymbol{O} \\ \boldsymbol{O} & \boldsymbol{O} \end{pmatrix}$.

159 答案 3.

由 $\boldsymbol{AB}=\boldsymbol{O}$ 知 $r(\boldsymbol{A})+r(\boldsymbol{B})\leqslant 3$，因为 $\boldsymbol{B}$ 为三阶非零矩阵，所以 $r(\boldsymbol{B})\geqslant 1$，故 $r(\boldsymbol{A})<3\Rightarrow$

$|\boldsymbol{A}|=0$，即 $\begin{vmatrix} -1 & -2 & 2 \\ -4 & u & -3 \\ -3 & 1 & -1 \end{vmatrix}=\begin{vmatrix} -1 & -2 & 0 \\ -4 & u & u-3 \\ -3 & 1 & 0 \end{vmatrix}=0\Rightarrow u=3.$

160 答案 0.

当 $r(\boldsymbol{A})<n-1$ 时，$r(\boldsymbol{A}^*)=0$.

161 答案 (D).

由 $\boldsymbol{A}^2=\boldsymbol{A}$ 知 $\boldsymbol{A}(\boldsymbol{A}-\boldsymbol{E})=\boldsymbol{O}$，因此 $r(\boldsymbol{A})+r(\boldsymbol{A}-\boldsymbol{E})=n$，所以当 $\boldsymbol{A}$ 可逆时，$\boldsymbol{A}=\boldsymbol{E}$，当 $\boldsymbol{A}-\boldsymbol{E}$ 可逆时，$\boldsymbol{A}=\boldsymbol{O}$，故选项 (A)、选项 (B)、选项 (C) 均不正确. 因为 $r(\boldsymbol{A})+r(\boldsymbol{A}-\boldsymbol{E})=n$，但 $r(\boldsymbol{A})=n$ 及 $r(\boldsymbol{A}-\boldsymbol{E})=n$ 不可能同时成立，所以 $\boldsymbol{A}$ 不可逆或 $\boldsymbol{A}-\boldsymbol{E}$ 不可逆，故选 (D).

162 答案 3 或 4.

$\boldsymbol{A}$ 与 $\boldsymbol{B}$ 等价 $\Rightarrow r(\boldsymbol{A})=r(\boldsymbol{B})$，

$$\boldsymbol{A}=\begin{pmatrix} 1 & 2 & 1 \\ 2 & 3 & t+2 \\ 1 & t & -2 \end{pmatrix} \to \begin{pmatrix} 1 & 2 & 1 \\ 0 & -1 & t \\ 0 & t-2 & -3 \end{pmatrix},$$

由 $\dfrac{-1}{t-2}=\dfrac{t}{-3}\Rightarrow t=3$ 或 $t=-1$.

$$\boldsymbol{B}=\begin{pmatrix} 1 & 1 & t \\ -1 & t & 1 \\ 1 & -1 & 2 \end{pmatrix} \to \begin{pmatrix} 1 & 1 & t \\ 0 & t+1 & 1+t \\ 0 & -2 & 2-t \end{pmatrix},$$

由 $\dfrac{t+1}{-2}=\dfrac{1+t}{2-t}\Rightarrow t=-1$ 或 $t=4$.

显然，当 $t=-1$ 时，$r(\boldsymbol{A})=r(\boldsymbol{B})$，说明 $\boldsymbol{A}$ 与 $\boldsymbol{B}$ 等价；当 $t=3$ 时，$r(\boldsymbol{A})=2, r(\boldsymbol{B})=3$；当 $t=4$ 时，$r(\boldsymbol{A})=3, r(\boldsymbol{B})=2$.

综上所述，当$t=3$或$t=4$时，$\boldsymbol{A}$与$\boldsymbol{B}$不等价.

163 答案 (C).

$$r\begin{pmatrix}\boldsymbol{A} & \boldsymbol{O}\\ \boldsymbol{O} & \boldsymbol{A}^{\mathrm{T}}\boldsymbol{A}\end{pmatrix}=r(\boldsymbol{A})+r(\boldsymbol{A}^{\mathrm{T}}\boldsymbol{A})=2r(\boldsymbol{A}),$$

$$\begin{pmatrix}\boldsymbol{A} & \boldsymbol{AB}\\ \boldsymbol{O} & \boldsymbol{A}^{\mathrm{T}}\end{pmatrix}\xrightarrow{\text{列}}\begin{pmatrix}\boldsymbol{A} & \boldsymbol{O}\\ \boldsymbol{O} & \boldsymbol{A}^{\mathrm{T}}\end{pmatrix}，\text{则}\ r\begin{pmatrix}\boldsymbol{A} & \boldsymbol{AB}\\ \boldsymbol{O} & \boldsymbol{A}^{\mathrm{T}}\end{pmatrix}=2r(\boldsymbol{A}),$$

$$\begin{pmatrix}\boldsymbol{A} & \boldsymbol{O}\\ \boldsymbol{BA} & \boldsymbol{A}^{\mathrm{T}}\end{pmatrix}\xrightarrow{\text{行}}\begin{pmatrix}\boldsymbol{A} & \boldsymbol{O}\\ \boldsymbol{O} & \boldsymbol{A}^{\mathrm{T}}\end{pmatrix}，\text{则}\ r\begin{pmatrix}\boldsymbol{A} & \boldsymbol{O}\\ \boldsymbol{BA} & \boldsymbol{A}^{\mathrm{T}}\end{pmatrix}=2r(\boldsymbol{A}).$$

164 答案 (B).

根据初等变换得$\begin{pmatrix}\boldsymbol{O} & \boldsymbol{A}\\ \boldsymbol{BC} & \boldsymbol{E}\end{pmatrix}\xrightarrow{\text{行}}\begin{pmatrix}\boldsymbol{O} & \boldsymbol{O}\\ \boldsymbol{BC} & \boldsymbol{E}\end{pmatrix}\xrightarrow{\text{列}}\begin{pmatrix}\boldsymbol{O} & \boldsymbol{O}\\ \boldsymbol{O} & \boldsymbol{E}\end{pmatrix}$，所以$r_1=n$. $\begin{pmatrix}\boldsymbol{AB} & \boldsymbol{C}\\ \boldsymbol{O} & \boldsymbol{E}\end{pmatrix}\xrightarrow{\text{行}}\begin{pmatrix}\boldsymbol{AB} & \boldsymbol{O}\\ \boldsymbol{O} & \boldsymbol{E}\end{pmatrix}$，所以$r_2=n+r(\boldsymbol{AB})$. $\begin{pmatrix}\boldsymbol{E} & \boldsymbol{AB}\\ \boldsymbol{AB} & \boldsymbol{O}\end{pmatrix}\xrightarrow{\text{列}}\begin{pmatrix}\boldsymbol{E} & \boldsymbol{O}\\ \boldsymbol{AB} & -\boldsymbol{ABAB}\end{pmatrix}\xrightarrow{\text{行}}\begin{pmatrix}\boldsymbol{E} & \boldsymbol{O}\\ \boldsymbol{O} & -(\boldsymbol{AB})^2\end{pmatrix}$，所以$r_3=n+r[(\boldsymbol{AB})^2]$，而$r[(\boldsymbol{AB})^2]\leqslant r(\boldsymbol{AB})$，于是$r_1\leqslant r_3\leqslant r_2$，故选 (B).

165 答案 (C).

三阶矩阵$\boldsymbol{A}$的伴随矩阵的秩等于1，则$\boldsymbol{A}$的秩等于2 $\Rightarrow|\boldsymbol{A}|=0$，因为

$$|\boldsymbol{A}|=\begin{vmatrix}a & b & b\\ b & a & b\\ b & b & a\end{vmatrix}=(a+2b)\begin{vmatrix}1 & b & b\\ 1 & a & b\\ 1 & b & a\end{vmatrix}=(a+2b)\begin{vmatrix}1 & b & b\\ 0 & a-b & 0\\ 0 & 0 & a-b\end{vmatrix}=(a+2b)(a-b)^2=0,$$

所以$a+2b=0$或$a=b$，若$a=b$，显然$r(\boldsymbol{A})\leqslant 1$，与$r(\boldsymbol{A})=2$矛盾，故$a\neq b$且$a+2b=0$，此时$\boldsymbol{A}$的左上角的二阶子式$\begin{vmatrix}a & b\\ b & a\end{vmatrix}=a^2-b^2=(-2b)^2-b^2=3b^2\neq 0$（如果$b=0\Rightarrow a=0\Rightarrow a=b$，与$a\neq b$矛盾），故选 (C).

第3章　向量

166 答案　$(17,10,3)$.

$3\boldsymbol{\alpha}_1+2\boldsymbol{\alpha}_2-4\boldsymbol{\alpha}_3=3(1,2,3)+2(3,2,1)-4(-2,0,2)=(3,6,9)+(6,4,2)-(-8,0,8)=(17,10,3)$.

【计算器功能操作】以卡西欧 fx-999CN CW 为例，按开机打开主屏幕，选择向量应用，按OK进入.

定义向量：进入向量应用后，按打开工具菜单，按OK打开【向量维数】界面，选择【3维】，按OK打开【向量定义】界面，逐个输入数据，每输入一个数据按EXE确认. 类似操作定义 $\boldsymbol{\alpha}_2$ 和 $\boldsymbol{\alpha}_3$，如图 3-1 所示.

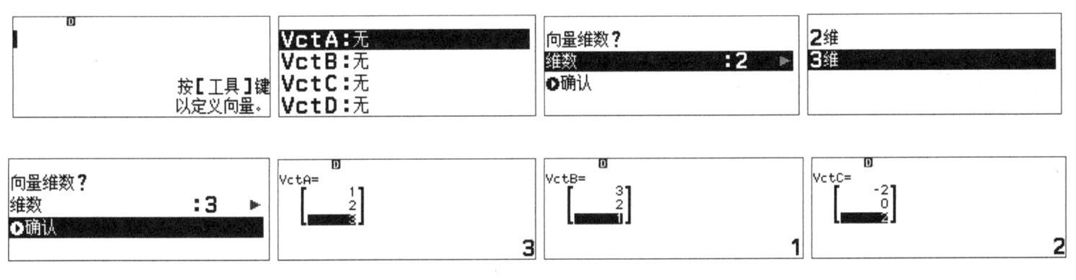

图 3-1

计算 $3\boldsymbol{\alpha}_1+2\boldsymbol{\alpha}_2-4\boldsymbol{\alpha}_3$：按AC退出，返回到向量应用的计算界面，按3，再按OK∨OK调用【VctA】，接着按+2OK∨∨OK−4OK∨∨∨OK补充完整计算式，最后按OK执行计算得出结果，如图 3-2 所示.

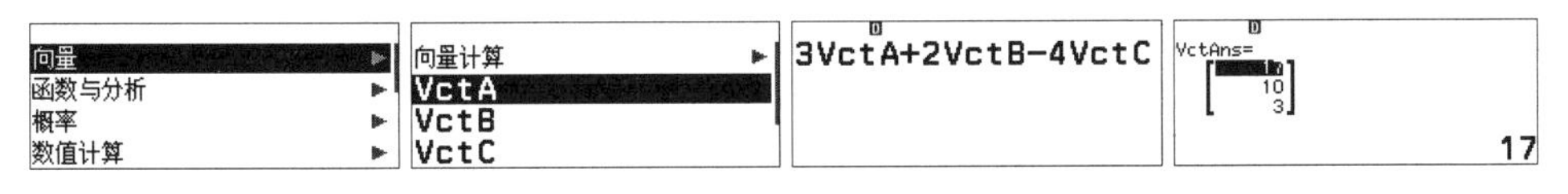

图 3-2

167 答案　$\left(-\dfrac{4}{5},\dfrac{4}{5},-\dfrac{6}{5}\right)$.

由 $\boldsymbol{\alpha}_1-2\boldsymbol{x}=\dfrac{1}{2}(\boldsymbol{\alpha}_2+\boldsymbol{x})$ 得 $2\boldsymbol{\alpha}_1-4\boldsymbol{x}=\boldsymbol{\alpha}_2+\boldsymbol{x}$，即

$$5\boldsymbol{x}=2\boldsymbol{\alpha}_1-\boldsymbol{\alpha}_2=(-2,2,-2)-(2,-2,4)=(-4,4,-6),$$

所以 $\boldsymbol{x}=\dfrac{1}{5}(-4,4,-6)=\left(-\dfrac{4}{5},\dfrac{4}{5},-\dfrac{6}{5}\right)$.

168 答案　(C).

向量 $\boldsymbol{\beta}$ 可由向量组 $\boldsymbol{\alpha}_1,\boldsymbol{\alpha}_2,\cdots,\boldsymbol{\alpha}_s$ 线性表示

$\Leftrightarrow$ 存在一组数 $k_1,k_2,\cdots,k_s$，使得 $\boldsymbol{\beta}=k_1\boldsymbol{\alpha}_1+k_2\boldsymbol{\alpha}_2+\cdots+k_s\boldsymbol{\alpha}_s$

$\Leftrightarrow$ 线性方程组 $x_1\boldsymbol{\alpha}_1+x_2\boldsymbol{\alpha}_2+\cdots+x_s\boldsymbol{\alpha}_s=\boldsymbol{\beta}$ 有解

$\Leftrightarrow r(\boldsymbol{A})=r(\boldsymbol{B})$（注：若 $\boldsymbol{\alpha}_1,\boldsymbol{\alpha}_2,\cdots,\boldsymbol{\alpha}_s,\boldsymbol{\beta}$ 为列向量组，则 $\boldsymbol{A}=(\boldsymbol{\alpha}_1,\boldsymbol{\alpha}_2,\cdots,\boldsymbol{\alpha}_s),\boldsymbol{B}=(\boldsymbol{\alpha}_1,\boldsymbol{\alpha}_2,\cdots,\boldsymbol{\alpha}_s,\boldsymbol{\beta})$；若 $\boldsymbol{\alpha}_1,\boldsymbol{\alpha}_2,\cdots,\boldsymbol{\alpha}_s,\boldsymbol{\beta}$ 为行向量组，则 $\boldsymbol{A}=(\boldsymbol{\alpha}_1^{\mathrm{T}},\boldsymbol{\alpha}_2^{\mathrm{T}},\cdots,\boldsymbol{\alpha}_s^{\mathrm{T}}),\boldsymbol{B}=(\boldsymbol{\alpha}_1^{\mathrm{T}},\boldsymbol{\alpha}_2^{\mathrm{T}},\cdots,\boldsymbol{\alpha}_s^{\mathrm{T}},\boldsymbol{\beta}^{\mathrm{T}})$）.

因此，应选 (C).

169 答案 -8.

对矩阵 $(\boldsymbol{\alpha}_1^{\mathrm{T}},\boldsymbol{\alpha}_2^{\mathrm{T}},\boldsymbol{\beta}^{\mathrm{T}})$ 作初等行变换，

$$\begin{pmatrix}1&2&1\\-3&-1&k\\2&1&5\end{pmatrix}\to\begin{pmatrix}1&2&1\\0&5&k+3\\0&-3&3\end{pmatrix}\to\begin{pmatrix}1&2&1\\0&1&-1\\0&0&k+8\end{pmatrix},$$

因为 $\boldsymbol{\beta}$ 可由 $\boldsymbol{\alpha}_1,\boldsymbol{\alpha}_2$ 线性表示，所以 $r(\boldsymbol{\alpha}_1^{\mathrm{T}},\boldsymbol{\alpha}_2^{\mathrm{T}})=r(\boldsymbol{\alpha}_1^{\mathrm{T}},\boldsymbol{\alpha}_2^{\mathrm{T}},\boldsymbol{\beta}^{\mathrm{T}})$，于是 $k+8=0$，即 $k=-8$.

170 答案 1.

对矩阵 $(\boldsymbol{\alpha}_1^{\mathrm{T}},\boldsymbol{\alpha}_2^{\mathrm{T}},\boldsymbol{\alpha}_3^{\mathrm{T}},\boldsymbol{\beta}^{\mathrm{T}})$ 作初等行变换，

$$\left(\begin{array}{ccc:c}1&1&1&1\\0&1&3&2\\1&1&a&6\end{array}\right)\to\left(\begin{array}{ccc:c}1&1&1&1\\0&1&3&2\\0&0&a-1&5\end{array}\right),$$

因为 $\boldsymbol{\beta}$ 不能由 $\boldsymbol{\alpha}_1,\boldsymbol{\alpha}_2,\boldsymbol{\alpha}_3$ 线性表示，所以

$$r(\boldsymbol{\alpha}_1^{\mathrm{T}},\boldsymbol{\alpha}_2^{\mathrm{T}},\boldsymbol{\alpha}_3^{\mathrm{T}})<r(\boldsymbol{\alpha}_1^{\mathrm{T}},\boldsymbol{\alpha}_2^{\mathrm{T}},\boldsymbol{\alpha}_3^{\mathrm{T}},\boldsymbol{\beta}^{\mathrm{T}}),$$

于是 $a-1=0$，即 $a=1$.

171 答案 (1) $\lambda\neq0$ 且 $\lambda\neq-3$；(2) $\lambda=0$；(3) $\lambda=-3$.

对矩阵 $(\boldsymbol{\alpha}_1,\boldsymbol{\alpha}_2,\boldsymbol{\alpha}_3,\boldsymbol{\beta})$ 作初等行变换，

$$\left(\begin{array}{ccc:c}1+\lambda&1&1&0\\1&1+\lambda&1&\lambda\\1&1&1+\lambda&\lambda^2\end{array}\right)\to\left(\begin{array}{ccc:c}1&1&1+\lambda&\lambda^2\\0&\lambda&-\lambda&\lambda-\lambda^2\\0&-\lambda&-2\lambda-\lambda^2&-\lambda^2(1+\lambda)\end{array}\right)\to$$

$$\left(\begin{array}{ccc:c}1&1&1+\lambda&\lambda^2\\0&\lambda&-\lambda&\lambda-\lambda^2\\0&0&-\lambda(\lambda+3)&-\lambda^3-2\lambda^2+\lambda\end{array}\right)$$

(1) 当 $\lambda\neq0$ 且 $\lambda\neq-3$ 时，$r(\boldsymbol{\alpha}_1,\boldsymbol{\alpha}_2,\boldsymbol{\alpha}_3)=r(\boldsymbol{\alpha}_1,\boldsymbol{\alpha}_2,\boldsymbol{\alpha}_3,\boldsymbol{\beta})=3$，$\boldsymbol{\beta}$ 可由 $\boldsymbol{\alpha}_1,\boldsymbol{\alpha}_2,\boldsymbol{\alpha}_3$ 线性表示，且表示法唯一.

(2) 当 $\lambda=0$ 时，$r(\boldsymbol{\alpha}_1,\boldsymbol{\alpha}_2,\boldsymbol{\alpha}_3)=r(\boldsymbol{\alpha}_1,\boldsymbol{\alpha}_2,\boldsymbol{\alpha}_3,\boldsymbol{\beta})=1$，$\boldsymbol{\beta}$ 可由 $\boldsymbol{\alpha}_1,\boldsymbol{\alpha}_2,\boldsymbol{\alpha}_3$ 线性表示，但表示法不唯一.

(3) 当 $\lambda=-3$ 时，$r(\boldsymbol{\alpha}_1,\boldsymbol{\alpha}_2,\boldsymbol{\alpha}_3)=2,r(\boldsymbol{\alpha}_1,\boldsymbol{\alpha}_2,\boldsymbol{\alpha}_3,\boldsymbol{\beta})=3$，$\boldsymbol{\beta}$ 不能由 $\boldsymbol{\alpha}_1,\boldsymbol{\alpha}_2,\boldsymbol{\alpha}_3$ 线性表示.

172 答案 (D).

因为初等变换不改变矩阵的秩，所以

$$r(\boldsymbol{\alpha}_2,\boldsymbol{\alpha}_3,\boldsymbol{\alpha}_4)=r(\boldsymbol{\alpha}_2,\boldsymbol{\alpha}_3,\boldsymbol{\alpha}_4,\boldsymbol{\alpha}_1)=3,r(\boldsymbol{\alpha}_1,\boldsymbol{\alpha}_3,\boldsymbol{\alpha}_4)=r(\boldsymbol{\alpha}_1,\boldsymbol{\alpha}_3,\boldsymbol{\alpha}_4,\boldsymbol{\alpha}_2)=3,$$

$$r(\boldsymbol{\alpha}_1,\boldsymbol{\alpha}_2,\boldsymbol{\alpha}_4)=r(\boldsymbol{\alpha}_1,\boldsymbol{\alpha}_2,\boldsymbol{\alpha}_4,\boldsymbol{\alpha}_3)=3,$$

$$r(\boldsymbol{\alpha}_1,\boldsymbol{\alpha}_2,\boldsymbol{\alpha}_3)=2\neq r(\boldsymbol{\alpha}_1,\boldsymbol{\alpha}_2,\boldsymbol{\alpha}_3,\boldsymbol{\alpha}_4)=3,$$

因此 $\boldsymbol{\alpha}_4$ 不能由 $\boldsymbol{\alpha}_1,\boldsymbol{\alpha}_2,\boldsymbol{\alpha}_3$ 线性表示，应选 (D).

173 答案 (1) $a\neq -4$；(2) $a=-4$ 且 $3b-c\neq 1$；(3) $a=-4$ 且 $3b-c=1$.

令 $\boldsymbol{A}=(\boldsymbol{\alpha}_1,\boldsymbol{\alpha}_2,\boldsymbol{\alpha}_3)$，则 $|\boldsymbol{A}|=\begin{vmatrix} a & -2 & -1 \\ 2 & 1 & 1 \\ 10 & 5 & 4 \end{vmatrix}=\begin{vmatrix} a+2 & -1 & 0 \\ 2 & 1 & 1 \\ 2 & 1 & 0 \end{vmatrix}=-(a+4)$.

(1) 当 $a\neq -4$ 时，$|\boldsymbol{A}|\neq 0$，则 $\boldsymbol{\beta}$ 可由 $\boldsymbol{\alpha}_1,\boldsymbol{\alpha}_2,\boldsymbol{\alpha}_3$ 线性表示，且表示法唯一.

(2) 当 $a=-4$ 时，对矩阵 $(\boldsymbol{\alpha}_1,\boldsymbol{\alpha}_2,\boldsymbol{\alpha}_3,\boldsymbol{\beta})$ 作初等行变换，

$$\left(\begin{array}{ccc|c} -4 & -2 & -1 & 1 \\ 2 & 1 & 1 & b \\ 10 & 5 & 4 & c \end{array}\right)\to\left(\begin{array}{ccc|c} -4 & -2 & -1 & 1 \\ 0 & 0 & 1 & 2b+1 \\ 0 & 0 & 3 & 2c+5 \end{array}\right)\to\left(\begin{array}{ccc|c} -4 & -2 & -1 & 1 \\ 0 & 0 & 1 & 2b+1 \\ 0 & 0 & 0 & 2c-6b+2 \end{array}\right),$$

当 $2c-6b+2\neq 0$，即 $3b-c\neq 1$ 时，$r(\boldsymbol{\alpha}_1,\boldsymbol{\alpha}_2,\boldsymbol{\alpha}_3)\neq r(\boldsymbol{\alpha}_1,\boldsymbol{\alpha}_2,\boldsymbol{\alpha}_3,\boldsymbol{\beta})$，$\boldsymbol{\beta}$ 不能由 $\boldsymbol{\alpha}_1,\boldsymbol{\alpha}_2,\boldsymbol{\alpha}_3$ 线性表示.

(3) 当 $3b-c=1$ 时，$r(\boldsymbol{\alpha}_1,\boldsymbol{\alpha}_2,\boldsymbol{\alpha}_3)=r(\boldsymbol{\alpha}_1,\boldsymbol{\alpha}_2,\boldsymbol{\alpha}_3,\boldsymbol{\beta})$，$\boldsymbol{\beta}$ 可由 $\boldsymbol{\alpha}_1,\boldsymbol{\alpha}_2,\boldsymbol{\alpha}_3$ 线性表示，但表示法不唯一.

174 答案 (D).

设 $\boldsymbol{\gamma}=x_1\boldsymbol{\alpha}_1+x_2\boldsymbol{\alpha}_2=y_1\boldsymbol{\beta}_1+y_2\boldsymbol{\beta}_2$，即 $x_1\boldsymbol{\alpha}_1+x_2\boldsymbol{\alpha}_2-y_1\boldsymbol{\beta}_1-y_2\boldsymbol{\beta}_2=\boldsymbol{0}$. 对矩阵 $(\boldsymbol{\alpha}_1,\boldsymbol{\alpha}_2,-\boldsymbol{\beta}_1,-\boldsymbol{\beta}_2)$ 作初等行变换，则

$$\begin{pmatrix} 1 & 2 & -2 & -1 \\ 2 & 1 & -5 & 0 \\ 3 & 1 & -9 & -1 \end{pmatrix}\to\begin{pmatrix} 1 & 2 & -2 & -1 \\ 0 & -3 & -1 & 2 \\ 0 & -5 & -3 & 2 \end{pmatrix}\to\begin{pmatrix} 1 & 2 & -2 & -1 \\ 0 & -3 & -1 & 2 \\ 0 & 0 & 1 & 1 \end{pmatrix}\to\begin{pmatrix} 1 & 0 & 0 & 3 \\ 0 & 1 & 0 & -1 \\ 0 & 0 & 1 & 1 \end{pmatrix},$$

因此，$x_1=-3y_2,x_2=y_2,y_1=-y_2$，令 $y_2=-k$，则 $y_1=k$. 于是，$\boldsymbol{\gamma}=k\boldsymbol{\beta}_1-k\boldsymbol{\beta}_2=k\begin{pmatrix} 2 \\ 5 \\ 9 \end{pmatrix}-k\begin{pmatrix} 1 \\ 0 \\ 1 \end{pmatrix}=k\begin{pmatrix} 1 \\ 5 \\ 8 \end{pmatrix}$. 故选 (D).

175 答案 $\boldsymbol{\beta}_1=\boldsymbol{\alpha}_1+\boldsymbol{\alpha}_2-\boldsymbol{\alpha}_3$，$\boldsymbol{\beta}_2=-4\boldsymbol{\alpha}_1-5\boldsymbol{\alpha}_2+6\boldsymbol{\alpha}_3$，$\boldsymbol{\beta}_3=-3\boldsymbol{\alpha}_1-3\boldsymbol{\alpha}_2+4\boldsymbol{\alpha}_3$.

方法一：消元法求解.

将 $\boldsymbol{\alpha}_1=2\boldsymbol{\beta}_1+\boldsymbol{\beta}_2-\boldsymbol{\beta}_3,\boldsymbol{\alpha}_2=2\boldsymbol{\beta}_1-\boldsymbol{\beta}_2+2\boldsymbol{\beta}_3$ 相加，得 $\boldsymbol{\alpha}_1+\boldsymbol{\alpha}_2=4\boldsymbol{\beta}_1+\boldsymbol{\beta}_3$，因为 $\boldsymbol{\alpha}_3=3\boldsymbol{\beta}_1+\boldsymbol{\beta}_3$，两式相减，得 $\boldsymbol{\beta}_1=\boldsymbol{\alpha}_1+\boldsymbol{\alpha}_2-\boldsymbol{\alpha}_3$. 所以

$$\boldsymbol{\beta}_3=\boldsymbol{\alpha}_3-3\boldsymbol{\beta}_1=\boldsymbol{\alpha}_3-3(\boldsymbol{\alpha}_1+\boldsymbol{\alpha}_2-\boldsymbol{\alpha}_3)=-3\boldsymbol{\alpha}_1-3\boldsymbol{\alpha}_2+4\boldsymbol{\alpha}_3.$$

$$\boldsymbol{\beta}_2=\boldsymbol{\alpha}_1-2\boldsymbol{\beta}_1+\boldsymbol{\beta}_3=\boldsymbol{\alpha}_1-2(\boldsymbol{\alpha}_1+\boldsymbol{\alpha}_2-\boldsymbol{\alpha}_3)+(-3\boldsymbol{\alpha}_1-3\boldsymbol{\alpha}_2+4\boldsymbol{\alpha}_3)=-4\boldsymbol{\alpha}_1-5\boldsymbol{\alpha}_2+6\boldsymbol{\alpha}_3.$$

方法二：矩阵方程求解.

不妨设 $\boldsymbol{\alpha}_1,\boldsymbol{\alpha}_2,\boldsymbol{\alpha}_3,\boldsymbol{\beta}_1,\boldsymbol{\beta}_2,\boldsymbol{\beta}_3$ 均为列向量，则由 $\begin{cases} \boldsymbol{\alpha}_1=2\boldsymbol{\beta}_1+\boldsymbol{\beta}_2-\boldsymbol{\beta}_3 \\ \boldsymbol{\alpha}_2=2\boldsymbol{\beta}_1-\boldsymbol{\beta}_2+2\boldsymbol{\beta}_3 \\ \boldsymbol{\alpha}_3=3\boldsymbol{\beta}_1+\boldsymbol{\beta}_3 \end{cases}$ 得

$$(\boldsymbol{\alpha}_1,\boldsymbol{\alpha}_2,\boldsymbol{\alpha}_3)=(\boldsymbol{\beta}_1,\boldsymbol{\beta}_2,\boldsymbol{\beta}_3)\begin{pmatrix}2&2&3\\1&-1&0\\-1&2&1\end{pmatrix}.$$

由于$\begin{vmatrix}2&2&3\\1&-1&0\\-1&2&1\end{vmatrix}=-1\neq 0$，因此

$$(\boldsymbol{\beta}_1,\boldsymbol{\beta}_2,\boldsymbol{\beta}_3)=(\boldsymbol{\alpha}_1,\boldsymbol{\alpha}_2,\boldsymbol{\alpha}_3)\begin{pmatrix}2&2&3\\1&-1&0\\-1&2&1\end{pmatrix}^{-1}=(\boldsymbol{\alpha}_1,\boldsymbol{\alpha}_2,\boldsymbol{\alpha}_3)\begin{pmatrix}1&-4&-3\\1&-5&-3\\-1&6&4\end{pmatrix},$$

即$\boldsymbol{\beta}_1=\boldsymbol{\alpha}_1+\boldsymbol{\alpha}_2-\boldsymbol{\alpha}_3,\boldsymbol{\beta}_2=-4\boldsymbol{\alpha}_1-5\boldsymbol{\alpha}_2+6\boldsymbol{\alpha}_3,\boldsymbol{\beta}_3=-3\boldsymbol{\alpha}_1-3\boldsymbol{\alpha}_2+4\boldsymbol{\alpha}_3$.

176 答案 (1) $a=5$；(2) $\boldsymbol{\beta}_1=2\boldsymbol{\alpha}_1+4\boldsymbol{\alpha}_2-\boldsymbol{\alpha}_3$，$\boldsymbol{\beta}_2=\boldsymbol{\alpha}_1+2\boldsymbol{\alpha}_2$，$\boldsymbol{\beta}_3=5\boldsymbol{\alpha}_1+10\boldsymbol{\alpha}_2-2\boldsymbol{\alpha}_3$.

令$\boldsymbol{A}=(\boldsymbol{\alpha}_1,\boldsymbol{\alpha}_2,\boldsymbol{\alpha}_3),\boldsymbol{B}=(\boldsymbol{\beta}_1,\boldsymbol{\beta}_2,\boldsymbol{\beta}_3)$.

(1) 因为向量组$\boldsymbol{\alpha}_1,\boldsymbol{\alpha}_2,\boldsymbol{\alpha}_3$不能由$\boldsymbol{\beta}_1,\boldsymbol{\beta}_2,\boldsymbol{\beta}_3$线性表示，所以$|\boldsymbol{B}|=0$.

由于$|\boldsymbol{B}|=\begin{vmatrix}1&1&3\\1&2&4\\1&3&a\end{vmatrix}=\begin{vmatrix}1&1&3\\0&1&1\\0&1&a-4\end{vmatrix}=a-5$，因此$a=5$.

(2) 对矩阵$(\boldsymbol{\alpha}_1,\boldsymbol{\alpha}_2,\boldsymbol{\alpha}_3,\boldsymbol{\beta}_1,\boldsymbol{\beta}_2,\boldsymbol{\beta}_3)$作初等行变换，

$$\left(\begin{array}{ccc:ccc}1&0&1&1&1&3\\0&1&3&1&2&4\\1&1&5&1&3&5\end{array}\right)\to\left(\begin{array}{ccc:ccc}1&0&1&1&1&3\\0&1&3&1&2&4\\0&1&4&0&2&2\end{array}\right)\to\left(\begin{array}{ccc:ccc}1&0&1&1&1&3\\0&1&3&1&2&4\\0&0&1&-1&0&-2\end{array}\right)\to$$

$$\left(\begin{array}{ccc:ccc}1&0&0&2&1&5\\0&1&0&4&2&10\\0&0&1&-1&0&-2\end{array}\right),$$

故$\boldsymbol{\beta}_1=2\boldsymbol{\alpha}_1+4\boldsymbol{\alpha}_2-\boldsymbol{\alpha}_3,\boldsymbol{\beta}_2=\boldsymbol{\alpha}_1+2\boldsymbol{\alpha}_2,\boldsymbol{\beta}_3=5\boldsymbol{\alpha}_1+10\boldsymbol{\alpha}_2-2\boldsymbol{\alpha}_3$.

评注

向量组$\boldsymbol{\beta}_1,\boldsymbol{\beta}_2,\cdots,\boldsymbol{\beta}_n$可由$\boldsymbol{\alpha}_1,\boldsymbol{\alpha}_2,\cdots,\boldsymbol{\alpha}_m$线性表示$\Leftrightarrow r(\boldsymbol{A})=r(\boldsymbol{A},\boldsymbol{B})$.

（注：若$\boldsymbol{\alpha}_1,\boldsymbol{\alpha}_2,\cdots,\boldsymbol{\alpha}_m,\boldsymbol{\beta}_1,\boldsymbol{\beta}_2,\cdots,\boldsymbol{\beta}_n$为列向量组，则$\boldsymbol{A}=(\boldsymbol{\alpha}_1,\boldsymbol{\alpha}_2,\cdots,\boldsymbol{\alpha}_m)$, $\boldsymbol{B}=(\boldsymbol{\beta}_1,\boldsymbol{\beta}_2,\cdots,\boldsymbol{\beta}_n)$；若$\boldsymbol{\alpha}_1,\boldsymbol{\alpha}_2,\cdots\boldsymbol{\alpha}_m,\boldsymbol{\beta}_1,\boldsymbol{\beta}_2,\cdots\boldsymbol{\beta}_n$为行向量组，则$\boldsymbol{A}=(\boldsymbol{\alpha}_1^{\mathrm{T}},\boldsymbol{\alpha}_2^{\mathrm{T}},\cdots,\boldsymbol{\alpha}_m^{\mathrm{T}}),\boldsymbol{B}=(\boldsymbol{\beta}_1^{\mathrm{T}},\boldsymbol{\beta}_2^{\mathrm{T}},\cdots,\boldsymbol{\beta}_n^{\mathrm{T}})$.）

177 答案 (A).

设矩阵$\boldsymbol{A}$的行向量组为$\boldsymbol{\alpha}_1,\boldsymbol{\alpha}_2,\cdots,\boldsymbol{\alpha}_n$，矩阵$\boldsymbol{C}$的行向量组为$\gamma_1,\gamma_2,\cdots,\gamma_n$，矩阵

$\boldsymbol{B}=\begin{pmatrix}b_{11}&b_{12}&\cdots&b_{1n}\\b_{21}&b_{22}&\cdots&b_{2n}\\\vdots&\vdots&&\vdots\\b_{n1}&b_{n2}&\cdots&b_{nn}\end{pmatrix}$，由$\boldsymbol{BA}=\boldsymbol{C}$得

$$\begin{pmatrix}b_{11}&b_{12}&\cdots&b_{1n}\\b_{21}&b_{22}&\cdots&b_{2n}\\\vdots&\vdots&&\vdots\\b_{n1}&b_{n2}&\cdots&b_{nn}\end{pmatrix}\begin{pmatrix}\boldsymbol{\alpha}_1\\\boldsymbol{\alpha}_2\\\vdots\\\boldsymbol{\alpha}_n\end{pmatrix}=\begin{pmatrix}b_{11}\boldsymbol{\alpha}_1+b_{12}\boldsymbol{\alpha}_2+\cdots+b_{1n}\boldsymbol{\alpha}_n\\b_{21}\boldsymbol{\alpha}_1+b_{22}\boldsymbol{\alpha}_2+\cdots+b_{2n}\boldsymbol{\alpha}_n\\\vdots\\b_{n1}\boldsymbol{\alpha}_1+b_{n2}\boldsymbol{\alpha}_2+\cdots+b_{nn}\boldsymbol{\alpha}_n\end{pmatrix}=\begin{pmatrix}\gamma_1\\\gamma_2\\\vdots\\\gamma_n\end{pmatrix},$$

则 $\boldsymbol{C}$ 的行向量组 $\boldsymbol{\gamma}_1,\boldsymbol{\gamma}_2,\cdots,\boldsymbol{\gamma}_n$ 可由 $\boldsymbol{A}$ 的行向量组 $\boldsymbol{\alpha}_1,\boldsymbol{\alpha}_2,\cdots,\boldsymbol{\alpha}_n$ 线性表示.

因为 $\boldsymbol{BA}=\boldsymbol{C}$，且 $\boldsymbol{B}$ 可逆，所以 $\boldsymbol{A}=\boldsymbol{B}^{-1}\boldsymbol{C}$. 同理，$\boldsymbol{A}$ 的行向量组 $\boldsymbol{\alpha}_1,\boldsymbol{\alpha}_2,\cdots,\boldsymbol{\alpha}_n$ 可由 $\boldsymbol{C}$ 的行向量组 $\boldsymbol{\gamma}_1,\boldsymbol{\gamma}_2,\cdots,\boldsymbol{\gamma}_n$ 线性表示，即矩阵 $\boldsymbol{C}$ 的行向量组与矩阵 $\boldsymbol{A}$ 的行向量组等价. 故选 (A).

178 答案 $a\neq-1$；当 $a=1$ 时，$\boldsymbol{\beta}_3=(3-2k)\boldsymbol{\alpha}_1+(-2+k)\boldsymbol{\alpha}_2+k\boldsymbol{\alpha}_3$，其中 k 为任意常数；当 $a\neq\pm1$ 时，$\boldsymbol{\beta}_3=\boldsymbol{\alpha}_1-\boldsymbol{\alpha}_2+\boldsymbol{\alpha}_3$.

对矩阵 $\boldsymbol{A}=(\boldsymbol{\alpha}_1,\boldsymbol{\alpha}_2,\boldsymbol{\alpha}_3,\boldsymbol{\beta}_1,\boldsymbol{\beta}_2,\boldsymbol{\beta}_3)$ 作初等行变换，

$$\left(\begin{array}{ccc|ccc}1&1&1&1&0&1\\1&0&2&1&2&3\\4&4&a^2+3&a+3&1-a&a^2+3\end{array}\right)\to\left(\begin{array}{ccc|ccc}1&1&1&1&0&1\\0&-1&1&0&2&2\\0&0&a^2-1&a-1&1-a&a^2-1\end{array}\right),$$

当 $a=1$ 时，$r(\mathrm{I})=r(\mathrm{II})=r(\mathrm{I,II})=2$，向量组 (I) 与 (II) 等价，且

$$(\boldsymbol{\alpha}_1,\boldsymbol{\alpha}_2,\boldsymbol{\alpha}_3,\boldsymbol{\beta}_3)\to\left(\begin{array}{ccc|c}1&1&1&1\\0&-1&1&2\\0&0&0&0\end{array}\right)\to\left(\begin{array}{ccc|c}1&0&2&3\\0&1&-1&-2\\0&0&0&0\end{array}\right),$$

可得 $\boldsymbol{\beta}_3=(3-2k)\boldsymbol{\alpha}_1+(-2+k)\boldsymbol{\alpha}_2+k\boldsymbol{\alpha}_3$，其中 k 为任意常数.

当 $a=-1$ 时，$r(\mathrm{I})=2,r(\mathrm{I,II})=3$，向量组 (I) 与 (II) 不等价.

当 $a\neq\pm1$ 时，$r(\mathrm{I})=r(\mathrm{II})=r(\mathrm{I,II})=3$，向量组 (I) 与 (II) 等价，

$$(\boldsymbol{\alpha}_1,\boldsymbol{\alpha}_2,\boldsymbol{\alpha}_3,\boldsymbol{\beta}_3)\to\left(\begin{array}{ccc|c}1&1&1&1\\0&-1&1&2\\0&0&a^2-1&a^2-1\end{array}\right)\to\left(\begin{array}{ccc|c}1&1&0&0\\0&-1&0&1\\0&0&1&1\end{array}\right)\to\left(\begin{array}{ccc|c}1&1&0&0\\0&-1&0&1\\0&0&1&1\end{array}\right)\to$$

$$\left(\begin{array}{ccc|c}1&0&0&1\\0&1&0&-1\\0&0&1&1\end{array}\right)，则 \boldsymbol{\beta}_3=\boldsymbol{\alpha}_1-\boldsymbol{\alpha}_2+\boldsymbol{\alpha}_3.$$

评注

向量组 $\boldsymbol{\beta}_1,\boldsymbol{\beta}_2,\cdots,\boldsymbol{\beta}_n$ 与向量组 $\boldsymbol{\alpha}_1,\boldsymbol{\alpha}_2,\cdots,\boldsymbol{\alpha}_m$ 等价

$\Leftrightarrow$ 向量组 $\boldsymbol{\beta}_1,\boldsymbol{\beta}_2,\cdots,\boldsymbol{\beta}_n$ 与 $\boldsymbol{\alpha}_1,\boldsymbol{\alpha}_2,\cdots,\boldsymbol{\alpha}_m$ 可以相互线性表示

$\Leftrightarrow r(\boldsymbol{A})=r(\boldsymbol{B})=r(\boldsymbol{A},\boldsymbol{B})$.

（注：若 $\boldsymbol{\alpha}_1,\boldsymbol{\alpha}_2,\cdots,\boldsymbol{\alpha}_m,\boldsymbol{\beta}_1,\boldsymbol{\beta}_2,\cdots,\boldsymbol{\beta}_n$ 为列向量组，则 $\boldsymbol{A}=(\boldsymbol{\alpha}_1,\boldsymbol{\alpha}_2,\cdots,\boldsymbol{\alpha}_m),\boldsymbol{B}=(\boldsymbol{\beta}_1,\boldsymbol{\beta}_2,\cdots,\boldsymbol{\beta}_n)$；若 $\boldsymbol{\alpha}_1,\boldsymbol{\alpha}_2,\cdots,\boldsymbol{\alpha}_m,\boldsymbol{\beta}_1,\boldsymbol{\beta}_2,\cdots,\boldsymbol{\beta}_n$ 为行向量组，则 $\boldsymbol{A}=(\boldsymbol{\alpha}_1^{\mathrm{T}},\boldsymbol{\alpha}_2^{\mathrm{T}},\cdots,\boldsymbol{\alpha}_m^{\mathrm{T}}),\boldsymbol{B}=(\boldsymbol{\beta}_1^{\mathrm{T}},\boldsymbol{\beta}_2^{\mathrm{T}},\cdots,\boldsymbol{\beta}_n^{\mathrm{T}})$.）

179 答案 (C).

对矩阵 $(\boldsymbol{\alpha}_1,\boldsymbol{\alpha}_2,\boldsymbol{\alpha}_3,\boldsymbol{\alpha}_4)$ 作初等行变换，

$$\begin{pmatrix}\lambda&1&1&1\\1&\lambda&1&\lambda\\1&1&\lambda&\lambda^2\end{pmatrix}\to\begin{pmatrix}1&1&\lambda&\lambda^2\\0&\lambda-1&1-\lambda&\lambda-\lambda^2\\0&1-\lambda&1-\lambda^2&1-\lambda^3\end{pmatrix}\to\begin{pmatrix}1&1&\lambda&\lambda^2\\0&\lambda-1&1-\lambda&\lambda-\lambda^2\\0&0&2-\lambda-\lambda^2&1+\lambda-\lambda^2-\lambda^3\end{pmatrix},$$

当$\begin{cases}\lambda-1\neq 0\\ 2-\lambda-\lambda^2\neq 0\\ 1+\lambda-\lambda^2-\lambda^3\neq 0\end{cases}$，即$\lambda\neq\pm1$且$\lambda\neq-2$时，有

$$r(\boldsymbol{\alpha}_1,\boldsymbol{\alpha}_2,\boldsymbol{\alpha}_3)=r(\boldsymbol{\alpha}_1,\boldsymbol{\alpha}_2,\boldsymbol{\alpha}_4)=r(\boldsymbol{\alpha}_1,\boldsymbol{\alpha}_2,\boldsymbol{\alpha}_3,\boldsymbol{\alpha}_4)=3,$$

向量组$\boldsymbol{\alpha}_1,\boldsymbol{\alpha}_2,\boldsymbol{\alpha}_3$与$\boldsymbol{\alpha}_1,\boldsymbol{\alpha}_2,\boldsymbol{\alpha}_4$等价.

当$\lambda=1$时，显然向量组$\boldsymbol{\alpha}_1,\boldsymbol{\alpha}_2,\boldsymbol{\alpha}_3$与$\boldsymbol{\alpha}_1,\boldsymbol{\alpha}_2,\boldsymbol{\alpha}_4$等价.

当$\lambda=-1$时，$(\boldsymbol{\alpha}_1,\boldsymbol{\alpha}_2,\boldsymbol{\alpha}_3,\boldsymbol{\alpha}_4)\to\begin{pmatrix}1&1&-1&1\\0&-2&2&-2\\0&0&2&0\end{pmatrix}$，则$r(\boldsymbol{\alpha}_1,\boldsymbol{\alpha}_2,\boldsymbol{\alpha}_3)\neq r(\boldsymbol{\alpha}_1,\boldsymbol{\alpha}_2,\boldsymbol{\alpha}_4)$，于是，向量组$\boldsymbol{\alpha}_1,\boldsymbol{\alpha}_2,\boldsymbol{\alpha}_3$与$\boldsymbol{\alpha}_1,\boldsymbol{\alpha}_2,\boldsymbol{\alpha}_4$不等价.

当$\lambda=-2$时，$(\boldsymbol{\alpha}_1,\boldsymbol{\alpha}_2,\boldsymbol{\alpha}_3,\boldsymbol{\alpha}_4)\to\begin{pmatrix}1&1&-2&4\\0&-3&3&-6\\0&0&0&3\end{pmatrix}$，则$r(\boldsymbol{\alpha}_1,\boldsymbol{\alpha}_2,\boldsymbol{\alpha}_3)\neq r(\boldsymbol{\alpha}_1,\boldsymbol{\alpha}_2,\boldsymbol{\alpha}_4)$，于是，向量组$\boldsymbol{\alpha}_1,\boldsymbol{\alpha}_2,\boldsymbol{\alpha}_3$与$\boldsymbol{\alpha}_1,\boldsymbol{\alpha}_2,\boldsymbol{\alpha}_4$不等价.

综上所述，应选 (C).

180 答案 (C).

令$\boldsymbol{\alpha}_1=\begin{pmatrix}1\\2\\3\end{pmatrix},\boldsymbol{\alpha}_2=\begin{pmatrix}2\\3\\4\end{pmatrix},\boldsymbol{\alpha}_3=\begin{pmatrix}3\\4\\5\end{pmatrix}$，则向量组$\boldsymbol{\alpha}_1,\boldsymbol{\alpha}_2,\boldsymbol{\alpha}_3$满足选项 (A)、选项 (B)、选项 (D) 中的条件，但向量组线性相关. 由向量组线性相关、线性无关与线性表示之间的关系，得向量组$\boldsymbol{\alpha}_1,\boldsymbol{\alpha}_2,\cdots,\boldsymbol{\alpha}_s$线性无关$\Leftrightarrow$任意一个向量均不能由其余$s-1$个向量线性表示. 故选 (C).

181 答案 (C).

令$\boldsymbol{A}=(\boldsymbol{\alpha}_1^{\mathrm{T}},\boldsymbol{\alpha}_2^{\mathrm{T}},\boldsymbol{\alpha}_3^{\mathrm{T}})$，因为向量组$\boldsymbol{\alpha}_1,\boldsymbol{\alpha}_2,\boldsymbol{\alpha}_3$线性相关，所以$|\boldsymbol{A}|=\begin{vmatrix}1&a&1\\1&0&3\\1&b&2\end{vmatrix}=\begin{vmatrix}1&a&-2\\1&0&0\\1&b&-1\end{vmatrix}=a-2b=0$. 故选 (C).

评注

设$\boldsymbol{\alpha}_1,\boldsymbol{\alpha}_2,\cdots,\boldsymbol{\alpha}_n$为$n$个$n$维向量，则$\boldsymbol{\alpha}_1,\boldsymbol{\alpha}_2,\cdots,\boldsymbol{\alpha}_n$线性相关$\Leftrightarrow|\boldsymbol{A}|=0$.

（注：若$\boldsymbol{\alpha}_1,\boldsymbol{\alpha}_2,\cdots,\boldsymbol{\alpha}_n$为列向量组，则$\boldsymbol{A}=(\boldsymbol{\alpha}_1,\boldsymbol{\alpha}_2,\cdots,\boldsymbol{\alpha}_n)$；若$\boldsymbol{\alpha}_1,\boldsymbol{\alpha}_2,\cdots,\boldsymbol{\alpha}_n$为行向量组，则$\boldsymbol{A}=(\boldsymbol{\alpha}_1^{\mathrm{T}},\boldsymbol{\alpha}_2^{\mathrm{T}},\cdots,\boldsymbol{\alpha}_n^{\mathrm{T}})$.）

182 答案 (C).

向量组 (II) 中的向量是在向量组 (I) 中的每个向量后面再增加s个分量得到的，因为一个线性无关的向量组中的每个向量按相同的位置增加一些分量所得到的高维向量组仍然线性无关，故选 (C).

183 答案 (B).

若向量组 (I) 与 (II) 均线性无关，则$|\boldsymbol{A}|\neq 0,|\boldsymbol{B}|\neq 0$，从而可得$|\boldsymbol{C}|\neq 0$，因此向量组 (III)

线性无关，与向量组 (III) 线性相关矛盾．所以向量组 (I) 或 (II) 中至少有一个线性相关．故选 (B).

184 答案 -2.

令 $\boldsymbol{A}=(\boldsymbol{\alpha}_1^{\mathrm{T}},\boldsymbol{\alpha}_2^{\mathrm{T}},\boldsymbol{\alpha}_3^{\mathrm{T}}),\boldsymbol{B}=(\boldsymbol{\beta}_1^{\mathrm{T}},\boldsymbol{\beta}_2^{\mathrm{T}},\boldsymbol{\beta}_3^{\mathrm{T}})$，因为向量组 $\boldsymbol{\alpha}_1,\boldsymbol{\alpha}_2,\boldsymbol{\alpha}_3$ 线性相关，所以 $|\boldsymbol{A}|=0$.

$$|\boldsymbol{A}|=\begin{vmatrix}1&1&t\\1&t&1\\t&1&1\end{vmatrix}=\begin{vmatrix}t+2&t+2&t+2\\1&t&1\\t&1&1\end{vmatrix}=-(t+2)(t-1)^2,$$

可得 $t=1$ 或 $t=-2$.

又因为向量组 $\boldsymbol{\beta}_1,\boldsymbol{\beta}_2,\boldsymbol{\beta}_3$ 线性无关，所以 $|\boldsymbol{B}|\neq 0$.

$$|\boldsymbol{B}|=\begin{vmatrix}1&2&0\\0&1&t+2\\2&t+4&3\end{vmatrix}=\begin{vmatrix}1&0&0\\0&1&t+2\\2&t&3\end{vmatrix}=-(t+3)(t-1),$$

可得 $t\neq -3$ 且 $t\neq 1$.

综上所述，$t=-2$.

185 答案 线性相关.

对矩阵 $\boldsymbol{A}=(\boldsymbol{\alpha}_1^{\mathrm{T}},\boldsymbol{\alpha}_2^{\mathrm{T}},\boldsymbol{\alpha}_3^{\mathrm{T}})$ 作初等行变换，

$$\boldsymbol{A}=\begin{pmatrix}1&1&4\\2&1&5\\1&-1&-2\\3&1&6\end{pmatrix}\to\begin{pmatrix}1&1&4\\0&-1&-3\\0&-2&-6\\0&-2&-6\end{pmatrix}\to\begin{pmatrix}1&1&4\\0&-1&-3\\0&0&0\\0&0&0\end{pmatrix}.$$

因为 $r(\boldsymbol{A})=2<3$，所以 $\boldsymbol{\alpha}_1,\boldsymbol{\alpha}_2,\boldsymbol{\alpha}_3$ 线性相关.

评注

向量组 $\boldsymbol{\alpha}_1,\boldsymbol{\alpha}_2,\cdots,\boldsymbol{\alpha}_n$ 线性相关

$\Leftrightarrow$ 齐次线性方程组 $x_1\boldsymbol{\alpha}_1+x_2\boldsymbol{\alpha}_2+\cdots+x_n\boldsymbol{\alpha}_n=\boldsymbol{0}$ 有非零解

$\Leftrightarrow r(\boldsymbol{A})<n$.

（注：若 $\boldsymbol{\alpha}_1,\boldsymbol{\alpha}_2,\cdots,\boldsymbol{\alpha}_n$ 为列向量组，则 $\boldsymbol{A}=(\boldsymbol{\alpha}_1,\boldsymbol{\alpha}_2,\cdots,\boldsymbol{\alpha}_n)$；若 $\boldsymbol{\alpha}_1,\boldsymbol{\alpha}_2,\cdots,\boldsymbol{\alpha}_n$ 为行向量组，则 $\boldsymbol{A}=(\boldsymbol{\alpha}_1^{\mathrm{T}},\boldsymbol{\alpha}_2^{\mathrm{T}},\cdots,\boldsymbol{\alpha}_n^{\mathrm{T}})$.）

186 答案 当 $t=5$ 时，$\boldsymbol{\alpha}_1,\boldsymbol{\alpha}_2,\boldsymbol{\alpha}_3$ 线性相关；$\boldsymbol{\alpha}_3=-3\boldsymbol{\alpha}_1+2\boldsymbol{\alpha}_2$.

令 $\boldsymbol{A}=(\boldsymbol{\alpha}_1^{\mathrm{T}},\boldsymbol{\alpha}_2^{\mathrm{T}},\boldsymbol{\alpha}_3^{\mathrm{T}})$，则 $|\boldsymbol{A}|=\begin{vmatrix}1&2&1\\1&3&3\\1&4&t\end{vmatrix}=\begin{vmatrix}1&2&1\\0&1&2\\0&1&t-3\end{vmatrix}=t-5$，当 $t=5$ 时，$|\boldsymbol{A}|=0$，向量组 $\boldsymbol{\alpha}_1,\boldsymbol{\alpha}_2,\boldsymbol{\alpha}_3$ 线性相关.

对 $\boldsymbol{A}$ 作初等行变换，

$$\boldsymbol{A}=\begin{pmatrix}1&2&1\\1&3&3\\1&4&5\end{pmatrix}\to\begin{pmatrix}1&2&1\\0&1&2\\0&1&2\end{pmatrix}\to\begin{pmatrix}1&0&-3\\0&1&2\\0&0&0\end{pmatrix},$$

因此 $\boldsymbol{\alpha}_3=-3\boldsymbol{\alpha}_1+2\boldsymbol{\alpha}_2$.

187 答案 (D).

若部分组线性相关，则整个向量组线性相关，因此若向量组 (I) 线性相关，则向量组 (II) 也线性相关. 故选 (D).

188 答案 2.

不妨设 $\boldsymbol{\alpha}_1,\boldsymbol{\alpha}_2,\boldsymbol{\alpha}_3$ 均为列向量，则 $(\boldsymbol{\alpha}_1+2\boldsymbol{\alpha}_2,4\boldsymbol{\alpha}_2-3\boldsymbol{\alpha}_3,3\boldsymbol{\alpha}_3+a\boldsymbol{\alpha}_1)=(\boldsymbol{\alpha}_1,\boldsymbol{\alpha}_2,\boldsymbol{\alpha}_3)\begin{pmatrix}1&0&a\\2&4&0\\0&-3&3\end{pmatrix}$,

因为向量组 $\boldsymbol{\alpha}_1,\boldsymbol{\alpha}_2,\boldsymbol{\alpha}_3$ 线性无关，所以 $r(\boldsymbol{\alpha}_1,\boldsymbol{\alpha}_2,\boldsymbol{\alpha}_3)=3$.

又因为向量组 $\boldsymbol{\alpha}_1+2\boldsymbol{\alpha}_2,4\boldsymbol{\alpha}_2-3\boldsymbol{\alpha}_3,3\boldsymbol{\alpha}_3+a\boldsymbol{\alpha}_1$ 线性相关，所以

$$r(\boldsymbol{\alpha}_1+2\boldsymbol{\alpha}_2,4\boldsymbol{\alpha}_2-3\boldsymbol{\alpha}_3,3\boldsymbol{\alpha}_3+a\boldsymbol{\alpha}_1)<3,$$

则矩阵 $\boldsymbol{C}=\begin{pmatrix}1&0&a\\2&4&0\\0&-3&3\end{pmatrix}$ 不可逆（若 $\boldsymbol{C}$ 可逆，则由一个矩阵乘以可逆矩阵后秩不变得 $r(\boldsymbol{\alpha}_1+2\boldsymbol{\alpha}_2,4\boldsymbol{\alpha}_2-3\boldsymbol{\alpha}_3,3\boldsymbol{\alpha}_3+a\boldsymbol{\alpha}_1)=r(\boldsymbol{\alpha}_1,\boldsymbol{\alpha}_2,\boldsymbol{\alpha}_3)=3$，与 $r(\boldsymbol{\alpha}_1+2\boldsymbol{\alpha}_2,4\boldsymbol{\alpha}_2-3\boldsymbol{\alpha}_3,3\boldsymbol{\alpha}_3+a\boldsymbol{\alpha}_1)<3$ 矛盾）. 因此 $|\boldsymbol{C}|=12-6a=0$，解得 $a=2$.

189 答案 $k+l\neq 0$.

不妨设 $\boldsymbol{\alpha}_1,\boldsymbol{\alpha}_2,\boldsymbol{\alpha}_3$ 均为列向量，则 $(\boldsymbol{\alpha}_1+\boldsymbol{\alpha}_2,\boldsymbol{\alpha}_2+\boldsymbol{\alpha}_3,k\boldsymbol{\alpha}_3+l\boldsymbol{\alpha}_1)=(\boldsymbol{\alpha}_1,\boldsymbol{\alpha}_2,\boldsymbol{\alpha}_3)\begin{pmatrix}1&0&l\\1&1&0\\0&1&k\end{pmatrix}$. 因为向量组 $\boldsymbol{\alpha}_1,\boldsymbol{\alpha}_2,\boldsymbol{\alpha}_3$ 线性无关，所以 $r(\boldsymbol{\alpha}_1,\boldsymbol{\alpha}_2,\boldsymbol{\alpha}_3)=3$. 同理，$r(\boldsymbol{\alpha}_1+\boldsymbol{\alpha}_2,\boldsymbol{\alpha}_2+\boldsymbol{\alpha}_3,k\boldsymbol{\alpha}_3+l\boldsymbol{\alpha}_1)=3$. 由 $r(\boldsymbol{AB})\leqslant\min\{r(\boldsymbol{A}),r(\boldsymbol{B})\}$ 得 $r\begin{pmatrix}1&0&l\\1&1&0\\0&1&k\end{pmatrix}=3$，解得 $k+l\neq 0$.

190 答案 $abc=1$.

不妨设 $\boldsymbol{\alpha}_1,\boldsymbol{\alpha}_2,\boldsymbol{\alpha}_3$ 均为列向量，令 $\boldsymbol{A}=(\boldsymbol{\alpha}_1,\boldsymbol{\alpha}_2,\boldsymbol{\alpha}_3),\boldsymbol{B}=(a\boldsymbol{\alpha}_1-\boldsymbol{\alpha}_2,b\boldsymbol{\alpha}_2-\boldsymbol{\alpha}_3,c\boldsymbol{\alpha}_3-\boldsymbol{\alpha}_1)$，则 $(a\boldsymbol{\alpha}_1-\boldsymbol{\alpha}_2,b\boldsymbol{\alpha}_2-\boldsymbol{\alpha}_3,c\boldsymbol{\alpha}_3-\boldsymbol{\alpha}_1)=(\boldsymbol{\alpha}_1,\boldsymbol{\alpha}_2,\boldsymbol{\alpha}_3)\begin{pmatrix}a&0&-1\\-1&b&0\\0&-1&c\end{pmatrix}$，令 $\boldsymbol{C}=\begin{pmatrix}a&0&-1\\-1&b&0\\0&-1&c\end{pmatrix}$，即 $\boldsymbol{B}=\boldsymbol{AC}$，且 $|\boldsymbol{C}|=abc-1$.

当 $abc=1$ 时，$|\boldsymbol{C}|=0$，则 $r(\boldsymbol{C})\leqslant 2$，由于 $r(a\boldsymbol{\alpha}_1-\boldsymbol{\alpha}_2,b\boldsymbol{\alpha}_2-\boldsymbol{\alpha}_3,c\boldsymbol{\alpha}_3-\boldsymbol{\alpha}_1)=r(\boldsymbol{B})\leqslant r(\boldsymbol{C})\leqslant 2$，因此 $a\boldsymbol{\alpha}_1-\boldsymbol{\alpha}_2,b\boldsymbol{\alpha}_2-\boldsymbol{\alpha}_3,c\boldsymbol{\alpha}_3-\boldsymbol{\alpha}_1$ 线性相关.

当 $abc\neq 1$ 时，$|\boldsymbol{C}|\neq 0$，矩阵 $\boldsymbol{C}$ 可逆，则 $r(\boldsymbol{B})=r(\boldsymbol{A})$. 因为 $\boldsymbol{\alpha}_1,\boldsymbol{\alpha}_2,\boldsymbol{\alpha}_3$ 线性无关，所以 $r(\boldsymbol{A})=3$，从而 $r(a\boldsymbol{\alpha}_1-\boldsymbol{\alpha}_2,b\boldsymbol{\alpha}_2-\boldsymbol{\alpha}_3,c\boldsymbol{\alpha}_3-\boldsymbol{\alpha}_1)=r(\boldsymbol{B})=3$，因此 $a\boldsymbol{\alpha}_1-\boldsymbol{\alpha}_2,b\boldsymbol{\alpha}_2-\boldsymbol{\alpha}_3,c\boldsymbol{\alpha}_3-\boldsymbol{\alpha}_1$ 线性无关.

191 答案 (A).

不妨设 $\boldsymbol{\alpha}_1,\boldsymbol{\alpha}_2,\boldsymbol{\alpha}_3$ 均为列向量，则 $(\boldsymbol{\alpha}_1+k\boldsymbol{\alpha}_3,\boldsymbol{\alpha}_2+l\boldsymbol{\alpha}_3)=(\boldsymbol{\alpha}_1,\boldsymbol{\alpha}_2,\boldsymbol{\alpha}_3)\begin{pmatrix}1&0\\0&1\\k&l\end{pmatrix}$. 若 $\boldsymbol{\alpha}_1,\boldsymbol{\alpha}_2,\boldsymbol{\alpha}_3$ 线性无关，则矩阵 $\boldsymbol{A}=(\boldsymbol{\alpha}_1,\boldsymbol{\alpha}_2,\boldsymbol{\alpha}_3)$ 可逆，因此 $r(\boldsymbol{\alpha}_1+k\boldsymbol{\alpha}_3,\boldsymbol{\alpha}_2+l\boldsymbol{\alpha}_3)=r\begin{pmatrix}1&0\\0&1\\k&l\end{pmatrix}=2$，从而 $\boldsymbol{\alpha}_1+k\boldsymbol{\alpha}_3$, $\boldsymbol{\alpha}_2+l\boldsymbol{\alpha}_3$ 线性无关.

反之，令 $\boldsymbol{\alpha}_1=\begin{pmatrix}1\\0\\0\end{pmatrix},\boldsymbol{\alpha}_2=\begin{pmatrix}0\\1\\0\end{pmatrix},\boldsymbol{\alpha}_3=\begin{pmatrix}0\\0\\0\end{pmatrix}$，则对任意的 k,l，向量组 $\boldsymbol{\alpha}_1+k\boldsymbol{\alpha}_3,\boldsymbol{\alpha}_2+l\boldsymbol{\alpha}_3$ 线性无关. 但 $\boldsymbol{\alpha}_1,\boldsymbol{\alpha}_2,\boldsymbol{\alpha}_3$ 线性相关. 因此对任意的常数 k,l，向量组 $\boldsymbol{\alpha}_1+k\boldsymbol{\alpha}_3,\boldsymbol{\alpha}_2+l\boldsymbol{\alpha}_3$ 线性无关是 $\boldsymbol{\alpha}_1,\boldsymbol{\alpha}_2,\boldsymbol{\alpha}_3$ 线性无关的必要非充分条件. 故选 (A).

192 答案 2.

因为 $\boldsymbol{\alpha}_1,\boldsymbol{\alpha}_2$ 线性无关，所以 $r(\boldsymbol{\alpha}_1,\boldsymbol{\alpha}_2)=2$. 令 $\overline{\boldsymbol{A}}=(\boldsymbol{\alpha}_1,\boldsymbol{\alpha}_2,\boldsymbol{\alpha}_3,\boldsymbol{\alpha}_4)$，则 $\overline{\boldsymbol{A}}$ 是一个 3×4 矩阵，故 $r(\boldsymbol{A})\leqslant r(\overline{\boldsymbol{A}})\leqslant3$. 由于 $\boldsymbol{\alpha}_4$ 不能由 $\boldsymbol{\alpha}_1,\boldsymbol{\alpha}_2,\boldsymbol{\alpha}_3$ 线性表示，因此 $r(\boldsymbol{A})\neq r(\overline{\boldsymbol{A}})$，于是 $r(\boldsymbol{A})<3$. 又因为 $r(\boldsymbol{\alpha}_1,\boldsymbol{\alpha}_2,\boldsymbol{\alpha}_3)\geqslant r(\boldsymbol{\alpha}_1,\boldsymbol{\alpha}_2)$，所以 $r(\boldsymbol{A})=r(\boldsymbol{\alpha}_1,\boldsymbol{\alpha}_2,\boldsymbol{\alpha}_3)=2$.

193 答案 当 s 为偶数时，$\boldsymbol{\beta}_1,\boldsymbol{\beta}_2,\cdots,\boldsymbol{\beta}_s$ 线性相关. 当 s 为奇数时，$\boldsymbol{\beta}_1,\boldsymbol{\beta}_2,\cdots,\boldsymbol{\beta}_s$ 线性无关.

设有 $k_1,k_2,\cdots,k_{s-1},k_s$ 使得

$$k_1\boldsymbol{\beta}_1+k_2\boldsymbol{\beta}_2+\cdots+k_{s-1}\boldsymbol{\beta}_{s-1}+k_s\boldsymbol{\beta}_s=\boldsymbol{0},$$

则 $k_1(\boldsymbol{\alpha}_1+\boldsymbol{\alpha}_2)+k_2(\boldsymbol{\alpha}_2+\boldsymbol{\alpha}_3)+\cdots+k_{s-1}(\boldsymbol{\alpha}_{s-1}+\boldsymbol{\alpha}_s)+k_s(\boldsymbol{\alpha}_s+\boldsymbol{\alpha}_1)=\boldsymbol{0}$，

即 $(k_1+k_s)\boldsymbol{\alpha}_1+(k_1+k_2)\boldsymbol{\alpha}_2+\cdots+(k_{s-1}+k_s)\boldsymbol{\alpha}_s=\boldsymbol{0}$.

因为 $\boldsymbol{\alpha}_1,\boldsymbol{\alpha}_2,\cdots,\boldsymbol{\alpha}_s$ 线性无关，所以 $\begin{cases}k_1+k_s=0\\k_1+k_2=0\\\cdots\cdots\\k_{s-1}+k_s=0\end{cases}$. 该齐次线性方程组的系数行列式为

$$D=\begin{vmatrix}1&0&0&\cdots&0&1\\1&1&0&\cdots&0&0\\0&1&1&\cdots&0&0\\\vdots&\vdots&\vdots&&\vdots&\vdots\\0&0&0&\cdots&1&1\end{vmatrix}=1+(-1)^{s+1}.$$

当 s 为偶数时，$D=0$，则方程组有非零解，从而 $\boldsymbol{\beta}_1,\boldsymbol{\beta}_2,\cdots,\boldsymbol{\beta}_s$ 线性相关.

当 s 为奇数时，$D=2\neq0$，则方程组仅有零解，从而 $\boldsymbol{\beta}_1,\boldsymbol{\beta}_2,\cdots,\boldsymbol{\beta}_s$ 线性无关.

194 证明 设有 $l_0,l_1,\cdots,l_{k-1}$ 使得

$$l_0\boldsymbol{\alpha}+l_1\boldsymbol{A}\boldsymbol{\alpha}+\cdots+l_{k-1}\boldsymbol{A}^{k-1}\boldsymbol{\alpha}=\boldsymbol{0},$$

则 $\boldsymbol{A}^{k-1}(l_0\boldsymbol{\alpha}+l_1\boldsymbol{A}\boldsymbol{\alpha}+\cdots+l_{k-1}\boldsymbol{A}^{k-1}\boldsymbol{\alpha})=\boldsymbol{0}$，即 $l_0\boldsymbol{A}^{k-1}\boldsymbol{\alpha}+l_1\boldsymbol{A}^{k}\boldsymbol{\alpha}+\cdots+l_{k-1}\boldsymbol{A}^{2k-2}\boldsymbol{\alpha}=\boldsymbol{0}$.

因为 $\boldsymbol{A}^k\boldsymbol{\alpha}=\boldsymbol{0}$，所以当 $m\geqslant k$ 时，$\boldsymbol{A}^m\boldsymbol{\alpha}=\boldsymbol{0}$. 因此 $l_0\boldsymbol{A}^{k-1}\boldsymbol{\alpha}=\boldsymbol{0}$，又因为 $\boldsymbol{A}^{k-1}\boldsymbol{\alpha}\neq\boldsymbol{0}$，所以

$l_0=0$. 同理，可得 $l_1=\cdots=l_{k-1}=0$. 因此 $\boldsymbol{\alpha},\boldsymbol{A\alpha},\cdots,\boldsymbol{A}^{k-1}\boldsymbol{\alpha}$ 线性无关.

195 答案 线性无关.

设有 $k_1,k_2,\cdots,k_r,k$ 使得

$$k_1\boldsymbol{\alpha}_1+k_2\boldsymbol{\alpha}_2+\cdots+k_r\boldsymbol{\alpha}_r+k\boldsymbol{\beta}=\mathbf{0} \qquad ①$$

由 $\boldsymbol{\beta}$ 是线性方程组的解得 $\boldsymbol{\beta}^{\mathrm{T}}\boldsymbol{\alpha}_i=0(i=1,2,\cdots,r)$，因此 $\boldsymbol{\beta}^{\mathrm{T}}(k_1\boldsymbol{\alpha}_1+k_2\boldsymbol{\alpha}_2+\cdots+k_r\boldsymbol{\alpha}_r+k\boldsymbol{\beta})=k\boldsymbol{\beta}^{\mathrm{T}}\boldsymbol{\beta}=0$. 因为 $\boldsymbol{\beta}\neq\mathbf{0}$，所以 $\boldsymbol{\beta}^{\mathrm{T}}\boldsymbol{\beta}>0$，故 $k=0$. 将 $k=0$ 代入①式，得 $k_1\boldsymbol{\alpha}_1+k_2\boldsymbol{\alpha}_2+\cdots+k_r\boldsymbol{\alpha}_r=\mathbf{0}$，由 $\boldsymbol{\alpha}_1,\boldsymbol{\alpha}_2,\cdots,\boldsymbol{\alpha}_r$ 线性无关得 $k_1=k_2=\cdots=k_r=0$，因此 $\boldsymbol{\alpha}_1,\boldsymbol{\alpha}_2,\cdots,\boldsymbol{\alpha}_r,\boldsymbol{\beta}$ 线性无关.

196 证明 设有 k_1,k_2,k_3 使得

$$k_1\boldsymbol{\alpha}_1+k_2\boldsymbol{\alpha}_2+k_3\boldsymbol{\alpha}_3=\mathbf{0} \qquad ①$$

则 $\boldsymbol{A}(k_1\boldsymbol{\alpha}_1+k_2\boldsymbol{\alpha}_2+k_3\boldsymbol{\alpha}_3)=k_1\boldsymbol{A\alpha}_1+k_2\boldsymbol{A\alpha}_2+k_3\boldsymbol{A\alpha}_3=\mathbf{0}$.

由 $\boldsymbol{A\alpha}_1=2\boldsymbol{\alpha}_1,\ \boldsymbol{A\alpha}_2=2\boldsymbol{\alpha}_2+\boldsymbol{\alpha}_1,\ \boldsymbol{A\alpha}_3=2\boldsymbol{\alpha}_3+\boldsymbol{\alpha}_2$ 知 $2k_1\boldsymbol{\alpha}_1+k_2(2\boldsymbol{\alpha}_2+\boldsymbol{\alpha}_1)+k_3(2\boldsymbol{\alpha}_3+\boldsymbol{\alpha}_2)=\mathbf{0}$，即

$$(2k_1+k_2)\boldsymbol{\alpha}_1+(2k_2+k_3)\boldsymbol{\alpha}_2+2k_3\boldsymbol{\alpha}_3=\mathbf{0} \qquad ②$$

②−2①得

$$k_2\boldsymbol{\alpha}_1+k_3\boldsymbol{\alpha}_2=\mathbf{0} \qquad ③$$

则

$$\boldsymbol{A}(k_2\boldsymbol{\alpha}_1+k_3\boldsymbol{\alpha}_2)=k_2\boldsymbol{A\alpha}_1+k_3\boldsymbol{A\alpha}_2=k_2\cdot2\boldsymbol{\alpha}_1+k_3(2\boldsymbol{\alpha}_2+\boldsymbol{\alpha}_1)=(2k_2+k_3)\boldsymbol{\alpha}_1+2k_3\boldsymbol{\alpha}_2=\mathbf{0} \qquad ④$$

④−2③得 $k_3\boldsymbol{\alpha}_1=\mathbf{0}$. 因为 $\boldsymbol{\alpha}_1$ 为 n 维非零列向量，所以 $k_3=0$. 代入③式得 $k_2\boldsymbol{\alpha}_1=\mathbf{0}$，从而 $k_2=0$. 将 $k_2=k_3=0$ 代入①式得 $k_1=0$，从而，向量组 $\boldsymbol{\alpha}_1,\boldsymbol{\alpha}_2,\boldsymbol{\alpha}_3$ 线性无关.

197 证明 令 n 阶方阵 $\boldsymbol{A}=(\boldsymbol{\alpha}_1,\boldsymbol{\alpha}_2,\cdots,\boldsymbol{\alpha}_n)$，则

$$\boldsymbol{A}^{\mathrm{T}}\boldsymbol{A}=\begin{pmatrix}\boldsymbol{\alpha}_1^{\mathrm{T}}\\\boldsymbol{\alpha}_2^{\mathrm{T}}\\\vdots\\\boldsymbol{\alpha}_n^{\mathrm{T}}\end{pmatrix}(\boldsymbol{\alpha}_1,\boldsymbol{\alpha}_2,\cdots,\boldsymbol{\alpha}_n)=\begin{pmatrix}\boldsymbol{\alpha}_1^{\mathrm{T}}\boldsymbol{\alpha}_1 & \boldsymbol{\alpha}_1^{\mathrm{T}}\boldsymbol{\alpha}_2 & \cdots & \boldsymbol{\alpha}_1^{\mathrm{T}}\boldsymbol{\alpha}_n\\\boldsymbol{\alpha}_2^{\mathrm{T}}\boldsymbol{\alpha}_1 & \boldsymbol{\alpha}_2^{\mathrm{T}}\boldsymbol{\alpha}_2 & \cdots & \boldsymbol{\alpha}_2^{\mathrm{T}}\boldsymbol{\alpha}_n\\\vdots & \vdots & & \vdots\\\boldsymbol{\alpha}_n^{\mathrm{T}}\boldsymbol{\alpha}_1 & \boldsymbol{\alpha}_n^{\mathrm{T}}\boldsymbol{\alpha}_2 & \cdots & \boldsymbol{\alpha}_n^{\mathrm{T}}\boldsymbol{\alpha}_n\end{pmatrix},$$

故 $|\boldsymbol{A}^{\mathrm{T}}\boldsymbol{A}|=|\boldsymbol{A}^{\mathrm{T}}|\cdot|\boldsymbol{A}|=|\boldsymbol{A}|^2=D$，则 $\boldsymbol{\alpha}_1,\boldsymbol{\alpha}_2,\cdots,\boldsymbol{\alpha}_n$ 线性无关 $\Leftrightarrow|\boldsymbol{A}|\neq0\Leftrightarrow D\neq0$，所以 $D\neq0$ 是 $\boldsymbol{\alpha}_1,\boldsymbol{\alpha}_2,\cdots,\boldsymbol{\alpha}_n$ 线性无关的充要条件.

198 证明 设有 $k_1,k_2,\cdots,k_m,k$ 使得

$$k_1\boldsymbol{\alpha}_1+k_2\boldsymbol{\alpha}_2+\cdots+k_m\boldsymbol{\alpha}_m+k(\lambda\boldsymbol{\beta}_1+\boldsymbol{\beta}_2)=\mathbf{0},$$

则必有 $k=0$. 否则，若 $k\neq0$，则

$$\lambda\boldsymbol{\beta}_1+\boldsymbol{\beta}_2=-\frac{k_1}{k}\boldsymbol{\alpha}_1-\frac{k_2}{k}\boldsymbol{\alpha}_2-\cdots-\frac{k_m}{k}\boldsymbol{\alpha}_m \qquad ①$$

因为向量 $\boldsymbol{\beta}_1$ 可由向量组 $\boldsymbol{\alpha}_1,\boldsymbol{\alpha}_2,\cdots,\boldsymbol{\alpha}_m$ 线性表示，所以存在 $l_1,l_2,\cdots,l_m$ 使得

$$\boldsymbol{\beta}_1=l_1\boldsymbol{\alpha}_1+l_2\boldsymbol{\alpha}_2+\cdots+l_m\boldsymbol{\alpha}_m \qquad ②$$

由①式和②式得

$$\boldsymbol{\beta}_2=\left(-\lambda l_1-\frac{k_1}{k}\right)\boldsymbol{\alpha}_1+\left(-\lambda l_2-\frac{k_2}{k}\right)\boldsymbol{\alpha}_2+\cdots+\left(-\lambda l_m-\frac{k_m}{k}\right)\boldsymbol{\alpha}_m,$$

这与 $\boldsymbol{\beta}_2$ 不能由 $\boldsymbol{\alpha}_1,\boldsymbol{\alpha}_2,\cdots,\boldsymbol{\alpha}_m$ 线性表示矛盾，于是

$$k_1\boldsymbol{\alpha}_1+k_2\boldsymbol{\alpha}_2+\cdots+k_m\boldsymbol{\alpha}_m=\mathbf{0},$$

由于 $\boldsymbol{\alpha}_1,\boldsymbol{\alpha}_2,\cdots,\boldsymbol{\alpha}_m$ 线性无关，因此 $k_1=k_2=\cdots=k_m=0$，故 $\boldsymbol{\alpha}_1,\boldsymbol{\alpha}_2,\cdots,\boldsymbol{\alpha}_m,\lambda\boldsymbol{\beta}_1+\boldsymbol{\beta}_2$ 线性无关.

199 答案 $\boldsymbol{\alpha}_1,\boldsymbol{\alpha}_2,\boldsymbol{\alpha}_3$，$\boldsymbol{\alpha}_4=2\boldsymbol{\alpha}_1-6\boldsymbol{\alpha}_2-4\boldsymbol{\alpha}_3$.

对矩阵 $\boldsymbol{B}$ 作初等行变换，

$$\boldsymbol{B}=\begin{pmatrix}1&0&1&-2\\0&-1&1&2\\0&0&-1&4\\0&0&0&0\end{pmatrix}\to\begin{pmatrix}1&0&0&2\\0&1&0&-6\\0&0&1&-4\\0&0&0&0\end{pmatrix},$$

因为初等行变换不改变列向量组的线性关系，所以 $\boldsymbol{\alpha}_1,\boldsymbol{\alpha}_2,\boldsymbol{\alpha}_3$ 是 $\boldsymbol{\alpha}_1,\boldsymbol{\alpha}_2,\boldsymbol{\alpha}_3,\boldsymbol{\alpha}_4$ 的一个极大线性无关组，且 $\boldsymbol{\alpha}_4=2\boldsymbol{\alpha}_1-6\boldsymbol{\alpha}_2-4\boldsymbol{\alpha}_3$.

200 答案 $\boldsymbol{\alpha}_1,\boldsymbol{\alpha}_2,\boldsymbol{\alpha}_3$ 是其一个极大线性无关组，$\boldsymbol{\alpha}_4=\dfrac{2}{3}\boldsymbol{\alpha}_1+\dfrac{1}{3}\boldsymbol{\alpha}_2+\boldsymbol{\alpha}_3$，$\boldsymbol{\alpha}_5=-\dfrac{1}{3}\boldsymbol{\alpha}_1+\dfrac{1}{3}\boldsymbol{\alpha}_2$.

对矩阵 $\boldsymbol{A}=(\boldsymbol{\alpha}_1^{\mathrm{T}},\boldsymbol{\alpha}_2^{\mathrm{T}},\boldsymbol{\alpha}_3^{\mathrm{T}},\boldsymbol{\alpha}_4^{\mathrm{T}},\boldsymbol{\alpha}_5^{\mathrm{T}})$ 作初等行变换，

$$\boldsymbol{A}=\begin{pmatrix}1&7&2&5&2\\3&0&-1&1&-1\\2&14&0&6&4\\0&3&1&2&1\end{pmatrix}\to\begin{pmatrix}1&7&2&5&2\\0&-21&-7&-14&-7\\0&0&-4&-4&0\\0&3&1&2&1\end{pmatrix}\to\begin{pmatrix}1&7&2&5&2\\0&3&1&2&1\\0&0&1&1&0\\0&0&0&0&0\end{pmatrix}\to$$

$$\begin{pmatrix}1&0&0&\frac{2}{3}&-\frac{1}{3}\\0&1&0&\frac{1}{3}&\frac{1}{3}\\0&0&1&1&0\\0&0&0&0&0\end{pmatrix},$$

则 $\boldsymbol{\alpha}_1,\boldsymbol{\alpha}_2,\boldsymbol{\alpha}_3$ 是其一个极大线性无关组，且 $\boldsymbol{\alpha}_4=\dfrac{2}{3}\boldsymbol{\alpha}_1+\dfrac{1}{3}\boldsymbol{\alpha}_2+\boldsymbol{\alpha}_3,\boldsymbol{\alpha}_5=-\dfrac{1}{3}\boldsymbol{\alpha}_1+\dfrac{1}{3}\boldsymbol{\alpha}_2$.

评注

初等行（列）变换不改变列（行）向量组之间的线性关系，我们要熟练掌握初等变换法求极大线性无关组的步骤.

201 答案 (D).

$\boldsymbol{\alpha}_1,\boldsymbol{\alpha}_2,\boldsymbol{\alpha}_3$ 是向量组 $\boldsymbol{\alpha}_1,\boldsymbol{\alpha}_2,\boldsymbol{\alpha}_3,\boldsymbol{\alpha}_4$ 的一个极大线性无关组

$\Leftrightarrow$ $\boldsymbol{\alpha}_1,\boldsymbol{\alpha}_2,\boldsymbol{\alpha}_3$ 线性无关，且 $\boldsymbol{\alpha}_4$ 可由 $\boldsymbol{\alpha}_1,\boldsymbol{\alpha}_2,\boldsymbol{\alpha}_3$ 线性表示

$\Leftrightarrow$ $\boldsymbol{\alpha}_1,\boldsymbol{\alpha}_2,\boldsymbol{\alpha}_3$ 线性无关，且任意四个向量线性相关.

因此，$\boldsymbol{\alpha}_1,\boldsymbol{\alpha}_2,\boldsymbol{\alpha}_3,\boldsymbol{\alpha}_4$ 线性相关，且向量组 $\boldsymbol{\alpha}_1,\boldsymbol{\alpha}_2,\boldsymbol{\alpha}_3$ 与向量组 $\boldsymbol{\alpha}_1,\boldsymbol{\alpha}_2,\boldsymbol{\alpha}_3,\boldsymbol{\alpha}_4$ 可以相互线性表示，即向量组 $\boldsymbol{\alpha}_1,\boldsymbol{\alpha}_2,\boldsymbol{\alpha}_3$ 与向量组 $\boldsymbol{\alpha}_1,\boldsymbol{\alpha}_2,\boldsymbol{\alpha}_3,\boldsymbol{\alpha}_4$ 等价，故选项 (A) 和选项 (B) 正确. 对于选项 (C)，若 $\boldsymbol{\alpha}_{i_1},\boldsymbol{\alpha}_{i_2},\boldsymbol{\alpha}_{i_3}$ 是 $\boldsymbol{\alpha}_1,\boldsymbol{\alpha}_2,\boldsymbol{\alpha}_3,\boldsymbol{\alpha}_4$ 的线性无关的部分组，因为任意四个向量线性相关，所以 $\boldsymbol{\alpha}_{i_1},\boldsymbol{\alpha}_{i_2},\boldsymbol{\alpha}_{i_3}$ 是向量组 $\boldsymbol{\alpha}_1,\boldsymbol{\alpha}_2,\boldsymbol{\alpha}_3,\boldsymbol{\alpha}_4$ 的极大线性无关组. 综上所述，应选 (D).

202 答案 (B).

对矩阵 $\boldsymbol{A}=(\boldsymbol{\alpha}_1^{\mathrm{T}},\boldsymbol{\alpha}_2^{\mathrm{T}},\boldsymbol{\alpha}_3^{\mathrm{T}})$ 作初等行变换，

$$\boldsymbol{A}=\begin{pmatrix}1&2&1\\-1&-1&a\\2&4&2\end{pmatrix}\to\begin{pmatrix}1&2&1\\0&1&a+1\\0&0&0\end{pmatrix}.$$

因为矩阵的秩等于列（行）秩，所以向量组 $\boldsymbol{\alpha}_1,\boldsymbol{\alpha}_2,\boldsymbol{\alpha}_3$ 的秩为 2. 故选 (B).

203 答案 1.

对矩阵 $\boldsymbol{A}=(\boldsymbol{\alpha}_1,\boldsymbol{\alpha}_2,\boldsymbol{\alpha}_3)$ 作初等行变换，

$$\boldsymbol{A}=\begin{pmatrix}1&1&a\\1&a&1\\a&1&1\\2&a+1&a+3\end{pmatrix}\to\begin{pmatrix}1&1&a\\0&a-1&1-a\\0&1-a&1-a^2\\0&a-1&3-a\end{pmatrix}\to\begin{pmatrix}1&1&a\\0&a-1&1-a\\0&0&2-a-a^2\\0&0&2\end{pmatrix}\to\begin{pmatrix}1&1&a\\0&a-1&1-a\\0&0&2\\0&0&0\end{pmatrix}.$$

由向量组的秩为 2 得 $a=1$.

204 答案 (A).

若向量组 (I) 可由向量组 (II) 线性表示，则 $r(\mathrm{I})\leqslant r(\mathrm{II})$. 对于选项 (A)，因为向量组 (I) 线性无关，所以 $r=r(\mathrm{I})$. 又因为 $r(\mathrm{II})=r(\boldsymbol{\beta}_1,\boldsymbol{\beta}_2,\cdots,\boldsymbol{\beta}_s)\leqslant s$，所以 $r\leqslant s$. 因此，应选 (A).

205 答案 (B).

向量组 $\boldsymbol{\alpha}_1,\boldsymbol{\alpha}_2,\cdots,\boldsymbol{\alpha}_s$ 线性无关

$\Leftrightarrow$ 齐次线性方程组 $x_1\boldsymbol{\alpha}_1+x_2\boldsymbol{\alpha}_2+\cdots+x_s\boldsymbol{\alpha}_s=\mathbf{0}$ 仅有零解

$\Leftrightarrow r(\boldsymbol{\alpha}_1,\boldsymbol{\alpha}_2,\cdots,\boldsymbol{\alpha}_s)=s$.

因此选项 (A) 和选项 (C) 都是正确的. 若向量组线性无关，则任意一个部分组一定线性无关，因此选项 (D) 也是正确的. 对于选项 (B)，令 $\boldsymbol{\alpha}_1=\begin{pmatrix}1\\0\end{pmatrix},\boldsymbol{\alpha}_2=\begin{pmatrix}0\\0\end{pmatrix}$，则 $\boldsymbol{\alpha}_1,\boldsymbol{\alpha}_2$ 线性相关，而 $\boldsymbol{\alpha}_1+\boldsymbol{\alpha}_2\neq\mathbf{0}$，故选项 (B) 不正确. 事实上，$\boldsymbol{\alpha}_1,\boldsymbol{\alpha}_2,\cdots,\boldsymbol{\alpha}_s$ 线性相关 $\Leftrightarrow$ 存在一组不全为零的数 $k_1,k_2,\cdots,k_s$，使得 $k_1\boldsymbol{\alpha}_1+k_2\boldsymbol{\alpha}_2+\cdots+k_s\boldsymbol{\alpha}_s=\mathbf{0}$. 故选 (B).

206 证明 因为 $\boldsymbol{AB}=\boldsymbol{O}$，所以 $r(\boldsymbol{A})+r(\boldsymbol{B})\leqslant n$. 由于 $\boldsymbol{A}_{m\times n}$ 为非零矩阵，因此 $r(\boldsymbol{A})\geqslant 1$. 于是，$r(\boldsymbol{B})<n$. 又因为矩阵的秩等于行秩，所以 $\boldsymbol{B}$ 的行向量组的秩小于 n，因此 $\boldsymbol{B}$ 的行向量组线性相关.

207 答案 (D).

根据向量组的极大线性无关组和秩的定义，因为 $\boldsymbol{\alpha}_1,\boldsymbol{\alpha}_2,\boldsymbol{\alpha}_3$ 是向量组 $\boldsymbol{\alpha}_1,\boldsymbol{\alpha}_2,\boldsymbol{\alpha}_3,\boldsymbol{\alpha}_4$ 的一个极大线性无关组，所以向量组 $\boldsymbol{\alpha}_1,\boldsymbol{\alpha}_2,\boldsymbol{\alpha}_3,\boldsymbol{\alpha}_4$ 的秩为 3，且 $\boldsymbol{\alpha}_4$ 可由向量组 $\boldsymbol{\alpha}_1,\boldsymbol{\alpha}_2,\boldsymbol{\alpha}_3$ 线性表示，选项 (A) 和选项 (B) 均正确.

由于 $\boldsymbol{\alpha}_1=\boldsymbol{\alpha}_1+0\boldsymbol{\alpha}_2+0\boldsymbol{\alpha}_3$，因此选项 (C) 正确. 由排除法知应选 (D).

208 答案 不线性相关.

因为 $\boldsymbol{BA}$ 为 n 阶方阵，且 $\boldsymbol{BA}=\boldsymbol{E}$，所以 $r(\boldsymbol{BA})=n$. 由 $r(\boldsymbol{BA})\leqslant r(\boldsymbol{A})$ 得 $r(\boldsymbol{A})\geqslant n$. 由于 $\boldsymbol{A}$ 是 $m\times n$ 矩阵，因此 $r(\boldsymbol{A})\leqslant n$，从而 $r(\boldsymbol{A})=n$.

因为矩阵的秩等于列秩，所以$\boldsymbol{A}$的n个列向量构成的向量组的秩等于n，因此$\boldsymbol{A}$的列向量组线性无关.

209 证明 设$\boldsymbol{A}=(\boldsymbol{\alpha}_1,\boldsymbol{\alpha}_2,\cdots,\boldsymbol{\alpha}_n),\boldsymbol{B}=(\boldsymbol{\beta}_1,\boldsymbol{\beta}_2,\cdots,\boldsymbol{\beta}_n)$，则$\boldsymbol{A}+\boldsymbol{B}=(\boldsymbol{\alpha}_1+\boldsymbol{\beta}_1,\boldsymbol{\alpha}_2+\boldsymbol{\beta}_2,\cdots,\boldsymbol{\alpha}_n+\boldsymbol{\beta}_n)$.
不妨设$\boldsymbol{\alpha}_{i_1},\boldsymbol{\alpha}_{i_2},\cdots,\boldsymbol{\alpha}_{i_r}$是向量组$\boldsymbol{\alpha}_1,\boldsymbol{\alpha}_2,\cdots,\boldsymbol{\alpha}_n$的一个极大线性无关组，$\boldsymbol{\beta}_{j_1},\boldsymbol{\beta}_{j_2},\cdots,\boldsymbol{\beta}_{j_s}$是向量组$\boldsymbol{\beta}_1,\boldsymbol{\beta}_2,\cdots,\boldsymbol{\beta}_n$的一个极大线性无关组，则$\boldsymbol{\alpha}_l+\boldsymbol{\beta}_l$必可由向量组$\boldsymbol{\alpha}_{i_1},\boldsymbol{\alpha}_{i_2},\cdots,\boldsymbol{\alpha}_{i_r},\boldsymbol{\beta}_{j_1},\boldsymbol{\beta}_{j_2},\cdots,\boldsymbol{\beta}_{j_s}$线性表示，$i=1,2,\cdots,n$. 因此向量组$\boldsymbol{\alpha}_1+\boldsymbol{\beta}_1,\boldsymbol{\alpha}_2+\boldsymbol{\beta}_2,\cdots,\boldsymbol{\alpha}_n+\boldsymbol{\beta}_n$可由向量组$\boldsymbol{\alpha}_{i_1},\boldsymbol{\alpha}_{i_2},\cdots,\boldsymbol{\alpha}_{i_r},\boldsymbol{\beta}_{j_1},\boldsymbol{\beta}_{j_2},\cdots,\boldsymbol{\beta}_{j_s}$线性表示，则$r(\boldsymbol{\alpha}_1+\boldsymbol{\beta}_1,\boldsymbol{\alpha}_2+\boldsymbol{\beta}_2,\cdots,\boldsymbol{\alpha}_n+\boldsymbol{\beta}_n)\leqslant r(\boldsymbol{\alpha}_{i_1},\cdots,\boldsymbol{\alpha}_{i_r},\boldsymbol{\beta}_{j_1},\boldsymbol{\beta}_{j_2},\cdots,\boldsymbol{\beta}_{j_s})\leqslant r+s$，即$r(\boldsymbol{A}+\boldsymbol{B})\leqslant r(\boldsymbol{A})+r(\boldsymbol{B})$.

评注

本题主要考察结论：(1)矩阵的秩等于列（行）秩；(2)若向量组(I)可由向量组(II)线性表示，则$r(\mathrm{I})\leqslant r(\mathrm{II})$.

210 证明 令$\boldsymbol{A}=(\boldsymbol{\alpha}_1,\boldsymbol{\alpha}_2,\boldsymbol{\alpha}_3,\boldsymbol{\alpha}_4),\boldsymbol{B}=(\boldsymbol{\beta}_1,\boldsymbol{\beta}_2,\boldsymbol{\beta}_3,\boldsymbol{\beta}_4)$，由$\boldsymbol{\beta}_1=\boldsymbol{\alpha}_1+\boldsymbol{\alpha}_2,\boldsymbol{\beta}_2=-\boldsymbol{\alpha}_1+\boldsymbol{\alpha}_2+2\boldsymbol{\alpha}_3,\boldsymbol{\beta}_3=-\boldsymbol{\alpha}_2+2\boldsymbol{\alpha}_3+\boldsymbol{\alpha}_4,\boldsymbol{\beta}_4=\boldsymbol{\alpha}_1+\boldsymbol{\alpha}_2+\boldsymbol{\alpha}_3+\boldsymbol{\alpha}_4$得

$$(\boldsymbol{\beta}_1,\boldsymbol{\beta}_2,\boldsymbol{\beta}_3,\boldsymbol{\beta}_4)=(\boldsymbol{\alpha}_1,\boldsymbol{\alpha}_2,\boldsymbol{\alpha}_3,\boldsymbol{\alpha}_4)\boldsymbol{C}，其中\boldsymbol{C}=\begin{pmatrix}1&-1&0&1\\1&1&-1&1\\0&2&2&1\\0&0&1&1\end{pmatrix},$$

即$\boldsymbol{B}=\boldsymbol{AC}$. 因为$|\boldsymbol{C}|=4\neq0$，所以$\boldsymbol{C}$可逆，故$r(\boldsymbol{B})=r(\boldsymbol{A})$，即$r(\boldsymbol{\alpha}_1,\boldsymbol{\alpha}_2,\boldsymbol{\alpha}_3,\boldsymbol{\alpha}_4)=r(\boldsymbol{\beta}_1,\boldsymbol{\beta}_2,\boldsymbol{\beta}_3,\boldsymbol{\beta}_4)$.

211 答案 (A).
令$\boldsymbol{\alpha}_1=\begin{pmatrix}1\\0\end{pmatrix},\boldsymbol{\beta}_1=\begin{pmatrix}0\\1\end{pmatrix}$，则$r(\boldsymbol{\alpha}_1)=r(\boldsymbol{\beta}_1)$，且满足选项(A)的条件，但这两个向量组不等价.
所以选项(A)错误. 故选(A).
对于选项(B)，因为向量组(I)是向量组(II)的部分组，所以$r(\mathrm{II},\mathrm{I})=r(\mathrm{II})$，由于$r(\mathrm{I})=r(\mathrm{II})$，因此$r(\mathrm{I})=r(\mathrm{II})=r(\mathrm{II},\mathrm{I})$，从而向量组(I)与向量组(II)等价.
对于选项(C)，因为向量组(I)可由向量组(II)线性表示，所以$r(\mathrm{II},\mathrm{I})=r(\mathrm{II})$，由于$r(\mathrm{I})=r(\mathrm{II})$，因此$r(\mathrm{I})=r(\mathrm{II})=r(\mathrm{II},\mathrm{I})$，故两个向量组等价. 同理，选项(D)也正确.

212 答案 (D).
对于选项(A)和选项(C)，令$\boldsymbol{\alpha}_1=\begin{pmatrix}1\\0\end{pmatrix},\boldsymbol{\beta}_1=\begin{pmatrix}0\\1\end{pmatrix}$，则$\boldsymbol{\beta}_1$线性无关，但$\boldsymbol{\alpha}_1$不能由$\boldsymbol{\beta}_1$线性表示.

对于选项(B)，令$\boldsymbol{\alpha}_1=\begin{pmatrix}1\\0\\0\end{pmatrix},\boldsymbol{\alpha}_2=\begin{pmatrix}0\\1\\0\end{pmatrix},\boldsymbol{\beta}_1=\begin{pmatrix}1\\0\\0\end{pmatrix},\boldsymbol{\beta}_2=\begin{pmatrix}0\\0\\0\end{pmatrix}$，则向量组$\boldsymbol{\beta}_1,\boldsymbol{\beta}_2$可由$\boldsymbol{\alpha}_1,\boldsymbol{\alpha}_2$线性表示，但$\boldsymbol{\beta}_1,\boldsymbol{\beta}_2$线性相关.

对于选项(D)，矩阵 $\boldsymbol{A}=(\boldsymbol{\alpha}_1,\boldsymbol{\alpha}_2,\cdots,\boldsymbol{\alpha}_s)$ 与矩阵 $\boldsymbol{B}=(\boldsymbol{\beta}_1,\boldsymbol{\beta}_2,\cdots,\boldsymbol{\beta}_s)$ 等价 $\Leftrightarrow r(\boldsymbol{A})=r(\boldsymbol{B}) \Leftrightarrow r(\boldsymbol{\alpha}_1,\boldsymbol{\alpha}_2,\cdots,\boldsymbol{\alpha}_s)=r(\boldsymbol{\beta}_1,\boldsymbol{\beta}_2,\cdots,\boldsymbol{\beta}_s) \Leftrightarrow r(\boldsymbol{\beta}_1,\boldsymbol{\beta}_2,\cdots,\boldsymbol{\beta}_s)=s \Leftrightarrow$ 向量组 $\boldsymbol{\beta}_1,\boldsymbol{\beta}_2,\cdots,\boldsymbol{\beta}_s$ 线性无关. 因此，应选(D).

213 答案 2.

$r(\boldsymbol{A})=2$，令 $\boldsymbol{B}=(\boldsymbol{\alpha}_1,\boldsymbol{\alpha}_2,\boldsymbol{\alpha}_3)$，则 $(\boldsymbol{A\alpha}_1,\boldsymbol{A\alpha}_2,\boldsymbol{A\alpha}_3)=\boldsymbol{A}(\boldsymbol{\alpha}_1,\boldsymbol{\alpha}_2,\boldsymbol{\alpha}_3)=\boldsymbol{AB}$. 由 $\boldsymbol{\alpha}_1,\boldsymbol{\alpha}_2,\boldsymbol{\alpha}_3$ 线性无关知 $|\boldsymbol{B}|\neq 0$，即矩阵 $\boldsymbol{B}$ 可逆，从而 $r(\boldsymbol{AB})=r(\boldsymbol{A})=2$.

由于矩阵的秩等于列秩，因此列向量组 $\boldsymbol{A\alpha}_1,\boldsymbol{A\alpha}_2,\boldsymbol{A\alpha}_3$ 的秩为2.

214 答案 2.

令 $\boldsymbol{A}=(\boldsymbol{\alpha}_1,\boldsymbol{\alpha}_2,\boldsymbol{\alpha}_3),\boldsymbol{B}=(\boldsymbol{\beta}_1,\boldsymbol{\beta}_2,\boldsymbol{\beta}_3,\boldsymbol{\beta}_4)$，则 $\boldsymbol{B}=(\boldsymbol{\alpha}_1,\boldsymbol{\alpha}_2,\boldsymbol{\alpha}_3)\begin{pmatrix}1&1&2&0\\1&0&-2&1\\2&1&0&1\end{pmatrix}=\boldsymbol{AC}$.

因为三维列向量组 $\boldsymbol{\alpha}_1,\boldsymbol{\alpha}_2,\boldsymbol{\alpha}_3$ 线性无关，所以 $|\boldsymbol{A}|\neq 0$，即 $\boldsymbol{A}$ 可逆，从而 $r(\boldsymbol{B})=r(\boldsymbol{C})$. 对矩阵 $\boldsymbol{C}$ 作初等行变换，

$$\boldsymbol{C}=\begin{pmatrix}1&1&2&0\\1&0&-2&1\\2&1&0&1\end{pmatrix}\to\begin{pmatrix}1&1&2&0\\0&-1&-4&1\\0&-1&-4&1\end{pmatrix}\to\begin{pmatrix}1&1&2&0\\0&-1&-4&1\\0&0&0&0\end{pmatrix},$$

因此 $r(\boldsymbol{\beta}_1,\boldsymbol{\beta}_2,\boldsymbol{\beta}_3,\boldsymbol{\beta}_4)=r(\boldsymbol{B})=r(\boldsymbol{C})=2$.

215 答案 4.

不妨设 $\boldsymbol{\alpha}_1,\boldsymbol{\alpha}_2,\boldsymbol{\alpha}_3,\boldsymbol{\beta}_1,\boldsymbol{\beta}_2$ 均为列向量，因为向量 $\boldsymbol{\beta}_1$ 可由 $\boldsymbol{\alpha}_1,\boldsymbol{\alpha}_2,\boldsymbol{\alpha}_3$ 线性表示，所以设 $\boldsymbol{\beta}_1=k_1\boldsymbol{\alpha}_1+k_2\boldsymbol{\alpha}_2+k_3\boldsymbol{\alpha}_3$，由向量组 $\boldsymbol{\alpha}_1,\boldsymbol{\alpha}_2,\boldsymbol{\alpha}_3$ 线性无关知 $r(\boldsymbol{\alpha}_1,\boldsymbol{\alpha}_2,\boldsymbol{\alpha}_3)=3$. 由于 $\boldsymbol{\beta}_2$ 不能由 $\boldsymbol{\alpha}_1,\boldsymbol{\alpha}_2,\boldsymbol{\alpha}_3$ 线性表示，因此 $r(\boldsymbol{\alpha}_1,\boldsymbol{\alpha}_2,\boldsymbol{\alpha}_3)\neq r(\boldsymbol{\alpha}_1,\boldsymbol{\alpha}_2,\boldsymbol{\alpha}_3,\boldsymbol{\beta}_2)$，故 $r(\boldsymbol{\alpha}_1,\boldsymbol{\alpha}_2,\boldsymbol{\alpha}_3,\boldsymbol{\beta}_2)=4$.

矩阵 $(\boldsymbol{\alpha}_1,\boldsymbol{\alpha}_2,\boldsymbol{\alpha}_3,\boldsymbol{\beta}_1+\boldsymbol{\beta}_2)$ 的第1列 $\times(-k_1)$，第2列 $\times(-k_2)$，第3列 $\times(-k_3)$ 后加到第4列，则可得矩阵 $(\boldsymbol{\alpha}_1,\boldsymbol{\alpha}_2,\boldsymbol{\alpha}_3,\boldsymbol{\beta}_2)$. 因为初等变换不改变矩阵的秩，所以 $r(\boldsymbol{\alpha}_1,\boldsymbol{\alpha}_2,\boldsymbol{\alpha}_3,\boldsymbol{\beta}_1+\boldsymbol{\beta}_2)=r(\boldsymbol{\alpha}_1,\boldsymbol{\alpha}_2,\boldsymbol{\alpha}_3,\boldsymbol{\beta}_2)=4$.

216 证明 因为 $r(\text{I})=r(\text{II})=3$，所以 $\boldsymbol{\alpha}_1,\boldsymbol{\alpha}_2,\boldsymbol{\alpha}_3$ 线性无关，$\boldsymbol{\alpha}_1,\boldsymbol{\alpha}_2,\boldsymbol{\alpha}_3,\boldsymbol{\alpha}_4$ 线性相关，且 $\boldsymbol{\alpha}_4$ 可由 $\boldsymbol{\alpha}_1,\boldsymbol{\alpha}_2,\boldsymbol{\alpha}_3$ 线性表示，设 $\boldsymbol{\alpha}_4=k_1\boldsymbol{\alpha}_1+k_2\boldsymbol{\alpha}_2+k_3\boldsymbol{\alpha}_3$.

由 $r(\text{III})=4$ 得 $\boldsymbol{\alpha}_1,\boldsymbol{\alpha}_2,\boldsymbol{\alpha}_3,\boldsymbol{\alpha}_5$ 线性无关，设有 x_1,x_2,x_3,x_4 使得 $x_1\boldsymbol{\alpha}_1+x_2\boldsymbol{\alpha}_2+x_3\boldsymbol{\alpha}_3+x_4(\boldsymbol{\alpha}_5-\boldsymbol{\alpha}_4)=\boldsymbol{0}$，则 $x_1\boldsymbol{\alpha}_1+x_2\boldsymbol{\alpha}_2+x_3\boldsymbol{\alpha}_3-x_4\boldsymbol{\alpha}_4+x_4\boldsymbol{\alpha}_5=\boldsymbol{0}$，因此 $(x_1-x_4k_1)\boldsymbol{\alpha}_1+(x_2-x_4k_2)\boldsymbol{\alpha}_2+(x_3-x_4k_3)\boldsymbol{\alpha}_3+x_4\boldsymbol{\alpha}_5=\boldsymbol{0}$. 因为 $\boldsymbol{\alpha}_1,\boldsymbol{\alpha}_2,\boldsymbol{\alpha}_3,\boldsymbol{\alpha}_5$ 线性无关，所以 $x_4=\boldsymbol{0}$，从而 $x_1\boldsymbol{\alpha}_1+x_2\boldsymbol{\alpha}_2+x_3\boldsymbol{\alpha}_3=\boldsymbol{0}$. 由于 $\boldsymbol{\alpha}_1,\boldsymbol{\alpha}_2,\boldsymbol{\alpha}_3$ 线性无关，因此 $x_1=x_2=x_3=0$.

综上所述，$\boldsymbol{\alpha}_1,\boldsymbol{\alpha}_2,\boldsymbol{\alpha}_3,\boldsymbol{\alpha}_5-\boldsymbol{\alpha}_4$ 线性无关，于是 $\boldsymbol{\alpha}_1,\boldsymbol{\alpha}_2,\boldsymbol{\alpha}_3,\boldsymbol{\alpha}_5-\boldsymbol{\alpha}_4$ 的秩为4.

217 答案 线性无关.

令 $\boldsymbol{A}=(\boldsymbol{\alpha}_1,\boldsymbol{\alpha}_2,\cdots,\boldsymbol{\alpha}_r)$，则 $r(\boldsymbol{A})\leqslant r$，且

$$A=\begin{pmatrix}1&1&1&\cdots&1\\a_1&a_2&a_3&\cdots&a_r\\a_1^{\,2}&a_2^{\,2}&a_3^{\,2}&\cdots&a_r^{\,2}\\\vdots&\vdots&\vdots&&\vdots\\a_1^{\,n-1}&a_2^{\,n-1}&a_3^{\,n-1}&\cdots&a_r^{\,n-1}\end{pmatrix}.$$

考察其 r 阶子矩阵，

$$B=\begin{pmatrix}1&1&1&\cdots&1\\a_1&a_2&a_3&\cdots&a_r\\a_1^{\,2}&a_2^{\,2}&a_3^{\,2}&\cdots&a_r^{\,2}\\\vdots&\vdots&\vdots&&\vdots\\a_1^{\,r-1}&a_2^{\,r-1}&a_3^{\,r-1}&\cdots&a_r^{\,r-1}\end{pmatrix},$$

由范德蒙德行列式的结论知 $|\boldsymbol{B}|=\prod\limits_{1\leqslant j<i\leqslant r}(a_i-a_j)\neq 0$，所以 $r(\boldsymbol{A})\geqslant r$，从而 $r(\boldsymbol{A})=r$．故 $\boldsymbol{A}$ 的列向量组线性无关，即 $\boldsymbol{\alpha}_1,\boldsymbol{\alpha}_2,\cdots,\boldsymbol{\alpha}_r$ 线性无关.

218 答案 (A).

不妨设向量均为列向量，令 $\boldsymbol{A}=(\boldsymbol{\alpha}_1,\boldsymbol{\alpha}_2,\cdots,\boldsymbol{\alpha}_s),\boldsymbol{B}=(\boldsymbol{\beta}_1,\boldsymbol{\beta}_2,\cdots,\boldsymbol{\beta}_s)$，则 $\boldsymbol{B}=\boldsymbol{AC}$，其中

$$C=\begin{pmatrix}0&1&\cdots&1\\1&0&\cdots&1\\\vdots&\vdots&&\vdots\\1&1&\cdots&0\end{pmatrix}.$$

因为 $|\boldsymbol{C}|=(s-1)(-1)^{s-1}\neq 0$，所以 $\boldsymbol{C}$ 可逆，从而 $r(\boldsymbol{B})=r(\boldsymbol{A})$，即 $r(\boldsymbol{\alpha}_1,\boldsymbol{\alpha}_2,\cdots,\boldsymbol{\alpha}_s)=r(\boldsymbol{\beta}_1,\boldsymbol{\beta}_2,\cdots,\boldsymbol{\beta}_s)$．故选 (A).

219 答案 (C).

若 $\boldsymbol{BA}=\boldsymbol{O}$，则 $r(\boldsymbol{B})+r(\boldsymbol{A})\leqslant m$．由 $r(\boldsymbol{A})=m<n$ 知 $r(\boldsymbol{B})=0$，从而 $\boldsymbol{B}=\boldsymbol{O}$．故选 (C).

220 答案 $a=15$，$b=5$.

对矩阵 $(\boldsymbol{\alpha}_1,\boldsymbol{\alpha}_2,\boldsymbol{\alpha}_3,\boldsymbol{\beta}_3)$ 作初等行变换，

$$\begin{pmatrix}1&3&9&b\\2&0&6&1\\-3&1&-7&0\end{pmatrix}\to\begin{pmatrix}1&3&9&b\\0&-6&-12&1-2b\\0&10&20&3b\end{pmatrix}\to\begin{pmatrix}1&3&9&b\\0&-6&-12&1-2b\\0&0&0&5-b\end{pmatrix},$$

故 $r(\boldsymbol{\alpha}_1,\boldsymbol{\alpha}_2,\boldsymbol{\alpha}_3)=2=r(\boldsymbol{\beta}_1,\boldsymbol{\beta}_2,\boldsymbol{\beta}_3)$，且 $5-b=0$.

因此 $|\boldsymbol{\beta}_1,\boldsymbol{\beta}_2,\boldsymbol{\beta}_3|=\begin{vmatrix}0&a&b\\1&2&1\\-1&1&0\end{vmatrix}=3b-a=0$，解得 $b=5,a=15$.

第 4 章 线性方程组

221 答案 矩阵形式：$\begin{pmatrix} 2 & -1 & 1 \\ 1 & 4 & 5 \\ 1 & 1 & 2 \end{pmatrix}\begin{pmatrix} x_1 \\ x_2 \\ x_3 \end{pmatrix}=\begin{pmatrix} 2 \\ 3 \\ -5 \end{pmatrix}$；

向量形式：$x_1\begin{pmatrix} 2 \\ 1 \\ 1 \end{pmatrix}+x_2\begin{pmatrix} -1 \\ 4 \\ 1 \end{pmatrix}+x_3\begin{pmatrix} 1 \\ 5 \\ 2 \end{pmatrix}=\begin{pmatrix} 2 \\ 3 \\ -5 \end{pmatrix}$.

线性方程组的系数矩阵$\boldsymbol{A}=\begin{pmatrix} 2 & -1 & 1 \\ 1 & 4 & 5 \\ 1 & 1 & 2 \end{pmatrix}$，未知量矩阵$\boldsymbol{x}=\begin{pmatrix} x_1 \\ x_2 \\ x_3 \end{pmatrix}$，常数项矩阵$\boldsymbol{b}=\begin{pmatrix} 2 \\ 3 \\ -5 \end{pmatrix}$. 线性方程组的矩阵形式为$\boldsymbol{Ax}=\boldsymbol{b}$，即$\begin{pmatrix} 2 & -1 & 1 \\ 1 & 4 & 5 \\ 1 & 1 & 2 \end{pmatrix}\begin{pmatrix} x_1 \\ x_2 \\ x_3 \end{pmatrix}=\begin{pmatrix} 2 \\ 3 \\ -5 \end{pmatrix}$.

由向量的线性运算得线性方程组的向量形式为

$$x_1\begin{pmatrix} 2 \\ 1 \\ 1 \end{pmatrix}+x_2\begin{pmatrix} -1 \\ 4 \\ 1 \end{pmatrix}+x_3\begin{pmatrix} 1 \\ 5 \\ 2 \end{pmatrix}=\begin{pmatrix} 2 \\ 3 \\ -5 \end{pmatrix}.$$

222 答案 -2.

对增广矩阵$\overline{\boldsymbol{A}}$作初等行变换，

$$\overline{\boldsymbol{A}}=\left(\begin{array}{ccc:c} a & 1 & 1 & 1 \\ 1 & a & 1 & 1 \\ 1 & 1 & a & -2 \end{array}\right)\to\left(\begin{array}{ccc:c} 1 & 1 & a & -2 \\ 0 & a-1 & 1-a & 3 \\ 0 & 1-a & 1-a^2 & 1+2a \end{array}\right)\to\left(\begin{array}{ccc:c} 1 & 1 & a & -2 \\ 0 & a-1 & 1-a & 3 \\ 0 & 0 & 2-a-a^2 & 4+2a \end{array}\right),$$

因为线性方程组有无穷多解，所以$r(\boldsymbol{A})=r(\overline{\boldsymbol{A}})<3$，因此$2-a-a^2=0,4+2a=0$，解得$a=-2$.

223 答案 -3.

对增广矩阵$\overline{\boldsymbol{A}}$作初等行变换，

$$\overline{\boldsymbol{A}}=\left(\begin{array}{ccc:c} 1 & 1 & -1 & 1 \\ 2 & 3 & a & 3 \\ 1 & a & 3 & 2 \end{array}\right)\to\left(\begin{array}{ccc:c} 1 & 1 & -1 & 1 \\ 0 & 1 & a+2 & 1 \\ 0 & a-1 & 4 & 1 \end{array}\right)\to\left(\begin{array}{ccc:c} 1 & 1 & -1 & 1 \\ 0 & 1 & a+2 & 1 \\ 0 & 0 & 6-a-a^2 & 2-a \end{array}\right),$$

因为线性方程组无解，所以$r(\boldsymbol{A})\neq r(\overline{\boldsymbol{A}})$，因此$6-a-a^2=0,2-a\neq 0$，解得$a=-3$.

224 证明 设线性方程组的系数矩阵为$\boldsymbol{A}$，增广矩阵为$\overline{\boldsymbol{A}}$，则$\boldsymbol{A}$是$4\times 3$矩阵，故$r(\boldsymbol{A})\leqslant 3$.

$$|\overline{A}|=\begin{vmatrix}1 & a_1 & a_1^2 & a_1^3\\ 1 & a_2 & a_2^3 & a_2^3\\ 1 & a_3 & a_3^2 & a_3^3\\ 1 & a_4 & a_4^2 & a_4^3\end{vmatrix}=\prod_{1\leqslant i<j\leqslant 4}(a_j-a_i)$$，因为 a_1,a_2,a_3,a_4 两两不相等，所以 $|\overline{A}|\neq 0$，从而 $r(\overline{A})=4$　由于 $r(A)\neq r(\overline{A})$，因此线性方程组无解.

225 答案 (D).

因为非齐次线性方程组有唯一解，所以系数行列式 $|A|\neq 0$.

由于 $|A|=\begin{vmatrix}1 & k & 0\\ k & 1 & 1\\ 0 & 1-3k & 1\end{vmatrix}=3k-k^2=k(3-k)$，因此 $k\neq 0$ 且 $k\neq 3$. 故选 (D).

226 答案 (C).

线性方程组 $\boldsymbol{Ax}=\boldsymbol{b}$ 有唯一解 $\Leftrightarrow r(\boldsymbol{A})=r(\boldsymbol{A},\boldsymbol{b})=n$.

选项 (A) 是线性方程组有唯一解的充分非必要条件.

选项 (B) 是线性方程组有唯一解的必要条件，但不是充分条件.

对于选项 (C)，考虑线性方程组的向量形式，$x_1\boldsymbol{\alpha}_1+x_2\boldsymbol{\alpha}_2+\cdots+x_n\boldsymbol{\alpha}_n=\boldsymbol{b}$（$\boldsymbol{\alpha}_i$ 为矩阵 $\boldsymbol{A}$ 的列向量，$i=1,2,\cdots,n$）. 若线性方程组有唯一解，则 $r(\boldsymbol{A})=r(\boldsymbol{A},\boldsymbol{b})=n$，且 $\boldsymbol{b}$ 可由 $\boldsymbol{A}$ 的列向量组线性表示. 反之，若 $\boldsymbol{b}$ 可由 $\boldsymbol{A}$ 的列向量组线性表示，则 $r(\boldsymbol{A})=r(\boldsymbol{A},\boldsymbol{b})$. 因为 $r(\boldsymbol{A})=n$，所以 $r(\boldsymbol{A})=r(\boldsymbol{A},\boldsymbol{b})=n$，故线性方程组有唯一解.

对于选项 (D)，可得线性方程组有解，但未必有唯一解. 因此选项 (D) 是线性方程组有唯一解的必要条件，但不是充分条件.

综上所述，应选 (C).

227 答案 -1.

因为齐次线性方程组有非零解，所以 $r(\boldsymbol{A})<3$，则 $|\boldsymbol{A}|=\begin{vmatrix}1 & 2 & -2\\ 2 & -1 & \lambda\\ 3 & 1 & -3\end{vmatrix}=\begin{vmatrix}1 & 2 & -2\\ 0 & -5 & \lambda+4\\ 0 & -5 & 3\end{vmatrix}=$ $5\lambda+5=0$，解得 $\lambda=-1$.

228 答案 (D).

设 $\boldsymbol{A}$ 是一个 $m\times n$ 矩阵，$\boldsymbol{A}=(\boldsymbol{\alpha}_1,\boldsymbol{\alpha}_2,\cdots,\boldsymbol{\alpha}_n)$. 对于齐次线性方程组 $\boldsymbol{Ax}=\boldsymbol{0}$，其向量形式为 $x_1\boldsymbol{\alpha}_1+x_2\boldsymbol{\alpha}_2+\cdots+x_n\boldsymbol{\alpha}_n=\boldsymbol{0}$.

齐次线性方程组 $\boldsymbol{Ax}=\boldsymbol{0}$ 有非零解 $\Leftrightarrow$ 存在不全为零的数 $x_1,x_2,\cdots,x_n$，使得 $x_1\boldsymbol{\alpha}_1+x_2\boldsymbol{\alpha}_2+\cdots+x_n\boldsymbol{\alpha}_n=\boldsymbol{0}\Leftrightarrow\boldsymbol{A}$ 的列向量组线性相关.

或者利用秩的结论：齐次线性方程组 $\boldsymbol{Ax}=\boldsymbol{0}$ 有非零解 $\Leftrightarrow r(\boldsymbol{A})<n\Leftrightarrow r(\boldsymbol{\alpha}_1,\boldsymbol{\alpha}_2,\cdots,\boldsymbol{\alpha}_n)<n\Leftrightarrow\boldsymbol{A}$ 的列向量组线性相关.

229 答案 (B).

令矩阵 $\boldsymbol{A}=\begin{pmatrix}1 & 1\\ 1 & 1\end{pmatrix}$，齐次线性方程组 $\boldsymbol{Ax}=\boldsymbol{0}$ 有非零解，命题①错误. 当 $m<n$ 时，

$r(\boldsymbol{A})\leqslant m<n$，则齐次线性方程组 $\boldsymbol{Ax}=\boldsymbol{0}$ 有非零解，命题②正确．若 $\boldsymbol{A}$ 有 n 阶子式不为零，则 $r(\boldsymbol{A})\geqslant n$，因为 $\boldsymbol{A}$ 为 $m\times n$ 矩阵，所以 $r(\boldsymbol{A})\leqslant n$，从而 $r(\boldsymbol{A})=n$，则齐次线性方程组 $\boldsymbol{Ax}=\boldsymbol{0}$ 仅有零解，命题③正确．令 $\boldsymbol{A}=\begin{pmatrix}1&1\\1&1\end{pmatrix}$，则 $\boldsymbol{A}$ 的所有一阶子式都不为零，但齐次线性方程组 $\boldsymbol{Ax}=\boldsymbol{0}$ 有非零解，从而命题④错误．故选 (B).

230 答案 (C).

矩阵 $\boldsymbol{AB}$ 是 m 阶方阵，且 $r(\boldsymbol{AB})\leqslant r(\boldsymbol{A})\leqslant n$．若 $m>n$，则 $r(\boldsymbol{AB})<m$．因此齐次线性方程组 $(\boldsymbol{AB})\boldsymbol{x}=\boldsymbol{0}$ 必有非零解．故选 (C).

231 答案 (D).

由 $r(\boldsymbol{A})\leqslant r(\boldsymbol{A},\boldsymbol{\alpha})\leqslant r\begin{pmatrix}\boldsymbol{A}&\boldsymbol{\alpha}\\\boldsymbol{\alpha}^{\mathrm{T}}&0\end{pmatrix}=r(\boldsymbol{A})$ 得 $r(\boldsymbol{A})=r(\boldsymbol{A},\boldsymbol{\alpha})$，从而线性方程组 $\boldsymbol{Ax}=\boldsymbol{\alpha}$ 必有解，但可能有唯一解，也可能有无穷多解．例如，令 $\boldsymbol{A}=\begin{pmatrix}1&1\\1&2\end{pmatrix},\boldsymbol{\alpha}=\begin{pmatrix}0\\0\end{pmatrix}$，则线性方程组 $\boldsymbol{Ax}=\boldsymbol{\alpha}$ 有唯一解；令 $\boldsymbol{A}=\begin{pmatrix}1&1\\1&1\end{pmatrix},\boldsymbol{\alpha}=\begin{pmatrix}0\\0\end{pmatrix}$，则线性方程组 $\boldsymbol{Ax}=\boldsymbol{\alpha}$ 有无穷多解．因此，选项 (A) 和选项 (B) 均不正确.

因为 $r\begin{pmatrix}\boldsymbol{A}&\boldsymbol{\alpha}\\\boldsymbol{\alpha}^{\mathrm{T}}&0\end{pmatrix}=r(\boldsymbol{A})\leqslant n<n+1$，所以线性方程组 $\begin{pmatrix}\boldsymbol{A}&\boldsymbol{\alpha}\\\boldsymbol{\alpha}^{\mathrm{T}}&0\end{pmatrix}\begin{pmatrix}x\\y\end{pmatrix}=\boldsymbol{0}$ 必有非零解．故选 (D).

232 答案 (D).

对矩阵 $(\boldsymbol{A}\mid\boldsymbol{b})$ 作初等行变换，

$$\left(\begin{array}{ccc|c}1&1&1&1\\1&2&a&d\\1&4&a^2&d^2\end{array}\right)\to\left(\begin{array}{ccc|c}1&1&1&1\\0&1&a-1&d-1\\0&3&a^2-1&d^2-1\end{array}\right)\to\left(\begin{array}{ccc|c}1&1&1&1\\0&1&a-1&d-1\\0&0&a^2-3a+2&d^2-3d+2\end{array}\right).$$

线性方程组 $\boldsymbol{Ax}=\boldsymbol{b}$ 有无穷多解 $\Leftrightarrow r(\boldsymbol{A})=r(\boldsymbol{A}\mid\boldsymbol{b})\leqslant 2\Leftrightarrow a^2-3a+2=0,d^2-3d+2=0\Leftrightarrow$ $a=1$ 或 $a=2$，且 $d=1$ 或 $d=2$．故选 (D).

233 答案 (D).

三条直线交于一点的充要条件是线性方程组 $\begin{cases}a_1x+b_1y=-c_1\\a_2x+b_2y=-c_2\\a_3x+b_3y=-c_3\end{cases}$ 有唯一解，即 $r(\boldsymbol{A})=r(\overline{\boldsymbol{A}})=2$，

其中 $\boldsymbol{A}=\begin{pmatrix}a_1&b_1\\a_2&b_2\\a_3&b_3\end{pmatrix}=(\boldsymbol{\alpha},\boldsymbol{\beta}),\overline{\boldsymbol{A}}=\begin{pmatrix}a_1&b_1&-c_1\\a_2&b_2&-c_2\\a_3&b_3&-c_3\end{pmatrix}=(\boldsymbol{\alpha},\boldsymbol{\beta},-\boldsymbol{\gamma})$，于是 $r(\boldsymbol{\alpha},\boldsymbol{\beta})=r(\boldsymbol{\alpha},\boldsymbol{\beta},-\boldsymbol{\gamma})=2$，因此可得 $\boldsymbol{\alpha},\boldsymbol{\beta}$ 线性无关，$\boldsymbol{\alpha},\boldsymbol{\beta},\boldsymbol{\gamma}$ 线性相关．故选 (D).

234 答案 (C).

三条直线围成一个三角形，则任意两条直线均有唯一一个交点，因此 $r\begin{pmatrix}a_1&b_1\\a_2&b_2\end{pmatrix}=$

$r\begin{pmatrix} a_1 & b_1 & -c_1 \\ a_2 & b_2 & -c_2 \end{pmatrix}=2$，从而 $r(\boldsymbol{A})=2$．由 $r(\boldsymbol{A})\leqslant r(\boldsymbol{B})\leqslant 2$ 知 $r(\boldsymbol{B})=2$．因为 $r(\boldsymbol{C})\geqslant r(\boldsymbol{B})$，若 $r(\boldsymbol{C})=2$，则 $r(\boldsymbol{B})=r(\boldsymbol{C})=2$，可知这三条直线交于一点，与三条直线围成一个三角形矛盾，所以 $r(\boldsymbol{C})=3$．故选 (C).

235 答案 (A).

$r(\boldsymbol{A})\leqslant r(\overline{\boldsymbol{A}})\leqslant m$．若 $r(\boldsymbol{A})=m$，则 $r(\boldsymbol{A})=r(\overline{\boldsymbol{A}})=m$，因此非齐次线性方程组 $\boldsymbol{Ax}=\boldsymbol{b}$ 有解．故选 (A).

非齐次线性方程组 $\boldsymbol{Ax}=\boldsymbol{b}$ 有解 $\Leftrightarrow r(\boldsymbol{A})=r(\overline{\boldsymbol{A}})$.

236 答案 (C).

$r(\boldsymbol{A})=3$，因为矩阵的秩等于列秩，所以列向量组的秩为 3，由于 $\boldsymbol{A}$ 为 3×4 矩阵，因此 $\boldsymbol{A}$ 的列向量组线性相关．选项 (A) 错误．

对于选项 (B)，因为 $(\boldsymbol{A},\boldsymbol{b})$ 为 3×5 矩阵，所以 $r(\boldsymbol{A},\boldsymbol{b})\leqslant 3$．又因为 $r(\boldsymbol{A},\boldsymbol{b})\geqslant r(\boldsymbol{A})=3$，从而可得 $r(\boldsymbol{A})=r(\boldsymbol{A},\boldsymbol{b})=3<4$，所以非齐次线性方程组 $\boldsymbol{Ax}=\boldsymbol{b}$ 有无穷多解．选项 (B) 错误．

对于选项 (C)，因为 $r(\boldsymbol{A},\boldsymbol{b})=3=$ 矩阵的行数，且矩阵的秩等于行秩，从而可得 $(\boldsymbol{A},\boldsymbol{b})$ 的行向量组线性无关．故选 (C).

237 答案 8.

因为线性方程组有解，所以 $r(\boldsymbol{A})=r(\overline{\boldsymbol{A}})$．由于 $\boldsymbol{A}$ 是 4×3 矩阵，因此 $r(\boldsymbol{A})\leqslant 3$，从而 $r(\overline{\boldsymbol{A}})\leqslant 3$，可得 $|\overline{\boldsymbol{A}}|=0$，即

$$|\overline{\boldsymbol{A}}|=\begin{vmatrix} a & 0 & 1 & 1 \\ 1 & a & 1 & 0 \\ 1 & 2 & a & 0 \\ a & b & 0 & 2 \end{vmatrix}=1\times(-1)^5\begin{vmatrix} 1 & a & 1 \\ 1 & 2 & a \\ a & b & 0 \end{vmatrix}+2\begin{vmatrix} a & 0 & 1 \\ 1 & a & 1 \\ 1 & 2 & a \end{vmatrix}=0.$$

因为 $\begin{vmatrix} a & 0 & 1 \\ 1 & a & 1 \\ 1 & 2 & a \end{vmatrix}=4$，解得 $\begin{vmatrix} 1 & a & 1 \\ 1 & 2 & a \\ a & b & 0 \end{vmatrix}=8$.

238 答案 1；0.

因为 $\boldsymbol{A\eta}_1=\boldsymbol{A\eta}_2=\cdots=\boldsymbol{A\eta}_s=\boldsymbol{b}$，若 $c_1\boldsymbol{\eta}_1+c_2\boldsymbol{\eta}_2+\cdots+c_s\boldsymbol{\eta}_s$ 也是该方程组的一个解，则 $\boldsymbol{A}(c_1\boldsymbol{\eta}_1+c_2\boldsymbol{\eta}_2+\cdots+c_s\boldsymbol{\eta}_s)=c_1\boldsymbol{A\eta}_1+c_2\boldsymbol{A\eta}_2+\cdots+c_s\boldsymbol{A\eta}_s=(c_1+c_2+\cdots+c_s)\boldsymbol{b}=\boldsymbol{b}$．由于 $\boldsymbol{b}\neq\boldsymbol{0}$，因此 $c_1+c_2+\cdots+c_s=1$．

若 $k_1\boldsymbol{\eta}_1+k_2\boldsymbol{\eta}_2+\cdots+k_s\boldsymbol{\eta}_s$ 是其导出组 $\boldsymbol{Ax}=\boldsymbol{0}$ 的解，则 $\boldsymbol{A}(k_1\boldsymbol{\eta}_1+k_2\boldsymbol{\eta}_2+\cdots+k_s\boldsymbol{\eta}_s)=(k_1+k_2+\cdots+k_s)\boldsymbol{b}=\boldsymbol{0}$，因为 $\boldsymbol{b}\neq\boldsymbol{0}$，所以 $k_1+k_2+\cdots+k_s=0$．

239 答案 $(2,-4,-2)^{\mathrm{T}}$.

因为 $\boldsymbol{\alpha}_1,\boldsymbol{\alpha}_2$ 是非齐次线性方程组 $\boldsymbol{Ax}=\boldsymbol{b}$ 的解，所以 $\dfrac{1}{2}(3\boldsymbol{\alpha}_1-\boldsymbol{\alpha}_2)=(2,-4,-2)^{\mathrm{T}}$ 也是该方程组的解.

240 答案 (A).

齐次线性方程组的基础解系是其解向量组的极大线性无关组．因为 $\boldsymbol{\alpha}_1, \boldsymbol{\alpha}_2, \boldsymbol{\alpha}_3$ 是 $\boldsymbol{Ax}=\boldsymbol{0}$ 的一个基础解系，所以任意三个线性无关的解都是其基础解系．由于各向量都是基础解系的线性组合，因此都是齐次线性方程组的解．

对于选项 (A)，$(\boldsymbol{\alpha}_1+\boldsymbol{\alpha}_2, \boldsymbol{\alpha}_2+\boldsymbol{\alpha}_3, \boldsymbol{\alpha}_3+\boldsymbol{\alpha}_1)=(\boldsymbol{\alpha}_1, \boldsymbol{\alpha}_2, \boldsymbol{\alpha}_3)\boldsymbol{A}_1$，其中 $\boldsymbol{A}_1=\begin{pmatrix}1&0&1\\1&1&0\\0&1&1\end{pmatrix}$．因为 $|\boldsymbol{A}_1|=2\neq 0$，所以矩阵 $\boldsymbol{A}_1$ 可逆，从而 $r(\boldsymbol{\alpha}_1+\boldsymbol{\alpha}_2, \boldsymbol{\alpha}_2+\boldsymbol{\alpha}_3, \boldsymbol{\alpha}_3+\boldsymbol{\alpha}_1)=r(\boldsymbol{\alpha}_1, \boldsymbol{\alpha}_2, \boldsymbol{\alpha}_3)=3$，因此选项 (A) 中的三个向量线性无关，是 $\boldsymbol{Ax}=\boldsymbol{0}$ 的基础解系．故选 (A).

对于选项 (B)，$(\boldsymbol{\alpha}_2-\boldsymbol{\alpha}_1)+(\boldsymbol{\alpha}_3-\boldsymbol{\alpha}_2)+(\boldsymbol{\alpha}_1-\boldsymbol{\alpha}_3)=\boldsymbol{0}$，这三个向量线性相关．

对于选项 (C)，$\left(2\boldsymbol{\alpha}_2-\boldsymbol{\alpha}_1, \frac{1}{2}\boldsymbol{\alpha}_3-\boldsymbol{\alpha}_2, \boldsymbol{\alpha}_1-\boldsymbol{\alpha}_3\right)=(\boldsymbol{\alpha}_1, \boldsymbol{\alpha}_2, \boldsymbol{\alpha}_3)\boldsymbol{A}_2$，其中 $\boldsymbol{A}_2=\begin{pmatrix}-1&0&1\\2&-1&0\\0&\frac{1}{2}&-1\end{pmatrix}$，因为 $|\boldsymbol{A}_2|=0$，所以 $r(\boldsymbol{A}_2)\leqslant 2$，因此 $r\left(2\boldsymbol{\alpha}_2-\boldsymbol{\alpha}_1, \frac{1}{2}\boldsymbol{\alpha}_3-\boldsymbol{\alpha}_2, \boldsymbol{\alpha}_1-\boldsymbol{\alpha}_3\right)\leqslant r(\boldsymbol{A}_2)\leqslant 2$，于是向量组线性相关．

同理，选项 (D) 中的向量也是线性相关的．

241 答案 (A).

因为 $r(\boldsymbol{A})=3$，所以列向量组的极大线性无关组应该含有三个向量，找到列向量组的极大线性无关组，则其余两列对应的未知量即可取为自由未知量．由阶梯形矩阵可以看出 $\boldsymbol{A}$ 的列向量组的极大线性无关组必然含有第 5 列，因此 x_5 不能取为自由未知量．故选 (A).

242 答案 $\boldsymbol{\alpha}_1=\begin{pmatrix}1\\1\\2\\1\\0\end{pmatrix}, \boldsymbol{\alpha}_2=\begin{pmatrix}2\\4\\5\\0\\1\end{pmatrix}$.

对齐次线性方程组的系数矩阵 $\boldsymbol{A}$ 作初等行变换，

$$\boldsymbol{A}=\begin{pmatrix}1&1&0&-2&-6\\3&-2&-1&1&7\\3&-1&-1&0&3\end{pmatrix}\to\begin{pmatrix}1&1&0&-2&-6\\0&-1&0&1&4\\0&-4&-1&6&21\end{pmatrix}\to\begin{pmatrix}1&1&0&-2&-6\\0&-1&0&1&4\\0&0&-1&2&5\end{pmatrix}\to\begin{pmatrix}1&0&0&-1&-2\\0&1&0&-1&-4\\0&0&1&-2&-5\end{pmatrix},$$

则 $r(\boldsymbol{A})=3$，因此基础解系中含有两个向量．

方程组的同解方程组为$\begin{cases}x_1=x_4+2x_5\\x_2=x_4+4x_5\\x_3=2x_4+5x_5\end{cases}$，其中 x_4,x_5 为自由未知量．令$\begin{pmatrix}x_4\\x_5\end{pmatrix}$分别取

$\begin{pmatrix}1\\0\end{pmatrix},\begin{pmatrix}0\\1\end{pmatrix}$，得基础解系为$\boldsymbol{\alpha}_1=\begin{pmatrix}1\\1\\2\\1\\0\end{pmatrix},\boldsymbol{\alpha}_2=\begin{pmatrix}2\\4\\5\\0\\1\end{pmatrix}$.

243 答案 (D).

令矩阵$\boldsymbol{A}=\begin{pmatrix}0&0\\1&0\end{pmatrix},\boldsymbol{B}=\begin{pmatrix}0&0\\1&1\end{pmatrix}$，则 $\boldsymbol{AB}=\boldsymbol{O}$，而$\boldsymbol{BA}=\begin{pmatrix}0&0\\1&0\end{pmatrix}$，故选项 (A) 和选项 B 均错误．因为$\boldsymbol{A}\begin{pmatrix}1\\1\end{pmatrix}=\begin{pmatrix}0\\1\end{pmatrix}$，所以选项 (C) 错误．若 $\boldsymbol{AB}=\boldsymbol{O}$，则 $r(\boldsymbol{A})+r(\boldsymbol{B})\leqslant n$．故选 (D).

244 答案 (A).

不妨设 $\boldsymbol{A}$ 为 $m\times n$ 矩阵，$\boldsymbol{B}$ 为 $n\times s$ 矩阵，由 $\boldsymbol{AB}=\boldsymbol{O}$ 得 $r(\boldsymbol{A})+r(\boldsymbol{B})\leqslant n$．由于 $\boldsymbol{A},\boldsymbol{B}$ 均为非零矩阵，因此 $r(\boldsymbol{A})\geqslant1,r(\boldsymbol{B})\geqslant1$，从而 $r(\boldsymbol{A})\leqslant n-1,r(\boldsymbol{B})\leqslant n-1$，于是 $\boldsymbol{A}$ 的列向量组线性相关，$\boldsymbol{B}$ 的行向量组线性相关．故选 (A).

245 答案 1.

因为 $\boldsymbol{A}$ 是 n 阶方阵，且 $|\boldsymbol{A}|=0$，所以 $r(\boldsymbol{A})<n$．由于 $\boldsymbol{A}$ 中某个元素的代数余子式 $A_{ij}\neq0$，因此余子式 $M_{ij}\neq0$，从而 $\boldsymbol{A}$ 中有 $n-1$ 阶子式不为零，故 $r(\boldsymbol{A})\geqslant n-1$．综上所述，$r(\boldsymbol{A})=n-1$．于是 $\boldsymbol{Ax}=\boldsymbol{0}$ 的基础解系中含有 1 个向量.

246 答案 -3.

因为齐次线性方程组 $\boldsymbol{Ax}=\boldsymbol{0}$ 的基础解系中含有两个向量，所以 $r(\boldsymbol{A})=4-2=2$．对矩阵 $\boldsymbol{A}$ 作初等行变换，

$$\boldsymbol{A}=\begin{pmatrix}1&-1&2&-1\\4&-4&3&-2\\1&-1&t&1\end{pmatrix}\to\begin{pmatrix}1&-1&2&-1\\0&0&-5&2\\0&0&t-2&2\end{pmatrix}.$$

由于 $r(\boldsymbol{A})=2$，因此 $t-2=-5$，解得 $t=-3$.

247 答案 (C).

齐次线性方程组的基础解系是其解向量组的极大线性无关组．因为 $\boldsymbol{\eta}_1,\boldsymbol{\eta}_2,\boldsymbol{\eta}_3$ 是 $\boldsymbol{Ax}=\boldsymbol{0}$ 的基础解系，所以任意三个线性无关的解都是其基础解系.

$\boldsymbol{\eta}_1,\boldsymbol{\eta}_2,\boldsymbol{\eta}_3$ 的一个等价（或等秩）向量组未必线性无关，选项 (A) 和选项 (B) 错误.

对于选项 (C)，首先 $\boldsymbol{\eta}_1,\boldsymbol{\eta}_1+\boldsymbol{\eta}_2,\boldsymbol{\eta}_1+\boldsymbol{\eta}_2+\boldsymbol{\eta}_3$ 均是 $\boldsymbol{Ax}=\boldsymbol{0}$ 的解，且

$$(\boldsymbol{\eta}_1,\boldsymbol{\eta}_1+\boldsymbol{\eta}_2,\boldsymbol{\eta}_1+\boldsymbol{\eta}_2+\boldsymbol{\eta}_3)=(\boldsymbol{\eta}_1,\boldsymbol{\eta}_2,\boldsymbol{\eta}_3)\boldsymbol{C}，其中\ \boldsymbol{C}=\begin{pmatrix}1&1&1\\0&1&1\\0&0&1\end{pmatrix}.$$

因为$|\boldsymbol{C}|=1\neq 0$，所以矩阵$\boldsymbol{C}$可逆. 由于一个矩阵乘以可逆矩阵后秩不变，因此$r(\boldsymbol{\eta}_1,\boldsymbol{\eta}_1+\boldsymbol{\eta}_2,\boldsymbol{\eta}_1+\boldsymbol{\eta}_2+\boldsymbol{\eta}_3)=r(\boldsymbol{\eta}_1,\boldsymbol{\eta}_2,\boldsymbol{\eta}_3)=3$，故$\boldsymbol{\eta}_1,\boldsymbol{\eta}_1+\boldsymbol{\eta}_2,\boldsymbol{\eta}_1+\boldsymbol{\eta}_2+\boldsymbol{\eta}_3$线性无关，是$\boldsymbol{Ax}=\boldsymbol{0}$的一个基础解系.

因为$(\boldsymbol{\eta}_1-\boldsymbol{\eta}_2)+(\boldsymbol{\eta}_2-\boldsymbol{\eta}_3)+(\boldsymbol{\eta}_3-\boldsymbol{\eta}_1)=\boldsymbol{0}$，所以$\boldsymbol{\eta}_1-\boldsymbol{\eta}_2,\boldsymbol{\eta}_2-\boldsymbol{\eta}_3,\boldsymbol{\eta}_3-\boldsymbol{\eta}_1$线性相关，不是基础解系. 综上所述，应选 (C).

248 答案 0.

因为向量组$\boldsymbol{\alpha}_1,\boldsymbol{\alpha}_2$与向量组$\boldsymbol{\beta}_1,\boldsymbol{\beta}_2$都是齐次线性方程组$\boldsymbol{Ax}=\boldsymbol{0}$的基础解系，所以向量组$\boldsymbol{\alpha}_1,\boldsymbol{\alpha}_2$与向量组$\boldsymbol{\beta}_1,\boldsymbol{\beta}_2$等价. 因此

$$r(\boldsymbol{\alpha}_1,\boldsymbol{\alpha}_2)=r(\boldsymbol{\beta}_1,\boldsymbol{\beta}_2)=r(\boldsymbol{\alpha}_1,\boldsymbol{\alpha}_2,\boldsymbol{\beta}_1,\boldsymbol{\beta}_2)=2.$$

对矩阵$(\boldsymbol{\alpha}_1,\boldsymbol{\alpha}_2,\boldsymbol{\beta}_1,\boldsymbol{\beta}_2)$作初等行变换，$\begin{pmatrix}0&-1&-1&-1\\1&2&1&a\\1&2&1&0\\0&1&1&1\end{pmatrix}\to\begin{pmatrix}1&2&1&0\\0&1&1&1\\0&0&0&a\\0&0&0&0\end{pmatrix}$. 于是，$a=0$.

249 答案 (D).

因为$\boldsymbol{A}$是4×4矩阵，$r(\boldsymbol{A})=3$，所以$r(\boldsymbol{A}^*)=1$，从而$\boldsymbol{A}^*\boldsymbol{x}=\boldsymbol{0}$的基础解系中含有三个向量，于是任意三个线性无关的解都是其基础解系. 对矩阵$(\boldsymbol{\alpha}_1,\boldsymbol{\alpha}_2,\boldsymbol{\alpha}_3,\boldsymbol{\alpha}_4,\boldsymbol{\alpha}_5)$作初等行变换，

$$\begin{pmatrix}1&1&1&4&-3\\2&1&3&5&-5\\1&-1&3&-2&-1\\3&1&5&6&-6\end{pmatrix}\to\begin{pmatrix}1&1&1&4&-3\\0&-1&1&-3&1\\0&-2&2&-6&2\\0&-2&2&-6&3\end{pmatrix}\to\begin{pmatrix}1&1&1&4&-3\\0&-1&1&-3&1\\0&0&0&0&1\\0&0&0&0&0\end{pmatrix}.$$

因此，$\boldsymbol{\alpha}_1,\boldsymbol{\alpha}_3,\boldsymbol{\alpha}_5$线性无关，是$\boldsymbol{A}^*\boldsymbol{x}=\boldsymbol{0}$的一个基础解系. 故选 (D).

250 答案 (D).

由$\boldsymbol{A}$是四阶矩阵，且方程组$\boldsymbol{Ax}=\boldsymbol{0}$的基础解系中含有一个向量得$r(\boldsymbol{A})=3$，从而$r(\boldsymbol{A}^*)=1$，因此$\boldsymbol{A}^*\boldsymbol{x}=\boldsymbol{0}$的基础解系中含有三个向量，于是任意三个线性无关的解可以构成一个基础解系. 由$(1,0,1,0)^{\mathrm{T}}$是方程组$\boldsymbol{Ax}=\boldsymbol{0}$的解得$\boldsymbol{\alpha}_1+\boldsymbol{\alpha}_3=\boldsymbol{0}$，因此$\boldsymbol{\alpha}_1,\boldsymbol{\alpha}_3$线性相关. 由排除法知应选 (D).

251 答案 (B).

若$\boldsymbol{Ax}=\boldsymbol{0}$的解均是$\boldsymbol{Bx}=\boldsymbol{0}$的解，则$n-r(\boldsymbol{A})\leqslant n-r(\boldsymbol{B})$，故$r(\boldsymbol{A})\geqslant r(\boldsymbol{B})$. 命题①正确.

对于命题②和命题④，令$\boldsymbol{A}=\begin{pmatrix}1&0\\0&0\end{pmatrix},\boldsymbol{B}=\begin{pmatrix}0&1\\0&0\end{pmatrix}$，则$r(\boldsymbol{A})=r(\boldsymbol{B})$，但$\boldsymbol{Ax}=\boldsymbol{0}$的解不全是$\boldsymbol{Bx}=\boldsymbol{0}$的解. 命题②和命题④均不正确.

若$\boldsymbol{Ax}=\boldsymbol{0}$和$\boldsymbol{Bx}=\boldsymbol{0}$同解，则可以取相同的基础解系，因此$n-r(\boldsymbol{A})=n-r(\boldsymbol{B})$，故$r(\boldsymbol{A})=r(\boldsymbol{B})$. 命题③正确. 综上所述，应选 (B).

252 答案 (B).

由$\boldsymbol{Ax}=\boldsymbol{b}$有互不相等的解得$r(\boldsymbol{A})<n$. 因为$\boldsymbol{A}^*\neq\boldsymbol{O}$，所以$r(\boldsymbol{A}^*)\geqslant 1$. 因此$r(\boldsymbol{A})=n-1$，于是$\boldsymbol{Ax}=\boldsymbol{0}$的基础解系中含有一个非零向量. 故选 (B).

评注

本题主要考察两个结论：

(1) 非齐次线性方程组 $\boldsymbol{Ax}=\boldsymbol{b}$ 有无穷解 $\Leftrightarrow r(\boldsymbol{A})=r(\overline{\boldsymbol{A}})<n$；

(2) 若 $\boldsymbol{A}$ 是 $n(n\geqslant 2)$ 阶矩阵，则 $r(\boldsymbol{A}^*)=\begin{cases}n, & 当r(\boldsymbol{A})=n时,\\ 1, & 当r(\boldsymbol{A})=n-1时,\\ 0, & 当r(\boldsymbol{A})<n-1时.\end{cases}$

253 答案 (D).

$r(\boldsymbol{A})=r<n$，则齐次线性方程组 $\boldsymbol{Ax}=\boldsymbol{0}$ 的基础解系中含有 $n-r$ 个向量. 设 $\boldsymbol{\eta}_1,\boldsymbol{\eta}_2,\cdots,\boldsymbol{\eta}_{n-r}$ 是 $\boldsymbol{Ax}=\boldsymbol{0}$ 的一个基础解系，$\boldsymbol{\alpha}$ 是非齐次线性方程组 $\boldsymbol{Ax}=\boldsymbol{b}$ 的一个特解，则 $\boldsymbol{\alpha}$, $\boldsymbol{\alpha}+\boldsymbol{\eta}_1,\boldsymbol{\alpha}+\boldsymbol{\eta}_2,\cdots,\boldsymbol{\alpha}+\boldsymbol{\eta}_{n-r}$ 均为 $\boldsymbol{Ax}=\boldsymbol{b}$ 的解.

设有 $k,k_1,k_2,\cdots,k_{n-r}$ 使得 $k\boldsymbol{\alpha}+k_1(\boldsymbol{\alpha}+\boldsymbol{\eta}_1)+k_2(\boldsymbol{\alpha}+\boldsymbol{\eta}_2)+\cdots+k_{n-r}(\boldsymbol{\alpha}+\boldsymbol{\eta}_{n-r})=\boldsymbol{0}$，则

$$(k+k_1+k_2+\cdots+k_{n-r})\boldsymbol{\alpha}+k_1\boldsymbol{\eta}_1+k_2\boldsymbol{\eta}_2+\cdots+k_{n-r}\boldsymbol{\eta}_{n-r}=\boldsymbol{0} \qquad ①$$

①式左乘 $\boldsymbol{A}$，因为 $\boldsymbol{A\alpha}=\boldsymbol{b},\boldsymbol{A\eta}_1=\boldsymbol{A\eta}_2=\cdots=\boldsymbol{A\eta}_{n-r}=\boldsymbol{0}$，所以 $(k+k_1+k_2+\cdots+k_{n-r})\boldsymbol{b}=\boldsymbol{0}$，又因为 $\boldsymbol{b}\neq\boldsymbol{0}$，所以

$$k+k_1+k_2+\cdots+k_{n-r}=0 \qquad ②$$

将②式代入①式得 $k_1\boldsymbol{\eta}_1+k_2\boldsymbol{\eta}_2+\cdots+k_{n-r}\boldsymbol{\eta}_{n-r}=\boldsymbol{0}$，从而 $k_1=k_2=\cdots=k_{n-r}=0$. 将其代入②式得 $k=0$. 因此 $\boldsymbol{\alpha},\boldsymbol{\alpha}+\boldsymbol{\eta}_1,\boldsymbol{\alpha}+\boldsymbol{\eta}_2,\cdots,\boldsymbol{\alpha}+\boldsymbol{\eta}_{n-r}$ 是 $\boldsymbol{Ax}=\boldsymbol{b}$ 的 $n-r+1$ 个线性无关的解.

若 $\boldsymbol{Ax}=\boldsymbol{b}$ 有 $n-r+2$ 个线性无关的解 $\boldsymbol{\alpha}_1,\boldsymbol{\alpha}_2,\cdots,\boldsymbol{\alpha}_{n-r+1},\boldsymbol{\alpha}_{n-r+2}$，则可证明 $\boldsymbol{\alpha}_2-\boldsymbol{\alpha}_1,\cdots,\boldsymbol{\alpha}_{n-r+1}-\boldsymbol{\alpha}_1,\boldsymbol{\alpha}_{n-r+2}-\boldsymbol{\alpha}_1$ 是 $\boldsymbol{Ax}=\boldsymbol{0}$ 的 $n-r+1$ 个线性无关的解，与 $\boldsymbol{Ax}=\boldsymbol{0}$ 的基础解系中含有 $n-r$ 个向量矛盾. 因此 $\boldsymbol{Ax}=\boldsymbol{b}$ 至多有 $n-r+1$ 个线性无关的解. 故选 (D).

254 答案 (D).

因为齐次线性方程组 $\boldsymbol{Ax}=\boldsymbol{0}$ 的基础解系中含有两个向量，所以 $r(\boldsymbol{A})=4-2=2$，从而 $\boldsymbol{A}$ 的列秩等于 2，选项 (A) 和选项 (B) 均错误. 由 $\boldsymbol{\eta}_2=(1,0,0,-2)^{\mathrm{T}}$ 是齐次线性方程组 $\boldsymbol{Ax}=\boldsymbol{0}$ 的解得 $\boldsymbol{\alpha}_1-2\boldsymbol{\alpha}_4=\boldsymbol{0}$，于是 $\boldsymbol{\alpha}_1,\boldsymbol{\alpha}_4$ 线性相关，选项 (C) 错误. 由排除法知应选 (D).

255 答案 (C).

因为四阶矩阵 $\boldsymbol{A}$ 不可逆，所以 $r(\boldsymbol{A})\leqslant 3$. 又因为 $A_{12}\neq 0$，所以 $r(\boldsymbol{A}^*)\geqslant 1$，从而可得 $r(\boldsymbol{A})=3,r(\boldsymbol{A}^*)=1$. 因此 $\boldsymbol{A}^*\boldsymbol{x}=\boldsymbol{0}$ 的基础解系中含有三个解向量.

由 $\boldsymbol{A}^*\boldsymbol{A}=\boldsymbol{O}$ 知 $\boldsymbol{A}$ 的任意一个列向量均是 $\boldsymbol{A}^*\boldsymbol{x}=\boldsymbol{0}$ 的解向量. 又由 $A_{12}\neq 0$ 知 $\boldsymbol{\alpha}_1,\boldsymbol{\alpha}_3,\boldsymbol{\alpha}_4$ 线性无关，是齐次线性方程组 $\boldsymbol{A}^*\boldsymbol{x}=\boldsymbol{0}$ 的一个基础解系，因此通解可以表示为 $\boldsymbol{x}=k_1\boldsymbol{\alpha}_1+k_2\boldsymbol{\alpha}_3+k_3\boldsymbol{\alpha}_4$. 故选 (C).

评注

本题主要考察以下结论：设 A 为 $n(n\geqslant 2)$ 阶方阵，则 $AA^*=A^*A=|A|E$，且

$$r(A^*)=\begin{cases} n, & 当r(A)=n时, \\ 1, & 当r(A)=n-1时, \\ 0, & 当r(A)<n-1时. \end{cases}$$

256 答案 (C).

由 $BA=O$ 知 $r(A)+r(B)\leqslant 3$，即 $r(B)\leqslant 3-r(A)$．当 $t\neq 6$ 时，$r(A)=2$，于是 $r(B)\leqslant 1$．

因为 B 为三阶非零矩阵，所以 $r(B)\geqslant 1$．

综上所述，$r(B)=1$．故选 (C).

257 答案 $\alpha_1,\alpha_2,\alpha_4$ 或 $\alpha_2,\alpha_3,\alpha_4$．

方程组 $Ax=0$ 的解为 $X=k\begin{pmatrix}1\\0\\1\\0\end{pmatrix}$，即 $\begin{pmatrix}1\\0\\1\\0\end{pmatrix}$ 为 $Ax=0$ 的基础解系，所以 $r(A)=3$，即向量组 $\alpha_1,\alpha_2,\alpha_3,\alpha_4$ 的极大线性无关组包含三个向量.

因为 $A\begin{pmatrix}1\\0\\1\\0\end{pmatrix}=0$，即 $\alpha_1+\alpha_3=0$，所以 α_1,α_3 线性相关，因此 $\alpha_1,\alpha_2,\alpha_3,\alpha_4$ 的极大线性无关组不能同时包含 α_1,α_3，只可能是 $\alpha_1,\alpha_2,\alpha_4$ 或 $\alpha_2,\alpha_3,\alpha_4$．

对于 $\alpha_1,\alpha_2,\alpha_4$，令 $k_1\alpha_1+k_2\alpha_2+k_4\alpha_4=0$，即 $k_1\alpha_1+k_2\alpha_2+0\alpha_3+k_4\alpha_4=0$，这说明 $\begin{pmatrix}k_1\\k_2\\0\\k_4\end{pmatrix}$ 是方程组 $Ax=0$ 的解，又因为 $\begin{pmatrix}1\\0\\1\\0\end{pmatrix}$ 为 $Ax=0$ 的基础解系，于是存在常数 c，使得

$$\begin{pmatrix}k_1\\k_2\\0\\k_4\end{pmatrix}=c\begin{pmatrix}1\\0\\1\\0\end{pmatrix},$$

所以 $k_2=k_4=0$，代入 $k_1\alpha_1+k_2\alpha_2+k_4\alpha_4=0$ 得 $k_1\alpha_1=0$．由于 $\alpha_1\neq 0$（如果 $\alpha_1=0$，那么由 $\alpha_1+\alpha_3=0$ 知 $\alpha_3=0$，进而 $r(A)=r(\alpha_1,\alpha_2,\alpha_3,\alpha_4)\leqslant 2$，与 $r(A)=3$ 矛盾），因此 $k_1=0$，从而 $\alpha_1,\alpha_2,\alpha_4$ 线性无关. 因为 $r(A)=3$，所以 $\alpha_1,\alpha_2,\alpha_4$ 是向量组 $\alpha_1,\alpha_2,\alpha_3,\alpha_4$ 的一个极大线性无关组.

同理，$\alpha_2,\alpha_3,\alpha_4$ 也是向量组 $\alpha_1,\alpha_2,\alpha_3,\alpha_4$ 的一个极大线性无关组.

258 答案 (D).

$\frac{1}{2}(\boldsymbol{\beta}_1-\boldsymbol{\beta}_2)$ 不是 $\boldsymbol{Ax}=\boldsymbol{b}$ 的解，故选项 (A) 和选项 (B) 错误．$\boldsymbol{\alpha}_1,\boldsymbol{\beta}_1-\boldsymbol{\beta}_2$ 可能线性相关，选项 (C) 错误．

对于选项 (D)，由 $\boldsymbol{\beta}_1,\boldsymbol{\beta}_2$ 是非齐次线性方程组 $\boldsymbol{Ax}=\boldsymbol{b}$ 的解得 $\frac{1}{2}(\boldsymbol{\beta}_1+\boldsymbol{\beta}_2)$ 仍是 $\boldsymbol{Ax}=\boldsymbol{b}$ 的解．因为 $\boldsymbol{\alpha}_1,\boldsymbol{\alpha}_2$ 线性无关，且 $(\boldsymbol{\alpha}_1-\boldsymbol{\alpha}_2,\boldsymbol{\alpha}_2)=(\boldsymbol{\alpha}_1,\boldsymbol{\alpha}_2)\begin{pmatrix}1&0\\-1&1\end{pmatrix}$，其中矩阵 $\begin{pmatrix}1&0\\-1&1\end{pmatrix}$ 可逆，所以 $r(\boldsymbol{\alpha}_1-\boldsymbol{\alpha}_2,\boldsymbol{\alpha}_2)=r(\boldsymbol{\alpha}_1,\boldsymbol{\alpha}_2)=2$，于是 $\boldsymbol{\alpha}_1-\boldsymbol{\alpha}_2,\boldsymbol{\alpha}_2$ 线性无关，且均为 $\boldsymbol{Ax}=\boldsymbol{0}$ 的解，因此 $\boldsymbol{\alpha}_1-\boldsymbol{\alpha}_2,\boldsymbol{\alpha}_2$ 是 $\boldsymbol{Ax}=\boldsymbol{0}$ 的基础解系．故选 (D).

259 答案 $c(1,1,\cdots,1)^{\mathrm{T}}$；$c(A_{11},A_{12},\cdots,A_{1n})^{\mathrm{T}}$，其中 c 为任意常数．

因为 $\boldsymbol{A}$ 是 n 阶矩阵，$r(\boldsymbol{A})=n-1$，所以 $\boldsymbol{Ax}=\boldsymbol{0}$ 的基础解系中含有一个向量，则任意一个非零解都是其基础解系．

若 $\boldsymbol{A}$ 中各行元素之和均为零，则 $\boldsymbol{A}\begin{pmatrix}1\\1\\\vdots\\1\end{pmatrix}=\boldsymbol{0}$，从而 $\begin{pmatrix}1\\1\\\vdots\\1\end{pmatrix}$ 是 $\boldsymbol{Ax}=\boldsymbol{0}$ 的一个基础解系，故 $\boldsymbol{Ax}=\boldsymbol{0}$ 的通解为 $c(1,1,\cdots,1)^{\mathrm{T}}$，其中 c 为任意常数．

因为 $r(\boldsymbol{A})=n-1$，所以 $|\boldsymbol{A}|=0$，因此 $\boldsymbol{AA}^*=|\boldsymbol{A}|\boldsymbol{E}=\boldsymbol{O}$，从而 $\boldsymbol{A}^*$ 的每一个列向量都是齐次线性方程组 $\boldsymbol{Ax}=\boldsymbol{0}$ 的解向量．由于 $A_{11}\neq 0$，因此 $(A_{11},A_{12},\cdots,A_{1n})^{\mathrm{T}}$ 是 $\boldsymbol{Ax}=\boldsymbol{0}$ 的一个基础解系，故 $\boldsymbol{Ax}=\boldsymbol{0}$ 的通解为 $c(A_{11},A_{12},\cdots,A_{1n})^{\mathrm{T}}$，其中 c 为任意常数．

260 答案 (C).

由 $r(\boldsymbol{A})=3$ 得 $\boldsymbol{Ax}=\boldsymbol{0}$ 的基础解系中含有一个向量，则任意一个非零解都是其基础解系．因为 $\boldsymbol{\alpha}_1,\boldsymbol{\alpha}_2,\boldsymbol{\alpha}_3$ 是 $\boldsymbol{Ax}=\boldsymbol{b}$ 的解向量，所以 $2\boldsymbol{\alpha}_1-(\boldsymbol{\alpha}_2+\boldsymbol{\alpha}_3)=(2,3,4,5)^{\mathrm{T}}$ 是 $\boldsymbol{Ax}=\boldsymbol{0}$ 的一个基础解系，因此方程组的通解可以表示为 $\boldsymbol{\alpha}_1+c(2,3,4,5)^{\mathrm{T}}$．故选 (C).

261 答案 $c(1,-2,3)^{\mathrm{T}}$，其中 c 为任意常数．

因为 $\boldsymbol{\alpha}_1=2\boldsymbol{\alpha}_2-3\boldsymbol{\alpha}_3$，所以 $\boldsymbol{\alpha}_1,\boldsymbol{\alpha}_2,\boldsymbol{\alpha}_3$ 线性相关．又因为 $\boldsymbol{\alpha}_2,\boldsymbol{\alpha}_3$ 线性无关，所以 $\boldsymbol{\alpha}_2,\boldsymbol{\alpha}_3$ 是向量组 $\boldsymbol{\alpha}_1,\boldsymbol{\alpha}_2,\boldsymbol{\alpha}_3$ 的一个极大线性无关组，因此 $r(\boldsymbol{A})=r(\boldsymbol{\alpha}_1,\boldsymbol{\alpha}_2,\boldsymbol{\alpha}_3)=2$，则齐次线性方程组 $\boldsymbol{Ax}=\boldsymbol{0}$ 的基础解系中含有一个向量．

由 $\boldsymbol{\alpha}_1=2\boldsymbol{\alpha}_2-3\boldsymbol{\alpha}_3$ 得 $\boldsymbol{\alpha}_1-2\boldsymbol{\alpha}_2+3\boldsymbol{\alpha}_3=\boldsymbol{0}$，于是 $(\boldsymbol{\alpha}_1,\boldsymbol{\alpha}_2,\boldsymbol{\alpha}_3)\begin{pmatrix}1\\-2\\3\end{pmatrix}=\boldsymbol{0}$，即 $\boldsymbol{A}\begin{pmatrix}1\\-2\\3\end{pmatrix}=\boldsymbol{0}$．因此 $\begin{pmatrix}1\\-2\\3\end{pmatrix}$ 是 $\boldsymbol{Ax}=\boldsymbol{0}$ 的一个基础解系，从而齐次线性方程组 $\boldsymbol{Ax}=\boldsymbol{0}$ 的通解为 $c(1,-2,3)^{\mathrm{T}}$，其中 c 为任意常数．

262 答案 $(1,0,1)^{\mathrm{T}}+c(1,1,0)^{\mathrm{T}}$，其中 c 为任意常数．

线性方程组的增广矩阵 $\overline{A}=\left(\begin{array}{ccc:c}-1 & a & 2 & 1\\ 1 & -1 & a & 2\\ 5 & b & -4 & a\end{array}\right)$，因为二阶子式 $\begin{vmatrix}-1 & 1\\ 1 & 2\end{vmatrix}=-3\neq 0$，所以 $r(\overline{A})\geqslant 2$.

又因为线性方程组有两个解，所以 $r(A)=r(\overline{A})\leqslant 2$，因此 $r(A)=r(\overline{A})=2$，从而齐次线性方程组 $\boldsymbol{Ax}=\mathbf{0}$ 的基础解系中含有一个向量.

由于 $\boldsymbol{\alpha}_1=(1,0,1)^{\mathrm{T}},\boldsymbol{\alpha}_2=(2,1,1)^{\mathrm{T}}$ 是线性方程组的解，因此 $\boldsymbol{\alpha}_2-\boldsymbol{\alpha}_1=(1,1,0)^{\mathrm{T}}$ 是其导出组 $\boldsymbol{Ax}=\mathbf{0}$ 的解，从而是其基础解系.

综上所述，线性方程组的通解为 $(1,0,1)^{\mathrm{T}}+c(1,1,0)^{\mathrm{T}}$，其中 c 为任意常数.

263 答案 $\begin{pmatrix}1\\1\\-1\\1\end{pmatrix}+c_1\begin{pmatrix}0\\1\\-2\\-1\end{pmatrix}+c_2\begin{pmatrix}1\\0\\-3\\1\end{pmatrix}$，其中 c_1,c_2 为任意常数.

由 $\boldsymbol{\alpha}_1,\boldsymbol{\alpha}_2$ 线性无关得 $r(\boldsymbol{A})=r(\boldsymbol{\alpha}_1,\boldsymbol{\alpha}_2,\boldsymbol{\alpha}_3,\boldsymbol{\alpha}_4)\geqslant 2$，从而齐次线性方程组 $\boldsymbol{Ax}=\mathbf{0}$ 的基础解系中至多含有两个向量.

由 $\boldsymbol{\beta}=\boldsymbol{\alpha}_1+\boldsymbol{\alpha}_2-\boldsymbol{\alpha}_3+\boldsymbol{\alpha}_4=\boldsymbol{\alpha}_1+2\boldsymbol{\alpha}_2-3\boldsymbol{\alpha}_3$ 得 $\boldsymbol{\alpha}_2-2\boldsymbol{\alpha}_3-\boldsymbol{\alpha}_4=\mathbf{0}$，由 $\boldsymbol{\beta}=\boldsymbol{\alpha}_1+\boldsymbol{\alpha}_2-\boldsymbol{\alpha}_3+\boldsymbol{\alpha}_4=2\boldsymbol{\alpha}_1+\boldsymbol{\alpha}_2-4\boldsymbol{\alpha}_3+2\boldsymbol{\alpha}_4$ 得 $\boldsymbol{\alpha}_1-3\boldsymbol{\alpha}_3+\boldsymbol{\alpha}_4=\mathbf{0}$，因此 $(\boldsymbol{\alpha}_1,\boldsymbol{\alpha}_2,\boldsymbol{\alpha}_3,\boldsymbol{\alpha}_4)\begin{pmatrix}0\\1\\-2\\-1\end{pmatrix}=\mathbf{0}$, $(\boldsymbol{\alpha}_1,\boldsymbol{\alpha}_2,\boldsymbol{\alpha}_3,\boldsymbol{\alpha}_4)\begin{pmatrix}1\\0\\-3\\1\end{pmatrix}=\mathbf{0}$，从而可得导出组的一个基础解系为 $\begin{pmatrix}0\\1\\-2\\-1\end{pmatrix},\begin{pmatrix}1\\0\\-3\\1\end{pmatrix}$.

由 $\boldsymbol{\beta}=\boldsymbol{\alpha}_1+\boldsymbol{\alpha}_2-\boldsymbol{\alpha}_3+\boldsymbol{\alpha}_4$ 得 $(\boldsymbol{\alpha}_1,\boldsymbol{\alpha}_2,\boldsymbol{\alpha}_3,\boldsymbol{\alpha}_4)\begin{pmatrix}1\\1\\-1\\1\end{pmatrix}=\boldsymbol{\beta}$，因此线性方程组 $\boldsymbol{Ax}=\boldsymbol{\beta}$ 的通解为 $\begin{pmatrix}1\\1\\-1\\1\end{pmatrix}+c_1\begin{pmatrix}0\\1\\-2\\-1\end{pmatrix}+c_2\begin{pmatrix}1\\0\\-3\\1\end{pmatrix}$，其中 c_1,c_2 为任意常数.

264 证明 因为 $\boldsymbol{A}^2=\boldsymbol{E}$，所以 $(\boldsymbol{A}+\boldsymbol{E})(\boldsymbol{A}-\boldsymbol{E})=\boldsymbol{O}$，从而 $r(\boldsymbol{A}+\boldsymbol{E})+r(\boldsymbol{A}-\boldsymbol{E})\leqslant n$.

又因为 $r(\boldsymbol{A}+\boldsymbol{E})+r(\boldsymbol{A}-\boldsymbol{E})=r(\boldsymbol{A}+\boldsymbol{E})+r(\boldsymbol{E}-\boldsymbol{A})\geqslant r(\boldsymbol{A}+\boldsymbol{E}+\boldsymbol{E}-\boldsymbol{A})=r(2\boldsymbol{E})=n$.

综上所述，$r(\boldsymbol{A}+\boldsymbol{E})+r(\boldsymbol{A}-\boldsymbol{E})=n$.

评注

本题主要考察结论：

(1) 若 $\boldsymbol{A}_{m\times n}\boldsymbol{B}_{n\times s}=\boldsymbol{O}$，则 $r(\boldsymbol{A})+r(\boldsymbol{B})\leqslant n$；

(2) 若 $\boldsymbol{A},\boldsymbol{B}$ 都是 $m\times n$ 矩阵，则 $r(\boldsymbol{A}+\boldsymbol{B})\leqslant r(\boldsymbol{A})+r(\boldsymbol{B})$.

265 答案 (B).

由图 4-1 得三个平面相交于一条直线，从而线性方程组有无穷多解，则 $m=n<3$. 任意两个平面不重合或平行，则 $m\geqslant 2$.

综上所述，$m=n=2$. 故选 (B).

266 答案 (A).

由图 4-2 知三个平面没有公共点，则线性方程组无解，从而可得 $r(\boldsymbol{A})\neq r(\overline{\boldsymbol{A}})\leqslant 3$. 因为三个平面两两相交，所以任意两个平面不平行或重合，因此 $r(\boldsymbol{A})\geqslant 2$（若 $r(\boldsymbol{A})\leqslant 1$，则三个平面相互之间平行或重合）.

综上所述，$r(\boldsymbol{A})=2, r(\overline{\boldsymbol{A}})=3$，应选 (A).

评注

三个平面之间的位置关系取决于三个平面的方程组成的线性方程组的解的情况.

(1) 若 $r(\boldsymbol{A})=r(\overline{\boldsymbol{A}})=1$，则三个平面重合；

(2) 若 $r(\boldsymbol{A})=r(\overline{\boldsymbol{A}})=2$，则三个平面相交于一条直线；

(3) 若 $r(\boldsymbol{A})=r(\overline{\boldsymbol{A}})=3$，则三个平面相交于一个公共点；

(4) 若 $r(\boldsymbol{A})=1, r(\overline{\boldsymbol{A}})=2$，则三个平面无公共点，且三个平面平行，或有两个平面重合且与第三个平面平行；

(5) 若 $r(\boldsymbol{A})=2, r(\overline{\boldsymbol{A}})=3$，则三个平面无公共点，且三个平面两两相交于三条平行直线，或两个平面平行且与第三个平面相交.

267 证明 设有 $k_1,k_2,\cdots,k_{n-r},k_0$ 使得

$$k_1\boldsymbol{\eta}_1+k_2\boldsymbol{\eta}_2+\cdots+k_{n-r}\boldsymbol{\eta}_{n-r}+k_0\boldsymbol{\gamma}_0=\boldsymbol{0} \quad ①$$

则 $\boldsymbol{A}(k_1\boldsymbol{\eta}_1+k_2\boldsymbol{\eta}_2+\cdots+k_{n-r}\boldsymbol{\eta}_{n-r}+k_0\boldsymbol{\gamma}_0)=k_1\boldsymbol{A}\boldsymbol{\eta}_1+k_2\boldsymbol{A}\boldsymbol{\eta}_2+\cdots+k_{n-r}\boldsymbol{A}\boldsymbol{\eta}_{n-r}+k_0\boldsymbol{A}\boldsymbol{\gamma}_0=\boldsymbol{0}$，因为 $\boldsymbol{A}\boldsymbol{\eta}_i=\boldsymbol{0}, i=1,2,\cdots,n-r$，所以 $k_0\boldsymbol{A}\boldsymbol{\gamma}_0=\boldsymbol{0}$. 由于 $\boldsymbol{A}\boldsymbol{\gamma}_0\neq\boldsymbol{0}$，因此 $k_0=0$. 于是①式可化为 $k_1\boldsymbol{\eta}_1+k_2\boldsymbol{\eta}_2+\cdots+k_{n-r}\boldsymbol{\eta}_{n-r}=\boldsymbol{0}$. 又因为 $\boldsymbol{\eta}_1,\boldsymbol{\eta}_2,\cdots,\boldsymbol{\eta}_{n-r}$ 线性无关，所以 $k_1=k_2=\cdots=k_{n-r}=0$. 于是，当且仅当 $k_1=k_2=\cdots=k_{n-r}=k_0=0$ 时，有

$$k_1\boldsymbol{\eta}_1+k_2\boldsymbol{\eta}_2+\cdots+k_{n-r}\boldsymbol{\eta}_{n-r}+k_0\boldsymbol{\gamma}_0=\boldsymbol{0},$$

因此 $\boldsymbol{\eta}_1,\boldsymbol{\eta}_2,\cdots,\boldsymbol{\eta}_{n-r},\boldsymbol{\gamma}_0$ 线性无关.

268 答案 $c_1\begin{pmatrix}-2\\1\\0\\0\\0\end{pmatrix}+c_2\begin{pmatrix}1\\0\\-4\\1\\0\end{pmatrix}$，其中 c_1,c_2 为任意常数.

对线性方程组的系数矩阵 $\boldsymbol{A}$ 作初等行变换，

$$\boldsymbol{A}=\begin{pmatrix}1&2&1&3&1\\1&2&2&7&0\\2&4&2&6&1\end{pmatrix}\to\begin{pmatrix}1&2&1&3&1\\0&0&1&4&-1\\0&0&0&0&-1\end{pmatrix}\to\begin{pmatrix}1&2&0&-1&0\\0&0&1&4&0\\0&0&0&0&1\end{pmatrix},$$

则 $r(\boldsymbol{A})=3<5$，从而可知基础解系中含有两个向量.

原方程组与方程组 $\begin{cases}x_1=-2x_2+x_4\\x_3=-4x_4\\x_5=0\end{cases}$ 同解，其中 x_2,x_4 是自由未知量. 令 $\begin{pmatrix}x_2\\x_4\end{pmatrix}$ 分别取 $\begin{pmatrix}1\\0\end{pmatrix}$，$\begin{pmatrix}0\\1\end{pmatrix}$，则方程组的一个基础解系为 $\begin{pmatrix}-2\\1\\0\\0\\0\end{pmatrix},\begin{pmatrix}1\\0\\-4\\1\\0\end{pmatrix}$，所以原方程组的通解为 $c_1\begin{pmatrix}-2\\1\\0\\0\\0\end{pmatrix}+c_2\begin{pmatrix}1\\0\\-4\\1\\0\end{pmatrix}$，

其中 c_1,c_2 为任意常数.

269 答案 $\begin{pmatrix}0\\1\\0\\0\end{pmatrix}+c_1\begin{pmatrix}5\\-7\\3\\0\end{pmatrix}+c_2\begin{pmatrix}-5\\1\\0\\3\end{pmatrix}$，其中 c_1,c_2 为任意常数.

对线性方程组的增广矩阵 $\overline{\boldsymbol{A}}$ 作初等行变换，

$$\overline{\boldsymbol{A}}=\left(\begin{array}{cccc:c}2&1&-1&3&1\\1&2&3&1&2\\0&3&7&-1&3\\1&-1&-4&2&-1\end{array}\right)\to\left(\begin{array}{cccc:c}0&-3&-7&1&-3\\1&2&3&1&2\\0&3&7&-1&3\\0&-3&-7&1&-3\end{array}\right)\to\left(\begin{array}{cccc:c}1&2&3&1&2\\0&3&7&-1&3\\0&0&0&0&0\\0&0&0&0&0\end{array}\right)\to$$

$$\left(\begin{array}{cccc:c}1&2&3&1&2\\0&1&\frac{7}{3}&-\frac{1}{3}&1\\0&0&0&0&0\\0&0&0&0&0\end{array}\right)\to\left(\begin{array}{cccc:c}1&0&-\frac{5}{3}&\frac{5}{3}&0\\0&1&\frac{7}{3}&-\frac{1}{3}&1\\0&0&0&0&0\\0&0&0&0&0\end{array}\right).$$

因为 $r(\boldsymbol{A})=r(\overline{\boldsymbol{A}})=2<4$（未知量的个数），所以原方程组有无穷多解.

方程组的同解方程组为 $\begin{cases}x_1=\frac{5}{3}x_3-\frac{5}{3}x_4\\x_2=1-\frac{7}{3}x_3+\frac{1}{3}x_4\end{cases}$，其中 x_3,x_4 为自由未知量. 令 $x_3=x_4=0$，得

方程组的一个特解为 $\boldsymbol{\alpha}_0=\begin{pmatrix}0\\1\\0\\0\end{pmatrix}$.

导出组与 $\begin{cases}x_1=\dfrac{5}{3}x_3-\dfrac{5}{3}x_4\\x_2=-\dfrac{7}{3}x_3+\dfrac{1}{3}x_4\end{cases}$ 同解，令 $\begin{pmatrix}x_3\\x_4\end{pmatrix}$ 分别取 $\begin{pmatrix}3\\0\end{pmatrix},\begin{pmatrix}0\\3\end{pmatrix}$，则导出组的一个基础解系为

$\boldsymbol{\eta}_1=\begin{pmatrix}5\\-7\\3\\0\end{pmatrix},\boldsymbol{\eta}_2=\begin{pmatrix}-5\\1\\0\\3\end{pmatrix}$，从而方程组的通解为 $\boldsymbol{\alpha}_0+c_1\boldsymbol{\eta}_1+c_2\boldsymbol{\eta}_2=\begin{pmatrix}0\\1\\0\\0\end{pmatrix}+c_1\begin{pmatrix}5\\-7\\3\\0\end{pmatrix}+c_2\begin{pmatrix}-5\\1\\0\\3\end{pmatrix}$，其中 c_1,c_2 为任意常数.

270 答案 $a=0$ 或 $a=-10$；

当 $a=0$ 时，方程组的通解为 $c_1\begin{pmatrix}-2\\1\\0\\0\end{pmatrix}+c_2\begin{pmatrix}-3\\0\\1\\0\end{pmatrix}+c_3\begin{pmatrix}-4\\0\\0\\1\end{pmatrix}$，其中 c_1,c_2,c_3 为任意常数.

当 $a=-10$ 时，方程组的通解为 $c\begin{pmatrix}1\\1\\1\\1\end{pmatrix}$，其中 c 为任意常数.

因为齐次线性方程组有非零解，所以系数行列式 $|\boldsymbol{A}|=0$.

$$|\boldsymbol{A}|=\begin{vmatrix}1+a&2&3&4\\1&2+a&3&4\\1&2&3+a&4\\1&2&3&4+a\end{vmatrix}=\begin{vmatrix}10+a&2&3&4\\10+a&2+a&3&4\\10+a&2&3+a&4\\10+a&2&3&4+a\end{vmatrix}$$

$$=\begin{vmatrix}10+a&2&3&4\\0&a&0&0\\0&0&a&0\\0&0&0&a\end{vmatrix}=a^3(10+a),$$

从而 $a=0$ 或 $a=-10$.

当 $a=0$ 时，对系数矩阵 $\boldsymbol{A}$ 作初等行变换，

$$\boldsymbol{A}=\begin{pmatrix}1&2&3&4\\1&2&3&4\\1&2&3&4\\1&2&3&4\end{pmatrix}\to\begin{pmatrix}1&2&3&4\\0&0&0&0\\0&0&0&0\\0&0&0&0\end{pmatrix}.$$

方程组的同解方程组为 $x_1=-2x_2-3x_3-4x_4$，其中 x_2,x_3,x_4 为自由未知量. 令 $\begin{pmatrix}x_2\\x_3\\x_4\end{pmatrix}$ 分别取 $\begin{pmatrix}1\\0\\0\end{pmatrix},\begin{pmatrix}0\\1\\0\end{pmatrix},\begin{pmatrix}0\\0\\1\end{pmatrix}$，则方程组的一个基础解系为 $\boldsymbol{\eta}_1=\begin{pmatrix}-2\\1\\0\\0\end{pmatrix},\boldsymbol{\eta}_2=\begin{pmatrix}-3\\0\\1\\0\end{pmatrix},\boldsymbol{\eta}_3=\begin{pmatrix}-4\\0\\0\\1\end{pmatrix}$，从而方程组的通解为 $c_1\begin{pmatrix}-2\\1\\0\\0\end{pmatrix}+c_2\begin{pmatrix}-3\\0\\1\\0\end{pmatrix}+c_3\begin{pmatrix}-4\\0\\0\\1\end{pmatrix}$，其中 c_1,c_2,c_3 为任意常数.

当 $a=-10$ 时，对系数矩阵 $\boldsymbol{A}$ 作初等行变换，

$$\boldsymbol{A}=\begin{pmatrix}-9&2&3&4\\1&-8&3&4\\1&2&-7&4\\1&2&3&-6\end{pmatrix}\to\begin{pmatrix}1&2&3&-6\\0&-10&0&10\\0&20&30&-50\\0&0&10&-10\end{pmatrix}\to\begin{pmatrix}1&2&3&-6\\0&1&0&-1\\0&0&1&-1\\0&0&0&0\end{pmatrix}\to\begin{pmatrix}1&0&0&-1\\0&1&0&-1\\0&0&1&-1\\0&0&0&0\end{pmatrix}.$$

方程组的同解方程组为 $\begin{cases}x_1=x_4\\x_2=x_4\\x_3=x_4\end{cases}$，其中 x_4 为自由未知量. 令 $x_4=1$，则方程组的一个基础解系为 $\boldsymbol{\gamma}_1=\begin{pmatrix}1\\1\\1\\1\end{pmatrix}$，从而方程组的通解为 $c\begin{pmatrix}1\\1\\1\\1\end{pmatrix}$，其中 c 为任意常数.

271 答案 当 $a\neq(1-n)b$ 且 $a\neq b$ 时，线性方程组仅有零解；

当 $a=(1-n)b$ 或 $a=b$ 时，线性方程组有非零解.

当 $a=(1-n)b$ 时，通解为 $c(1,1,\cdots,1)^{\mathrm{T}}$，其中 c 为任意常数.

当 $a=b$ 时，通解为 $c_1\begin{pmatrix}-1\\1\\0\\\vdots\\0\end{pmatrix}+c_2\begin{pmatrix}-1\\0\\1\\\vdots\\0\end{pmatrix}+\cdots+c_{n-1}\begin{pmatrix}-1\\0\\0\\\vdots\\1\end{pmatrix}$，其中 $c_1,c_2,\cdots,c_{n-1}$ 为任意常数.

齐次线性方程组的系数行列式 $|\boldsymbol{A}|=\begin{vmatrix}a&b&\cdots&b\\b&a&\cdots&b\\\vdots&\vdots&&\vdots\\b&b&\cdots&a\end{vmatrix}=[a+(n-1)b](a-b)^{n-1}$.

当 $|\boldsymbol{A}|\neq0$，即 $a\neq(1-n)b$ 且 $a\neq b$ 时，线性方程组仅有零解.

当 $a=(1-n)b$ 或 $a=b$ 时，线性方程组有非零解.

当 $a=(1-n)b$ 时，对系数矩阵 $\boldsymbol{A}$ 作初等行变换，

$$A=\begin{pmatrix}(1-n)b & b & b & \cdots & b & b\\ b & (1-n)b & b & \cdots & b & b\\ b & b & (1-n)b & \cdots & b & b\\ \vdots & \vdots & \vdots & & \vdots & \vdots\\ b & b & b & \cdots & b & (1-n)b\end{pmatrix}\to\begin{pmatrix}1-n & 1 & 1 & \cdots & 1 & 1\\ 1 & 1-n & 1 & \cdots & 1 & 1\\ 1 & 1 & 1-n & \cdots & 1 & 1\\ \vdots & \vdots & \vdots & & \vdots & \vdots\\ 1 & 1 & 1 & \cdots & 1 & 1-n\end{pmatrix}\to$$

$$\begin{pmatrix}1 & 0 & 0 & \cdots & 0 & -1\\ 0 & 1 & 0 & \cdots & 0 & -1\\ 0 & 0 & 1 & \cdots & 0 & -1\\ \vdots & \vdots & \vdots & & \vdots & \vdots\\ 0 & 0 & 0 & \cdots & 1 & -1\\ 0 & 0 & 0 & \cdots & 0 & 0\end{pmatrix}.$$

原方程组的同解方程组为$\begin{cases}x_1=x_n\\ x_2=x_n\\ \quad\cdots\cdots\\ x_{n-1}=x_n\end{cases}$，其中$x_n$为自由未知量．令$x_n=1$，则方程组的一个基础解系为$\boldsymbol{\alpha}=(1,1,\cdots,1)^{\mathrm{T}}$，从而方程组的通解为$\boldsymbol{x}=c\boldsymbol{\alpha}=c(1,1,\cdots,1)^{\mathrm{T}}$，其中$c$为任意常数.

当$a=b$时，对系数矩阵$\boldsymbol{A}$作初等行变换，

$$A=\begin{pmatrix}b & b & b & \cdots & b & b\\ b & b & b & \cdots & b & b\\ b & b & b & \cdots & b & b\\ \vdots & \vdots & \vdots & & \vdots & \vdots\\ b & b & b & \cdots & b & b\end{pmatrix}\to\begin{pmatrix}1 & 1 & 1 & \cdots & 1 & 1\\ 0 & 0 & 0 & \cdots & 0 & 0\\ 0 & 0 & 0 & \cdots & 0 & 0\\ \vdots & \vdots & \vdots & & \vdots & \vdots\\ 0 & 0 & 0 & \cdots & 0 & 0\end{pmatrix}.$$

原方程组的同解方程组为$x_1=-x_2-x_3-\cdots-x_n$，其中 $x_2,x_3,\cdots,x_n$为自由未知量，令$\begin{pmatrix}x_2\\ x_3\\ \vdots\\ x_n\end{pmatrix}$分别取$\begin{pmatrix}1\\ 0\\ \vdots\\ 0\end{pmatrix},\begin{pmatrix}0\\ 1\\ \vdots\\ 0\end{pmatrix},\cdots,\begin{pmatrix}0\\ 0\\ \vdots\\ 1\end{pmatrix}$，则方程组的一个基础解系为$\boldsymbol{\alpha}_1=(-1,1,0,\cdots,0)^{\mathrm{T}},\boldsymbol{\alpha}_2=(-1,0,1,\cdots,0)^{\mathrm{T}},\cdots,\boldsymbol{\alpha}_{n-1}=(-1,0,0,\cdots,1)^{\mathrm{T}}$，从而方程组的通解为

$$\begin{aligned}\boldsymbol{x}&=c_1\boldsymbol{\alpha}_1+c_2\boldsymbol{\alpha}_2+\cdots+c_{n-1}\boldsymbol{\alpha}_{n-1}\\ &=c_1\begin{pmatrix}-1\\ 1\\ 0\\ \vdots\\ 0\end{pmatrix}+c_2\begin{pmatrix}-1\\ 0\\ 1\\ \vdots\\ 0\end{pmatrix}+\cdots+c_{n-1}\begin{pmatrix}-1\\ 0\\ 0\\ \vdots\\ 1\end{pmatrix}\end{aligned}$$，其中$c_1,c_2,\cdots,c_{n-1}$为任意常数.

272 答案 (1) $\xi_2=\begin{pmatrix}-k_1\\k_1\\1-2k_1\end{pmatrix}$，其中 k_1 为任意常数；$\xi_3=\begin{pmatrix}-\frac{1}{2}-k_2\\k_2\\k_3\end{pmatrix}$，其中 k_2,k_3 为任意常数；

(2) 略.

(1) $A^2=\begin{pmatrix}2&2&0\\-2&-2&0\\4&4&0\end{pmatrix}$. 对矩阵 (A,ξ_1) 作初等行变换，

$$(A,\xi_1)=\begin{pmatrix}1&-1&-1&-1\\-1&1&1&1\\0&-4&-2&-2\end{pmatrix}\to\begin{pmatrix}1&-1&-1&-1\\0&2&1&1\\0&0&0&0\end{pmatrix}\to\begin{pmatrix}1&1&0&0\\0&2&1&1\\0&0&0&0\end{pmatrix}.$$

方程组的同解方程组为 $\begin{cases}x_1=-x_2\\x_3=1-2x_2\end{cases}$，其中 x_2 为自由未知量. 令 $x_2=k_1$，则 $x_1=-k_1,x_3=1-2k_1$，从而满足 $A\xi_2=\xi_1$ 的所有向量 ξ_2 为 $(-k_1,k_1,1-2k_1)^{\mathrm{T}}$，其中 k_1 为任意常数.

对矩阵 (A^2,ξ_1) 作初等行变换，

$$(A^2,\xi_1)=\begin{pmatrix}2&2&0&-1\\-2&-2&0&1\\4&4&0&-2\end{pmatrix}\to\begin{pmatrix}1&1&0&-\frac{1}{2}\\0&0&0&0\\0&0&0&0\end{pmatrix}.$$

方程组的同解方程组为 $x_1=-\frac{1}{2}-x_2$，其中 x_2,x_3 为自由未知量. 令 $x_2=k_2,x_3=k_3$，则 $x_1=-\frac{1}{2}-k_2$，从而满足 $A^2\xi_3=\xi_1$ 的所有向量 ξ_3 为 $\left(-\frac{1}{2}-k_2,k_2,k_3\right)^{\mathrm{T}}$，其中 k_2,k_3 为任意常数.

(2) 令矩阵 $B=(\xi_1,\xi_2,\xi_3)$，则

$$|B|=\begin{vmatrix}-1&-k_1&-\frac{1}{2}-k_2\\1&k_1&k_2\\-2&1-2k_1&k_3\end{vmatrix}=\begin{vmatrix}-1&-k_1&-\frac{1}{2}-k_2\\0&0&-\frac{1}{2}\\0&1&1+2k_2+k_3\end{vmatrix}=-\frac{1}{2}\neq0,$$

故 ξ_1,ξ_2,ξ_3 线性无关.

273 证明 $A=\begin{pmatrix}1&1&1&1\\4&3&5&-1\\a&1&3&b\end{pmatrix}$，则 A 中有二阶子式不为零，从而 $r(A)\geqslant2$.

设 η_1,η_2,η_3 是非齐次线性方程组 $Ax=b$ 的三个线性无关的解，则 $\eta_1-\eta_2,\eta_2-\eta_3$ 是导出组 $Ax=0$ 的解. 下面证明 $\eta_1-\eta_2,\eta_2-\eta_3$ 线性无关.

设 $k_1(\boldsymbol{\eta}_1-\boldsymbol{\eta}_2)+k_2(\boldsymbol{\eta}_2-\boldsymbol{\eta}_3)=\mathbf{0}$，则 $k_1\boldsymbol{\eta}_1+(k_2-k_1)\boldsymbol{\eta}_2-k_2\boldsymbol{\eta}_3=\mathbf{0}$. 因为 $\boldsymbol{\eta}_1,\boldsymbol{\eta}_2,\boldsymbol{\eta}_3$ 线性无关，所以 $k_1=k_2=0$，从而 $\boldsymbol{\eta}_1-\boldsymbol{\eta}_2,\boldsymbol{\eta}_2-\boldsymbol{\eta}_3$ 线性无关. 因此齐次线性方程组 $\boldsymbol{Ax}=\mathbf{0}$ 的基础解系中至少含有两个向量，从而 $r(\boldsymbol{A})\leqslant 2$.

综上所述，$r(\boldsymbol{A})=2$.

274 答案 $\boldsymbol{x}=\begin{pmatrix}0\\0\\-1\end{pmatrix}$.

由 $a_{ij}=A_{ij}$ 知 $\boldsymbol{A}^{\mathrm{T}}=\boldsymbol{A}^*$，故 $\boldsymbol{AA}^{\mathrm{T}}=\boldsymbol{AA}^*=|\boldsymbol{A}|\boldsymbol{E}$，从而 $|\boldsymbol{AA}^{\mathrm{T}}|=||\boldsymbol{A}|\boldsymbol{E}|=|\boldsymbol{A}|^3$. 因为 $|\boldsymbol{AA}^{\mathrm{T}}|=|\boldsymbol{A}||\boldsymbol{A}^{\mathrm{T}}|=|\boldsymbol{A}|^2$，所以 $|\boldsymbol{A}|^2=|\boldsymbol{A}|^3$，故 $|\boldsymbol{A}|=0$ 或 $|\boldsymbol{A}|=1$.

由于 $a_{33}=-1$，根据行列式按行按列展开法则，将 $|\boldsymbol{A}|$ 按第 3 行展开，得

$|\boldsymbol{A}|=a_{31}A_{31}+a_{32}A_{32}+a_{33}A_{33}=a_{31}^2+a_{32}^2+a_{33}^2=a_{31}^2+a_{32}^2+1$，从而 $|\boldsymbol{A}|>0$. 于是 $|\boldsymbol{A}|=1$，且 $a_{31}=a_{32}=0$，由 $\boldsymbol{Ax}=\boldsymbol{b}$ 得

$$\boldsymbol{x}=\boldsymbol{A}^{-1}\boldsymbol{b}=\frac{\boldsymbol{A}^*}{|\boldsymbol{A}|}\boldsymbol{b}=\boldsymbol{A}^*\boldsymbol{b}=\boldsymbol{A}^{\mathrm{T}}\boldsymbol{b}=\begin{pmatrix}a_{11}&a_{21}&a_{31}\\a_{12}&a_{22}&a_{32}\\a_{13}&a_{23}&a_{33}\end{pmatrix}\begin{pmatrix}0\\0\\1\end{pmatrix}=\begin{pmatrix}a_{31}\\a_{32}\\a_{33}\end{pmatrix}=\begin{pmatrix}0\\0\\-1\end{pmatrix}.$$

275 答案 (1) $a=2$；(2) $\boldsymbol{P}=\begin{pmatrix}3-6k_1&4-6k_2&4-6k_3\\-1+2k_1&-1+2k_2&-1+2k_3\\k_1&k_2&k_3\end{pmatrix},k_2\neq k_3$.

(1) 由矩阵 $\boldsymbol{A}$ 经初等列变换化为矩阵 $\boldsymbol{B}$ 知 $\boldsymbol{A}$ 与 $\boldsymbol{B}$ 等价，从而 $r(\boldsymbol{A})=r(\boldsymbol{B})$. 因为 $|\boldsymbol{A}|=0$，所以 $|\boldsymbol{B}|=2-a=0$，从而 $a=2$.

(2) 令 $\boldsymbol{P}=(\boldsymbol{\eta}_1,\boldsymbol{\eta}_2,\boldsymbol{\eta}_3),\boldsymbol{B}=(\boldsymbol{\beta}_1,\boldsymbol{\beta}_2,\boldsymbol{\beta}_3)$，则 $\boldsymbol{AP}=(\boldsymbol{A\eta}_1,\boldsymbol{A\eta}_2,\boldsymbol{A\eta}_3)=(\boldsymbol{\beta}_1,\boldsymbol{\beta}_2,\boldsymbol{\beta}_3)$. 对矩阵 $(\boldsymbol{A},\boldsymbol{B})$ 作初等行变换，

$$(\boldsymbol{A},\boldsymbol{B})=\left(\begin{array}{ccc:ccc}1&2&2&1&2&2\\1&3&0&0&1&1\\2&7&-2&-1&1&1\end{array}\right)\to\left(\begin{array}{ccc:ccc}1&0&6&3&4&4\\0&1&-2&-1&-1&-1\\0&0&0&0&0&0\end{array}\right),$$

因此 $\boldsymbol{Ax}=\boldsymbol{\beta}_1$ 的通解为 $\boldsymbol{\eta}_1=\begin{pmatrix}3\\-1\\0\end{pmatrix}+k_1\begin{pmatrix}-6\\2\\1\end{pmatrix}=\begin{pmatrix}3-6k_1\\-1+2k_1\\k_1\end{pmatrix}$，其中 k_1 为任意常数.

$\boldsymbol{Ax}=\boldsymbol{\beta}_2$ 的通解为 $\boldsymbol{\eta}_2=\begin{pmatrix}4\\-1\\0\end{pmatrix}+k_2\begin{pmatrix}-6\\2\\1\end{pmatrix}=\begin{pmatrix}4-6k_2\\-1+2k_2\\k_2\end{pmatrix}$，其中 k_2 为任意常数.

$\boldsymbol{Ax}=\boldsymbol{\beta}_3$ 的通解为 $\boldsymbol{\eta}_3=\begin{pmatrix}4\\-1\\0\end{pmatrix}+k_3\begin{pmatrix}-6\\2\\1\end{pmatrix}=\begin{pmatrix}4-6k_3\\-1+2k_3\\k_3\end{pmatrix}$，其中 k_3 为任意常数.

$$\boldsymbol{P}=\begin{pmatrix}3-6k_1&4-6k_2&4-6k_3\\-1+2k_1&-1+2k_2&-1+2k_3\\k_1&k_2&k_3\end{pmatrix}\to\begin{pmatrix}1&1&1\\0&1&1\\0&0&k_3-k_2\end{pmatrix},$$

因为 $\boldsymbol{P}$ 可逆，所以 $k_2\neq k_3$，即

$$P=\begin{pmatrix}3-6k_1 & 4-6k_2 & 4-6k_3\\ -1+2k_1 & -1+2k_2 & -1+2k_3\\ k_1 & k_2 & k_3\end{pmatrix}, k_2\neq k_3.$$

276 答案 $a=1,b=3$；$\boldsymbol{\alpha}=\begin{pmatrix}-2\\3\\0\\0\\0\end{pmatrix}+c_1\begin{pmatrix}1\\-2\\1\\0\\0\end{pmatrix}+c_2\begin{pmatrix}1\\-2\\0\\1\\0\end{pmatrix}+c_3\begin{pmatrix}5\\-6\\0\\0\\1\end{pmatrix}$（$c_1,c_2,c_3$ 为任意常数）.

方程组 (I) 与 (II) 有公共解，即联立方程组 (III) $\begin{cases}x_1+x_2+x_3+x_4+x_5=a\\3x_1+2x_2+x_3+x_4-3x_5=0\\x_2+2x_3+2x_4+6x_5=b\\5x_1+4x_2+3x_3+3x_4-x_5=2\end{cases}$ 有解，且其解为方程组 (I) 与 (II) 的公共解.

对方程组 (III) 的增广矩阵 $\overline{A}$ 作初等行变换，

$$\overline{A}=\left(\begin{array}{ccccc|c}1&1&1&1&1&a\\3&2&1&1&-3&0\\0&1&2&2&6&b\\5&4&3&3&-1&2\end{array}\right)\to\left(\begin{array}{ccccc|c}1&1&1&1&1&a\\0&-1&-2&-2&-6&-3a\\0&1&2&2&6&b\\0&-1&-2&-2&-6&2-5a\end{array}\right)\to\left(\begin{array}{ccccc|c}1&1&1&1&1&a\\0&1&2&2&6&3a\\0&0&0&0&0&b-3a\\0&0&0&0&0&2-2a\end{array}\right),$$

当 $b-3a=0, 2-2a=0$，即 $a=1,b=3$ 时，方程组有解.

当 $a=1,b=3$ 时，

$$\overline{A}\to\left(\begin{array}{ccccc|c}1&1&1&1&1&1\\0&1&2&2&6&3\\0&0&0&0&0&0\\0&0&0&0&0&0\end{array}\right)\to\left(\begin{array}{ccccc|c}1&0&-1&-1&-5&-2\\0&1&2&2&6&3\\0&0&0&0&0&0\\0&0&0&0&0&0\end{array}\right),$$

则方程组 (III) 的同解方程组为 $\begin{cases}x_1=-2+x_3+x_4+5x_5\\x_2=3-2x_3-2x_4-6x_5\end{cases}$，其中 x_3,x_4,x_5 为自由未知量. 令 $x_3=x_4=x_5=0$，得方程组的一个特解为 $\boldsymbol{\alpha}_0=(-2,3,0,0,0)^{\mathrm{T}}$. 导出组与 $\begin{cases}x_1=x_3+x_4+5x_5\\x_2=-2x_3-2x_4-6x_5\end{cases}$ 同解，其中 x_3,x_4,x_5 为自由未知量. 令 $\begin{pmatrix}x_3\\x_4\\x_5\end{pmatrix}$ 分别取 $\begin{pmatrix}1\\0\\0\end{pmatrix},\begin{pmatrix}0\\1\\0\end{pmatrix},\begin{pmatrix}0\\0\\1\end{pmatrix}$，

则导出组的一个基础解系为 $\boldsymbol{\eta}_1=\begin{pmatrix}1\\-2\\1\\0\\0\end{pmatrix},\boldsymbol{\eta}_2=\begin{pmatrix}1\\-2\\0\\1\\0\end{pmatrix},\boldsymbol{\eta}_3=\begin{pmatrix}5\\-6\\0\\0\\1\end{pmatrix}$，所以方程组 (III) 的全部解，

即方程组 (I) 与 (II) 的公共解为 $\boldsymbol{\alpha}=\begin{pmatrix}-2\\3\\0\\0\\0\end{pmatrix}+c_1\begin{pmatrix}1\\-2\\1\\0\\0\end{pmatrix}+c_2\begin{pmatrix}1\\-2\\0\\1\\0\end{pmatrix}+c_3\begin{pmatrix}5\\-6\\0\\0\\1\end{pmatrix}$（$c_1,c_2,c_3$ 为任意常数）.

277 答案 $k\begin{pmatrix}4\\-2\\2\\-4\\2\end{pmatrix}$，其中 k 为任意常数.

方程组 (I) 的通解为 $c_1\boldsymbol{\alpha}_1+c_2\boldsymbol{\alpha}_2+c_3\boldsymbol{\alpha}_3$，其中 c_1,c_2,c_3 为任意常数. 方程组 (II) 的通解为 $k_1\boldsymbol{\beta}_1+k_2\boldsymbol{\beta}_2$，其中 k_1,k_2 为任意常数. 设 $\boldsymbol{x}=c_1\boldsymbol{\alpha}_1+c_2\boldsymbol{\alpha}_2+c_3\boldsymbol{\alpha}_3=k_1\boldsymbol{\beta}_1+k_2\boldsymbol{\beta}_2$ 是其公共解，则

$c_1\boldsymbol{\alpha}_1+c_2\boldsymbol{\alpha}_2+c_3\boldsymbol{\alpha}_3-k_1\boldsymbol{\beta}_1-k_2\boldsymbol{\beta}_2=\mathbf{0}$，即 $c_1\begin{pmatrix}1\\1\\1\\0\\2\end{pmatrix}+c_2\begin{pmatrix}0\\1\\1\\0\\1\end{pmatrix}+c_3\begin{pmatrix}2\\1\\0\\1\\3\end{pmatrix}+k_1\begin{pmatrix}0\\-2\\2\\0\\-2\end{pmatrix}+k_2\begin{pmatrix}-1\\3\\-3\\1\\2\end{pmatrix}=\mathbf{0}$.

对矩阵 $(\boldsymbol{\alpha}_1,\boldsymbol{\alpha}_2,\boldsymbol{\alpha}_3,-\boldsymbol{\beta}_1,-\boldsymbol{\beta}_2)$ 作初等行变换，

$$(\boldsymbol{\alpha}_1,\boldsymbol{\alpha}_2,\boldsymbol{\alpha}_3,-\boldsymbol{\beta}_1,-\boldsymbol{\beta}_2)\to\begin{pmatrix}1&0&0&0&-3\\0&1&0&0&\frac{5}{2}\\0&0&1&0&1\\0&0&0&1&-\frac{5}{4}\\0&0&0&0&0\end{pmatrix},$$

于是 $c_1=3k_2,c_2=-\frac{5}{2}k_2,c_3=-k_2,k_1=\frac{5}{4}k_2$.

令 $k_2=4k$，则 $c_1=12k,c_2=-10k,c_3=-4k,k_1=5k$，从而方程组 (I) 与 (II) 的公共解为

$5k\boldsymbol{\beta}_1+4k\boldsymbol{\beta}_2=k\begin{pmatrix}4\\-2\\2\\-4\\2\end{pmatrix}$，其中 k 为任意常数.

278 答案 $a=-1,b=-2,c=4$.

对方程组 (I) 的增广矩阵 $\overline{\boldsymbol{A}}$ 作初等行变换，

$$\overline{\boldsymbol{A}}=\left(\begin{array}{cccc:c}1&0&-1&0&2\\0&1&0&-2&2\\0&0&1&1&-1\end{array}\right)\to\left(\begin{array}{cccc:c}1&0&0&1&1\\0&1&0&-2&2\\0&0&1&1&-1\end{array}\right),$$

得方程组 (I) 的同解方程组为$\begin{cases}x_1=1-x_4\\x_2=2+2x_4\\x_3=-1-x_4\end{cases}$，其中$x_4$为自由未知量．令$x_4=0$，得方程组 (I) 的一个特解为$\boldsymbol{\alpha}_0=\begin{pmatrix}1\\2\\-1\\0\end{pmatrix}$.

导出组与方程组$\begin{cases}x_1=-x_4\\x_2=2x_4\\x_3=-x_4\end{cases}$同解，其中$x_4$为自由未知量．令$x_4=1$，得导出组的一个基础解系为$\boldsymbol{\eta}=\begin{pmatrix}-1\\2\\-1\\1\end{pmatrix}$.

因为 (I) 与 (II) 同解，所以$\boldsymbol{\alpha}_0$是方程组 (II) 的解，$\boldsymbol{\eta}$是其导出组的解．因此，$\begin{cases}-2+2-a=1\\3+2-1=c\\-1+2+1+b=0\end{cases}$，解得$a=-1,b=-2,c=4$.

279 答案 (1) 略; (2) $a=1$.

(1) 证明：对矩阵$(\boldsymbol{A},\boldsymbol{\alpha})$作初等行变换，

$$(\boldsymbol{A},\boldsymbol{\alpha})=\begin{pmatrix}1&-1&0&-1&0\\1&1&0&3&2\\2&1&2&6&3\end{pmatrix}\to\begin{pmatrix}1&-1&0&-1&0\\0&2&0&4&2\\0&3&2&8&3\end{pmatrix}\to$$
$$\begin{pmatrix}1&-1&0&-1&0\\0&1&0&2&1\\0&0&1&1&0\end{pmatrix}\to\begin{pmatrix}1&0&0&1&1\\0&1&0&2&1\\0&0&1&1&0\end{pmatrix}.$$

方程组的同解方程组为$\begin{cases}x_1=1-x_4\\x_2=1-2x_4\\x_3=-x_4\end{cases}$，$x_4$为自由未知量．令$x_4=k$，得方程组的一般解为$(1-k,1-2k,-k,k)^{\mathrm{T}}$，其中$k$为任意常数.

因为$\begin{pmatrix}1&0&1&2\\1&-1&a&a-1\\2&-3&2&-2\end{pmatrix}\begin{pmatrix}1-k\\1-2k\\-k\\k\end{pmatrix}=\begin{pmatrix}1\\0\\-1\end{pmatrix}$，所以方程组$\boldsymbol{Ax}=\boldsymbol{\alpha}$的解均为方程组$\boldsymbol{Bx}=\boldsymbol{\beta}$的解.

(2) 因为方程组$\boldsymbol{Ax}=\boldsymbol{\alpha}$的解均为方程组$\boldsymbol{Bx}=\boldsymbol{\beta}$的解，若方程组$\boldsymbol{Ax}=\boldsymbol{\alpha}$与方程组$\boldsymbol{Bx}=\boldsymbol{\beta}$不同解，则$\boldsymbol{Ax}=\boldsymbol{\alpha}$的解是$\boldsymbol{Bx}=\boldsymbol{\beta}$的解的真子集，所以$n-r(\boldsymbol{A})<n-r(\boldsymbol{B})$，即$r(\boldsymbol{A})>r(\boldsymbol{B})$. 由于$r(\boldsymbol{A})=3$，因此$r(\boldsymbol{B})\leqslant 2$．对矩阵$\boldsymbol{B}$作初等行变换，

$$\boldsymbol{B}=\begin{pmatrix}1&0&1&2\\1&-1&a&a-1\\2&-3&2&-2\end{pmatrix}\to\begin{pmatrix}1&0&1&2\\0&-1&a-1&a-3\\0&1&0&2\end{pmatrix}\to\begin{pmatrix}1&0&1&2\\0&1&0&2\\0&0&a-1&a-1\end{pmatrix},$$

故 $a=1$.

280 答案 (B).

若 $\boldsymbol{Ax}=\boldsymbol{b}$，则 $\boldsymbol{QAx}=\boldsymbol{Qb}$，从而方程组 $\boldsymbol{Ax}=\boldsymbol{b}$ 的解必为 $\boldsymbol{QAx}=\boldsymbol{Qb}$ 的解.

反之，若 $\boldsymbol{QAx}=\boldsymbol{Qb}$，因为 $\boldsymbol{Q}$ 为可逆矩阵，所以 $\boldsymbol{Q}^{-1}\boldsymbol{QAx}=\boldsymbol{Q}^{-1}\boldsymbol{Qb}$，即 $\boldsymbol{Ax}=\boldsymbol{b}$，从而方程组 $\boldsymbol{QAx}=\boldsymbol{Qb}$ 的解必为 $\boldsymbol{Ax}=\boldsymbol{b}$ 的解.

综上所述，这两个方程组同解，应选 (B).

第 5 章　特征值与特征向量

281 答案 0，$\boldsymbol{\alpha}$.

因为 $\boldsymbol{A\alpha}=\boldsymbol{0}=0\boldsymbol{\alpha}$，且 $\boldsymbol{\alpha}\neq\boldsymbol{0}$，所以 $\boldsymbol{A}$ 的一个特征值为 0，对应的特征向量之一为 $\boldsymbol{\alpha}$.

282 答案 2，$\begin{pmatrix}1\\1\\\vdots\\1\end{pmatrix}$.

因为 $\boldsymbol{A}\begin{pmatrix}1\\1\\\vdots\\1\end{pmatrix}=\begin{pmatrix}2\\2\\\vdots\\2\end{pmatrix}=2\begin{pmatrix}1\\1\\\vdots\\1\end{pmatrix}$，所以 $\boldsymbol{A}$ 的一个特征值为 2，对应的特征向量之一为 $\begin{pmatrix}1\\1\\\vdots\\1\end{pmatrix}$.

283 答案 1，$\boldsymbol{\alpha}$；2，$\boldsymbol{\beta}$.

因为 $(\boldsymbol{A\alpha},\boldsymbol{A\beta})=(\boldsymbol{\alpha},2\boldsymbol{\beta})$，即 $\boldsymbol{A\alpha}=\boldsymbol{\alpha},\boldsymbol{A\beta}=2\boldsymbol{\beta}$，且 $\boldsymbol{\alpha},\boldsymbol{\beta}$ 均为非零向量，所以 $1,2$ 为 $\boldsymbol{A}$ 的特征值，对应的特征向量之一分别为 $\boldsymbol{\alpha},\boldsymbol{\beta}$.

284 答案 -1，$\boldsymbol{\alpha}$.

因为 $\boldsymbol{A\alpha}=(\boldsymbol{E}-2\boldsymbol{\alpha\alpha}^{\mathrm{T}})\boldsymbol{\alpha}=\boldsymbol{E\alpha}-2\boldsymbol{\alpha\alpha}^{\mathrm{T}}\boldsymbol{\alpha}=\boldsymbol{\alpha}-2\boldsymbol{\alpha}(\boldsymbol{\alpha}^{\mathrm{T}}\boldsymbol{\alpha})=\boldsymbol{\alpha}-2\boldsymbol{\alpha}\cdot 1=-\boldsymbol{\alpha}$，所以 -1 为 $\boldsymbol{A}$ 的一个特征值，对应的特征向量之一为 $\boldsymbol{\alpha}$.

285 答案 (D).

由特征向量的定义知 (D) 正确.

286 答案 -2，6，-4.

设特征向量 $\boldsymbol{\alpha}$ 对应的特征值为 λ，则 $\boldsymbol{A\alpha}=\lambda\boldsymbol{\alpha}$，即

$$\begin{pmatrix}3&2&-1\\x&-2&2\\3&y&-1\end{pmatrix}\begin{pmatrix}1\\-2\\3\end{pmatrix}=\lambda\begin{pmatrix}1\\-2\\3\end{pmatrix}，故\begin{cases}-4=\lambda\\x+10=-2\lambda,\\-2y=3\lambda\end{cases}$$

解之得 $x=-2,y=6,\lambda=-4$.

287 答案 $\lambda\boldsymbol{E}$.

设 $\boldsymbol{A}$ 对应于特征值 λ 的 n 个线性无关的特征向量为 $\boldsymbol{\alpha}_1,\boldsymbol{\alpha}_2,\cdots,\boldsymbol{\alpha}_n$，则 $\boldsymbol{A\alpha}_1=\lambda\boldsymbol{\alpha}_1,\boldsymbol{A\alpha}_2=\lambda\boldsymbol{\alpha}_2,\cdots,$ $\boldsymbol{A\alpha}_n=\lambda\boldsymbol{\alpha}_n$. 于是，$\boldsymbol{A}(\boldsymbol{\alpha}_1,\boldsymbol{\alpha}_2,\cdots,\boldsymbol{\alpha}_n)=(\boldsymbol{A\alpha}_1,\boldsymbol{A\alpha}_2,\cdots,\boldsymbol{A\alpha}_n)=(\lambda\boldsymbol{\alpha}_1,\lambda\boldsymbol{\alpha}_2,\cdots,\lambda\boldsymbol{\alpha}_n)=\lambda(\boldsymbol{\alpha}_1,\boldsymbol{\alpha}_2,\cdots,$ $\boldsymbol{\alpha}_n)$. 令 $\boldsymbol{P}=(\boldsymbol{\alpha}_1,\boldsymbol{\alpha}_2,\cdots,\boldsymbol{\alpha}_n)$，则 $\boldsymbol{AP}=\lambda\boldsymbol{P}$. 因为 $\boldsymbol{\alpha}_1,\boldsymbol{\alpha}_2,\cdots,\boldsymbol{\alpha}_n$ 线性无关，所以 $\boldsymbol{P}$ 可逆，从而 $\boldsymbol{A}=\lambda\boldsymbol{E}$.

288 证明 反证法. 假设 $\boldsymbol{\alpha}_1+\boldsymbol{\alpha}_2$ 是 $\boldsymbol{A}$ 对应于特征值 λ_0 的特征向量，则 $\boldsymbol{A}(\boldsymbol{\alpha}_1+\boldsymbol{\alpha}_2)=\lambda_0(\boldsymbol{\alpha}_1+\boldsymbol{\alpha}_2)$，即 $\boldsymbol{A\alpha}_1+\boldsymbol{A\alpha}_2=\lambda_0\boldsymbol{\alpha}_1+\lambda_0\boldsymbol{\alpha}_2$，由于 $\boldsymbol{A\alpha}_1+\boldsymbol{A\alpha}_2=\lambda_1\boldsymbol{\alpha}_1+\lambda_2\boldsymbol{\alpha}_2$，因此 $\lambda_1\boldsymbol{\alpha}_1+\lambda_2\boldsymbol{\alpha}_2=\lambda_0\boldsymbol{\alpha}_1+\lambda_0\boldsymbol{\alpha}_2$，

故 $(\lambda_1-\lambda_0)\boldsymbol{\alpha}_1+(\lambda_2-\lambda_0)\boldsymbol{\alpha}_2=\mathbf{0}$．因为 $\lambda_1\neq\lambda_2$，所以 $\boldsymbol{\alpha}_1,\boldsymbol{\alpha}_2$ 线性无关．于是，$\lambda_1-\lambda_0=\lambda_2-\lambda_0=0$，即 $\lambda_1=\lambda_2=\lambda_0$，与 $\lambda_1\neq\lambda_2$ 矛盾．因此，$\boldsymbol{\alpha}_1+\boldsymbol{\alpha}_2$ 不是 $\boldsymbol{A}$ 的特征向量.

289 证明 反证法．假设 $\lambda_1,\lambda_2,\lambda_3$ 互不相等，则 $\boldsymbol{\alpha}_1,\boldsymbol{\alpha}_2,\boldsymbol{\alpha}_3$ 线性无关．由 $\boldsymbol{\alpha}_1+\boldsymbol{\alpha}_2+\boldsymbol{\alpha}_3$ 也是 $\boldsymbol{A}$ 的特征向量知 $\boldsymbol{A}(\boldsymbol{\alpha}_1+\boldsymbol{\alpha}_2+\boldsymbol{\alpha}_3)=\lambda_0(\boldsymbol{\alpha}_1+\boldsymbol{\alpha}_2+\boldsymbol{\alpha}_3)$，其中 λ_0 为 $\boldsymbol{\alpha}_1+\boldsymbol{\alpha}_2+\boldsymbol{\alpha}_3$ 对应的特征值．于是，$\lambda_0\boldsymbol{\alpha}_1+\lambda_0\boldsymbol{\alpha}_2+\lambda_0\boldsymbol{\alpha}_3=\boldsymbol{A}\boldsymbol{\alpha}_1+\boldsymbol{A}\boldsymbol{\alpha}_2+\boldsymbol{A}\boldsymbol{\alpha}_3=\lambda_1\boldsymbol{\alpha}_1+\lambda_2\boldsymbol{\alpha}_2+\lambda_3\boldsymbol{\alpha}_3$，即 $(\lambda_1-\lambda_0)\boldsymbol{\alpha}_1+(\lambda_2-\lambda_0)\boldsymbol{\alpha}_2+(\lambda_3-\lambda_0)\boldsymbol{\alpha}_3=\mathbf{0}$.

由 $\boldsymbol{\alpha}_1,\boldsymbol{\alpha}_2,\boldsymbol{\alpha}_3$ 线性无关知 $\lambda_1-\lambda_0=\lambda_2-\lambda_0=\lambda_3-\lambda_0=0$，即 $\lambda_1=\lambda_2=\lambda_3=\lambda_0$，与 $\lambda_1,\lambda_2,\lambda_3$ 互不相等的假设矛盾，所以 $\lambda_1,\lambda_2,\lambda_3$ 中至少有两个相等.

290 答案 $\lambda_2\lambda_3\neq 0$.

由题意知 $\boldsymbol{A}\boldsymbol{\alpha}_1=\lambda_1\boldsymbol{\alpha}_1,\boldsymbol{A}\boldsymbol{\alpha}_2=\lambda_2\boldsymbol{\alpha}_2,\boldsymbol{A}\boldsymbol{\alpha}_3=\lambda_3\boldsymbol{\alpha}_3$．于是，$\boldsymbol{A}^2\boldsymbol{\alpha}_1=\lambda_1^2\boldsymbol{\alpha}_1,\boldsymbol{A}^2\boldsymbol{\alpha}_2=\lambda_2^2\boldsymbol{\alpha}_2,\boldsymbol{A}^2\boldsymbol{\alpha}_3=\lambda_3^2\boldsymbol{\alpha}_3$，从而，

$$[\boldsymbol{\alpha}_1,\boldsymbol{A}(\boldsymbol{\alpha}_1+\boldsymbol{\alpha}_2),\boldsymbol{A}^2(\boldsymbol{\alpha}_1+\boldsymbol{\alpha}_2+\boldsymbol{\alpha}_3)]=(\boldsymbol{\alpha}_1,\boldsymbol{A}\boldsymbol{\alpha}_1+\boldsymbol{A}\boldsymbol{\alpha}_2,\boldsymbol{A}^2\boldsymbol{\alpha}_1+\boldsymbol{A}^2\boldsymbol{\alpha}_2+\boldsymbol{A}^2\boldsymbol{\alpha}_3)$$

$$=(\boldsymbol{\alpha}_1,\lambda_1\boldsymbol{\alpha}_1+\lambda_2\boldsymbol{\alpha}_2,\lambda_1^2\boldsymbol{\alpha}_1+\lambda_2^2\boldsymbol{\alpha}_2+\lambda_3^2\boldsymbol{\alpha}_3)=(\boldsymbol{\alpha}_1,\boldsymbol{\alpha}_2,\boldsymbol{\alpha}_3)\begin{pmatrix}1&\lambda_1&\lambda_1^2\\0&\lambda_2&\lambda_2^2\\0&0&\lambda_3^2\end{pmatrix}.$$

因为 $\lambda_1,\lambda_2,\lambda_3$ 互异，所以 $\boldsymbol{\alpha}_1,\boldsymbol{\alpha}_2,\boldsymbol{\alpha}_3$ 线性无关．于是，$\boldsymbol{\alpha}_1,\boldsymbol{A}(\boldsymbol{\alpha}_1+\boldsymbol{\alpha}_2),\boldsymbol{A}^2(\boldsymbol{\alpha}_1+\boldsymbol{\alpha}_2+\boldsymbol{\alpha}_3)$ 线性无关的充要条件是 $\begin{pmatrix}1&\lambda_1&\lambda_1^2\\0&\lambda_2&\lambda_2^2\\0&0&\lambda_3^2\end{pmatrix}$ 可逆，即 $\lambda_2\lambda_3\neq 0$.

291 答案 $c\boldsymbol{P}^{\mathrm{T}}\boldsymbol{\alpha}(c\neq 0)$.

由题意知 $\boldsymbol{A}\boldsymbol{\alpha}=\lambda\boldsymbol{\alpha}$，设 $(\boldsymbol{P}^{-1}\boldsymbol{A}\boldsymbol{P})^{\mathrm{T}}$ 对应于特征值 λ 的特征向量为 $\boldsymbol{\beta}$，则 $(\boldsymbol{P}^{-1}\boldsymbol{A}\boldsymbol{P})^{\mathrm{T}}\boldsymbol{\beta}=\lambda\boldsymbol{\beta}$.

于是，

$$\boldsymbol{P}^{\mathrm{T}}\boldsymbol{A}^{\mathrm{T}}(\boldsymbol{P}^{-1})^{\mathrm{T}}\boldsymbol{\beta}=\lambda\boldsymbol{\beta},$$
$$\boldsymbol{P}^{\mathrm{T}}\boldsymbol{A}(\boldsymbol{P}^{\mathrm{T}})^{-1}\boldsymbol{\beta}=\lambda\boldsymbol{\beta},$$
$$\boldsymbol{A}(\boldsymbol{P}^{\mathrm{T}})^{-1}\boldsymbol{\beta}=(\boldsymbol{P}^{\mathrm{T}})^{-1}(\lambda\boldsymbol{\beta}),$$
$$\boldsymbol{A}(\boldsymbol{P}^{\mathrm{T}})^{-1}\boldsymbol{\beta}=\lambda(\boldsymbol{P}^{\mathrm{T}})^{-1}\boldsymbol{\beta}.$$

显然，$(\boldsymbol{P}^{\mathrm{T}})^{-1}\boldsymbol{\beta}\neq\mathbf{0}$，所以 $(\boldsymbol{P}^{\mathrm{T}})^{-1}\boldsymbol{\beta}$ 也是 $\boldsymbol{A}$ 对应于特征值 λ 的特征向量．不妨设 $(\boldsymbol{P}^{\mathrm{T}})^{-1}\boldsymbol{\beta}=c\boldsymbol{\alpha}$，其中 $c\neq 0$，从而，$\boldsymbol{\beta}=\boldsymbol{P}^{\mathrm{T}}(c\boldsymbol{\alpha})=c\boldsymbol{P}^{\mathrm{T}}\boldsymbol{\alpha}$，即 $(\boldsymbol{P}^{-1}\boldsymbol{A}\boldsymbol{P})^{\mathrm{T}}$ 对应于特征值 λ 的特征向量之一为 $c\boldsymbol{P}^{\mathrm{T}}\boldsymbol{\alpha}(c\neq 0)$.

292 证明 设 λ 是 $\boldsymbol{AB}$ 的一个非零特征值，对应的特征向量为 $\boldsymbol{\alpha}$，则 $\boldsymbol{AB}\boldsymbol{\alpha}=\lambda\boldsymbol{\alpha}$．显然，$\boldsymbol{B}\boldsymbol{\alpha}\neq\mathbf{0}$．否则，$\lambda\boldsymbol{\alpha}=\boldsymbol{AB}\boldsymbol{\alpha}=\mathbf{0}$．因为 $\boldsymbol{\alpha}\neq\mathbf{0}$，所以 $\lambda=0$，与 $\lambda\neq 0$ 矛盾.

由于 $\boldsymbol{AB}\boldsymbol{\alpha}=\lambda\boldsymbol{\alpha},\boldsymbol{BAB}\boldsymbol{\alpha}=\boldsymbol{B}(\lambda\boldsymbol{\alpha}),\boldsymbol{BA}(\boldsymbol{B}\boldsymbol{\alpha})=\lambda(\boldsymbol{B}\boldsymbol{\alpha})$，因此 λ 也是 $\boldsymbol{BA}$ 的特征值，即 λ 是 $\boldsymbol{AB}$ 与 $\boldsymbol{BA}$ 的相同非零特征值.

293 证明 设 $\boldsymbol{A}$ 的任意一个特征向量为 $\boldsymbol{\alpha}$，对应的特征值为 λ，则 $\boldsymbol{A\alpha}=\lambda\boldsymbol{\alpha}$. 于是，$\boldsymbol{A}(\boldsymbol{B\alpha})=(\boldsymbol{AB})\boldsymbol{\alpha}=(\boldsymbol{BA})\boldsymbol{\alpha}=\boldsymbol{B}(\boldsymbol{A\alpha})=\boldsymbol{B}(\lambda\boldsymbol{\alpha})=\lambda(\boldsymbol{B\alpha})$.

若 $\boldsymbol{B\alpha}\neq\boldsymbol{0}$，则 $\boldsymbol{B\alpha}$ 也是 $\boldsymbol{A}$ 对应于特征值 λ 的特征向量. 因为 $\boldsymbol{A}$ 有 n 个互不相同的特征值，所以 $\boldsymbol{A}$ 对应于特征值 λ 的线性无关的特征向量只有一个. 于是，存在常数 μ，使得 $\boldsymbol{B\alpha}=\mu\boldsymbol{\alpha}$，即 $\boldsymbol{\alpha}$ 是 $\boldsymbol{B}$ 对应于特征值 μ 的特征向量.

若 $\boldsymbol{B\alpha}=\boldsymbol{0}$，则 $\boldsymbol{B\alpha}=\boldsymbol{0}=0\boldsymbol{\alpha}$，所以 $\boldsymbol{\alpha}$ 是 $\boldsymbol{B}$ 对应于特征值 0 的特征向量.

综上所述，$\boldsymbol{A}$ 的特征向量都是 $\boldsymbol{B}$ 的特征向量.

294 答案 3，2，$\frac{5}{3}$.

由 $\boldsymbol{A\alpha}_i=i\boldsymbol{\alpha}_i(\boldsymbol{\alpha}_i\neq\boldsymbol{0},i=1,2,3)$ 知 $\boldsymbol{A}$ 的特征值为 $1,2,3$. 于是，$2\boldsymbol{A}^{-1}+\boldsymbol{E}$ 的特征值为 $2\times\frac{1}{1}+1,2\times\frac{1}{2}+1,2\times\frac{1}{3}+1$，即 $3,2,\frac{5}{3}$.

295 答案 $\frac{11}{5}$.

由

$$|\lambda\boldsymbol{E}-\boldsymbol{A}|=\begin{vmatrix}\lambda-1 & -2 & -2\\ -2 & \lambda-1 & -2\\ -2 & -2 & \lambda-1\end{vmatrix}=(\lambda+1)^2(\lambda-5)=0$$

知 $\boldsymbol{A}$ 的特征值为 $-1,-1,5$. 于是，$2\boldsymbol{E}+\boldsymbol{A}^{-1}$ 的特征值为 $2+\frac{1}{-1},2+\frac{1}{-1},2+\frac{1}{5}$，即 $1,1,\frac{11}{5}$，从而，$|2\boldsymbol{E}+\boldsymbol{A}^{-1}|=1\times1\times\frac{11}{5}=\frac{11}{5}$.

296 答案 63.

因为 $\boldsymbol{A}$ 的特征值为 $1,2,-3$，所以 $|\boldsymbol{A}|=1\times2\times(-3)=-6$. 于是，$\boldsymbol{A}^*+3\boldsymbol{A}$ 的特征值为 $\frac{|\boldsymbol{A}|}{1}+3\times1,\frac{|\boldsymbol{A}|}{2}+3\times2,\frac{|\boldsymbol{A}|}{-3}+3\times(-3)$，即 $-3,3,-7$，从而，$|\boldsymbol{A}^*+3\boldsymbol{A}|=(-3)\times3\times(-7)=63$.

297 答案 可逆.

设 $f(x)=x^2+3x+1$，则 $\boldsymbol{B}=f(\boldsymbol{A})$ 的特征值为 $f(-1)=(-1)^2+3\times(-1)+1=-1,f(1)=1^2+3\times1+1=5,f(2)=2^2+3\times2+1=11$. 显然，$\boldsymbol{B}$ 的特征值都非零，所以 $\boldsymbol{B}$ 可逆.

298 答案 $\frac{1}{2}$.

因为 $|2\boldsymbol{E}+\boldsymbol{A}|=0,|-(-2\boldsymbol{E}-\boldsymbol{A})|=0,(-1)^4|-2\boldsymbol{E}-\boldsymbol{A}|=0,|-2\boldsymbol{E}-\boldsymbol{A}|=0$，所以 $\boldsymbol{A}$ 的一个特征值为 $\lambda=-2$.

由 $\boldsymbol{AA}^{\mathrm{T}}=\boldsymbol{E}$ 知 $|\boldsymbol{AA}^{\mathrm{T}}|=|\boldsymbol{E}|,|\boldsymbol{A}|\cdot|\boldsymbol{A}^{\mathrm{T}}|=1,|\boldsymbol{A}|^2=1$. 又因为 $|\boldsymbol{A}|<0$，所以 $|\boldsymbol{A}|=-1$. 于是，$\boldsymbol{A}^*$ 的一个特征值为 $\frac{|\boldsymbol{A}|}{\lambda}=\frac{-1}{-2}=\frac{1}{2}$.

299 答案 -5，4，-2.

易知

$$|-2\boldsymbol{E}-\boldsymbol{A}|=\begin{vmatrix}-3 & 3 & -3\\ -3 & -2-a & -3\\ -6 & 6 & -2-b\end{vmatrix}=3(a+5)(4-b)=0,$$

$$|4\boldsymbol{E}-\boldsymbol{A}|=\begin{vmatrix}3 & 3 & -3\\ -3 & 4-a & -3\\ -6 & 6 & 4\ \ b\end{vmatrix}=3[72-(7-a)(b+2)]=0.$$

联立上述二式，解得 $a=-5,b=4$.

因为 $\operatorname{tr}(\boldsymbol{A})=\lambda_1+\lambda_2+\lambda_3$，即 $1+a+b=(-2)+4+\lambda_3$，所以 $\lambda_3=-2$.

300 答案 $\dfrac{1}{a}+3$.

由

$$\boldsymbol{A}\begin{pmatrix}1\\1\\1\end{pmatrix}=\begin{pmatrix}a\\a\\a\end{pmatrix}=a\begin{pmatrix}1\\1\\1\end{pmatrix}$$

知 $\boldsymbol{A}$ 的一个特征值为 a，对应的特征向量之一为 $\begin{pmatrix}1\\1\\1\end{pmatrix}$.

再由 $\boldsymbol{A}$ 可逆知 $a\neq 0$. 于是，$\boldsymbol{A}^{-1}+3\boldsymbol{E}$ 的一个特征值为 $\dfrac{1}{a}+3$，对应的特征向量之一为 $\begin{pmatrix}1\\1\\1\end{pmatrix}$，

所以

$$(\boldsymbol{A}^{-1}+3\boldsymbol{E})\begin{pmatrix}1\\1\\1\end{pmatrix}=\left(\frac{1}{a}+3\right)\begin{pmatrix}1\\1\\1\end{pmatrix}=\begin{pmatrix}\dfrac{1}{a}+3\\ \dfrac{1}{a}+3\\ \dfrac{1}{a}+3\end{pmatrix},$$

即 $\boldsymbol{A}^{-1}+3\boldsymbol{E}$ 的每行元素之和均为 $\dfrac{1}{a}+3$.

301 证明 (1) 设 $\boldsymbol{\alpha}=\begin{pmatrix}a_1\\a_2\\a_3\end{pmatrix},\boldsymbol{\beta}=\begin{pmatrix}b_1\\b_2\\b_3\end{pmatrix}$，则 $\boldsymbol{\alpha\beta}^{\mathrm T}=\begin{pmatrix}a_1\\a_2\\a_3\end{pmatrix}(b_1,b_2,b_3)=\begin{pmatrix}a_1b_1 & a_1b_2 & a_1b_3\\ a_2b_1 & a_2b_2 & a_2b_3\\ a_3b_1 & a_3b_2 & a_3b_3\end{pmatrix}$.

显然，$\operatorname{tr}(\boldsymbol{\alpha\beta}^{\mathrm T})=a_1b_1+a_2b_2+a_3b_3=(a_1,a_2,a_3)\begin{pmatrix}b_1\\b_2\\b_3\end{pmatrix}=\boldsymbol{\alpha}^{\mathrm T}\boldsymbol{\beta}$.

(2) 易见 $(\boldsymbol{\alpha\alpha}^{\mathrm T})^2=\boldsymbol{\alpha\alpha}^{\mathrm T}\cdot\boldsymbol{\alpha\alpha}^{\mathrm T}=\boldsymbol{\alpha}(\boldsymbol{\alpha}^{\mathrm T}\boldsymbol{\alpha})\boldsymbol{\alpha}^{\mathrm T}=(\boldsymbol{\alpha}^{\mathrm T}\boldsymbol{\alpha})\boldsymbol{\alpha\alpha}^{\mathrm T}=1\cdot\boldsymbol{\alpha\alpha}^{\mathrm T}=\boldsymbol{\alpha\alpha}^{\mathrm T}$. 设矩阵 $\boldsymbol{\alpha\alpha}^{\mathrm T}$ 的特征值为 λ，则由上式知 $\lambda^2=\lambda$，即 $\lambda=1$ 或 $\lambda=0$. 由 (1) 知 $\operatorname{tr}(\boldsymbol{\alpha\alpha}^{\mathrm T})=\boldsymbol{\alpha}^{\mathrm T}\boldsymbol{\alpha}=1$，所以 $\boldsymbol{\alpha\alpha}^{\mathrm T}$ 的特征值为 1,0,0. 于是，特征值 1 对应的线性无关的特征向量的个数为 1，即 3−

$r(\boldsymbol{E}-\boldsymbol{\alpha}\boldsymbol{\alpha}^{\mathrm{T}})=1$，因此 $r(\boldsymbol{E}-\boldsymbol{\alpha}\boldsymbol{\alpha}^{\mathrm{T}})=2$.

302 答案 4.

设 $\boldsymbol{A}$ 的特征值为 λ，则 $\boldsymbol{A}^2+\boldsymbol{A}-2\boldsymbol{E}$ 的特征值为 $\lambda^2+\lambda-2$. 因为 $\boldsymbol{A}^2+\boldsymbol{A}-2\boldsymbol{E}=\boldsymbol{O}$，所以 $\lambda^2+\lambda-2=0$，即 $\lambda=1$ 或 $\lambda=-2$.

由 $1<|\boldsymbol{A}|<5$ 知 $\boldsymbol{A}$ 的三个特征值分别为 $1,-2,-2$，从而，$|\boldsymbol{A}|=1\times(-2)\times(-2)=4$.

303 证明 设 $\boldsymbol{A}$ 的特征值为 λ，对应的特征向量为 $\boldsymbol{\alpha}$，则 $\boldsymbol{A}\boldsymbol{\alpha}=\lambda\boldsymbol{\alpha}$. 于是，由正交矩阵的性质知 $\|\boldsymbol{\alpha}\|=\|\boldsymbol{A}\boldsymbol{\alpha}\|=\|\lambda\boldsymbol{\alpha}\|=|\lambda|\cdot\|\boldsymbol{\alpha}\|$. 因为 $\boldsymbol{\alpha}\neq\boldsymbol{0}\Rightarrow\|\boldsymbol{\alpha}\|\neq 0$，所以 $|\lambda|=1$，即 $\lambda=\pm 1$. 由于 $|\boldsymbol{A}|<0$，因此 $\boldsymbol{A}$ 的特征值中至少有一个为 -1.

304 证明 设 $\boldsymbol{A}$ 的特征值为 λ，则 $\boldsymbol{A}^2$ 的特征值为 λ^2. 因为 $\boldsymbol{A}^2=\boldsymbol{E}$，且 $\boldsymbol{E}$ 的特征值均为 1，所以 $\lambda^2=1$，即 $\lambda=\pm 1$.

由于 $|\boldsymbol{A}|<0$，因此 $\boldsymbol{A}$ 的特征值中至少有一个为 -1.

305 证明 因为特征向量 $\boldsymbol{\alpha}_1,\boldsymbol{\alpha}_2$ 对应的特征值互异，所以 $\boldsymbol{\alpha}_1,\boldsymbol{\alpha}_2$ 线性无关. 于是，要证明 $\boldsymbol{\alpha}_1,\boldsymbol{\alpha}_2,\boldsymbol{\alpha}_3$ 线性无关，只需证明 $\boldsymbol{\alpha}_3$ 不能由 $\boldsymbol{\alpha}_1,\boldsymbol{\alpha}_2$ 线性表示.

反证法. 假设 $\boldsymbol{\alpha}_3$ 可由 $\boldsymbol{\alpha}_1,\boldsymbol{\alpha}_2$ 线性表示为 $\boldsymbol{\alpha}_3=c_1\boldsymbol{\alpha}_1+c_2\boldsymbol{\alpha}_2$（其中 c_1,c_2 为常数），则 $\boldsymbol{A}\boldsymbol{\alpha}_3=\boldsymbol{A}(c_1\boldsymbol{\alpha}_1+c_2\boldsymbol{\alpha}_2)=c_1\boldsymbol{A}\boldsymbol{\alpha}_1+c_2\boldsymbol{A}\boldsymbol{\alpha}_2=c_1\cdot(-1)\boldsymbol{\alpha}_1+c_2\cdot\boldsymbol{\alpha}_2=-c_1\boldsymbol{\alpha}_1+c_2\boldsymbol{\alpha}_2$. 因为 $\boldsymbol{A}\boldsymbol{\alpha}_3=\boldsymbol{\alpha}_2+\boldsymbol{\alpha}_3=\boldsymbol{\alpha}_2+(c_1\boldsymbol{\alpha}_1+c_2\boldsymbol{\alpha}_2)=c_1\boldsymbol{\alpha}_1+(1+c_2)\boldsymbol{\alpha}_2$，所以 $-c_1\boldsymbol{\alpha}_1+c_2\boldsymbol{\alpha}_2=c_1\boldsymbol{\alpha}_1+(1+c_2)\boldsymbol{\alpha}_2$，即 $2c_1\boldsymbol{\alpha}_1+\boldsymbol{\alpha}_2=\boldsymbol{0}$，因此 $\boldsymbol{\alpha}_1,\boldsymbol{\alpha}_2$ 线性相关，与 $\boldsymbol{\alpha}_1,\boldsymbol{\alpha}_2$ 线性无关矛盾. 于是，$\boldsymbol{\alpha}_3$ 不能由 $\boldsymbol{\alpha}_1,\boldsymbol{\alpha}_2$ 线性表示，从而，$\boldsymbol{\alpha}_1,\boldsymbol{\alpha}_2,\boldsymbol{\alpha}_3$ 线性无关.

306 答案 $\lambda_1=2$，$c_1\begin{pmatrix}1\\1\end{pmatrix}(c_1\neq 0)$；$\lambda_2=4$，$c_2\begin{pmatrix}-1\\1\end{pmatrix}(c_2\neq 0)$.

由

$$|\lambda\boldsymbol{E}-\boldsymbol{A}|=\begin{vmatrix}\lambda-3 & 1\\ 1 & \lambda-3\end{vmatrix}=(\lambda-3)^2-1=0$$

知 $\boldsymbol{A}$ 的特征值为 $\lambda_1=2,\lambda_2=4$.

对 $\lambda_1=2$，解线性方程组 $(2\boldsymbol{E}-\boldsymbol{A})\boldsymbol{x}=\boldsymbol{0}$，

$$2\boldsymbol{E}-\boldsymbol{A}=\begin{pmatrix}-1 & 1\\ 1 & -1\end{pmatrix}\to\begin{pmatrix}1 & -1\\ 0 & 0\end{pmatrix},$$

得 $x_1=x_2$，基础解系为 $\boldsymbol{\alpha}_1=\begin{pmatrix}1\\1\end{pmatrix}$. 于是，$\boldsymbol{A}$ 对应于特征值 $\lambda_1=2$ 的全部特征向量为 $c_1\boldsymbol{\alpha}_1(c_1\neq 0)$.

对 $\lambda_2=4$，解线性方程组 $(4\boldsymbol{E}-\boldsymbol{A})\boldsymbol{x}=\boldsymbol{0}$，

$$4\boldsymbol{E}-\boldsymbol{A}=\begin{pmatrix}1 & 1\\ 1 & 1\end{pmatrix}\to\begin{pmatrix}1 & 1\\ 0 & 0\end{pmatrix},$$

得 $x_1=-x_2$，基础解系为 $\boldsymbol{\alpha}_2=\begin{pmatrix}-1\\1\end{pmatrix}$. 于是，$\boldsymbol{A}$ 对应于特征值 $\lambda_2=4$ 的全部特征向量为 $c_2\boldsymbol{\alpha}_2(c_2\neq 0)$.

307 答案 ±2i.

由

$$|\lambda E-A|=\begin{vmatrix}\lambda & -2\\ 2 & \lambda\end{vmatrix}=\lambda^2+4=0$$

知 A 的特征值为 $\lambda_1=2\mathrm{i},\lambda_2=-2\mathrm{i}$.

评注

实矩阵的特征值可能为实数，也可能为虚数.

308 答案 0，0，0，30.

由

$$|\lambda E-A|=\begin{vmatrix}\lambda-1 & -2 & -3 & -4\\ -2 & \lambda-4 & -6 & -8\\ -3 & -6 & \lambda-9 & -12\\ -4 & -8 & -12 & \lambda-16\end{vmatrix}=\lambda^3(\lambda-30)=0$$

知 A 的特征值为 $\lambda_1=\lambda_2=\lambda_3=0,\lambda_4=30$.

评注

(1) 特征多项式的计算过程如下，

$$\begin{vmatrix}\lambda-1 & -2 & -3 & -4\\ -2 & \lambda-4 & -6 & -8\\ -3 & -6 & \lambda-9 & -12\\ -4 & -8 & -12 & \lambda-16\end{vmatrix}=\begin{vmatrix}\lambda-1 & -2 & -3 & -4\\ -2\lambda & \lambda & 0 & 0\\ -3\lambda & 0 & \lambda & 0\\ -4\lambda & 0 & 0 & \lambda\end{vmatrix}=\begin{vmatrix}\lambda-30 & -2 & -3 & -4\\ 0 & \lambda & 0 & 0\\ 0 & 0 & \lambda & 0\\ 0 & 0 & 0 & \lambda\end{vmatrix}=\lambda^3(\lambda-30).$$

(2) 另一种简便解法见本章第358题.

309 答案 1，$c\begin{pmatrix}0\\2\\1\end{pmatrix}(c\neq 0)$.

由

$$|\lambda E-A|=\begin{vmatrix}\lambda+3 & 1 & -2\\ 0 & \lambda+1 & -4\\ 1 & 0 & \lambda-1\end{vmatrix}=(\lambda-1)(\lambda^2+4\lambda+5)=0$$

知 A 的实特征值为 $\lambda=1$.

对 $\lambda=1$，解线性方程组 $(E-A)x=0$，

$$E-A=\begin{pmatrix}4 & 1 & -2\\ 0 & 2 & -4\\ 1 & 0 & 0\end{pmatrix}\to\begin{pmatrix}1 & 0 & 0\\ 0 & 1 & -2\\ 0 & 0 & 0\end{pmatrix},$$

得 $\begin{cases}x_1=0\\ x_2=2x_3\end{cases}$，基础解系为 $\alpha=\begin{pmatrix}0\\2\\1\end{pmatrix}$. 于是，$A$ 对应于特征值 $\lambda=1$ 的全部特征向量

为 $c\boldsymbol{\alpha}(c \neq 0)$.

310 答案 a_{11}, a_{22}, $\cdots$, a_{nn}.

由

$$|\lambda \boldsymbol{E}-\boldsymbol{A}|=\begin{vmatrix}\lambda-a_{11} & -a_{12} & \cdots & -a_{1n}\\ 0 & \lambda-a_{22} & \cdots & -a_{2n}\\ \vdots & \vdots & & \vdots\\ 0 & 0 & \cdots & \lambda-a_{nn}\end{vmatrix}=(\lambda-a_{11})(\lambda-a_{22})\cdots(\lambda-a_{nn})=0$$

知 $\boldsymbol{A}$ 的特征值为 $\lambda_1=a_{11},\lambda_2=a_{22},\cdots,\lambda_n=a_{nn}$.

评注

上（下）三角形矩阵、对角矩阵的特征值为其主对角线上的元素；单位矩阵的特征值均为 1；零矩阵的特征值均为 0.

311 答案 na.

由

$$|\lambda \boldsymbol{E}-\boldsymbol{A}|=\begin{vmatrix}\lambda-a & -a & \cdots & -a\\ -a & \lambda-a & \cdots & -a\\ \vdots & \vdots & & \vdots\\ -a & -a & \cdots & \lambda-a\end{vmatrix}=\lambda^{n-1}(\lambda-na)=0$$

知 $\boldsymbol{A}$ 的特征值为 $\lambda_1=\lambda_2=\cdots=\lambda_{n-1}=0,\lambda_n=na$，所以 $\boldsymbol{A}$ 的非零特征值为 na.

312 答案 $\lambda_1=\lambda_2=1$，$c_1\begin{pmatrix}0\\1\\0\end{pmatrix}+c_2\begin{pmatrix}1\\0\\1\end{pmatrix}(c_1,c_2\text{不全为}0)$；$\lambda_3=-1$，$c_3\begin{pmatrix}-1\\0\\1\end{pmatrix}(c_3\neq 0)$.

由

$$|\lambda \boldsymbol{E}-\boldsymbol{A}|=\begin{vmatrix}\lambda & 0 & -1\\ 0 & \lambda-1 & 0\\ -1 & 0 & \lambda\end{vmatrix}=(\lambda-1)^2(\lambda+1)=0$$

知 $\boldsymbol{A}$ 的特征值为 $\lambda_1=\lambda_2=1,\lambda_3=-1$.

对 $\lambda_1=\lambda_2=1$，解线性方程组 $(\boldsymbol{E}-\boldsymbol{A})\boldsymbol{x}=\boldsymbol{0}$，

$$\boldsymbol{E}-\boldsymbol{A}=\begin{pmatrix}1 & 0 & -1\\ 0 & 0 & 0\\ -1 & 0 & 1\end{pmatrix}\to\begin{pmatrix}1 & 0 & -1\\ 0 & 0 & 0\\ 0 & 0 & 0\end{pmatrix},$$

得 $x_1=x_3$，基础解系为 $\boldsymbol{\alpha}_1=\begin{pmatrix}0\\1\\0\end{pmatrix},\boldsymbol{\alpha}_2=\begin{pmatrix}1\\0\\1\end{pmatrix}$. 于是，$\boldsymbol{A}$ 对应于特征值 $\lambda_1=\lambda_2=1$ 的全部特征向量为 $c_1\boldsymbol{\alpha}_1+c_2\boldsymbol{\alpha}_2(c_1,c_2\text{不全为 }0)$.

对 $\lambda_3=-1$，解线性方程组 $(-\boldsymbol{E}-\boldsymbol{A})\boldsymbol{x}=\boldsymbol{0}$，

$$-E-A=\begin{pmatrix}-1&0&-1\\0&-2&0\\-1&0&-1\end{pmatrix}\to\begin{pmatrix}1&0&1\\0&1&0\\0&0&0\end{pmatrix},$$

得$\begin{cases}x_1=-x_3\\x_2=0\end{cases}$，基础解系为$\boldsymbol{\alpha}_3=\begin{pmatrix}-1\\0\\1\end{pmatrix}$. 于是，$\boldsymbol{A}$ 对应于特征值 $\lambda_3=-1$ 的全部特征向量为 $c_3\boldsymbol{\alpha}_3(c_3\neq0)$.

313 答案 $\lambda_1=\lambda_2=1$，$c_1\begin{pmatrix}-1\\-2\\1\end{pmatrix}(c_1\neq0)$；$\lambda_3=2$，$c_2\begin{pmatrix}0\\0\\1\end{pmatrix}(c_2\neq0)$.

由

$$|\lambda E-A|=\begin{vmatrix}\lambda+1&-1&0\\4&\lambda-3&0\\-1&0&\lambda-2\end{vmatrix}=(\lambda-1)^2(\lambda-2)=0$$

知 $\boldsymbol{A}$ 的特征值为 $\lambda_1=\lambda_2=1,\lambda_3=2$.

对 $\lambda_1=\lambda_2=1$，解线性方程组 $(\boldsymbol{E}-\boldsymbol{A})\boldsymbol{x}=\boldsymbol{0}$，

$$E-A=\begin{pmatrix}2&-1&0\\4&-2&0\\-1&0&-1\end{pmatrix}\to\begin{pmatrix}1&0&1\\0&1&2\\0&0&0\end{pmatrix},$$

得$\begin{cases}x_1=-x_3\\x_2=-2x_3\end{cases}$，基础解系为$\boldsymbol{\alpha}_1=\begin{pmatrix}-1\\-2\\1\end{pmatrix}$. 于是，$\boldsymbol{A}$ 对应于特征值 $\lambda_1=\lambda_2=1$ 的全部特征向量为 $c_1\boldsymbol{\alpha}_1(c_1\neq0)$.

对 $\lambda_3=2$，解线性方程组 $(2\boldsymbol{E}-\boldsymbol{A})\boldsymbol{x}=\boldsymbol{0}$，

$$2E-A=\begin{pmatrix}3&-1&0\\4&-1&0\\-1&0&0\end{pmatrix}\to\begin{pmatrix}1&0&0\\0&1&0\\0&0&0\end{pmatrix},$$

得$\begin{cases}x_1=0\\x_2=0\end{cases}$，基础解系为$\boldsymbol{\alpha}_2=\begin{pmatrix}0\\0\\1\end{pmatrix}$. 于是，$\boldsymbol{A}$ 对应于特征值 $\lambda_3=2$ 的全部特征向量为 $c_2\boldsymbol{\alpha}_2(c_2\neq0)$.

314 答案 $\lambda_1=\lambda_2=2$，$c_1\begin{pmatrix}-2\\1\\0\end{pmatrix}+c_2\begin{pmatrix}2\\0\\1\end{pmatrix}(c_1,c_2\text{不全为}0)$；$\lambda_3=-7$，$c_3\begin{pmatrix}-\frac{1}{2}\\-1\\1\end{pmatrix}(c_3\neq0)$.

由

$$|\lambda E - A| = \begin{vmatrix} \lambda-1 & 2 & -2 \\ 2 & \lambda+2 & -4 \\ -2 & -4 & \lambda+2 \end{vmatrix} = (\lambda-2)^2(\lambda+7) = 0$$

知 A 的特征值为 $\lambda_1 = \lambda_2 = 2, \lambda_3 = -7$.

对 $\lambda_1 = \lambda_2 = 2$，解线性方程组 $(2E - A)x = 0$，

$$2E - A = \begin{pmatrix} 1 & 2 & -2 \\ 2 & 4 & -4 \\ -2 & -4 & 4 \end{pmatrix} \to \begin{pmatrix} 1 & 2 & -2 \\ 0 & 0 & 0 \\ 0 & 0 & 0 \end{pmatrix},$$

得 $x_1 = -2x_2 + 2x_3$，基础解系为 $\alpha_1 = \begin{pmatrix} -2 \\ 1 \\ 0 \end{pmatrix}, \alpha_2 = \begin{pmatrix} 2 \\ 0 \\ 1 \end{pmatrix}$. 于是，$A$ 对应于特征值 $\lambda_1 = \lambda_2 = 2$ 的全部特征向量为 $c_1\alpha_1 + c_2\alpha_2 (c_1, c_2$ 不全为 $0)$.

对 $\lambda_3 = -7$，解线性方程组 $(-7E - A)x = 0$，

$$-7E - A = \begin{pmatrix} -8 & 2 & -2 \\ 2 & -5 & -4 \\ -2 & -4 & -5 \end{pmatrix} \to \begin{pmatrix} 1 & 0 & \frac{1}{2} \\ 0 & 1 & 1 \\ 0 & 0 & 0 \end{pmatrix},$$

得 $\begin{cases} x_1 = -\frac{1}{2}x_3 \\ x_2 = -x_3 \end{cases}$，基础解系为 $\alpha_3 = \begin{pmatrix} -\frac{1}{2} \\ -1 \\ 1 \end{pmatrix}$. 于是，$A$ 对应于特征值 $\lambda_3 = -7$ 的全部特征向量为 $c_3\alpha_3 (c_3 \neq 0)$.

315 答案 (1) O；(2) $\lambda_1 = \lambda_2 = \cdots = \lambda_n = 0$，$c_1\begin{pmatrix} -\frac{b_2}{b_1} \\ 1 \\ 0 \\ \vdots \\ 0 \end{pmatrix} + c_2\begin{pmatrix} -\frac{b_3}{b_1} \\ 0 \\ 1 \\ \vdots \\ 0 \end{pmatrix} + \cdots + c_{n-1}\begin{pmatrix} -\frac{b_n}{b_1} \\ 0 \\ 0 \\ \vdots \\ 1 \end{pmatrix} (c_1, c_2, \cdots, c_{n-1}$ 不全为 0).

(1) $A^2 = A \cdot A = \alpha\beta^{\mathrm{T}} \cdot \alpha\beta^{\mathrm{T}} = \alpha(\beta^{\mathrm{T}}\alpha)\beta^{\mathrm{T}} = \alpha(\alpha^{\mathrm{T}}\beta)\beta^{\mathrm{T}} = \alpha \cdot 0 \cdot \beta^{\mathrm{T}} = 0 \cdot \alpha\beta^{\mathrm{T}} = 0 \cdot A = O$.

(2) 设 A 的特征值为 λ，则由 (1) 知 $\lambda^2 = 0$，即 $\lambda = 0$，所以 A 的特征值为 $\lambda_1 = \lambda_2 = \cdots = \lambda_n = 0$.

对 $\lambda_1 = \lambda_2 = \cdots = \lambda_n = 0$，解线性方程组 $(0E - A)x = 0$，即 $Ax = 0$（因为 $\alpha, \beta \neq 0$，所以不妨设 $a_1, b_1 \neq 0$）.

$$A=\begin{pmatrix}a_1\\a_2\\\vdots\\a_n\end{pmatrix}\begin{pmatrix}b_1\\b_2\\\vdots\\b_n\end{pmatrix}^{\mathrm{T}}=\begin{pmatrix}a_1\\a_2\\\vdots\\a_n\end{pmatrix}(b_1,b_2,\cdots,b_n)=\begin{pmatrix}a_1b_1&a_1b_2&\cdots&a_1b_n\\a_2b_1&a_2b_2&\cdots&a_2b_n\\\vdots&\vdots&&\vdots\\a_nb_1&a_nb_2&\cdots&a_nb_n\end{pmatrix}\to\begin{pmatrix}1&\frac{b_2}{b_1}&\cdots&\frac{b_n}{b_1}\\0&0&\cdots&0\\\vdots&\vdots&&\vdots\\0&0&\cdots&0\end{pmatrix},$$

得 $x_1=-\frac{b_2}{b_1}x_2-\frac{b_3}{b_1}x_3-\cdots-\frac{b_n}{b_1}x_n$，基础解系为 $\boldsymbol{\alpha}_1=\begin{pmatrix}-\frac{b_2}{b_1}\\1\\0\\\vdots\\0\end{pmatrix},\boldsymbol{\alpha}_2=\begin{pmatrix}-\frac{b_3}{b_1}\\0\\1\\\vdots\\0\end{pmatrix},\cdots,\boldsymbol{\alpha}_{n-1}=\begin{pmatrix}-\frac{b_n}{b_1}\\0\\0\\\vdots\\1\end{pmatrix}$.

于是，A 对应于特征值 $\lambda_1=\lambda_2=\cdots=\lambda_n=0$ 的全部特征向量为 $c_1\boldsymbol{\alpha}_1+c_2\boldsymbol{\alpha}_2+\cdots+c_{n-1}\boldsymbol{\alpha}_{n-1}$ ($c_1,c_2,\cdots,c_{n-1}$ 不全为 0).

316 答案 (C).

由相似的传递性知选项 (C) 正确.

选项 (A) 和选项 (D) 为必要非充分条件，选项 (B) 为非必要非充分条件.

317 答案 $\boldsymbol{E}$.

由 $\boldsymbol{A}\sim\boldsymbol{B}$ 知存在可逆矩阵 $\boldsymbol{P}$，使得 $\boldsymbol{P}^{-1}\boldsymbol{AP}=\boldsymbol{B}$. 于是，$\boldsymbol{A}=\boldsymbol{PBP}^{-1}$，从而

$$\boldsymbol{A}^2=\boldsymbol{PB}^2\boldsymbol{P}^{-1}=\boldsymbol{P}\begin{pmatrix}1&&\\&-1&\\&&1\end{pmatrix}^2\boldsymbol{P}^{-1}=\boldsymbol{P}\begin{pmatrix}1^2&&\\&(-1)^2&\\&&1^2\end{pmatrix}\boldsymbol{P}^{-1}=\boldsymbol{PEP}^{-1}=\boldsymbol{E}.$$

318 证明 由 $\boldsymbol{A}$ 与 $\boldsymbol{B}$ 可交换知 $\boldsymbol{AB}=\boldsymbol{BA}$. 于是，$(\boldsymbol{P}^{-1}\boldsymbol{AP})(\boldsymbol{P}^{-1}\boldsymbol{BP})=\boldsymbol{P}^{-1}\boldsymbol{A}(\boldsymbol{PP}^{-1})\boldsymbol{BP}=\boldsymbol{P}^{-1}\boldsymbol{AEBP}=\boldsymbol{P}^{-1}\boldsymbol{ABP}=\boldsymbol{P}^{-1}\boldsymbol{BAP}=\boldsymbol{P}^{-1}\boldsymbol{BEAP}=\boldsymbol{P}^{-1}\boldsymbol{B}(\boldsymbol{PP}^{-1})\boldsymbol{AP}=(\boldsymbol{P}^{-1}\boldsymbol{BP})(\boldsymbol{P}^{-1}\boldsymbol{AP})$，所以 $\boldsymbol{P}^{-1}\boldsymbol{AP}$ 与 $\boldsymbol{P}^{-1}\boldsymbol{BP}$ 也可交换.

319 证明 由题意知 $\boldsymbol{E}(1,2)\boldsymbol{AE}(1,2)=\boldsymbol{B}$，其中 $\boldsymbol{E}(1,2)$ 为交换单位矩阵 $\boldsymbol{E}$ 的前两行（或列）得到的初等方阵. 由初等方阵的性质知 $\boldsymbol{E}(1,2)$ 为可逆矩阵，且 $\boldsymbol{E}(1,2)^{-1}=\boldsymbol{E}(1,2)$，所以 $\boldsymbol{E}(1,2)^{-1}\boldsymbol{AE}(1,2)=\boldsymbol{B}$，即 $\boldsymbol{A}\sim\boldsymbol{B}$.

320 证明 因为 $\boldsymbol{BA}=\boldsymbol{A}^{-1}(\boldsymbol{AB})\boldsymbol{A}$，所以 $\boldsymbol{AB}\sim\boldsymbol{BA}$.

321 证明 由 $\boldsymbol{A}\sim\boldsymbol{B}$ 知存在可逆矩阵 $\boldsymbol{P}$，使得 $\boldsymbol{P}^{-1}\boldsymbol{AP}=\boldsymbol{B}$. 于是，$\boldsymbol{B}^2=(\boldsymbol{P}^{-1}\boldsymbol{AP})^2=\boldsymbol{P}^{-1}\boldsymbol{A}^2\boldsymbol{P}=\boldsymbol{P}^{-1}\boldsymbol{AP}=\boldsymbol{B}$.

322 答案 不相似，等价.

易见 $\boldsymbol{A}$ 的特征值为 $3,2,0$，$\boldsymbol{B}$ 的特征值为 $3,1,0$，所以 $\boldsymbol{A}$ 与 $\boldsymbol{B}$ 不相似. 但 $r(\boldsymbol{A})=r(\boldsymbol{B})=2$，所以 $\boldsymbol{A}$ 与 $\boldsymbol{B}$ 等价.

323 答案 -3，-4.

由 $\boldsymbol{A}\sim\boldsymbol{B}$ 得 $\begin{cases}|\boldsymbol{A}|=|\boldsymbol{B}|\\\mathrm{tr}(\boldsymbol{A})=\mathrm{tr}(\boldsymbol{B})\end{cases}$，即 $\begin{cases}2(a-2)=3b+2\\2+1+a=1+3+b\end{cases}$，解之得 $a=-3,b=-4$.

324 答案 81.

由 $\boldsymbol{A}\sim\boldsymbol{B}$ 知 $\boldsymbol{B}$ 的特征值为 $-1,2,2$. 于是，$\boldsymbol{B}^2-3\boldsymbol{B}+5\boldsymbol{E}$ 的特征值为 $(-1)^2-3\times(-1)+5$, $2^2-3\times2+5, 2^2-3\times2+5$，即 $9,3,3$. 因此，$|\boldsymbol{B}^2-3\boldsymbol{B}+5\boldsymbol{E}|=9\times3\times3=81$.

325 答案 4.

易见

$$\boldsymbol{\alpha}^{\mathrm{T}}\boldsymbol{\beta}=\begin{pmatrix}1\\3\\2\end{pmatrix}(1,-1,2)=\begin{pmatrix}1&-1&2\\3&-3&6\\2&-2&4\end{pmatrix}.$$

由

$$|\lambda\boldsymbol{E}-\boldsymbol{\alpha}^{\mathrm{T}}\boldsymbol{\beta}|=\begin{vmatrix}\lambda-1&1&-2\\-3&\lambda+3&-6\\-2&2&\lambda-4\end{vmatrix}=\lambda^2(\lambda-2)=0$$

知 $\boldsymbol{\alpha}^{\mathrm{T}}\boldsymbol{\beta}$ 的特征值为 $0,0,2$.

因为 $\boldsymbol{A}\sim\boldsymbol{\alpha}^{\mathrm{T}}\boldsymbol{\beta}$，所以 $\boldsymbol{A}$ 的特征值为 $0,0,2$. 于是，$\boldsymbol{A}+2\boldsymbol{E}$ 的特征值为 $0+2,0+2,2+2$，即 $2,2,4$，从而，$|\boldsymbol{A}+2\boldsymbol{E}|=2\times2\times4=16$，故 $(\boldsymbol{A}+2\boldsymbol{E})^*$ 的特征值为 $\frac{16}{2},\frac{16}{2},\frac{16}{4}$，即 $8,8,4$. 因此，$(\boldsymbol{A}+2\boldsymbol{E})^*$ 的最小特征值为 4.

326 答案 2.

由 $\boldsymbol{A}\sim\boldsymbol{B}$ 知存在可逆矩阵 $\boldsymbol{P}$，使得 $\boldsymbol{P}^{-1}\boldsymbol{A}\boldsymbol{P}=\boldsymbol{B}$. 于是，$\boldsymbol{A}=\boldsymbol{P}\boldsymbol{B}\boldsymbol{P}^{-1}$，从而，$r(\boldsymbol{A}-\boldsymbol{E})=$ $r(\boldsymbol{P}\boldsymbol{B}\boldsymbol{P}^{-1}-\boldsymbol{E})=r(\boldsymbol{P}\boldsymbol{B}\boldsymbol{P}^{-1}-\boldsymbol{P}\boldsymbol{E}\boldsymbol{P}^{-1})=r[\boldsymbol{P}(\boldsymbol{B}-\boldsymbol{E})\boldsymbol{P}^{-1}]=r(\boldsymbol{B}-\boldsymbol{E})=r\begin{pmatrix}0&0&0\\2&2&0\\4&5&5\end{pmatrix}=2$.

327 答案 $\begin{pmatrix}0&1&1\\1&0&1\\1&1&0\end{pmatrix}$.

由题意知

$$\begin{aligned}\boldsymbol{A}(\boldsymbol{\alpha}_1,\boldsymbol{\alpha}_2,\boldsymbol{\alpha}_3)&=(\boldsymbol{A}\boldsymbol{\alpha}_1,\boldsymbol{A}\boldsymbol{\alpha}_2,\boldsymbol{A}\boldsymbol{\alpha}_3)=(\boldsymbol{\alpha}_2+\boldsymbol{\alpha}_3,\boldsymbol{\alpha}_1+\boldsymbol{\alpha}_3,\boldsymbol{\alpha}_1+\boldsymbol{\alpha}_2)\\&=(\boldsymbol{\alpha}_1,\boldsymbol{\alpha}_2,\boldsymbol{\alpha}_3)\begin{pmatrix}0&1&1\\1&0&1\\1&1&0\end{pmatrix}.\end{aligned}$$

令 $\boldsymbol{P}=(\boldsymbol{\alpha}_1,\boldsymbol{\alpha}_2,\boldsymbol{\alpha}_3)$，则

$$\boldsymbol{A}\boldsymbol{P}=\boldsymbol{P}\begin{pmatrix}0&1&1\\1&0&1\\1&1&0\end{pmatrix}.$$

因为 $\boldsymbol{\alpha}_1,\boldsymbol{\alpha}_2,\boldsymbol{\alpha}_3$ 线性无关，所以 $\boldsymbol{P}$ 为可逆矩阵. 于是，

$$P^{-1}AP=\begin{pmatrix}0&1&1\\1&0&1\\1&1&0\end{pmatrix},$$

即

$$A\sim\begin{pmatrix}0&1&1\\1&0&1\\1&1&0\end{pmatrix}.$$

328 答案 -4.

易见 $A(\alpha, A\alpha, A^2\alpha)=(A\alpha, A^2\alpha, A^3\alpha)=(A\alpha, A^2\alpha, 3A\alpha-2A^2\alpha)$

$$=(\alpha, A\alpha, A^2\alpha)\begin{pmatrix}0&0&0\\1&0&3\\0&1&-2\end{pmatrix}.$$

令 $P=(\alpha, A\alpha, A^2\alpha)$，则 $AP=PB$，其中

$$B=\begin{pmatrix}0&0&0\\1&0&3\\0&1&-2\end{pmatrix}.$$

由 $\alpha, A\alpha, A^2\alpha$ 线性无关知 P 为可逆矩阵，所以 $P^{-1}AP=B$，即 $A\sim B$.

由

$$|\lambda E-B|=\begin{vmatrix}\lambda&0&0\\-1&\lambda&-3\\0&-1&\lambda+2\end{vmatrix}=\lambda(\lambda-1)(\lambda+3)$$

知 B 的特征值为 $0,1,-3$．于是，A 的特征值为 $0,1,-3$，故 $A+E$ 的特征值为 $1,2,-2$，所以 $|A+E|=1\times2\times(-2)=-4$.

329 答案 可对角化.

由 $|A|=\begin{vmatrix}1&2\\3&4\end{vmatrix}=-2<0$ 知 A 有两个互异的特征值，所以 A 可对角化.

330 证明 易见 A 的特征多项式为

$$|\lambda E-A|=\begin{vmatrix}\lambda-a&-b\\-c&\lambda-d\end{vmatrix}=(\lambda-a)(\lambda-d)-bc=\lambda^2-(a+d)\lambda+ad-bc.$$

因为 $\Delta=(a+d)^2-4(ad-bc)=(a-d)^2+4bc>0$，所以 A 有两个互异的特征值，从而，A 可对角化，即 A 与某一对角矩阵相似.

331 答案 可对角化.

显然，B 为上三角形矩阵，其特征值为 $2,1,3$．由 $A\sim B$ 知 A 的特征值也为 $2,1,3$（互异），所以 A 可对角化.

332 答案 可对角化.

由

$$|A+E|=0\Rightarrow|-(-E-A)|=0\Rightarrow(-1)^3|-E-A|=0\Rightarrow|-E-A|=0,$$
$$|A-2E|=0\Rightarrow|-(2E-A)|=0\Rightarrow(-1)^3|2E-A|=0\Rightarrow|2E-A|=0,$$
$$|A+3E|=0\Rightarrow|-(-3E-A)|=0\Rightarrow(-1)^3|-3E-A|=0\Rightarrow|-3E-A|=0$$

知 A 有互异的特征值 $-1,2,-3$，所以 A 可对角化.

333 答案 不可对角化.

由

$$|\lambda E-A|=\begin{vmatrix}\lambda-4 & -2 & -3\\ -2 & \lambda-1 & -2\\ 1 & 2 & \lambda\end{vmatrix}=(\lambda-1)^2(\lambda-3)=0$$

知 A 的特征值为 $\lambda_1=\lambda_2=1,\lambda_3=3$.

对 $\lambda_1=\lambda_2=1$（二重），有

$$E-A=\begin{pmatrix}-3 & -2 & -3\\ -2 & 0 & -2\\ 1 & 2 & 1\end{pmatrix}\to\begin{pmatrix}1 & 2 & 1\\ 0 & -2 & 0\\ 0 & 0 & 0\end{pmatrix},$$

于是 $r(E-A)=2\neq 3-2$，所以 A 不可对角化.

鉴于“秩 $=n-$ 重数”对单特征值一定成立，所以对单特征值的验证可以省略.

334 答案 -2.

显然，A 为上三角形矩阵，其特征值为 $3,3,2$.

对特征值 3（二重），有

$$3E-A=\begin{pmatrix}0 & -1 & -2\\ 0 & 1 & -a\\ 0 & 0 & 0\end{pmatrix}\to\begin{pmatrix}0 & -1 & -2\\ 0 & 0 & -a-2\\ 0 & 0 & 0\end{pmatrix},$$

因为 A 可对角化，所以 $r(3E-A)=3-2=1$. 于是，$-a-2=0$，即 $a=-2$.

335 答案 $x+y=0$.

因为 A 有三个线性无关的特征向量，所以 A 可对角化. 由

$$|\lambda E-A|=\begin{vmatrix}\lambda & 0 & -1\\ -x & \lambda-1 & -y\\ -1 & 0 & \lambda\end{vmatrix}=(\lambda-1)^2(\lambda+1)=0$$

知 A 的特征值为 $\lambda_1=\lambda_2=1,\lambda_3=-1$.

对 $\lambda_1=\lambda_2=1$（二重），有

$$E-A=\begin{pmatrix}1 & 0 & -1\\ -x & 0 & -y\\ -1 & 0 & 1\end{pmatrix}\to\begin{pmatrix}1 & 0 & -1\\ 0 & 0 & -x-y\\ 0 & 0 & 0\end{pmatrix},$$

由于 A 可对角化，因此 $r(E-A)=3-2=1$. 于是，$-x-y=0$，即 $x+y=0$，所以 x,y 应满足的条件为 $x+y=0$.

336 答案 $a=-2$，$\boldsymbol{A}$ 可对角化；$a=-\dfrac{2}{3}$，$\boldsymbol{A}$ 不可对角化.

$\boldsymbol{A}$ 的特征多项式为

$$|\lambda\boldsymbol{E}-\boldsymbol{A}|=\begin{vmatrix}\lambda-1 & -2 & 3\\ 1 & \lambda-4 & 3\\ -1 & -a & \lambda-5\end{vmatrix}=(\lambda-2)(\lambda^2-8\lambda+3a+18).$$

根据 2 是否是二重特征值讨论：

① 若 2 是二重特征值，则 2 是 $\lambda^2-8\lambda+3a+18=0$ 的根，即 $2^2-8\times 2+3a+18=0$，因此 $a=-2$.

此时，对二重特征值 2，有

$$2\boldsymbol{E}-\boldsymbol{A}=\begin{pmatrix}1 & -2 & 3\\ 1 & -2 & 3\\ -1 & 2 & -3\end{pmatrix}\to\begin{pmatrix}1 & -2 & 3\\ 0 & 0 & 0\\ 0 & 0 & 0\end{pmatrix},$$

于是 $r(2\boldsymbol{E}-\boldsymbol{A})=1=3-2$，所以 $\boldsymbol{A}$ 可对角化.

② 若 2 不是二重特征值，则 $\lambda^2-8\lambda+3a+18=0$ 有两个相等的实根，即 $\Delta=(-8)^2-4(3a+18)=0$，因此 $a=-\dfrac{2}{3}$. 由 $\lambda^2-8\lambda+16=0$ 得二重特征值为 4. 此时，对二重特征值 4，有

$$4\boldsymbol{E}-\boldsymbol{A}=\begin{pmatrix}3 & -2 & 3\\ 1 & 0 & 3\\ -1 & \dfrac{2}{3} & -1\end{pmatrix}\to\begin{pmatrix}1 & 0 & 3\\ 0 & -2 & -6\\ 0 & 0 & 0\end{pmatrix},$$

于是 $r(4\boldsymbol{E}-\boldsymbol{A})=2\neq 3-2$，所以 $\boldsymbol{A}$ 不可对角化.

337 证明 不妨设 $\boldsymbol{A}$ 的三个互异特征值为 $\lambda_1,\lambda_2,\lambda_3$，则 $\boldsymbol{A}$ 可对角化，且

$$\boldsymbol{A}\sim\begin{pmatrix}\lambda_1 & & \\ & \lambda_2 & \\ & & \lambda_3\end{pmatrix}.$$

由 $\boldsymbol{\alpha}_3=\boldsymbol{\alpha}_1+2\boldsymbol{\alpha}_2$ 知 $\boldsymbol{\alpha}_1,\boldsymbol{\alpha}_2,\boldsymbol{\alpha}_3$ 线性相关，所以 $|\boldsymbol{A}|=0$. 因为 $|\boldsymbol{A}|=\lambda_1\lambda_2\lambda_3$，所以 $\lambda_1,\lambda_2,\lambda_3$ 中只有一个为 0，其余两个都不为 0. 不妨设 $\lambda_1=0,\lambda_2\neq 0,\lambda_3\neq 0$，则

$$\boldsymbol{A}\sim\begin{pmatrix}0 & & \\ & \lambda_2 & \\ & & \lambda_3\end{pmatrix}=\boldsymbol{\Lambda},$$

从而，$r(\boldsymbol{A})=r(\boldsymbol{\Lambda})=2$.

338 证明 因为 $\boldsymbol{A}$ 是上三角形矩阵，且其主对角线上的元素均为 1，所以其 n 个特征值全为 1.

反证法. 假设 $\boldsymbol{A}$ 可对角化，则存在可逆矩阵 $\boldsymbol{P}$，使得

$$\boldsymbol{P}^{-1}\boldsymbol{A}\boldsymbol{P}=\begin{pmatrix}1 & & & \\ & 1 & & \\ & & \ddots & \\ & & & 1\end{pmatrix}=\boldsymbol{E}.$$

于是，$A=PEP^{-1}=E$，这与A的其余元素至少有一个不为0矛盾．所以，A必不可对角化.

339 证明 设A的特征值为λ，则由$A^k=O$知$\lambda^k=0$，即$\lambda=0$，所以A的n个特征值全为0. 对n重特征值0，由$A\neq O$知$r(0E-A)=r(A)\neq 0=n-n$，所以A必不可对角化.

评注 本题亦可仿照上题采用反证法证明，请读者自行完成.

340 答案 (1) 0，-2；(2) $\begin{pmatrix}0&0&-1\\-2&1&0\\1&1&1\end{pmatrix}$.

(1) 由$A\sim B$知A的特征值为$-1,2,y$．A的特征多项式为

$$|\lambda E-A|=\begin{vmatrix}\lambda+2&0&0\\-2&\lambda-x&-2\\-3&-1&\lambda-1\end{vmatrix}=(\lambda+2)[\lambda^2-(x+1)\lambda+x-2],$$

将特征值$-1,2,y$分别代入，得

$$\begin{cases}1+(x+1)+x-2=0\\4[4-2(x+1)+x-2]=0\\(y+2)[y^2-(x+1)y+x-2]=0\end{cases},$$

解之得$x=0,y=-2$或$y=-1$或$y=2$.

又由$A\sim B$知$|A|=|B|$，即$-2(x-2)=-2y$，所以$y=-2$.

(2) 由 (1) 知A的特征值为$\lambda_1=-1,\lambda_2=2,\lambda_3=-2$.

对$\lambda_1=-1$，解线性方程组$(-E-A)x=0$，

$$-E-A=\begin{pmatrix}1&0&0\\-2&-1&-2\\-3&-1&-2\end{pmatrix}\to\begin{pmatrix}1&0&0\\0&1&2\\0&0&0\end{pmatrix},$$

得$\begin{cases}x_1=0\\x_2=-2x_3\end{cases}$，基础解系为$\alpha_1=\begin{pmatrix}0\\-2\\1\end{pmatrix}$.

对$\lambda_2=2$，解线性方程组$(2E-A)x=0$，

$$2E-A=\begin{pmatrix}4&0&0\\-2&2&-2\\-3&-1&1\end{pmatrix}\to\begin{pmatrix}1&0&0\\0&1&-1\\0&0&0\end{pmatrix},$$

得$\begin{cases}x_1=0\\x_2=x_3\end{cases}$，基础解系为$\alpha_2=\begin{pmatrix}0\\1\\1\end{pmatrix}$.

对 $\lambda_3=-2$，解线性方程组 $(-2\boldsymbol{E}-\boldsymbol{A})\boldsymbol{x}=\boldsymbol{0}$，

$$-2\boldsymbol{E}-\boldsymbol{A}=\begin{pmatrix}0&0&0\\-2&-2&-2\\-3&-1&-3\end{pmatrix}\to\begin{pmatrix}1&0&1\\0&1&0\\0&0&0\end{pmatrix},$$

得 $\begin{cases}x_1=-x_3\\x_2=0\end{cases}$，基础解系为 $\boldsymbol{\alpha}_3=\begin{pmatrix}-1\\0\\1\end{pmatrix}$.

令

$$\boldsymbol{P}=(\boldsymbol{\alpha}_1,\boldsymbol{\alpha}_2,\boldsymbol{\alpha}_3)=\begin{pmatrix}0&0&-1\\-2&1&0\\1&1&1\end{pmatrix},$$

则 $\boldsymbol{P}$ 为可逆矩阵，且

$$\boldsymbol{P}^{-1}\boldsymbol{A}\boldsymbol{P}=\begin{pmatrix}-1&&\\&2&\\&&-2\end{pmatrix}=\boldsymbol{B}.$$

341 答案 $\begin{pmatrix}-1&1&\frac{1}{3}\\1&0&-\frac{2}{3}\\0&1&1\end{pmatrix}$.

因为 $\boldsymbol{A}$ 有三个线性无关的特征向量，所以 $\boldsymbol{A}$ 可对角化. 于是，对 $\boldsymbol{A}$ 的二重特征值 2，有

$$2\boldsymbol{E}-\boldsymbol{A}=\begin{pmatrix}1&1&-1\\-x&-2&-y\\3&3&-3\end{pmatrix}\to\begin{pmatrix}1&1&-1\\0&x-2&-x-y\\0&0&0\end{pmatrix},$$

因此 $r(2\boldsymbol{E}-\boldsymbol{A})=3-2=1$，所以 $x-2=-x-y=0$，即 $x=2,y=-2$. 此时，

$$\boldsymbol{A}=\begin{pmatrix}1&-1&1\\2&4&-2\\-3&-3&5\end{pmatrix}.$$

由

$$|\lambda\boldsymbol{E}-\boldsymbol{A}|=\begin{vmatrix}\lambda-1&1&-1\\-2&\lambda-4&2\\3&3&\lambda-5\end{vmatrix}=(\lambda-2)^2(\lambda-6)=0$$

知 $\boldsymbol{A}$ 的特征值为 $\lambda_1=\lambda_2=2,\lambda_3=6$.

对 $\lambda_1=\lambda_2=2$，解线性方程组 $(2\boldsymbol{E}-\boldsymbol{A})\boldsymbol{x}=\boldsymbol{0}$，

$$2\boldsymbol{E}-\boldsymbol{A}=\begin{pmatrix}1&1&-1\\-2&-2&2\\3&3&-3\end{pmatrix}\to\begin{pmatrix}1&1&-1\\0&0&0\\0&0&0\end{pmatrix},$$

得 $x_1=-x_2+x_3$，基础解系为 $\boldsymbol{\alpha}_1=\begin{pmatrix}-1\\1\\0\end{pmatrix},\boldsymbol{\alpha}_2=\begin{pmatrix}1\\0\\1\end{pmatrix}$.

对 $\lambda_3=6$，解线性方程组 $(6\boldsymbol{E}-\boldsymbol{A})\boldsymbol{x}=\boldsymbol{0}$，

$$6\boldsymbol{E}-\boldsymbol{A}=\begin{pmatrix}5&1&-1\\-2&2&2\\3&3&1\end{pmatrix}\to\begin{pmatrix}1&0&-\frac{1}{3}\\0&1&\frac{2}{3}\\0&0&0\end{pmatrix},$$

得 $\begin{cases}x_1=\frac{1}{3}x_3\\x_2=-\frac{2}{3}x_3\end{cases}$，基础解系为 $\boldsymbol{\alpha}_3=\begin{pmatrix}\frac{1}{3}\\-\frac{2}{3}\\1\end{pmatrix}$.

令

$$\boldsymbol{P}=(\boldsymbol{\alpha}_1,\boldsymbol{\alpha}_2,\boldsymbol{\alpha}_3)=\begin{pmatrix}-1&1&\frac{1}{3}\\1&0&-\frac{2}{3}\\0&1&1\end{pmatrix},$$

则 $\boldsymbol{P}$ 为可逆矩阵，且

$$\boldsymbol{P}^{-1}\boldsymbol{A}\boldsymbol{P}=\begin{pmatrix}2&&\\&2&\\&&6\end{pmatrix}=\boldsymbol{\Lambda}.$$

342 答案 $\begin{pmatrix}2^{100}&2^{100}-1&2^{100}-1\\0&2^{100}&0\\0&1-2^{100}&1\end{pmatrix}$.

由

$$|\lambda\boldsymbol{E}-\boldsymbol{A}|=\begin{vmatrix}\lambda-2&-1&-1\\0&\lambda-2&0\\0&1&\lambda-1\end{vmatrix}=(\lambda-2)^2(\lambda-1)=0$$

知 $\boldsymbol{A}$ 的特征值为 $\lambda_1=\lambda_2=2,\lambda_3=1$.

对 $\lambda_1=\lambda_2=2$，解线性方程组 $(2\boldsymbol{E}-\boldsymbol{A})\boldsymbol{x}=\boldsymbol{0}$，

$$2\boldsymbol{E}-\boldsymbol{A}=\begin{pmatrix}0&-1&-1\\0&0&0\\0&1&1\end{pmatrix}\to\begin{pmatrix}0&1&1\\0&0&0\\0&0&0\end{pmatrix},$$

得 $x_2=-x_3$，基础解系为 $\boldsymbol{\alpha}_1=\begin{pmatrix}1\\0\\0\end{pmatrix},\boldsymbol{\alpha}_2=\begin{pmatrix}0\\-1\\1\end{pmatrix}$.

对 $\lambda_3=1$，解线性方程组 $(\boldsymbol{E}-\boldsymbol{A})\boldsymbol{x}=\boldsymbol{0}$，

$$\boldsymbol{E}-\boldsymbol{A}=\begin{pmatrix}-1&-1&-1\\0&-1&0\\0&1&0\end{pmatrix}\to\begin{pmatrix}1&0&1\\0&1&0\\0&0&0\end{pmatrix},$$

得 $\begin{cases}x_1=-x_3\\x_2=0\end{cases}$，基础解系为 $\boldsymbol{\alpha}_3=\begin{pmatrix}-1\\0\\1\end{pmatrix}$.

因为 $\boldsymbol{A}$ 有三个线性无关的特征向量 $\boldsymbol{\alpha}_1,\boldsymbol{\alpha}_2,\boldsymbol{\alpha}_3$，所以 $\boldsymbol{A}$ 可对角化. 令

$$\boldsymbol{P}=(\boldsymbol{\alpha}_1,\boldsymbol{\alpha}_2,\boldsymbol{\alpha}_3)=\begin{pmatrix}1&0&-1\\0&-1&0\\0&1&1\end{pmatrix},$$

则 $\boldsymbol{P}$ 为可逆矩阵，且

$$\boldsymbol{P}^{-1}\boldsymbol{A}\boldsymbol{P}=\begin{pmatrix}2&&\\&2&\\&&1\end{pmatrix}=\boldsymbol{\Lambda}.$$

于是，

$$\boldsymbol{A}=\boldsymbol{P}\boldsymbol{\Lambda}\boldsymbol{P}^{-1},$$

$$\boldsymbol{A}^{100}=(\boldsymbol{P}\boldsymbol{\Lambda}\boldsymbol{P}^{-1})^{100}=\boldsymbol{P}\boldsymbol{\Lambda}^{100}\boldsymbol{P}^{-1}=\begin{pmatrix}1&0&-1\\0&-1&0\\0&1&1\end{pmatrix}\begin{pmatrix}2&&\\&2&\\&&1\end{pmatrix}^{100}\begin{pmatrix}1&0&-1\\0&-1&0\\0&1&1\end{pmatrix}^{-1}$$

$$=\begin{pmatrix}1&0&-1\\0&-1&0\\0&1&1\end{pmatrix}\begin{pmatrix}2^{100}&&\\&2^{100}&\\&&1\end{pmatrix}\begin{pmatrix}1&1&1\\0&-1&0\\0&1&1\end{pmatrix}=\begin{pmatrix}2^{100}&2^{100}-1&2^{100}-1\\0&2^{100}&0\\0&1-2^{100}&1\end{pmatrix}.$$

343 答案 $\begin{pmatrix}1&-1&1\\-2&1&2\\-2&-1&4\end{pmatrix}$，$\begin{pmatrix}1&-7&7\\-26&1&26\\-26&-7&34\end{pmatrix}$.

因为 $\boldsymbol{A}$ 有三个互异的特征值 $1,2,3$，所以 $\boldsymbol{A}$ 可对角化. 令

$$\boldsymbol{P}=(\boldsymbol{\alpha}_1,\boldsymbol{\alpha}_2,\boldsymbol{\alpha}_3)=\begin{pmatrix}1&1&0\\1&0&1\\1&1&1\end{pmatrix},$$

则 $\boldsymbol{P}$ 为可逆矩阵，且

$$\boldsymbol{P}^{-1}\boldsymbol{A}\boldsymbol{P}=\begin{pmatrix}1&&\\&2&\\&&3\end{pmatrix}=\boldsymbol{\Lambda}.$$

于是，

$$A=P\Lambda P^{-1}=\begin{pmatrix}1&1&0\\1&0&1\\1&1&1\end{pmatrix}\begin{pmatrix}1&&\\&2&\\&&3\end{pmatrix}\begin{pmatrix}1&1&0\\1&0&1\\1&1&1\end{pmatrix}^{-1}$$

$$=\begin{pmatrix}1&1&0\\1&0&1\\1&1&1\end{pmatrix}\begin{pmatrix}1&&\\&2&\\&&3\end{pmatrix}\begin{pmatrix}1&1&-1\\0&-1&1\\-1&0&1\end{pmatrix}=\begin{pmatrix}1&-1&1\\-2&1&2\\-2&-1&4\end{pmatrix},$$

$$A^3=(P\Lambda P^{-1})^3=P\Lambda^3P^{-1}=\begin{pmatrix}1&1&0\\1&0&1\\1&1&1\end{pmatrix}\begin{pmatrix}1&&\\&2&\\&&3\end{pmatrix}^3\begin{pmatrix}1&1&0\\1&0&1\\1&1&1\end{pmatrix}^{-1}$$

$$=\begin{pmatrix}1&1&0\\1&0&1\\1&1&1\end{pmatrix}\begin{pmatrix}1^3&&\\&2^3&\\&&3^3\end{pmatrix}\begin{pmatrix}1&1&-1\\0&-1&1\\-1&0&1\end{pmatrix}=\begin{pmatrix}1&-7&7\\-26&1&26\\-26&-7&34\end{pmatrix}.$$

344 答案 -5.

$(\boldsymbol{\alpha},\boldsymbol{\beta})=1\times1+(-2)\times2+2\times(-1)=-5$.

345 答案 2.

$(\boldsymbol{\alpha},\boldsymbol{\beta})=2\times0+1\times2+0\times1=2$.

346 答案 $\sqrt{6}$.

$\|\boldsymbol{\alpha}\|=\sqrt{(-1)^2+2^2+(-1)^2}=\sqrt{6}$.

347 答案 $\left(\frac{1}{\sqrt{14}},-\frac{2}{\sqrt{14}},\frac{3}{\sqrt{14}}\right)$.

$\|\boldsymbol{\alpha}\|=\sqrt{1^2+(-2)^2+3^2}=\sqrt{14}$, $\boldsymbol{\beta}=\frac{1}{\|\boldsymbol{\alpha}\|}\boldsymbol{\alpha}=\frac{1}{\sqrt{14}}(1,-2,3)=\left(\frac{1}{\sqrt{14}},-\frac{2}{\sqrt{14}},\frac{3}{\sqrt{14}}\right)$.

348 答案 $\begin{pmatrix}1\\0\\1\end{pmatrix},\begin{pmatrix}-\frac{1}{2}\\1\\\frac{1}{2}\end{pmatrix},\begin{pmatrix}\frac{2}{3}\\\frac{2}{3}\\-\frac{2}{3}\end{pmatrix}$.

正交化，

$$\boldsymbol{\beta}_1=\boldsymbol{\alpha}_1=\begin{pmatrix}1\\0\\1\end{pmatrix},$$

$$\boldsymbol{\beta}_2=\boldsymbol{\alpha}_2-\frac{(\boldsymbol{\alpha}_2,\boldsymbol{\beta}_1)}{(\boldsymbol{\beta}_1,\boldsymbol{\beta}_1)}\boldsymbol{\beta}_1=\begin{pmatrix}0\\1\\1\end{pmatrix}-\frac{1}{2}\begin{pmatrix}1\\0\\1\end{pmatrix}=\begin{pmatrix}-\frac{1}{2}\\1\\\frac{1}{2}\end{pmatrix},$$

$$\boldsymbol{\beta}_3=\boldsymbol{\alpha}_3-\frac{(\boldsymbol{\alpha}_3,\boldsymbol{\beta}_1)}{(\boldsymbol{\beta}_1,\boldsymbol{\beta}_1)}\boldsymbol{\beta}_1-\frac{(\boldsymbol{\alpha}_3,\boldsymbol{\beta}_2)}{(\boldsymbol{\beta}_2,\boldsymbol{\beta}_2)}\boldsymbol{\beta}_2=\begin{pmatrix}1\\1\\0\end{pmatrix}-\frac{1}{2}\begin{pmatrix}1\\0\\1\end{pmatrix}-\frac{\frac{1}{2}}{\frac{3}{2}}\begin{pmatrix}-\frac{1}{2}\\1\\\frac{1}{2}\end{pmatrix}=\begin{pmatrix}\frac{2}{3}\\\frac{2}{3}\\-\frac{2}{3}\end{pmatrix},$$

则 $\boldsymbol{\beta}_1,\boldsymbol{\beta}_2,\boldsymbol{\beta}_3$ 为正交向量组.

349 答案 $\left(\frac{1}{\sqrt{2}},-\frac{1}{\sqrt{2}}\right)^{\mathrm{T}},\left(\frac{1}{\sqrt{2}},\frac{1}{\sqrt{2}}\right)^{\mathrm{T}}$.

正交化,

$$\boldsymbol{\beta}_1=\boldsymbol{\alpha}_1=(1,-1)^{\mathrm{T}},$$

$$\boldsymbol{\beta}_2=\boldsymbol{\alpha}_2-\frac{(\boldsymbol{\alpha}_2,\boldsymbol{\beta}_1)}{(\boldsymbol{\beta}_1,\boldsymbol{\beta}_1)}\boldsymbol{\beta}_1=(1,2)^{\mathrm{T}}-\frac{-1}{2}(1,-1)^{\mathrm{T}}=\left(\frac{3}{2},\frac{3}{2}\right)^{\mathrm{T}},$$

则 $\boldsymbol{\beta}_1,\boldsymbol{\beta}_2$ 为正交向量组.

单位化,

$$\boldsymbol{\gamma}_1=\frac{1}{\|\boldsymbol{\beta}_1\|}\boldsymbol{\beta}_1=\frac{1}{\sqrt{2}}(1,-1)^{\mathrm{T}}=\left(\frac{1}{\sqrt{2}},-\frac{1}{\sqrt{2}}\right)^{\mathrm{T}},$$

$$\boldsymbol{\gamma}_2=\frac{1}{\|\boldsymbol{\beta}_2\|}\boldsymbol{\beta}_2=\frac{1}{\frac{3}{2}\sqrt{2}}\left(\frac{3}{2},\frac{3}{2}\right)^{\mathrm{T}}=\left(\frac{1}{\sqrt{2}},\frac{1}{\sqrt{2}}\right)^{\mathrm{T}},$$

则 $\boldsymbol{\gamma}_1,\boldsymbol{\gamma}_2$ 为单位正交向量组.

350 答案 $\boldsymbol{\gamma}=c(2,-2,1)(c\neq0)$.

设 $\boldsymbol{\gamma}=(x_1,x_2,x_3)$，则 $\begin{cases}(\boldsymbol{\alpha},\boldsymbol{\gamma})=0\\(\boldsymbol{\beta},\boldsymbol{\gamma})=0\end{cases}$，即 $\begin{cases}x_1+x_2=0\\-x_1+2x_3=0\end{cases}$. 这是一个齐次线性方程组，其系数矩阵

$$\boldsymbol{A}=\begin{pmatrix}1&1&0\\-1&0&2\end{pmatrix}\to\begin{pmatrix}1&0&-2\\0&1&2\end{pmatrix},$$

一般解为 $\begin{cases}x_1=2x_3\\x_2=-2x_3\end{cases}$，基础解系为 $(2,-2,1)$. 于是，$\boldsymbol{\gamma}=c(2,-2,1)(c\neq0)$.

351 答案 $\boldsymbol{\alpha}=c_1(-1,1,0)^{\mathrm{T}}(c_1\neq0)$，$\boldsymbol{\beta}=c_2\left(-\frac{1}{2},-\frac{1}{2},1\right)^{\mathrm{T}}(c_2\neq0)$.

设与 $\boldsymbol{\gamma}$ 正交的向量为 $(x_1,x_2,x_3)^{\mathrm{T}}$，则 $x_1+x_2+x_3=0$. 这是一个齐次线性方程组，其一般解为 $x_1=-x_2-x_3$，基础解系为 $\boldsymbol{\alpha}_1=(-1,1,0)^{\mathrm{T}},\boldsymbol{\alpha}_2=(-1,0,1)^{\mathrm{T}}$.

正交化,

$$\boldsymbol{\beta}_1=\boldsymbol{\alpha}_1=(-1,1,0)^{\mathrm{T}},$$

$$\boldsymbol{\beta}_2=\boldsymbol{\alpha}_2-\frac{(\boldsymbol{\alpha}_2,\boldsymbol{\beta}_1)}{(\boldsymbol{\beta}_1,\boldsymbol{\beta}_1)}\boldsymbol{\beta}_1=(-1,0,1)^{\mathrm{T}}-\frac{1}{2}(-1,1,0)^{\mathrm{T}}=\left(-\frac{1}{2},-\frac{1}{2},1\right)^{\mathrm{T}}.$$

于是，$\boldsymbol{\alpha}=c_1(-1,1,0)^{\mathrm{T}}(c_1\neq 0),\boldsymbol{\beta}=c_2\left(-\frac{1}{2},-\frac{1}{2},1\right)^{\mathrm{T}}(c_2\neq 0)$.

352 答案 是正交矩阵.

方法一：易验证$\boldsymbol{A}\boldsymbol{A}^{\mathrm{T}}=\boldsymbol{E}$，所以$\boldsymbol{A}$是正交矩阵.

方法二：易验证$\boldsymbol{A}$的列向量组为单位正交向量组，所以$\boldsymbol{A}$是正交矩阵.

353 证明 易验证不论θ取何值，矩阵$\boldsymbol{A}$的列向量组

$$\begin{pmatrix}\cos\theta\\-\sin\theta\\0\end{pmatrix},\begin{pmatrix}\sin\theta\\\cos\theta\\0\end{pmatrix},\begin{pmatrix}0\\0\\1\end{pmatrix}$$

都是单位正交向量组，所以$\boldsymbol{A}$是正交矩阵.

354 答案 $\begin{pmatrix}\frac{1}{\sqrt{6}} & -\frac{2}{\sqrt{6}} & \frac{1}{\sqrt{6}}\\ \frac{1}{\sqrt{2}} & 0 & -\frac{1}{\sqrt{2}}\\ \frac{1}{\sqrt{3}} & \frac{1}{\sqrt{3}} & \frac{1}{\sqrt{3}}\end{pmatrix}$.

所给矩阵的列向量组为单位正交向量组，所以其为正交矩阵，逆矩阵为

$$\begin{pmatrix}\frac{1}{\sqrt{6}} & \frac{1}{\sqrt{2}} & \frac{1}{\sqrt{3}}\\ -\frac{2}{\sqrt{6}} & 0 & \frac{1}{\sqrt{3}}\\ \frac{1}{\sqrt{6}} & -\frac{1}{\sqrt{2}} & \frac{1}{\sqrt{3}}\end{pmatrix}^{\mathrm{T}}=\begin{pmatrix}\frac{1}{\sqrt{6}} & -\frac{2}{\sqrt{6}} & \frac{1}{\sqrt{6}}\\ \frac{1}{\sqrt{2}} & 0 & -\frac{1}{\sqrt{2}}\\ \frac{1}{\sqrt{3}} & \frac{1}{\sqrt{3}} & \frac{1}{\sqrt{3}}\end{pmatrix}.$$

评注 化“求逆”为“转置”，大大减少了计算量.

355 证明 因为$\boldsymbol{A}$为正交矩阵，且$|\boldsymbol{A}|\neq -1$，所以$|\boldsymbol{A}|=1$. 于是，$\boldsymbol{A}^{\mathrm{T}}=\boldsymbol{A}^{-1}=\frac{1}{|\boldsymbol{A}|}\boldsymbol{A}^*=\boldsymbol{A}^*$，因此$A_{ij}=a_{ij}$.

356 证明 因为

$$\begin{aligned}\boldsymbol{A}\boldsymbol{A}^{\mathrm{T}}&=(\boldsymbol{E}-2\boldsymbol{\alpha}\boldsymbol{\alpha}^{\mathrm{T}})(\boldsymbol{E}-2\boldsymbol{\alpha}\boldsymbol{\alpha}^{\mathrm{T}})^{\mathrm{T}}=(\boldsymbol{E}-2\boldsymbol{\alpha}\boldsymbol{\alpha}^{\mathrm{T}})(\boldsymbol{E}-2\boldsymbol{\alpha}\boldsymbol{\alpha}^{\mathrm{T}})\\&=\boldsymbol{E}(\boldsymbol{E}-2\boldsymbol{\alpha}\boldsymbol{\alpha}^{\mathrm{T}})-2\boldsymbol{\alpha}\boldsymbol{\alpha}^{\mathrm{T}}(\boldsymbol{E}-2\boldsymbol{\alpha}\boldsymbol{\alpha}^{\mathrm{T}})=\boldsymbol{E}-2\boldsymbol{\alpha}\boldsymbol{\alpha}^{\mathrm{T}}-2\boldsymbol{\alpha}\boldsymbol{\alpha}^{\mathrm{T}}+2\boldsymbol{\alpha}\boldsymbol{\alpha}^{\mathrm{T}}\cdot 2\boldsymbol{\alpha}\boldsymbol{\alpha}^{\mathrm{T}}\\&=\boldsymbol{E}-4\boldsymbol{\alpha}\boldsymbol{\alpha}^{\mathrm{T}}+4\boldsymbol{\alpha}(\boldsymbol{\alpha}^{\mathrm{T}}\boldsymbol{\alpha})\boldsymbol{\alpha}^{\mathrm{T}}=\boldsymbol{E}-4\boldsymbol{\alpha}\boldsymbol{\alpha}^{\mathrm{T}}+4\boldsymbol{\alpha}\boldsymbol{\alpha}^{\mathrm{T}}=\boldsymbol{E},\end{aligned}$$

其中$\boldsymbol{\alpha}^{\mathrm{T}}\boldsymbol{\alpha}=(\boldsymbol{\alpha},\boldsymbol{\alpha})=\|\boldsymbol{\alpha}\|^2=1$，所以$\boldsymbol{A}$为正交矩阵.

357 答案 $\begin{pmatrix}0\\0\\-1\end{pmatrix}$.

因为 $\boldsymbol{A}$ 为正交矩阵，所以 $\boldsymbol{A}$ 可逆，因此 $\boldsymbol{Ax}=\boldsymbol{b}$ 有唯一解. 由 $\boldsymbol{A}$ 为正交矩阵知 $\boldsymbol{A}$ 的行向量组、列向量组均为单位正交向量组. 又因为 $a_{33}=-1$，不妨设

$$\boldsymbol{A}=\begin{pmatrix} a_{11} & a_{12} & 0 \\ a_{21} & a_{22} & 0 \\ 0 & 0 & -1 \end{pmatrix},$$

则

$$\begin{pmatrix} a_{11} & a_{12} & 0 \\ a_{21} & a_{22} & 0 \\ 0 & 0 & -1 \end{pmatrix}\begin{pmatrix} 0 \\ 0 \\ -1 \end{pmatrix}=\begin{pmatrix} 0 \\ 0 \\ 1 \end{pmatrix},$$

即

$$\boldsymbol{A}\begin{pmatrix} 0 \\ 0 \\ -1 \end{pmatrix}=\boldsymbol{b},$$

所以 $\boldsymbol{Ax}=\boldsymbol{b}$ 的唯一解为 $\begin{pmatrix} 0 \\ 0 \\ -1 \end{pmatrix}$.

358 答案 0，0，0，30.

显然，$\boldsymbol{A}$ 为实对称矩阵，所以 $\boldsymbol{A}$ 可对角化，且

$$\boldsymbol{A}\sim\begin{pmatrix} \lambda_1 & & & \\ & \lambda_2 & & \\ & & \lambda_3 & \\ & & & \lambda_4 \end{pmatrix}=\boldsymbol{\Lambda},$$

其中 $\lambda_1,\lambda_2,\lambda_3,\lambda_4$ 为 $\boldsymbol{A}$ 的特征值.

由

$$\boldsymbol{A}\to\begin{pmatrix} 1 & 2 & 3 & 4 \\ 0 & 0 & 0 & 0 \\ 0 & 0 & 0 & 0 \\ 0 & 0 & 0 & 0 \end{pmatrix}$$

知 $r(\boldsymbol{A})=1$. 于是，$r(\boldsymbol{\Lambda})=r(\boldsymbol{A})=1$，所以 $\lambda_1,\lambda_2,\lambda_3,\lambda_4$ 中有一个不为 0，其余三个均为 0. 因为 $\lambda_1+\lambda_2+\lambda_3+\lambda_4=\operatorname{tr}(\boldsymbol{A})=1+4+9+16=30$，所以 $\boldsymbol{A}$ 的特征值为 $0,0,0,30$.

评注

本题亦可直接利用公式法（$|\lambda\boldsymbol{E}-\boldsymbol{A}|=0$）求解，见本章第 308 题.

359 答案 −2，−2，0.

设 $\boldsymbol{A}$ 的特征值为 λ，则由 $\boldsymbol{A}^4+2\boldsymbol{A}^3+\boldsymbol{A}^2+2\boldsymbol{A}=\boldsymbol{O}$ 知 $\lambda^4+2\lambda^3+\lambda^2+2\lambda=0$，即 $\lambda=-2$ 或 $\lambda=0$.

因为 $\boldsymbol{A}$ 为实对称矩阵，所以 $\boldsymbol{A}$ 可对角化，且

$$A \sim \begin{pmatrix} \lambda_1 & & \\ & \lambda_2 & \\ & & \lambda_3 \end{pmatrix} = \Lambda,$$

其中 $\lambda_1, \lambda_2, \lambda_3$ 为 A 的特征值.

由于 $r(A) = r(\Lambda) = 2$，因此 $\lambda_1, \lambda_2, \lambda_3$ 中有一个为 0，其余两个不为 0. 于是，A 的特征值为 $-2, -2, 0$.

360 证明 设 A 的特征值为 λ，则由 $A^2 + A = O$ 知 $\lambda^2 + \lambda = 0$，即 $\lambda = -1$ 或 $\lambda = 0$.

因为 A 为实对称矩阵，所以 A 可对角化，且

$$A \sim \begin{pmatrix} \lambda_1 & & & \\ & \lambda_2 & & \\ & & \lambda_3 & \\ & & & \lambda_4 \end{pmatrix} = \Lambda,$$

其中 $\lambda_1, \lambda_2, \lambda_3, \lambda_4$ 为 A 的特征值.

由于 $r(A) = r(\Lambda) = 3$，因此 $\lambda_1, \lambda_2, \lambda_3, \lambda_4$ 中有一个为 0，其余三个不为 0. 于是，A 的特征值为 $-1, -1, -1, 0$，且

$$A \sim \begin{pmatrix} -1 & & & \\ & -1 & & \\ & & -1 & \\ & & & 0 \end{pmatrix}.$$

361 证明 设 $\alpha_1, \alpha_2, \alpha_3$ 为 A 的两两正交（当然线性无关）的特征向量，则 A 可对角化，且可通过单位化将 $\alpha_1, \alpha_2, \alpha_3$ 化为单位正交特征向量组 $\beta_1, \beta_2, \beta_3$.

令 $Q = (\beta_1, \beta_2, \beta_3)$，则 Q 为正交矩阵，且 $Q^{-1}AQ = \Lambda$（对角矩阵）. 于是，$A = Q\Lambda Q^{-1}$.

因为 $A^{\mathrm{T}} = (Q\Lambda Q^{-1})^{\mathrm{T}} = (Q^{-1})^{\mathrm{T}} \Lambda^{\mathrm{T}} Q^{\mathrm{T}} = (Q^{\mathrm{T}})^{\mathrm{T}} \Lambda Q^{-1} = Q\Lambda Q^{-1} = A$，所以 A 为对称矩阵.

362 答案 $Q = \begin{pmatrix} -\frac{2}{\sqrt{5}} & \frac{2}{3\sqrt{5}} & -\frac{1}{3} \\ \frac{1}{\sqrt{5}} & \frac{4}{3\sqrt{5}} & -\frac{2}{3} \\ 0 & \frac{5}{3\sqrt{5}} & \frac{2}{3} \end{pmatrix}$，$\Lambda = \begin{pmatrix} 1 & & \\ & 1 & \\ & & 10 \end{pmatrix}$.

显然，A 为实对称矩阵，所以 A 可对角化. 由

$$|\lambda E - A| = \begin{vmatrix} \lambda - 2 & -2 & 2 \\ -2 & \lambda - 5 & 4 \\ 2 & 4 & \lambda - 5 \end{vmatrix} = (\lambda - 1)^2 (\lambda - 10) = 0$$

知 A 的特征值为 $\lambda_1 = \lambda_2 = 1, \lambda_3 = 10$.

对 $\lambda_1 = \lambda_2 = 1$，解线性方程组 $(E - A)x = 0$，

$$E - A = \begin{pmatrix} -1 & -2 & 2 \\ -2 & -4 & 4 \\ 2 & 4 & -4 \end{pmatrix} \to \begin{pmatrix} 1 & 2 & -2 \\ 0 & 0 & 0 \\ 0 & 0 & 0 \end{pmatrix},$$

得 $x_1=-2x_2+2x_3$，基础解系为 $\boldsymbol{\alpha}_1=\begin{pmatrix}-2\\1\\0\end{pmatrix},\boldsymbol{\alpha}_2=\begin{pmatrix}2\\0\\1\end{pmatrix}$.

对 $\lambda_3=10$，解线性方程组 $(10\boldsymbol{E}-\boldsymbol{A})\boldsymbol{x}=\boldsymbol{0}$，

$$10\boldsymbol{E}-\boldsymbol{A}=\begin{pmatrix}8&-2&2\\-2&5&4\\2&4&5\end{pmatrix}\to\begin{pmatrix}1&0&\frac{1}{2}\\0&1&1\\0&0&0\end{pmatrix},$$

得 $\begin{cases}x_1=-\dfrac{1}{2}x_3\\x_2=-x_3\end{cases}$，基础解系为 $\boldsymbol{\alpha}_3=\begin{pmatrix}-\frac{1}{2}\\-1\\1\end{pmatrix}$.

显然，$\boldsymbol{\alpha}_3$ 分别与 $\boldsymbol{\alpha}_1,\boldsymbol{\alpha}_2$ 正交. 将 $\boldsymbol{\alpha}_1,\boldsymbol{\alpha}_2$ 正交化，

$$\boldsymbol{\beta}_1=\boldsymbol{\alpha}_1=\begin{pmatrix}-2\\1\\0\end{pmatrix},$$

$$\boldsymbol{\beta}_2=\boldsymbol{\alpha}_2-\frac{(\boldsymbol{\alpha}_2,\boldsymbol{\beta}_1)}{(\boldsymbol{\beta}_1,\boldsymbol{\beta}_1)}\boldsymbol{\beta}_1=\begin{pmatrix}2\\0\\1\end{pmatrix}-\frac{-4}{5}\begin{pmatrix}-2\\1\\0\end{pmatrix}=\begin{pmatrix}\frac{2}{5}\\\frac{4}{5}\\1\end{pmatrix},$$

则 $\boldsymbol{\beta}_1,\boldsymbol{\beta}_2,\boldsymbol{\alpha}_3$ 为正交特征向量组.

单位化，

$$\boldsymbol{\gamma}_1=\frac{1}{\|\boldsymbol{\beta}_1\|}\boldsymbol{\beta}_1=\frac{1}{\sqrt{5}}\begin{pmatrix}-2\\1\\0\end{pmatrix}=\begin{pmatrix}-\frac{2}{\sqrt{5}}\\\frac{1}{\sqrt{5}}\\0\end{pmatrix},$$

$$\boldsymbol{\gamma}_2=\frac{1}{\|\boldsymbol{\beta}_2\|}\boldsymbol{\beta}_2=\frac{1}{\frac{3}{\sqrt{5}}}\begin{pmatrix}\frac{2}{5}\\\frac{4}{5}\\1\end{pmatrix}=\begin{pmatrix}\frac{2}{15}\sqrt{5}\\\frac{4}{15}\sqrt{5}\\\frac{1}{3}\sqrt{5}\end{pmatrix},$$

$$\boldsymbol{\gamma}_3=\frac{1}{\|\boldsymbol{\alpha}_3\|}\boldsymbol{\alpha}_3=\frac{1}{\frac{3}{2}}\begin{pmatrix}-\frac{1}{2}\\-1\\1\end{pmatrix}=\begin{pmatrix}-\frac{1}{3}\\-\frac{2}{3}\\\frac{2}{3}\end{pmatrix},$$

则 $\gamma_1,\gamma_2,\gamma_3$ 为单位正交特征向量组.

令

$$\boldsymbol{Q}=(\gamma_1,\gamma_2,\gamma_3)=\begin{pmatrix}-\frac{2}{\sqrt{5}} & \frac{2}{3\sqrt{5}} & -\frac{1}{3}\\ \frac{1}{\sqrt{5}} & \frac{4}{3\sqrt{5}} & -\frac{2}{3}\\ 0 & \frac{5}{3\sqrt{5}} & \frac{2}{3}\end{pmatrix},$$

则 $\boldsymbol{Q}$ 为正交矩阵，且

$$\boldsymbol{Q}^{-1}\boldsymbol{A}\boldsymbol{Q}=\begin{pmatrix}1 & & \\ & 1 & \\ & & 10\end{pmatrix}=\boldsymbol{\Lambda}.$$

363 答案 (1)1；(2) $\boldsymbol{Q}=\begin{pmatrix}-\frac{1}{\sqrt{2}} & -\frac{1}{\sqrt{6}} & \frac{1}{\sqrt{3}}\\ \frac{1}{\sqrt{2}} & -\frac{1}{\sqrt{6}} & \frac{1}{\sqrt{3}}\\ 0 & \frac{2}{\sqrt{6}} & \frac{1}{\sqrt{3}}\end{pmatrix}$，$\boldsymbol{\Lambda}=\begin{pmatrix}0 & & \\ & 0 & \\ & & 3\end{pmatrix}$.

(1) 因为线性方程组 $\boldsymbol{Ax}=\boldsymbol{\beta}$ 无解，所以 $r(\boldsymbol{A})\neq r(\boldsymbol{A},\boldsymbol{\beta})$. 由

$$(\boldsymbol{A},\boldsymbol{\beta})=\left(\begin{array}{ccc:c}1 & 1 & a & 1\\ 1 & a & 1 & 1\\ a & 1 & 1 & -2\end{array}\right)\to\left(\begin{array}{ccc:c}1 & 1 & a & 1\\ 0 & a-1 & 1-a & 0\\ 0 & 0 & (a-1)(a+2) & a+2\end{array}\right)$$

知 $\begin{cases}(a-1)(a+2)=0\\ a+2\neq 0\end{cases}$，即 $a=1$.

(2) 显然，$\boldsymbol{A}$ 为实对称矩阵，所以 $\boldsymbol{A}$ 可对角化. 由

$$|\lambda\boldsymbol{E}-\boldsymbol{A}|=\begin{vmatrix}\lambda-1 & -1 & -1\\ -1 & \lambda-1 & -1\\ -1 & -1 & \lambda-1\end{vmatrix}=\lambda^2(\lambda-3)=0$$

知 $\boldsymbol{A}$ 的特征值为 $\lambda_1=\lambda_2=0,\lambda_3=3$.

对 $\lambda_1=\lambda_2=0$，解线性方程组 $(0\boldsymbol{E}-\boldsymbol{A})\boldsymbol{x}=\boldsymbol{0}$，

$$0\boldsymbol{E}-\boldsymbol{A}=\begin{pmatrix}-1 & -1 & -1\\ -1 & -1 & -1\\ -1 & -1 & -1\end{pmatrix}\to\begin{pmatrix}1 & 1 & 1\\ 0 & 0 & 0\\ 0 & 0 & 0\end{pmatrix},$$

得 $x_1=-x_2-x_3$，基础解系为 $\boldsymbol{\alpha}_1=\begin{pmatrix}-1\\1\\0\end{pmatrix},\boldsymbol{\alpha}_2=\begin{pmatrix}-1\\0\\1\end{pmatrix}$.

对 $\lambda_3=3$，解线性方程组 $(3\boldsymbol{E}-\boldsymbol{A})\boldsymbol{x}=\boldsymbol{0}$，

$$3\boldsymbol{E}-\boldsymbol{A}=\begin{pmatrix}2&-1&-1\\-1&2&-1\\-1&-1&2\end{pmatrix}\rightarrow\begin{pmatrix}1&0&-1\\0&1&-1\\0&0&0\end{pmatrix},$$

得$\begin{cases}x_1=x_3\\x_2=x_3\end{cases}$，基础解系为$\boldsymbol{\alpha}_3=\begin{pmatrix}1\\1\\1\end{pmatrix}$.

显然，$\boldsymbol{\alpha}_3$分别与$\boldsymbol{\alpha}_1,\boldsymbol{\alpha}_2$正交. 将$\boldsymbol{\alpha}_1,\boldsymbol{\alpha}_2$正交化，

$$\boldsymbol{\beta}_1=\boldsymbol{\alpha}_1=\begin{pmatrix}-1\\1\\0\end{pmatrix},$$

$$\boldsymbol{\beta}_2=\boldsymbol{\alpha}_2-\frac{(\boldsymbol{\alpha}_2,\boldsymbol{\beta}_1)}{(\boldsymbol{\beta}_1,\boldsymbol{\beta}_1)}\boldsymbol{\beta}_1=\begin{pmatrix}-1\\0\\1\end{pmatrix}-\frac{1}{2}\begin{pmatrix}-1\\1\\0\end{pmatrix}=\begin{pmatrix}-\frac{1}{2}\\-\frac{1}{2}\\1\end{pmatrix},$$

则$\boldsymbol{\beta}_1,\boldsymbol{\beta}_2,\boldsymbol{\alpha}_3$为正交特征向量组.

单位化，

$$\boldsymbol{\gamma}_1=\frac{1}{\|\boldsymbol{\beta}_1\|}\boldsymbol{\beta}_1=\frac{1}{\sqrt{2}}\begin{pmatrix}-1\\1\\0\end{pmatrix}=\begin{pmatrix}-\frac{1}{\sqrt{2}}\\\frac{1}{\sqrt{2}}\\0\end{pmatrix},$$

$$\boldsymbol{\gamma}_2=\frac{1}{\|\boldsymbol{\beta}_2\|}\boldsymbol{\beta}_2=\frac{1}{\frac{\sqrt{6}}{2}}\begin{pmatrix}-\frac{1}{2}\\-\frac{1}{2}\\1\end{pmatrix}=\begin{pmatrix}-\frac{1}{\sqrt{6}}\\-\frac{1}{\sqrt{6}}\\\frac{2}{\sqrt{6}}\end{pmatrix},$$

$$\boldsymbol{\gamma}_3=\frac{1}{\|\boldsymbol{\alpha}_3\|}\boldsymbol{\alpha}_3=\frac{1}{\sqrt{3}}\begin{pmatrix}1\\1\\1\end{pmatrix}=\begin{pmatrix}\frac{1}{\sqrt{3}}\\\frac{1}{\sqrt{3}}\\\frac{1}{\sqrt{3}}\end{pmatrix},$$

则$\boldsymbol{\gamma}_1,\boldsymbol{\gamma}_2,\boldsymbol{\gamma}_3$为单位正交特征向量组.

令

$$Q=(\gamma_1,\gamma_2,\gamma_3)=\begin{pmatrix}-\frac{1}{\sqrt{2}} & -\frac{1}{\sqrt{6}} & \frac{1}{\sqrt{3}}\\ \frac{1}{\sqrt{2}} & -\frac{1}{\sqrt{6}} & \frac{1}{\sqrt{3}}\\ 0 & \frac{2}{\sqrt{6}} & \frac{1}{\sqrt{3}}\end{pmatrix},$$

则 $\boldsymbol{Q}$ 为正交矩阵，且

$$\boldsymbol{Q}^{\mathrm{T}}\boldsymbol{A}\boldsymbol{Q}=\boldsymbol{Q}^{-1}\boldsymbol{A}\boldsymbol{Q}=\begin{pmatrix}0 & & \\ & 0 & \\ & & 3\end{pmatrix}=\boldsymbol{\Lambda}.$$

364 答案 $a=-1$， $\boldsymbol{Q}=\begin{pmatrix}\frac{1}{\sqrt{6}} & \frac{1}{\sqrt{3}} & -\frac{1}{\sqrt{2}}\\ \frac{2}{\sqrt{6}} & -\frac{1}{\sqrt{3}} & 0\\ \frac{1}{\sqrt{6}} & \frac{1}{\sqrt{3}} & \frac{1}{\sqrt{2}}\end{pmatrix}$.

显然，$\boldsymbol{A}$ 为实对称矩阵，所以 $\boldsymbol{A}$ 可对角化，且由实对称矩阵的对角化过程知 $\boldsymbol{\alpha}_1$ 为 $\boldsymbol{A}$ 的一个特征向量. 设 $\boldsymbol{\alpha}_1$ 对应的特征值为 λ_1，则 $\boldsymbol{A}\boldsymbol{\alpha}_1=\lambda_1\boldsymbol{\alpha}_1$，即

$$\begin{pmatrix}0 & -1 & 4\\ -1 & 3 & a\\ 4 & a & 0\end{pmatrix}\cdot\frac{1}{\sqrt{6}}\begin{pmatrix}1\\2\\1\end{pmatrix}=\lambda_1\cdot\frac{1}{\sqrt{6}}\begin{pmatrix}1\\2\\1\end{pmatrix}，故\begin{cases}2=\lambda_1\\ 5+a=2\lambda_1\\ 4+2a=\lambda_1\end{cases},$$

解之得 $\lambda_1=2, a=-1$.

由

$$|\lambda\boldsymbol{E}-\boldsymbol{A}|=\begin{vmatrix}\lambda & 1 & -4\\ 1 & \lambda-3 & 1\\ -4 & 1 & \lambda\end{vmatrix}=(\lambda-2)(\lambda-5)(\lambda+4)=0$$

知 $\boldsymbol{A}$ 的特征值为 $\lambda_1=2,\lambda_2=5,\lambda_3=-4$.

对 $\lambda_1=2$，由题意知其对应的一个特征向量为 $\boldsymbol{\alpha}_1=\begin{pmatrix}\frac{1}{\sqrt{6}}\\ \frac{2}{\sqrt{6}}\\ \frac{1}{\sqrt{6}}\end{pmatrix}$.

对 $\lambda_2=5$，解线性方程组 $(5\boldsymbol{E}-\boldsymbol{A})\boldsymbol{x}=\boldsymbol{0}$，

$$5\boldsymbol{E}-\boldsymbol{A}=\begin{pmatrix}5 & 1 & -4\\ 1 & 2 & 1\\ -4 & 1 & 5\end{pmatrix}\to\begin{pmatrix}1 & 0 & -1\\ 0 & 1 & 1\\ 0 & 0 & 0\end{pmatrix},$$

得$\begin{cases} x_1 = x_3 \\ x_2 = -x_3 \end{cases}$，基础解系为$\boldsymbol{\alpha}_2 = \begin{pmatrix} 1 \\ -1 \\ 1 \end{pmatrix}$.

对$\lambda_3 = -4$，解线性方程组$(-4\boldsymbol{E} - \boldsymbol{A})\boldsymbol{x} = \boldsymbol{0}$，

$$-4\boldsymbol{E} - \boldsymbol{A} = \begin{pmatrix} -4 & 1 & -4 \\ 1 & -7 & 1 \\ -4 & 1 & -4 \end{pmatrix} \to \begin{pmatrix} 1 & 0 & 1 \\ 0 & 1 & 0 \\ 0 & 0 & 0 \end{pmatrix},$$

得$\begin{cases} x_1 = -x_3 \\ x_2 = 0 \end{cases}$，基础解系为$\boldsymbol{\alpha}_3 = \begin{pmatrix} -1 \\ 0 \\ 1 \end{pmatrix}$.

因为$\lambda_1, \lambda_2, \lambda_3$互异，所以$\boldsymbol{\alpha}_1, \boldsymbol{\alpha}_2, \boldsymbol{\alpha}_3$为正交特征向量组. 单位化，

$$\boldsymbol{\beta}_1 = \boldsymbol{\alpha}_1 = \begin{pmatrix} \frac{1}{\sqrt{6}} \\ \frac{2}{\sqrt{6}} \\ \frac{1}{\sqrt{6}} \end{pmatrix},$$

$$\boldsymbol{\beta}_2 = \frac{1}{\|\boldsymbol{\alpha}_2\|}\boldsymbol{\alpha}_2 = \frac{1}{\sqrt{3}}\begin{pmatrix} 1 \\ -1 \\ 1 \end{pmatrix} = \begin{pmatrix} \frac{1}{\sqrt{3}} \\ -\frac{1}{\sqrt{3}} \\ \frac{1}{\sqrt{3}} \end{pmatrix},$$

$$\boldsymbol{\beta}_3 = \frac{1}{\|\boldsymbol{\alpha}_3\|}\boldsymbol{\alpha}_3 = \frac{1}{\sqrt{2}}\begin{pmatrix} -1 \\ 0 \\ 1 \end{pmatrix} = \begin{pmatrix} -\frac{1}{\sqrt{2}} \\ 0 \\ \frac{1}{\sqrt{2}} \end{pmatrix},$$

则$\boldsymbol{\beta}_1, \boldsymbol{\beta}_2, \boldsymbol{\beta}_3$为单位正交特征向量组.

令

$$\boldsymbol{Q} = (\boldsymbol{\beta}_1, \boldsymbol{\beta}_2, \boldsymbol{\beta}_3) = \begin{pmatrix} \frac{1}{\sqrt{6}} & \frac{1}{\sqrt{3}} & -\frac{1}{\sqrt{2}} \\ \frac{2}{\sqrt{6}} & -\frac{1}{\sqrt{3}} & 0 \\ \frac{1}{\sqrt{6}} & \frac{1}{\sqrt{3}} & \frac{1}{\sqrt{2}} \end{pmatrix},$$

则$\boldsymbol{Q}$为正交矩阵，且

$$Q^{T}AQ=Q^{-1}AQ=\begin{pmatrix}2&&\\&5&\\&&-4\end{pmatrix}=\Lambda.$$

365 答案 $\begin{pmatrix}\frac{1}{2}(3^{10}+1)&\frac{1}{2}(3^{10}-1)\\\frac{1}{2}(3^{10}-1)&\frac{1}{2}(3^{10}+1)\end{pmatrix}$.

显然，A为实对称矩阵，所以A可对角化. 由

$$|\lambda E-A|=\begin{vmatrix}\lambda-1&-2\\-2&\lambda-1\end{vmatrix}=(\lambda+1)(\lambda-3)=0$$

知A的特征值为$\lambda_1=-1,\lambda_2=3$.

对$\lambda_1=-1$，解线性方程组$(-E-A)x=\mathbf{0}$，

$$-E-A=\begin{pmatrix}-2&-2\\-2&-2\end{pmatrix}\to\begin{pmatrix}1&1\\0&0\end{pmatrix},$$

得$x_1=-x_2$，基础解系为$\alpha_1=\begin{pmatrix}-1\\1\end{pmatrix}$.

对$\lambda_2=3$，解线性方程组$(3E-A)x=\mathbf{0}$，

$$3E-A=\begin{pmatrix}2&-2\\-2&2\end{pmatrix}\to\begin{pmatrix}1&-1\\0&0\end{pmatrix},$$

得$x_1=x_2$，基础解系为$\alpha_2=\begin{pmatrix}1\\1\end{pmatrix}$.

令

$$P=(\alpha_1,\alpha_2)=\begin{pmatrix}-1&1\\1&1\end{pmatrix},$$

则P为可逆矩阵，且

$$P^{-1}AP=\begin{pmatrix}-1&0\\0&3\end{pmatrix}=\Lambda.$$

于是，$A=P\Lambda P^{-1}$，故

$$A^{10}=(P\Lambda P^{-1})^{10}=P\Lambda^{10}P^{-1}=\begin{pmatrix}-1&1\\1&1\end{pmatrix}\begin{pmatrix}-1&0\\0&3\end{pmatrix}^{10}\begin{pmatrix}-1&1\\1&1\end{pmatrix}^{-1}$$

$$=\begin{pmatrix}-1&1\\1&1\end{pmatrix}\begin{pmatrix}(-1)^{10}&0\\0&3^{10}\end{pmatrix}\begin{pmatrix}-\frac{1}{2}&\frac{1}{2}\\\frac{1}{2}&\frac{1}{2}\end{pmatrix}=\begin{pmatrix}\frac{1}{2}(3^{10}+1)&\frac{1}{2}(3^{10}-1)\\\frac{1}{2}(3^{10}-1)&\frac{1}{2}(3^{10}+1)\end{pmatrix}.$$

评注 本题亦可利用正交矩阵将矩阵A对角化，但是计算过程烦琐，而且无此必要.

366 答案 $\begin{pmatrix}4&1&1\\1&4&1\\1&1&4\end{pmatrix}$.

因为 $\boldsymbol{A}$ 为实对称矩阵，所以 $\boldsymbol{A}$ 可对角化．设 $\lambda_1=\lambda_2=3$ 对应的特征向量为 $\boldsymbol{\alpha}=(x_1,x_2,x_3)^{\mathrm{T}}$，则由 $\boldsymbol{A}$ 为实对称矩阵知 $\boldsymbol{\alpha}_3$ 与 $\boldsymbol{\alpha}$ 正交，即 $(\boldsymbol{\alpha}_3,\boldsymbol{\alpha})=x_1+x_2+x_3=0$．这是一个齐次线性方程组，其基础解系为

$$\boldsymbol{\alpha}_1=\begin{pmatrix}-1\\1\\0\end{pmatrix},\boldsymbol{\alpha}_2=\begin{pmatrix}-1\\0\\1\end{pmatrix}.$$

易见 $\boldsymbol{\alpha}_1,\boldsymbol{\alpha}_2,\boldsymbol{\alpha}_3$ 是 $\boldsymbol{A}$ 的三个线性无关的特征向量．令

$$\boldsymbol{P}=(\boldsymbol{\alpha}_1,\boldsymbol{\alpha}_2,\boldsymbol{\alpha}_3)=\begin{pmatrix}-1&-1&1\\1&0&1\\0&1&1\end{pmatrix},$$

则 $\boldsymbol{P}$ 为可逆矩阵，且

$$\boldsymbol{P}^{-1}\boldsymbol{A}\boldsymbol{P}=\begin{pmatrix}3&&\\&3&\\&&6\end{pmatrix}=\boldsymbol{\Lambda}.$$

于是，

$$\begin{aligned}\boldsymbol{A}=\boldsymbol{P}\boldsymbol{\Lambda}\boldsymbol{P}^{-1}&=\begin{pmatrix}-1&-1&1\\1&0&1\\0&1&1\end{pmatrix}\begin{pmatrix}3&&\\&3&\\&&6\end{pmatrix}\begin{pmatrix}-1&-1&1\\1&0&1\\0&1&1\end{pmatrix}^{-1}\\&=\begin{pmatrix}-1&-1&1\\1&0&1\\0&1&1\end{pmatrix}\begin{pmatrix}3&&\\&3&\\&&6\end{pmatrix}\begin{pmatrix}-\frac{1}{3}&\frac{2}{3}&-\frac{1}{3}\\-\frac{1}{3}&-\frac{1}{3}&\frac{2}{3}\\\frac{1}{3}&\frac{1}{3}&\frac{1}{3}\end{pmatrix}\\&=\begin{pmatrix}4&1&1\\1&4&1\\1&1&4\end{pmatrix}.\end{aligned}$$

367 证明　由

$$|\lambda\boldsymbol{E}-\boldsymbol{A}|=\begin{vmatrix}\lambda-1&-1&\cdots&-1\\-1&\lambda-1&\cdots&-1\\\vdots&\vdots&&\vdots\\-1&-1&\cdots&\lambda-1\end{vmatrix}=\lambda^{n-1}(\lambda-n)=0$$

知 $\boldsymbol{A}$ 的特征值为 $\lambda_1=\cdots=\lambda_{n-1}=0,\lambda_n=n$．

因为 $\boldsymbol{A}$ 为实对称矩阵，所以 $\boldsymbol{A}$ 可对角化，且

$$\boldsymbol{A}\sim\begin{pmatrix}0&&&\\&\ddots&&\\&&0&\\&&&n\end{pmatrix}=\boldsymbol{\Lambda}.$$

由

$$|\lambda E-B|=\begin{vmatrix}\lambda-n & 0 & \cdots & 0\\ -1 & \lambda & \cdots & 0\\ \vdots & \vdots & & \vdots\\ -1 & 0 & \cdots & \lambda\end{vmatrix}=\lambda^{n-1}(\lambda-n)=0$$

知 B 的特征值为 $\lambda_1=\cdots=\lambda_{n-1}=0,\lambda_n=n$.

对 $n-1$ 重特征值 $\lambda_1=\cdots=\lambda_{n-1}=0$，有

$$0E-B=\begin{pmatrix}-n & 0 & \cdots & 0\\ -1 & 0 & \cdots & 0\\ \vdots & \vdots & & \vdots\\ -1 & 0 & \cdots & 0\end{pmatrix}\to\begin{pmatrix}1 & 0 & \cdots & 0\\ 0 & 0 & \cdots & 0\\ \vdots & \vdots & & \vdots\\ 0 & 0 & \cdots & 0\end{pmatrix},$$

因此 $r(0E-B)=1=n-(n-1)$，所以 B 可对角化，且

$$B\sim\begin{pmatrix}0 & & & \\ & \ddots & & \\ & & 0 & \\ & & & n\end{pmatrix}=\Lambda.$$

于是，由相似的传递性知 $A\sim B$.

368 答案 (1) $\lambda_1=-1$， $c_1\begin{pmatrix}1\\0\\-1\end{pmatrix}(c_1\neq 0)$； $\lambda_2=1$， $c_2\begin{pmatrix}1\\0\\1\end{pmatrix}(c_2\neq 0)$； $\lambda_3=0$， $c_3\begin{pmatrix}0\\1\\0\end{pmatrix}(c_3\neq 0)$；

(2) $\begin{pmatrix}0 & 0 & 1\\ 0 & 0 & 0\\ 1 & 0 & 0\end{pmatrix}$.

(1) 设

$$\alpha_1=\begin{pmatrix}1\\0\\-1\end{pmatrix},\alpha_2=\begin{pmatrix}1\\0\\1\end{pmatrix},$$

则 $A(\alpha_1,\alpha_2)=(-\alpha_1,\alpha_2)$，即 $(A\alpha_1,A\alpha_2)=(-\alpha_1,\alpha_2)$，故 $A\alpha_1=-\alpha_1,A\alpha_2=\alpha_2$，所以 $\lambda_1=-1$, $\lambda_2=1$ 为 A 的特征值，对应的特征向量分别为 α_1,α_2.

设 A 的另一个特征值为 λ_3，则由 A 为实对称矩阵知 A 可对角化，且

$$A\sim\begin{pmatrix}-1 & & \\ & 1 & \\ & & \lambda_3\end{pmatrix}=\Lambda.$$

由 $r(A)=2$ 知 $r(\Lambda)=2$，所以 $\lambda_3=0$.

设 A 对应于特征值 $\lambda_3=0$ 的特征向量为 $\alpha_3=\begin{pmatrix}x_1\\x_2\\x_3\end{pmatrix}$，则由 A 为实对称矩阵知 α_3 分别与 α_1,α_2 正交，即

$$\begin{cases}(\boldsymbol{\alpha}_3,\boldsymbol{\alpha}_1)=x_1-x_3=0\\(\boldsymbol{\alpha}_3,\boldsymbol{\alpha}_2)=x_1+x_3=0\end{cases}.$$

这是一个齐次线性方程组，取其基础解系为 $\boldsymbol{\alpha}_3$，即 $\boldsymbol{\alpha}_3=\begin{pmatrix}0\\1\\0\end{pmatrix}$. 因此，$\boldsymbol{A}$ 对应于特征值 $\lambda_1=-1$ 的全部特征向量为 $c_1\boldsymbol{\alpha}_1(c_1\neq 0)$，对应于特征值 $\lambda_2=1$ 的全部特征向量为 $c_2\boldsymbol{\alpha}_2(c_2\neq 0)$，对应于特征值 $\lambda_3=0$ 的全部特征向量为 $c_3\boldsymbol{\alpha}_3(c_3\neq 0)$.

(2) 令

$$\boldsymbol{P}=(\boldsymbol{\alpha}_1,\boldsymbol{\alpha}_2,\boldsymbol{\alpha}_3)=\begin{pmatrix}1&1&0\\0&0&1\\-1&1&0\end{pmatrix},$$

则 $\boldsymbol{P}$ 为可逆矩阵，且

$$\boldsymbol{P}^{-1}\boldsymbol{A}\boldsymbol{P}=\begin{pmatrix}-1&&\\&1&\\&&0\end{pmatrix}=\boldsymbol{\Lambda}.$$

于是，

$$\boldsymbol{A}=\boldsymbol{P}\boldsymbol{\Lambda}\boldsymbol{P}^{-1}=\begin{pmatrix}1&1&0\\0&0&1\\-1&1&0\end{pmatrix}\begin{pmatrix}-1&&\\&1&\\&&0\end{pmatrix}\begin{pmatrix}1&1&0\\0&0&1\\-1&1&0\end{pmatrix}^{-1}$$

$$=\begin{pmatrix}-1&1&0\\0&0&0\\1&1&0\end{pmatrix}\begin{pmatrix}\frac{1}{2}&0&-\frac{1}{2}\\\frac{1}{2}&0&\frac{1}{2}\\0&1&0\end{pmatrix}=\begin{pmatrix}0&0&1\\0&0&0\\1&0&0\end{pmatrix}.$$

369 答案 (1) -2，$c_1\begin{pmatrix}1\\-1\\1\end{pmatrix}(c_1\neq 0)$；1（二重），$c_2\begin{pmatrix}1\\1\\0\end{pmatrix}+c_3\begin{pmatrix}-1\\0\\1\end{pmatrix}(c_2,c_3\text{不全为}0)$；(2) $\begin{pmatrix}0&1&-1\\1&0&1\\-1&1&0\end{pmatrix}$.

(1) 由 $\boldsymbol{B}=\boldsymbol{A}^5-4\boldsymbol{A}^3+\boldsymbol{E}$ 知 $\boldsymbol{B}$ 的三个特征值分别为 $\lambda_1^5-4\lambda_1^3+1=-2$，$\lambda_2^5-4\lambda_2^3+1=1$，$\lambda_3^5-4\lambda_3^3+1=1$.

因为 $\boldsymbol{B}\boldsymbol{\alpha}_1=(\boldsymbol{A}^5-4\boldsymbol{A}^3+\boldsymbol{E})\boldsymbol{\alpha}_1=\boldsymbol{A}^5\boldsymbol{\alpha}_1-4\boldsymbol{A}^3\boldsymbol{\alpha}_1+\boldsymbol{E}\boldsymbol{\alpha}_1=\lambda_1^5\boldsymbol{\alpha}_1-4\lambda_1^3\boldsymbol{\alpha}_1+\boldsymbol{\alpha}_1=\boldsymbol{\alpha}_1-4\boldsymbol{\alpha}_1+\boldsymbol{\alpha}_1=-2\boldsymbol{\alpha}_1$，所以 $\boldsymbol{\alpha}_1$ 为 $\boldsymbol{B}$ 对应于特征值 -2 的特征向量.

设 $\boldsymbol{B}$ 对应于二重特征值 1 的特征向量为 $\begin{pmatrix}x_1\\x_2\\x_3\end{pmatrix}$，则由 $\boldsymbol{A}$ 为实对称矩阵知 $\boldsymbol{B}$ 也为实对称矩阵，故 $\boldsymbol{\alpha}_1$ 与 $\begin{pmatrix}x_1\\x_2\\x_3\end{pmatrix}$ 正交，即 $x_1-x_2+x_3=0$. 这是一个齐次线性方程组，取其基础

解系 $\boldsymbol{\alpha}_2=\begin{pmatrix}1\\1\\0\end{pmatrix},\boldsymbol{\alpha}_3=\begin{pmatrix}-1\\0\\1\end{pmatrix}$ 为二重特征值1对应的线性无关的特征向量. 因此，$\boldsymbol{B}$ 对应于特征值 -2 的全部特征向量为 $c_1\boldsymbol{\alpha}_1(c_1\neq 0)$，对应于二重特征值1的全部特征向量为 $c_2\boldsymbol{\alpha}_2+c_3\boldsymbol{\alpha}_3(c_2,c_3\text{不全为}0)$.

(2) 由 $\boldsymbol{A}$ 为实对称矩阵知 $\boldsymbol{B}$ 也为实对称矩阵，故 $\boldsymbol{B}$ 可对角化. 令

$$\boldsymbol{P}=(\boldsymbol{\alpha}_1,\boldsymbol{\alpha}_2,\boldsymbol{\alpha}_3)=\begin{pmatrix}1&1&-1\\-1&1&0\\1&0&1\end{pmatrix},$$

则 $\boldsymbol{P}$ 为可逆矩阵，且

$$\boldsymbol{P}^{-1}\boldsymbol{BP}=\begin{pmatrix}-2&&\\&1&\\&&1\end{pmatrix}=\boldsymbol{\Lambda}.$$

于是，

$$\boldsymbol{B}=\boldsymbol{P\Lambda P}^{-1}=\begin{pmatrix}1&1&-1\\-1&1&0\\1&0&1\end{pmatrix}\begin{pmatrix}-2&&\\&1&\\&&1\end{pmatrix}\begin{pmatrix}1&1&-1\\-1&1&0\\1&0&1\end{pmatrix}^{-1}$$

$$=\begin{pmatrix}-2&1&-1\\2&1&0\\-2&0&1\end{pmatrix}\begin{pmatrix}\frac{1}{3}&-\frac{1}{3}&\frac{1}{3}\\\frac{1}{3}&\frac{2}{3}&\frac{1}{3}\\-\frac{1}{3}&\frac{1}{3}&\frac{2}{3}\end{pmatrix}=\begin{pmatrix}0&1&-1\\1&0&1\\-1&1&0\end{pmatrix}.$$

370 答案 (1) $\lambda_1=\lambda_2=0$，$c_1\begin{pmatrix}-1\\2\\-1\end{pmatrix}+c_2\begin{pmatrix}0\\-1\\1\end{pmatrix}(c_1,c_2\text{不全为}0)$；$\lambda_3=3$，$c_3\begin{pmatrix}1\\1\\1\end{pmatrix}(c_3\neq 0)$；

(2) $\begin{pmatrix}-\frac{1}{\sqrt{6}}&-\frac{1}{\sqrt{2}}&\frac{1}{\sqrt{3}}\\\frac{2}{\sqrt{6}}&0&\frac{1}{\sqrt{3}}\\-\frac{1}{\sqrt{6}}&\frac{1}{\sqrt{2}}&\frac{1}{\sqrt{3}}\end{pmatrix}$，$\begin{pmatrix}0&&\\&0&\\&&3\end{pmatrix}$；(3) $\left(\frac{3}{2}\right)^6\boldsymbol{E}$.

(1) 由 $\boldsymbol{A}$ 的每行元素之和均为3知

$$\boldsymbol{A}\begin{pmatrix}1\\1\\1\end{pmatrix}=\begin{pmatrix}3\\3\\3\end{pmatrix}=3\begin{pmatrix}1\\1\\1\end{pmatrix},$$

所以 $\lambda_3=3$ 为 $\boldsymbol{A}$ 的特征值，对应的特征向量为 $\boldsymbol{\alpha}_3=\begin{pmatrix}1\\1\\1\end{pmatrix}$. 由 $\boldsymbol{\alpha}_1,\boldsymbol{\alpha}_2$ 为方程组 $\boldsymbol{Ax}=\boldsymbol{0}$

的解知 $A\boldsymbol{\alpha}_1=\mathbf{0}=0\boldsymbol{\alpha}_1, A\boldsymbol{\alpha}_2=\mathbf{0}=0\boldsymbol{\alpha}_2$，所以 $\lambda_1=\lambda_2=0$ 为 A 的特征值，对应的两个线性无关的特征向量为 $\boldsymbol{\alpha}_1,\boldsymbol{\alpha}_2$. 因此，$A$ 对应于特征值 $\lambda_1=\lambda_2=0$ 的全部特征向量为 $c_1\boldsymbol{\alpha}_1+c_2\boldsymbol{\alpha}_2(c_1,c_2$不全为$0)$，对应于特征值 $\lambda_3=3$ 的全部特征向量为 $c_3\boldsymbol{\alpha}_3(c_3\neq 0)$.

(2) 由 (1) 知 $\boldsymbol{\alpha}_1,\boldsymbol{\alpha}_2,\boldsymbol{\alpha}_3$ 为 A 的三个线性无关的特征向量，且 $\boldsymbol{\alpha}_3$ 分别与 $\boldsymbol{\alpha}_1,\boldsymbol{\alpha}_2$ 正交. 将 $\boldsymbol{\alpha}_1,\boldsymbol{\alpha}_2$ 正交化，

$$\boldsymbol{\beta}_1=\boldsymbol{\alpha}_1=\begin{pmatrix}-1\\2\\-1\end{pmatrix},$$

$$\boldsymbol{\beta}_2=\boldsymbol{\alpha}_2-\frac{(\boldsymbol{\alpha}_2,\boldsymbol{\beta}_1)}{(\boldsymbol{\beta}_1,\boldsymbol{\beta}_1)}\boldsymbol{\beta}_1=\begin{pmatrix}0\\-1\\1\end{pmatrix}-\frac{-3}{6}\begin{pmatrix}-1\\2\\-1\end{pmatrix}=\begin{pmatrix}-\frac{1}{2}\\0\\\frac{1}{2}\end{pmatrix},$$

则 $\boldsymbol{\beta}_1,\boldsymbol{\beta}_2,\boldsymbol{\alpha}_3$ 为正交特征向量组.

单位化，

$$\boldsymbol{\gamma}_1=\frac{1}{\|\boldsymbol{\beta}_1\|}\boldsymbol{\beta}_1=\frac{1}{\sqrt{6}}\begin{pmatrix}-1\\2\\-1\end{pmatrix}=\begin{pmatrix}-\frac{1}{\sqrt{6}}\\\frac{2}{\sqrt{6}}\\-\frac{1}{\sqrt{6}}\end{pmatrix},$$

$$\boldsymbol{\gamma}_2=\frac{1}{\|\boldsymbol{\beta}_2\|}\boldsymbol{\beta}_2=\frac{1}{\frac{\sqrt{2}}{2}}\begin{pmatrix}-\frac{1}{2}\\0\\\frac{1}{2}\end{pmatrix}=\begin{pmatrix}-\frac{1}{\sqrt{2}}\\0\\\frac{1}{\sqrt{2}}\end{pmatrix},$$

$$\boldsymbol{\gamma}_3=\frac{1}{\|\boldsymbol{\alpha}_3\|}\boldsymbol{\alpha}_3=\frac{1}{\sqrt{3}}\begin{pmatrix}1\\1\\1\end{pmatrix}=\begin{pmatrix}\frac{1}{\sqrt{3}}\\\frac{1}{\sqrt{3}}\\\frac{1}{\sqrt{3}}\end{pmatrix},$$

则 $\boldsymbol{\gamma}_1,\boldsymbol{\gamma}_2,\boldsymbol{\gamma}_3$ 为单位正交特征向量组.

令

$$Q=(\gamma_1,\gamma_2,\gamma_3)=\begin{pmatrix}-\frac{1}{\sqrt{6}} & -\frac{1}{\sqrt{2}} & \frac{1}{\sqrt{3}}\\ \frac{2}{\sqrt{6}} & 0 & \frac{1}{\sqrt{3}}\\ -\frac{1}{\sqrt{6}} & \frac{1}{\sqrt{2}} & \frac{1}{\sqrt{3}}\end{pmatrix},$$

则 $\boldsymbol{Q}$ 为正交矩阵，且

$$\boldsymbol{Q}^{\mathrm{T}}\boldsymbol{A}\boldsymbol{Q}=\boldsymbol{Q}^{-1}\boldsymbol{A}\boldsymbol{Q}=\begin{pmatrix}0 & & \\ & 0 & \\ & & 3\end{pmatrix}=\boldsymbol{\Lambda}.$$

(3) 由 (2) 知 $\boldsymbol{A}=\boldsymbol{Q}\boldsymbol{\Lambda}\boldsymbol{Q}^{-1}$，于是，

$$\left(\boldsymbol{A}-\frac{3}{2}\boldsymbol{E}\right)^6=\left(\boldsymbol{Q}\boldsymbol{\Lambda}\boldsymbol{Q}^{-1}-\boldsymbol{Q}\cdot\frac{3}{2}\boldsymbol{E}\cdot\boldsymbol{Q}^{-1}\right)^6=\left[\boldsymbol{Q}\left(\boldsymbol{\Lambda}-\frac{3}{2}\boldsymbol{E}\right)\boldsymbol{Q}^{-1}\right]^6=\boldsymbol{Q}\left(\boldsymbol{\Lambda}-\frac{3}{2}\boldsymbol{E}\right)^6\boldsymbol{Q}^{-1}$$

$$=\boldsymbol{Q}\begin{pmatrix}-\frac{3}{2} & & \\ & -\frac{3}{2} & \\ & & \frac{3}{2}\end{pmatrix}^6\boldsymbol{Q}^{-1}=\boldsymbol{Q}\begin{pmatrix}\left(-\frac{3}{2}\right)^6 & & \\ & \left(-\frac{3}{2}\right)^6 & \\ & & \left(\frac{3}{2}\right)^6\end{pmatrix}\boldsymbol{Q}^{-1}$$

$$=\boldsymbol{Q}\begin{pmatrix}\left(\frac{3}{2}\right)^6 & & \\ & \left(\frac{3}{2}\right)^6 & \\ & & \left(\frac{3}{2}\right)^6\end{pmatrix}\boldsymbol{Q}^{-1}=\boldsymbol{Q}\cdot\left(\frac{3}{2}\right)^6\boldsymbol{E}\cdot\boldsymbol{Q}^{-1}=\left(\frac{3}{2}\right)^6\boldsymbol{E}.$$

第6章　二次型

371 答案 $\begin{pmatrix} 1 & -1 & 1 \\ -1 & 3 & 3 \\ 1 & 3 & -1 \end{pmatrix}$.

二次型中平方项系数为其矩阵的主对角线上的元素，交叉项系数的一半为其他位置对应的元素．于是，$f(x_1,x_2,x_3)$ 的矩阵为

$$\begin{pmatrix} 1 & -1 & 1 \\ -1 & 3 & 3 \\ 1 & 3 & -1 \end{pmatrix}.$$

372 答案 $2x_1^2 - x_2^2 + x_3^2 + 2x_1x_2 + 4x_1x_3 - 6x_2x_3$.

由二次型与其矩阵之间的关系知 $f(x_1,x_2,x_3) = 2x_1^2 - x_2^2 + x_3^2 + 2x_1x_2 + 4x_1x_3 - 6x_2x_3$.

373 答案 $\begin{pmatrix} 2 & -1 \\ -1 & 1 \end{pmatrix}$.

因为 $f(x_1,x_2) = 2x_1^2 - 2x_1x_2 + x_2^2$，所以其矩阵为 $\begin{pmatrix} 2 & -1 \\ -1 & 1 \end{pmatrix}$.

评注

二次型的矩阵为实对称矩阵．本题所给的二次型的矩阵不是实对称矩阵，不可作为其矩阵.

374 答案 2.

因为 $f(x_1,x_2,x_3) = 2x_1^2 + 2x_2^2 + 2x_3^2 + 2x_1x_2 + 2x_1x_3 - 2x_2x_3$，所以其矩阵为

$$\boldsymbol{A} = \begin{pmatrix} 2 & 1 & 1 \\ 1 & 2 & -1 \\ 1 & -1 & 2 \end{pmatrix}.$$

由 $\boldsymbol{A} \to \begin{pmatrix} 1 & -1 & 2 \\ 0 & 3 & -3 \\ 0 & 0 & 0 \end{pmatrix}$ 知 $r(\boldsymbol{A}) = 2$，因此该二次型的秩为 2.

375 答案 n.

因为

$$f(x_1,x_2,x_3) = (n^2-1)x_1^2 + (n^2-1)x_2^2 + \cdots + (n^2-1)x_n^2 - \\ 2x_1x_2 - 2x_1x_3 - \cdots - 2x_1x_n - 2x_2x_3 - \cdots - 2x_2x_n - \cdots - 2x_{n-1}x_n,$$

所以其矩阵为

$$A=\begin{pmatrix} n^2-1 & -1 & \cdots & -1 \\ -1 & n^2-1 & \cdots & -1 \\ \vdots & \vdots & & \vdots \\ -1 & -1 & \cdots & n^2-1 \end{pmatrix}.$$

由 $A\to\begin{pmatrix} n^2-n & n^2-n & \cdots & n^2-n \\ -1 & n^2-1 & \cdots & -1 \\ \vdots & \vdots & & \vdots \\ -1 & -1 & \cdots & n^2-1 \end{pmatrix}\to\begin{pmatrix} 1 & 1 & \cdots & 1 \\ -1 & n^2-1 & \cdots & -1 \\ \vdots & \vdots & & \vdots \\ -1 & -1 & \cdots & n^2-1 \end{pmatrix}\to\begin{pmatrix} 1 & 1 & \cdots & 1 \\ 0 & n^2 & \cdots & 0 \\ \vdots & \vdots & & \vdots \\ 0 & 0 & \cdots & n^2 \end{pmatrix}$ 知 $r(A)=n$，因此该二次型的秩为 n.

376 答案 -1.

由 $r(A^{\mathrm{T}}A)=2$ 知 $r(A)=2$．因为

$$A=\begin{pmatrix} 1 & 0 & 1 \\ 0 & 1 & 1 \\ -1 & 0 & a \\ 0 & a & -1 \end{pmatrix}\to\begin{pmatrix} 1 & 0 & 1 \\ 0 & 1 & 1 \\ 0 & 0 & a+1 \\ 0 & 0 & 0 \end{pmatrix},$$

所以 $a+1=0$，即 $a=-1$.

评注

本题利用了结论：设 A 为 $m\times n$ 矩阵，则 $r(A)=r(A^{\mathrm{T}})=r(AA^{\mathrm{T}})=r(A^{\mathrm{T}}A)$．亦可直接利用条件"$r(A^{\mathrm{T}}A)=2$"来求 a，但过程较为烦琐.

377 证明 设 $x=(x_1,x_2,x_3)^{\mathrm{T}}$，则

$$a_1x_1+a_2x_2+a_3x_3=x^{\mathrm{T}}\alpha=\alpha^{\mathrm{T}}x, b_1x_1+b_2x_2+b_3x_3=x^{\mathrm{T}}\beta=\beta^{\mathrm{T}}x.$$

于是，

$$f(x_1,x_2,x_3)=2(x^{\mathrm{T}}\alpha)(\alpha^{\mathrm{T}}x)+(x^{\mathrm{T}}\beta)(\beta^{\mathrm{T}}x)=2x^{\mathrm{T}}(\alpha\alpha^{\mathrm{T}})x+x^{\mathrm{T}}(\beta\beta^{\mathrm{T}})x=x^{\mathrm{T}}(2\alpha\alpha^{\mathrm{T}}+\beta\beta^{\mathrm{T}})x.$$

因为

$$(2\alpha\alpha^{\mathrm{T}}+\beta\beta^{\mathrm{T}})^{\mathrm{T}}=(2\alpha\alpha^{\mathrm{T}})^{\mathrm{T}}+(\beta\beta^{\mathrm{T}})^{\mathrm{T}}=2\alpha\alpha^{\mathrm{T}}+\beta\beta^{\mathrm{T}},$$

即 $2\alpha\alpha^{\mathrm{T}}+\beta\beta^{\mathrm{T}}$ 为对称矩阵，所以 $2\alpha\alpha^{\mathrm{T}}+\beta\beta^{\mathrm{T}}$ 为 $f(x_1,x_2,x_3)$ 的矩阵.

评注

亦可先写出 $f(x_1,x_2,x_3)$ 的具体形式，再验证其矩阵为 $2\alpha\alpha^{\mathrm{T}}+\beta\beta^{\mathrm{T}}$，但过程较为烦琐.

378 答案 3，2，1.

因为所给二次型已是标准形，所以其秩为标准形中非零平方项的个数 3，正惯性指数为正系数平方项的个数 2，负惯性指数为负系数平方项的个数 1.

379 答案 $y_1^2+y_2^2-y_3^2$.

所给二次型已是标准形，作可逆线性变换

$$\begin{cases} x_1 = y_1 \\ x_2 = \dfrac{1}{\sqrt{3}} y_2 \\ x_3 = \dfrac{1}{\sqrt{2}} y_3 \end{cases},$$

则可将所给二次型化为规范形$y_1^2 + y_2^2 - y_3^2$.

380 答案 $y_1^2 - y_2^2$.

所给二次型已是标准形，作可逆线性变换

$$\begin{cases} y_1 = \sqrt{3} x_3 \\ y_2 = 2x_1 \\ y_3 = x_2 \end{cases}, \quad \begin{cases} x_1 = \dfrac{1}{2} y_2 \\ x_2 = y_3 \\ x_3 = \dfrac{\sqrt{3}}{3} y_1 \end{cases},$$

则可将所给二次型化为规范形$y_1^2 - y_2^2$.

381 答案 $10y_1^2 + 34y_1y_2 + 29y_2^2$.

方法一：将所给线性变换代入，得

$$f(x_1,x_2) = (y_1 + y_2)^2 + 4(y_1 + y_2)(y_1 + 2y_2) + 5(y_1 + 2y_2)^2 = 10y_1^2 + 34y_1y_2 + 29y_2^2.$$

方法二：利用矩阵形式，

$$f(x_1,x_2) = (x_1,x_2)\begin{pmatrix} 1 & 2 \\ 2 & 5 \end{pmatrix}\begin{pmatrix} x_1 \\ x_2 \end{pmatrix}, \begin{pmatrix} x_1 \\ x_2 \end{pmatrix} = \begin{pmatrix} 1 & 1 \\ 1 & 2 \end{pmatrix}\begin{pmatrix} y_1 \\ y_2 \end{pmatrix}.$$

于是，

$$\begin{aligned} f(x_1,x_2) &= \left[\begin{pmatrix} 1 & 1 \\ 1 & 2 \end{pmatrix}\begin{pmatrix} y_1 \\ y_2 \end{pmatrix}\right]^{\mathrm{T}} \begin{pmatrix} 1 & 2 \\ 2 & 5 \end{pmatrix}\left[\begin{pmatrix} 1 & 1 \\ 1 & 2 \end{pmatrix}\begin{pmatrix} y_1 \\ y_2 \end{pmatrix}\right] \\ &= (y_1,y_2)\begin{pmatrix} 1 & 1 \\ 1 & 2 \end{pmatrix}^{\mathrm{T}} \begin{pmatrix} 1 & 2 \\ 2 & 5 \end{pmatrix}\begin{pmatrix} 1 & 1 \\ 1 & 2 \end{pmatrix}\begin{pmatrix} y_1 \\ y_2 \end{pmatrix} \\ &= (y_1,y_2)\begin{pmatrix} 10 & 17 \\ 17 & 29 \end{pmatrix}\begin{pmatrix} y_1 \\ y_2 \end{pmatrix} = 10y_1^2 + 34y_1y_2 + 29y_2^2. \end{aligned}$$

382 答案 合同.

以$\boldsymbol{A},\boldsymbol{B}$为矩阵的二次型分别是$f(x_1,x_2) = x_1^2 + 4x_1x_2 + x_2^2$，$g(y_1,y_2) = y_1^2 - 4y_1y_2 + y_2^2$.

显然，$f(x_1,x_2)$在可逆线性变换$\begin{cases} x_1 = y_1 \\ x_2 = -y_2 \end{cases}$下可化为$g(y_1,y_2)$，所以$f(x_1,x_2)$与$g(y_1,y_2)$合同，当然$\boldsymbol{A}$与$\boldsymbol{B}$也合同.

383 证明 设$\boldsymbol{A}$为对称矩阵，且$\boldsymbol{A}$与$\boldsymbol{B}$合同，则存在可逆矩阵$\boldsymbol{C}$，使得$\boldsymbol{B} = \boldsymbol{C}^{\mathrm{T}}\boldsymbol{A}\boldsymbol{C}$. 因为$\boldsymbol{B}^{\mathrm{T}} = (\boldsymbol{C}^{\mathrm{T}}\boldsymbol{A}\boldsymbol{C})^{\mathrm{T}} = \boldsymbol{C}^{\mathrm{T}}\boldsymbol{A}^{\mathrm{T}}(\boldsymbol{C}^{\mathrm{T}})^{\mathrm{T}} = \boldsymbol{C}^{\mathrm{T}}\boldsymbol{A}\boldsymbol{C} = \boldsymbol{B}$，所以$\boldsymbol{B}$为对称矩阵.

384 证明 由初等变换与初等方阵之间的关系知$\boldsymbol{E}(i,j)\boldsymbol{A}\boldsymbol{E}(i,j) = \boldsymbol{B}$. 于是，$\boldsymbol{B} = \boldsymbol{E}(i,j)^{\mathrm{T}}\boldsymbol{A}\boldsymbol{E}(i,j)$，其中初等方阵$\boldsymbol{E}(i,j)$可逆，所以$\boldsymbol{A}$与$\boldsymbol{B}$合同.

385 证明 由$\boldsymbol{A}$与$-\boldsymbol{A}$合同知存在可逆矩阵$\boldsymbol{C}$，使得$-\boldsymbol{A} = \boldsymbol{C}^{\mathrm{T}}\boldsymbol{A}\boldsymbol{C}$. 于是，$|-\boldsymbol{A}| = |\boldsymbol{C}^{\mathrm{T}}\boldsymbol{A}\boldsymbol{C}|$，$(-1)^n|\boldsymbol{A}| = |\boldsymbol{C}^{\mathrm{T}}|\cdot|\boldsymbol{A}|\cdot|\boldsymbol{C}| = |\boldsymbol{C}|\cdot|\boldsymbol{A}|\cdot|\boldsymbol{C}| = |\boldsymbol{C}|^2|\boldsymbol{A}|$. 因为$\boldsymbol{A}$可逆，所以$(-1)^n = |\boldsymbol{C}|^2$. 显

然，n 为偶数.

386 答案 $y_1^2-4y_2^2+4y_3^2$.

配方，

$$\begin{aligned}f(x_1,x_2,x_3)&=x_1^2-2x_1x_2+2x_1x_3-3x_2^2-6x_2x_3+4x_3^2\\&=(x_1^2-2x_1x_2+2x_1x_3)-3x_2^2-6x_2x_3+4x_3^2\\&=[x_1^2-2(x_2-x_3)x_1]-3x_2^2-6x_2x_3+4x_3^2\\&=[x_1^2-2(x_2-x_3)x_1+(x_2-x_3)^2]-(x_2-x_3)^2-3x_2^2-6x_2x_3+4x_3^2\\&=[x_1-(x_2-x_3)]^2-4x_2^2-4x_2x_3+3x_3^2\\&=(x_1-x_2+x_3)^2-4x_2^2-4x_2x_3+3x_3^2\\&=(x_1-x_2+x_3)^2-4(x_2^2+x_2x_3)+3x_3^2\\&=(x_1-x_2+x_3)^2-4\left[x_2^2+x_2x_3+\left(\frac{x_3}{2}\right)^2\right]+4\left(\frac{x_3}{2}\right)^2+3x_3^2\\&=(x_1-x_2+x_3)^2-4\left(x_2+\frac{x_3}{2}\right)^2+4x_3^2.\end{aligned}$$

作可逆线性变换

$$\begin{cases}y_1=x_1-x_2+x_3\\y_2=x_2+\dfrac{x_3}{2}\\y_3=x_3\end{cases},\quad\begin{cases}x_1=y_1+y_2-\dfrac{3}{2}y_3\\x_2=y_2-\dfrac{1}{2}y_3\\x_3=y_3\end{cases},$$

则可将 $f(x_1,x_2,x_3)$ 化为标准形 $y_1^2-4y_2^2+4y_3^2$.

标准形可能不唯一，因所作的线性变换而异.

387 答案 $2z_1^2-2z_2^2+20z_3^2$.

作可逆线性变换

$$\begin{cases}x_1=y_1+y_2\\x_2=y_1-y_2\\x_3=y_3\end{cases},$$

则

$$\begin{aligned}f(x_1,x_2,x_3)&=2(y_1+y_2)(y_1-y_2)-4(y_1+y_2)y_3+10(y_1-y_2)y_3\\&=2y_1^2-2y_2^2+6y_1y_3-14y_2y_3.\end{aligned}$$

显然，上述二次型中已含平方项. 配方，

$$\begin{aligned}f(x_1,x_2,x_3)&=(2y_1^2+6y_1y_3)-2y_2^2-14y_2y_3\\&=2(y_1^2+3y_1y_3)-2y_2^2-14y_2y_3\\&=2\left[y_1^2+3y_1y_3+\left(\frac{3y_3}{2}\right)^2\right]-2\left(\frac{3y_3}{2}\right)^2-2y_2^2-14y_2y_3\end{aligned}$$

$$=2\left(y_1+\frac{3}{2}y_3\right)^2-\frac{9}{2}y_3^2-2y_2^2-14y_2y_3$$

$$=2\left(y_1+\frac{3}{2}y_3\right)^2-2(y_2^2+7y_2y_3)-\frac{9}{2}y_3^2$$

$$=2\left(y_1+\frac{3}{2}y_3\right)^2-2\left[y_2^2+7y_2y_3+\left(\frac{7y_3}{2}\right)^2\right]+2\left(\frac{7y_3}{2}\right)^2-\frac{9}{2}y_3^2$$

$$=2\left(y_1+\frac{3}{2}y_3\right)^2-2\left(y_2+\frac{7}{2}y_3\right)^2+20y_3^2.$$

作可逆线性变换

$$\begin{pmatrix}x_1\\x_2\\x_3\end{pmatrix}=\begin{pmatrix}1&1&0\\1&-1&0\\0&0&1\end{pmatrix}\begin{pmatrix}1&0&-\frac{3}{2}\\0&1&-\frac{7}{2}\\0&0&1\end{pmatrix}\begin{pmatrix}z_1\\z_2\\z_3\end{pmatrix}=\begin{pmatrix}1&1&-5\\1&-1&2\\0&0&1\end{pmatrix}\begin{pmatrix}z_1\\z_2\\z_3\end{pmatrix},$$

则可将 $f(x_1,x_2,x_3)$ 化为标准形 $2z_1^2-2z_2^2+20z_3^2$.

本题中处理不含平方项（仅含交叉项）的二次型的做法具有一般性.

388 答案 $y_1^2+4y_2^2-2y_3^2$.

$f(x_1,x_2,x_3)$ 的矩阵为

$$A=\begin{pmatrix}2&-2&0\\-2&1&-2\\0&-2&0\end{pmatrix}.$$

由

$$|\lambda E-A|=\begin{vmatrix}\lambda-2&2&0\\2&\lambda-1&2\\0&2&\lambda\end{vmatrix}=(\lambda-1)(\lambda-4)(\lambda+2)=0$$

知 A 的特征值为 $\lambda_1=1,\lambda_2=4,\lambda_3=-2$.

对 $\lambda_1=1$，解方程组 $(E-A)x=0$，

$$E-A=\begin{pmatrix}-1&2&0\\2&0&2\\0&2&1\end{pmatrix}\to\begin{pmatrix}1&0&1\\0&1&\frac{1}{2}\\0&0&0\end{pmatrix},$$

得 $\begin{cases}x_1=-x_3\\x_2=-\frac{1}{2}x_3\end{cases}$，基础解系为 $\alpha_1=\begin{pmatrix}-1\\-\frac{1}{2}\\1\end{pmatrix}$.

对 $\lambda_2=4$，解方程组 $(4E-A)x=0$，

$$4E - A = \begin{pmatrix} 2 & 2 & 0 \\ 2 & 3 & 2 \\ 0 & 2 & 4 \end{pmatrix} \to \begin{pmatrix} 1 & 0 & -2 \\ 0 & 1 & 2 \\ 0 & 0 & 0 \end{pmatrix},$$

得$\begin{cases} x_1 = 2x_3 \\ x_2 = -2x_3 \end{cases}$，基础解系为$\boldsymbol{\alpha}_2 = \begin{pmatrix} 2 \\ -2 \\ 1 \end{pmatrix}$.

对$\lambda_3 = -2$，解方程组$(-2E - A)x = \mathbf{0}$，

$$-2E - A = \begin{pmatrix} -4 & 2 & 0 \\ 2 & -3 & 2 \\ 0 & 2 & -2 \end{pmatrix} \to \begin{pmatrix} 1 & 0 & -\frac{1}{2} \\ 0 & 1 & -1 \\ 0 & 0 & 0 \end{pmatrix},$$

得$\begin{cases} x_1 = \frac{1}{2}x_3 \\ x_2 = x_3 \end{cases}$，基础解系为$\boldsymbol{\alpha}_3 = \begin{pmatrix} \frac{1}{2} \\ 1 \\ 1 \end{pmatrix}$.

因为$\lambda_1, \lambda_2, \lambda_3$互异，所以$\boldsymbol{\alpha}_1, \boldsymbol{\alpha}_2, \boldsymbol{\alpha}_3$为正交特征向量组，不需要正交化. 单位化，

$$\boldsymbol{\beta}_1 = \frac{1}{\|\boldsymbol{\alpha}_1\|}\boldsymbol{\alpha}_1 = \frac{1}{\frac{3}{2}}\begin{pmatrix} -1 \\ -\frac{1}{2} \\ 1 \end{pmatrix} = \begin{pmatrix} -\frac{2}{3} \\ -\frac{1}{3} \\ \frac{2}{3} \end{pmatrix},$$

$$\boldsymbol{\beta}_2 = \frac{1}{\|\boldsymbol{\alpha}_2\|}\boldsymbol{\alpha}_2 = \frac{1}{3}\begin{pmatrix} 2 \\ -2 \\ 1 \end{pmatrix} = \begin{pmatrix} \frac{2}{3} \\ -\frac{2}{3} \\ \frac{1}{3} \end{pmatrix},$$

$$\boldsymbol{\beta}_3 = \frac{1}{\|\boldsymbol{\alpha}_3\|}\boldsymbol{\alpha}_3 = \frac{1}{\frac{3}{2}}\begin{pmatrix} \frac{1}{2} \\ 1 \\ 1 \end{pmatrix} = \begin{pmatrix} \frac{1}{3} \\ \frac{2}{3} \\ \frac{2}{3} \end{pmatrix},$$

则$\boldsymbol{\beta}_1, \boldsymbol{\beta}_2, \boldsymbol{\beta}_3$为单位正交特征向量组.

令矩阵

$$\boldsymbol{Q} = (\boldsymbol{\beta}_1, \boldsymbol{\beta}_2, \boldsymbol{\beta}_3) = \begin{pmatrix} -\frac{2}{3} & \frac{2}{3} & \frac{1}{3} \\ -\frac{1}{3} & -\frac{2}{3} & \frac{2}{3} \\ \frac{2}{3} & \frac{1}{3} & \frac{2}{3} \end{pmatrix},$$

则$\boldsymbol{Q}$为正交矩阵，且$\boldsymbol{Q}^{\mathrm{T}}\boldsymbol{A}\boldsymbol{Q}=\boldsymbol{Q}^{-1}\boldsymbol{A}\boldsymbol{Q}=\begin{pmatrix}1 & & \\ & 4 & \\ & & -2\end{pmatrix}$.

作正交变换$\boldsymbol{x}=\boldsymbol{Q}\boldsymbol{y}$，即

$$\begin{cases}x_1=-\dfrac{2}{3}y_1+\dfrac{2}{3}y_2+\dfrac{1}{3}y_3\\ x_2=-\dfrac{1}{3}y_1-\dfrac{2}{3}y_2+\dfrac{2}{3}y_3,\\ x_3=\dfrac{2}{3}y_1+\dfrac{1}{3}y_2+\dfrac{2}{3}y_3\end{cases}$$

则可将$f(x_1,x_2,x_3)$化为标准形$y_1^2+4y_2^2-2y_3^2$.

389 答案 $y_1^2+y_2^2-2y_3^2$.

$f(x_1,x_2,x_3)$的矩阵为

$$\boldsymbol{A}=\begin{pmatrix}0 & -1 & 1\\ -1 & 0 & 1\\ 1 & 1 & 0\end{pmatrix}.$$

由

$$|\lambda\boldsymbol{E}-\boldsymbol{A}|=\begin{vmatrix}\lambda & 1 & -1\\ 1 & \lambda & -1\\ -1 & -1 & \lambda\end{vmatrix}=(\lambda-1)^2(\lambda+2)=0$$

知$\boldsymbol{A}$的特征值为$\lambda_1=\lambda_2=1,\lambda_3=-2$.

对$\lambda_1=\lambda_2=1$，解方程组$(\boldsymbol{E}-\boldsymbol{A})\boldsymbol{x}=\boldsymbol{0}$，

$$\boldsymbol{E}-\boldsymbol{A}=\begin{pmatrix}1 & 1 & -1\\ 1 & 1 & -1\\ -1 & -1 & 1\end{pmatrix}\to\begin{pmatrix}1 & 1 & -1\\ 0 & 0 & 0\\ 0 & 0 & 0\end{pmatrix},$$

得$x_1=-x_2+x_3$，基础解系为$\boldsymbol{\alpha}_1=\begin{pmatrix}-1\\1\\0\end{pmatrix},\boldsymbol{\alpha}_2=\begin{pmatrix}1\\0\\1\end{pmatrix}$.

对$\lambda_3=-2$，解方程组$(-2\boldsymbol{E}-\boldsymbol{A})\boldsymbol{x}=\boldsymbol{0}$，

$$-2\boldsymbol{E}-\boldsymbol{A}=\begin{pmatrix}-2 & 1 & -1\\ 1 & -2 & -1\\ -1 & -1 & -2\end{pmatrix}\to\begin{pmatrix}1 & 0 & 1\\ 0 & 1 & 1\\ 0 & 0 & 0\end{pmatrix},$$

得$\begin{cases}x_1=-x_3\\ x_2=-x_3\end{cases}$，基础解系为$\boldsymbol{\alpha}_3=\begin{pmatrix}-1\\-1\\1\end{pmatrix}$.

显然，$\boldsymbol{\alpha}_3$分别与$\boldsymbol{\alpha}_1,\boldsymbol{\alpha}_2$正交. 将$\boldsymbol{\alpha}_1,\boldsymbol{\alpha}_2$正交化，

$$\boldsymbol{\beta}_1=\boldsymbol{\alpha}_1=\begin{pmatrix}-1\\1\\0\end{pmatrix},$$

$$\boldsymbol{\beta}_2=\boldsymbol{\alpha}_2-\frac{(\boldsymbol{\alpha}_2,\boldsymbol{\beta}_1)}{(\boldsymbol{\beta}_1,\boldsymbol{\beta}_1)}\boldsymbol{\beta}_1=\begin{pmatrix}1\\0\\1\end{pmatrix}-\frac{-1}{2}\begin{pmatrix}-1\\1\\0\end{pmatrix}=\begin{pmatrix}\frac{1}{2}\\\frac{1}{2}\\1\end{pmatrix},$$

则 $\boldsymbol{\beta}_1,\boldsymbol{\beta}_2,\boldsymbol{\alpha}_3$ 为正交特征向量组. 单位化,

$$\boldsymbol{\gamma}_1=\frac{1}{\|\boldsymbol{\beta}_1\|}\boldsymbol{\beta}_1=\frac{1}{\sqrt{2}}\begin{pmatrix}-1\\1\\0\end{pmatrix}=\begin{pmatrix}-\frac{1}{\sqrt{2}}\\\frac{1}{\sqrt{2}}\\0\end{pmatrix},$$

$$\boldsymbol{\gamma}_2=\frac{1}{\|\boldsymbol{\beta}_2\|}\boldsymbol{\beta}_2=\frac{1}{\frac{\sqrt{6}}{2}}\begin{pmatrix}\frac{1}{2}\\\frac{1}{2}\\1\end{pmatrix}=\begin{pmatrix}\frac{1}{\sqrt{6}}\\\frac{1}{\sqrt{6}}\\\frac{2}{\sqrt{6}}\end{pmatrix},$$

$$\boldsymbol{\gamma}_3=\frac{1}{\|\boldsymbol{\alpha}_3\|}\boldsymbol{\alpha}_3=\frac{1}{\sqrt{3}}\begin{pmatrix}-1\\-1\\1\end{pmatrix}=\begin{pmatrix}-\frac{1}{\sqrt{3}}\\-\frac{1}{\sqrt{3}}\\\frac{1}{\sqrt{3}}\end{pmatrix},$$

则 $\boldsymbol{\gamma}_1,\boldsymbol{\gamma}_2,\boldsymbol{\gamma}_3$ 为单位正交特征向量组.

令矩阵

$$\boldsymbol{Q}=(\boldsymbol{\gamma}_1,\boldsymbol{\gamma}_2,\boldsymbol{\gamma}_3)=\begin{pmatrix}-\frac{1}{\sqrt{2}}&\frac{1}{\sqrt{6}}&-\frac{1}{\sqrt{3}}\\\frac{1}{\sqrt{2}}&\frac{1}{\sqrt{6}}&-\frac{1}{\sqrt{3}}\\0&\frac{2}{\sqrt{6}}&\frac{1}{\sqrt{3}}\end{pmatrix},$$

则 $\boldsymbol{Q}$ 为正交矩阵，且 $\boldsymbol{Q}^{\mathrm{T}}\boldsymbol{A}\boldsymbol{Q}=\boldsymbol{Q}^{-1}\boldsymbol{A}\boldsymbol{Q}=\begin{pmatrix}1&&\\&1&\\&&-2\end{pmatrix}$.

作正交变换 $\boldsymbol{x}=\boldsymbol{Q}\boldsymbol{y}$ ，即

$$\begin{cases} x_1 = -\frac{1}{\sqrt{2}}y_1 + \frac{1}{\sqrt{6}}y_2 - \frac{1}{\sqrt{3}}y_3 \\ x_2 = \frac{1}{\sqrt{2}}y_1 + \frac{1}{\sqrt{6}}y_2 - \frac{1}{\sqrt{3}}y_3 \\ x_3 = \frac{2}{\sqrt{6}}y_2 + \frac{1}{\sqrt{3}}y_3 \end{cases},$$

则可将 $f(x_1,x_2,x_3)$ 化为标准形 $y_1^2+y_2^2-2y_3^2$.

390 答案 2.

$f(x_1,x_2,x_3)$ 的矩阵为

$$\boldsymbol{A}=\begin{pmatrix} 1 & 2 & 0 \\ 2 & 2 & -2 \\ 0 & -2 & 3 \end{pmatrix}.$$

由

$$|\lambda\boldsymbol{E}-\boldsymbol{A}|=\begin{vmatrix} \lambda-1 & -2 & 0 \\ -2 & \lambda-2 & 2 \\ 0 & 2 & \lambda-3 \end{vmatrix}=(\lambda+1)(\lambda-2)(\lambda-5)=0$$

知 $\boldsymbol{A}$ 的特征值为 $\lambda_1=-1,\lambda_2=2,\lambda_3=5$. 于是，$f(x_1,x_2,x_3)$ 的正惯性指数为 2.

391 答案 $-2\leqslant a\leqslant 2$.

配方，

$$\begin{aligned} f(x_1,x_2,x_3) &= x_1^2-x_2^2+2ax_1x_3+4x_2x_3 \\ &= x_1^2+2ax_1x_3+(ax_3)^2-(ax_3)^2-x_2^2+4x_2x_3 \\ &= (x_1+ax_3)^2-x_2^2+4x_2x_3-a^2x_3^2 \\ &= (x_1+ax_3)^2-(x_2^2-4x_2x_3)-a^2x_3^2 \\ &= (x_1+ax_3)^2-(x_2^2-4x_2x_3+4x_3^2)+4x_3^2-a^2x_3^2 \\ &= (x_1+ax_3)^2-(x_2-2x_3)^2+(4-a^2)x_3^2, \end{aligned}$$

作可逆线性变换

$$\begin{cases} y_1 = x_1+ax_3 \\ y_2 = x_2-2x_3 \\ y_3 = x_3 \end{cases}, \quad \begin{cases} x_1 = y_1-ay_3 \\ x_2 = y_2+2y_3 \\ x_3 = y_3 \end{cases},$$

则可将 $f(x_1,x_2,x_3)$ 化为标准形 $y_1^2-y_2^2+(4-a^2)y_3^2$.

因为 $f(x_1,x_2,x_3)$ 的负惯性指数为 1，所以 $4-a^2\geqslant 0$，即 $-2\leqslant a\leqslant 2$.

392 答案 椭圆柱面.

设 $f(x,y,z)=3x^2+5y^2+5z^2+4xy-4xz-10yz$，则 $f(x,y,z)$ 是一个二次型. 利用配方法将 $f(x,y,z)$ 化为标准形，

$$\begin{aligned} f(x,y,z) &= 3x^2+5y^2+5z^2+4xy-4xz-10yz \\ &= (3x^2+4xy-4xz)+5y^2+5z^2-10yz \end{aligned}$$

$$=3\left[x^2+\frac{4}{3}(y-z)x\right]+5y^2+5z^2-10yz$$

$$=3\left\{x^2+\frac{4}{3}(y-z)x+\left[\frac{2}{3}(y-z)\right]^2\right\}-3\left[\frac{2}{3}(y-z)\right]^2+5y^2+5z^2-10yz$$

$$=3\left[x+\frac{2}{3}(y-z)\right]^2+\frac{11}{3}y^2+\frac{11}{3}z^2-\frac{22}{3}yz$$

$$=3\left(x+\frac{2}{3}y-\frac{2}{3}z\right)^2+\frac{11}{3}(y^2-2yz+z^2)$$

$$=3\left(x+\frac{2}{3}y-\frac{2}{3}z\right)^2+\frac{11}{3}(y-z)^2.$$

作可逆线性变换

$$\begin{cases}u=x+\frac{2}{3}y-\frac{2}{3}z\\ v=y-z\\ w=z\end{cases},\quad \begin{cases}x=u-\frac{2}{3}v\\ y=v+w\\ z=w\end{cases},$$

则可将$f(x,y,z)$化为标准形$3u^2+\frac{11}{3}v^2$．于是，原方程化为$3u^2+\frac{11}{3}v^2=1$，其表示一个椭圆柱面.

393 答案 2，$\begin{cases}x_1=y_2\\ x_2=-\frac{1}{\sqrt{2}}y_1+\frac{1}{\sqrt{2}}y_3.\\ x_3=\frac{1}{\sqrt{2}}y_1+\frac{1}{\sqrt{2}}y_3\end{cases}$

$f(x_1,x_2,x_3)$的矩阵为

$$\boldsymbol{A}=\begin{pmatrix}2&0&0\\0&3&a\\0&a&3\end{pmatrix}.$$

由题意知

$$\boldsymbol{A}=\begin{pmatrix}2&0&0\\0&3&a\\0&a&3\end{pmatrix}\sim\begin{pmatrix}1&&\\&2&\\&&5\end{pmatrix}=\boldsymbol{\Lambda},$$

于是，

$$|\boldsymbol{A}|=\begin{vmatrix}2&0&0\\0&3&a\\0&a&3\end{vmatrix}=2(9-a^2)=10,$$

因为$a>0$，所以$a=2$．此时，

$$\boldsymbol{A}=\begin{pmatrix}2&0&0\\0&3&2\\0&2&3\end{pmatrix}.$$

由 $\boldsymbol{A}\sim\boldsymbol{\Lambda}$ 知 $\boldsymbol{A}$ 的特征值为 $\lambda_1=1,\lambda_2=2,\lambda_3=5$.

对 $\lambda_1=1$，解方程组 $(\boldsymbol{E}-\boldsymbol{A})\boldsymbol{x}=\boldsymbol{0}$，

$$\boldsymbol{E}-\boldsymbol{A}=\begin{pmatrix}-1&0&0\\0&-2&-2\\0&-2&-2\end{pmatrix}\to\begin{pmatrix}1&0&0\\0&1&1\\0&0&0\end{pmatrix},$$

得 $\begin{cases}x_1=0\\x_2=-x_3\end{cases}$，基础解系为 $\boldsymbol{\alpha}_1=\begin{pmatrix}0\\-1\\1\end{pmatrix}$.

对 $\lambda_2=2$，解方程组 $(2\boldsymbol{E}-\boldsymbol{A})\boldsymbol{x}=\boldsymbol{0}$，

$$2\boldsymbol{E}-\boldsymbol{A}=\begin{pmatrix}0&0&0\\0&-1&-2\\0&-2&-1\end{pmatrix}\to\begin{pmatrix}0&1&0\\0&0&1\\0&0&0\end{pmatrix},$$

得 $\begin{cases}x_2=0\\x_3=0\end{cases}$，基础解系为 $\boldsymbol{\alpha}_2=\begin{pmatrix}1\\0\\0\end{pmatrix}$.

对 $\lambda_3=5$，解方程组 $(5\boldsymbol{E}-\boldsymbol{A})\boldsymbol{x}=\boldsymbol{0}$，

$$5\boldsymbol{E}-\boldsymbol{A}=\begin{pmatrix}3&0&0\\0&2&-2\\0&-2&2\end{pmatrix}\to\begin{pmatrix}1&0&0\\0&1&-1\\0&0&0\end{pmatrix},$$

得 $\begin{cases}x_1=0\\x_2=x_3\end{cases}$，基础解系为 $\boldsymbol{\alpha}_3=\begin{pmatrix}0\\1\\1\end{pmatrix}$.

因为 $\lambda_1,\lambda_2,\lambda_3$ 互异，所以 $\boldsymbol{\alpha}_1,\boldsymbol{\alpha}_2,\boldsymbol{\alpha}_3$ 为正交特征向量组，不需要正交化．单位化，

$$\boldsymbol{\beta}_1=\frac{1}{\|\boldsymbol{\alpha}_1\|}\boldsymbol{\alpha}_1=\frac{1}{\sqrt{2}}\begin{pmatrix}0\\-1\\1\end{pmatrix}=\begin{pmatrix}0\\-\frac{1}{\sqrt{2}}\\\frac{1}{\sqrt{2}}\end{pmatrix},$$

$$\boldsymbol{\beta}_2=\frac{1}{\|\boldsymbol{\alpha}_2\|}\boldsymbol{\alpha}_2=\frac{1}{1}\begin{pmatrix}1\\0\\0\end{pmatrix}=\begin{pmatrix}1\\0\\0\end{pmatrix},$$

$$\boldsymbol{\beta}_3=\frac{1}{\|\boldsymbol{\alpha}_3\|}\boldsymbol{\alpha}_3=\frac{1}{\sqrt{2}}\begin{pmatrix}0\\1\\1\end{pmatrix}=\begin{pmatrix}0\\\frac{1}{\sqrt{2}}\\\frac{1}{\sqrt{2}}\end{pmatrix},$$

则 $\boldsymbol{\beta}_1,\boldsymbol{\beta}_2,\boldsymbol{\beta}_3$ 为单位正交特征向量组.

令矩阵

$$Q=(\beta_1,\beta_2,\beta_3)=\begin{pmatrix}0 & 1 & 0\\ -\frac{1}{\sqrt{2}} & 0 & \frac{1}{\sqrt{2}}\\ \frac{1}{\sqrt{2}} & 0 & \frac{1}{\sqrt{2}}\end{pmatrix},$$

则Q为正交矩阵，且

$$Q^{\mathrm{T}}AQ=Q^{-1}AQ=\begin{pmatrix}1 & & \\ & 2 & \\ & & 5\end{pmatrix}=\Lambda.$$

因此，所作的正交变换为$x=Qy$，即

$$\begin{cases}x_1=y_2\\ x_2=-\frac{1}{\sqrt{2}}y_1+\frac{1}{\sqrt{2}}y_3.\\ x_3=\frac{1}{\sqrt{2}}y_1+\frac{1}{\sqrt{2}}y_3\end{cases}$$

394 答案 $3y_1^2$.

由A的每行元素之和均为3知

$$A\begin{pmatrix}1\\1\\1\end{pmatrix}=\begin{pmatrix}3\\3\\3\end{pmatrix}=3\begin{pmatrix}1\\1\\1\end{pmatrix},$$

所以A的一个特征值为$\lambda_1=3$，对应的特征向量为$\begin{pmatrix}1\\1\\1\end{pmatrix}$.

设A的另外两个特征值为λ_2,λ_3，则由A为实对称矩阵知

$$A\sim\begin{pmatrix}3 & & \\ & \lambda_2 & \\ & & \lambda_3\end{pmatrix}=\Lambda.$$

因为$r(\Lambda)=r(A)=1$，所以$\lambda_2=\lambda_3=0$. 于是，$f(x_1,x_2,x_3)$在正交变换下的标准形为$3y_1^2$.

395 答案 2，$\begin{pmatrix}-\frac{1}{\sqrt{2}} & \frac{1}{\sqrt{3}} & \frac{1}{\sqrt{6}}\\ 0 & -\frac{1}{\sqrt{3}} & \frac{2}{\sqrt{6}}\\ \frac{1}{\sqrt{2}} & \frac{1}{\sqrt{3}} & \frac{1}{\sqrt{6}}\end{pmatrix}$.

$f(x_1,x_2,x_3)$的矩阵为

$$A=\begin{pmatrix}2 & 1 & -4\\ 1 & -1 & 1\\ -4 & 1 & a\end{pmatrix}.$$

由题意知

$$A\sim\begin{pmatrix}\lambda_1&&\\&\lambda_2&\\&&0\end{pmatrix}=\Lambda,$$

于是，$|A|=|\Lambda|=0$，即

$$\begin{vmatrix}2&1&-4\\1&-1&1\\-4&1&a\end{vmatrix}=6-3a=0，故 a=2.$$

由

$$|\lambda E-A|=\begin{vmatrix}\lambda-2&-1&4\\-1&\lambda+1&-1\\4&-1&\lambda-2\end{vmatrix}=(\lambda-6)(\lambda+3)\lambda=0$$

知A的特征值为$\lambda_1=6,\lambda_2=-3,\lambda_3=0$.

对$\lambda_1=6$，解方程组$(6E-A)x=0$，

$$6E-A=\begin{pmatrix}4&-1&4\\-1&7&-1\\4&-1&4\end{pmatrix}\to\begin{pmatrix}1&0&1\\0&1&0\\0&0&0\end{pmatrix},$$

得$\begin{cases}x_1=-x_3\\x_2=0\end{cases}$，基础解系为$\alpha_1=\begin{pmatrix}-1\\0\\1\end{pmatrix}$.

对$\lambda_2=-3$，解方程组$(-3E-A)x=0$，

$$-3E-A=\begin{pmatrix}-5&-1&4\\-1&-2&-1\\4&-1&-5\end{pmatrix}\to\begin{pmatrix}1&0&-1\\0&1&1\\0&0&0\end{pmatrix},$$

得$\begin{cases}x_1=x_3\\x_2=-x_3\end{cases}$，基础解系为$\alpha_2=\begin{pmatrix}1\\-1\\1\end{pmatrix}$.

对$\lambda_3=0$，解方程组$(0E-A)x=0$，

$$0E-A=\begin{pmatrix}-2&-1&4\\-1&1&-1\\4&-1&-2\end{pmatrix}\to\begin{pmatrix}1&0&-1\\0&1&-2\\0&0&0\end{pmatrix},$$

得$\begin{cases}x_1=x_3\\x_2=2x_3\end{cases}$，基础解系为$\alpha_3=\begin{pmatrix}1\\2\\1\end{pmatrix}$.

因为$\lambda_1,\lambda_2,\lambda_3$互异，所以$\alpha_1,\alpha_2,\alpha_3$为正交特征向量组，不需要正交化. 单位化，

$$\boldsymbol{\beta}_1=\frac{1}{\|\boldsymbol{\alpha}_1\|}\boldsymbol{\alpha}_1=\frac{1}{\sqrt{2}}\begin{pmatrix}-1\\0\\1\end{pmatrix}=\begin{pmatrix}-\frac{1}{\sqrt{2}}\\0\\\frac{1}{\sqrt{2}}\end{pmatrix},$$

$$\boldsymbol{\beta}_2=\frac{1}{\|\boldsymbol{\alpha}_2\|}\boldsymbol{\alpha}_2=\frac{1}{\sqrt{3}}\begin{pmatrix}1\\-1\\1\end{pmatrix}=\begin{pmatrix}\frac{1}{\sqrt{3}}\\-\frac{1}{\sqrt{3}}\\\frac{1}{\sqrt{3}}\end{pmatrix},$$

$$\boldsymbol{\beta}_3=\frac{1}{\|\boldsymbol{\alpha}_3\|}\boldsymbol{\alpha}_3=\frac{1}{\sqrt{6}}\begin{pmatrix}1\\2\\1\end{pmatrix}=\begin{pmatrix}\frac{1}{\sqrt{6}}\\\frac{2}{\sqrt{6}}\\\frac{1}{\sqrt{6}}\end{pmatrix},$$

则$\boldsymbol{\beta}_1,\boldsymbol{\beta}_2,\boldsymbol{\beta}_3$为单位正交特征向量组.

令矩阵

$$\boldsymbol{Q}=(\boldsymbol{\beta}_1,\boldsymbol{\beta}_2,\boldsymbol{\beta}_3)=\begin{pmatrix}-\frac{1}{\sqrt{2}}&\frac{1}{\sqrt{3}}&\frac{1}{\sqrt{6}}\\0&-\frac{1}{\sqrt{3}}&\frac{2}{\sqrt{6}}\\\frac{1}{\sqrt{2}}&\frac{1}{\sqrt{3}}&\frac{1}{\sqrt{6}}\end{pmatrix},$$

则$\boldsymbol{Q}$为正交矩阵，且$\boldsymbol{Q}^{\mathrm{T}}\boldsymbol{A}\boldsymbol{Q}=\boldsymbol{Q}^{-1}\boldsymbol{A}\boldsymbol{Q}=\begin{pmatrix}6&&\\&-3&\\&&0\end{pmatrix}$.

显然，$f(x_1,x_2,x_3)$在正交变换$\boldsymbol{x}=\boldsymbol{Q}\boldsymbol{y}$下可化为标准形$6y_1^2-3y_2^2$. 因此，$\boldsymbol{Q}$即为所求的正交矩阵.

396 答案 $2x_1^2+x_2^2-4x_1x_2-4x_2x_3$.

设$f(x_1,x_2,x_3)=\boldsymbol{x}^{\mathrm{T}}\boldsymbol{A}\boldsymbol{x}$，正交变换的系数矩阵

$$\boldsymbol{Q}=\frac{1}{3}\begin{pmatrix}2&2&1\\-2&1&2\\1&-2&2\end{pmatrix},$$

由题意知

$$\boldsymbol{Q}^{\mathrm{T}}\boldsymbol{A}\boldsymbol{Q}=\begin{pmatrix}4&&\\&1&\\&&-2\end{pmatrix}=\boldsymbol{\Lambda},$$

于是，

$$
\begin{aligned}
\boldsymbol{A}&=(\boldsymbol{Q}^{\mathrm{T}})^{-1}\boldsymbol{\Lambda}\boldsymbol{Q}^{-1}=\boldsymbol{Q}\boldsymbol{\Lambda}\boldsymbol{Q}^{\mathrm{T}}\\
&=\frac{1}{3}\begin{pmatrix}2&2&1\\-2&1&2\\1&-2&2\end{pmatrix}\begin{pmatrix}4&&\\&1&\\&&-2\end{pmatrix}\frac{1}{3}\begin{pmatrix}2&-2&1\\2&1&-2\\1&2&2\end{pmatrix}\\
&=\frac{1}{9}\begin{pmatrix}18&-18&0\\-18&9&-18\\0&-18&0\end{pmatrix}=\begin{pmatrix}2&-2&0\\-2&1&-2\\0&-2&0\end{pmatrix}.
\end{aligned}
$$

因此，$f(x_1,x_2,x_3)=2x_1^2+x_2^2-4x_1x_2-4x_2x_3$.

397 答案 $z_1^2-z_2^2-z_3^2$.

利用配方法将 $f(x_1,x_2,x_3)$ 化为标准形，

$$
\begin{aligned}
f(x_1,x_2,x_3)&=2(x_1^2-2x_1x_2)+x_2^2-2x_2x_3-4x_3^2\\
&=2(x_1^2-2x_1x_2+x_2^2)-x_2^2-2x_2x_3-4x_3^2\\
&=2(x_1-x_2)^2-(x_2^2+2x_2x_3+x_3^2)-3x_3^2\\
&=2(x_1-x_2)^2-(x_2+x_3)^2-3x_3^2\\
&=2y_1^2-y_2^2-3y_3^2,
\end{aligned}
$$

其中

$$
\begin{cases}y_1=x_1-x_2\\y_2=x_2+x_3\\y_3=x_3\end{cases},\quad\begin{cases}z_1=\sqrt{2}y_1\\z_2=y_2\\z_3=\sqrt{3}y_3\end{cases}.
$$

作线性变换

$$
\begin{cases}x_1=\dfrac{\sqrt{2}}{2}z_1+z_2-\dfrac{\sqrt{3}}{3}z_3\\x_2=z_2-\dfrac{\sqrt{3}}{3}z_3\\x_3=\dfrac{\sqrt{3}}{3}z_3\end{cases},
$$

即可将标准形化为规范形 $z_1^2-z_2^2-z_3^2$.

398 答案 $z_1^2-z_2^2$.

$f(x_1,x_2,x_3)$ 的矩阵为

$$
\boldsymbol{A}=\begin{pmatrix}2&0&2\\0&0&0\\2&0&0\end{pmatrix}.
$$

由

$$
|\lambda\boldsymbol{E}-\boldsymbol{A}|=\begin{vmatrix}\lambda-2&0&-2\\0&\lambda&0\\-2&0&\lambda\end{vmatrix}=(\lambda^2-2\lambda-4)\lambda=0
$$

知 $\boldsymbol{A}$ 的特征值为 $1+\sqrt{5},1-\sqrt{5},0$.

于是，$f(x_1,x_2,x_3)$ 在正交变换下可化为标准形 $(1+\sqrt{5})y_1^2+(1-\sqrt{5})y_2^2$，从而，$f(x_1,x_2,x_3)$ 的规范形为 $z_1^2-z_2^2$.

评注

本题亦可利用配方法先化为标准形，再化为规范形.

399 答案 $-1<a<2$.

$f(x_1,x_2,x_3)$ 的矩阵为

$$\boldsymbol{A}=\begin{pmatrix} a & -1 & -1 \\ -1 & a & -1 \\ -1 & -1 & a \end{pmatrix}.$$

由

$$|\lambda\boldsymbol{E}-\boldsymbol{A}|=\begin{vmatrix} \lambda-a & 1 & 1 \\ 1 & \lambda-a & 1 \\ 1 & 1 & \lambda-a \end{vmatrix}=(\lambda-a-1)^2(\lambda-a+2)=0$$

知 $\boldsymbol{A}$ 的特征值为 $a+1,a+1,a-2$.

由 $f(x_1,x_2,x_3)$ 的规范形为 $y_1^2+y_2^2-y_3^2$ 知 $a+1>0,a-2<0$，即 $-1<a<2$.

400 答案 1.

$f(x_1,x_2,x_3)$ 的矩阵为

$$\boldsymbol{A}=\begin{pmatrix} 1 & a & a \\ a & 1 & a \\ a & a & 1 \end{pmatrix}.$$

由

$$|\lambda\boldsymbol{E}-\boldsymbol{A}|=\begin{vmatrix} \lambda-1 & -a & -a \\ -a & \lambda-1 & -a \\ -a & -a & \lambda-1 \end{vmatrix}=(\lambda-1+a)^2(\lambda-1-2a)=0$$

知 $\boldsymbol{A}$ 的特征值为 $1-a,1-a,1+2a$.

由 $f(x_1,x_2,x_3)$ 的规范形为 z_1^2 知 $1-a=0,1+2a>0$，即 $a=1$.

401 答案 $z_1^2-z_2^2$.

易见 $f(x_1,x_2,x_3)$ 的矩阵为

$$\boldsymbol{A}=\begin{pmatrix} 1 & 1 & -2 \\ 1 & -2 & 1 \\ -2 & 1 & a \end{pmatrix}.$$

由 $\boldsymbol{A}\to\begin{pmatrix} 1 & 1 & -2 \\ 0 & -3 & 3 \\ 0 & 0 & a-1 \end{pmatrix}$ 及 $r(\boldsymbol{A})=2$ 知 $a-1=0$，即 $a=1$.

由

$$|\lambda E - A| = \begin{vmatrix} \lambda-1 & -1 & 2 \\ -1 & \lambda+2 & -1 \\ 2 & -1 & \lambda-1 \end{vmatrix} = \lambda(\lambda-3)(\lambda+3) = 0$$

知 A 的特征值为 $0,3,-3$．于是，$f(x_1,x_2,x_3)$ 在正交变换下可化为标准形 $3y_1^2-3y_2^2$，从而，$f(x_1,x_2,x_3)$ 的规范形为 $z_1^2-z_2^2$.

评注

本题所给二次型中的矩阵不是对称矩阵.

402 答案 $y_1^2+y_2^2-y_3^2$.

由

$$|\lambda E - A| = \begin{vmatrix} \lambda-1 & -2 & 0 \\ -2 & \lambda-1 & 0 \\ 0 & 0 & \lambda-1 \end{vmatrix} = (\lambda-1)(\lambda-3)(\lambda+1) = 0$$

知 A 的特征值为 $1,3,-1$，所以 A 的正惯性指数、负惯性指数分别为 2,1.

因为 B 与 A 合同，所以 B 的正惯性指数、负惯性指数也分别为 2,1，从而，$f(x)=x^{\mathrm{T}}Bx$ 的规范形为 $y_1^2+y_2^2-y_3^2$.

403 答案 $y_1^2+y_2^2-y_3^2$.

$f(x_1,x_2,x_3)$ 的矩阵为

$$A = \begin{pmatrix} a & 0 & b \\ 0 & 2 & 0 \\ b & 0 & -2 \end{pmatrix}.$$

由

$$\begin{cases} \mathrm{tr}(A) = a+2+(-2) = 1 \\ |A| = 2(-2a-b^2) = -12 \end{cases}$$

得 $\begin{cases} a=1 \\ b=2 \end{cases}$.

由

$$|\lambda E - A| = \begin{vmatrix} \lambda-1 & 0 & -2 \\ 0 & \lambda-2 & 0 \\ -2 & 0 & \lambda+2 \end{vmatrix} = (\lambda-2)^2(\lambda+3) = 0$$

知 A 的特征值为 $2,2,-3$，所以 A 的正惯性指数、负惯性指数分别为 2,1，从而，$f(x_1,x_2,x_3)$ 的规范形为 $y_1^2+y_2^2-y_3^2$.

404 答案 $y_1^2-y_2^2-y_3^2$.

设 A 的任意一个特征值为 λ，则由 $A^2-2A=3E$ 知 $\lambda^2-2\lambda=3$，即 $\lambda=-1$ 或 $\lambda=3$．因为 $|A|=3$，所以 A 的三个特征值为 $-1,-1,3$．于是，二次型 $x^{\mathrm{T}}Ax$ 的规范形为 $y_1^2-y_2^2-y_3^2$.

405 答案 当 $a\neq 2$ 时，规范形为 $y_1^2+y_2^2+y_3^2$；当 $a=2$ 时，规范形为 $y_1^2+y_2^2$.

作线性变换

$$\begin{cases} y_1 = x_1 - x_2 + x_3 \\ y_2 = x_2 + x_3 \\ y_3 = x_1 + ax_3 \end{cases},$$

则可将 $f(x_1,x_2,x_3)$ 化为 $y_1^2+y_2^2+y_3^2$. 此时，若上述线性变换可逆，即

$$\begin{vmatrix} 1 & -1 & 1 \\ 0 & 1 & 1 \\ 1 & 0 & a \end{vmatrix} = a-2 \neq 0 \Rightarrow a \neq 2,$$

则 $y_1^2+y_2^2+y_3^2$ 即为规范形.

否则，当 $a=2$ 时，$f(x_1,x_2,x_3)=(x_1-x_2+x_3)^2+(x_2+x_3)^2+(x_1+2x_3)^2=2x_1^2+2x_2^2+6x_3^2-2x_1x_2+6x_1x_3$.

显然，$f(x_1,x_2,x_3)$ 的矩阵为

$$\boldsymbol{A}=\begin{pmatrix} 2 & -1 & 3 \\ -1 & 2 & 0 \\ 3 & 0 & 6 \end{pmatrix}.$$

由

$$|\lambda \boldsymbol{E}-\boldsymbol{A}|=\begin{vmatrix} \lambda-2 & 1 & -3 \\ 1 & \lambda-2 & 0 \\ -3 & 0 & \lambda-6 \end{vmatrix}=\lambda(\lambda^2-10\lambda+18)=0$$

知 $\boldsymbol{A}$ 的特征值为 $0,5+\sqrt{7},5-\sqrt{7}$，所以 $\boldsymbol{A}$ 的正惯性指数、负惯性指数分别为 $2,0$，从而，$f(x_1,x_2,x_3)$ 的规范形为 $y_1^2+y_2^2$.

综上所述，当 $a \neq 2$ 时，规范形为 $y_1^2+y_2^2+y_3^2$；当 $a=2$ 时，规范形为 $y_1^2+y_2^2$.

406 答案 (B).

由合同的定义知 $\boldsymbol{B}=\boldsymbol{C}^{\mathrm{T}}\boldsymbol{AC}$，其中 $\boldsymbol{C}$ 为可逆矩阵. 于是，选项 (A)、选项 (C)、选项 (D) 均正确. 对于选项 (B)，当 $\boldsymbol{A}$ 与 $\boldsymbol{B}$ 合同时，它们未必相似，当然特征值未必相同.

407 答案 (B).

由

$$|\lambda \boldsymbol{E}-\boldsymbol{A}|=\begin{vmatrix} \lambda-2 & 0 & 0 \\ 0 & \lambda & 2 \\ 0 & 2 & \lambda-3 \end{vmatrix}=(\lambda-2)(\lambda-4)(\lambda+1)=0$$

知 $\boldsymbol{A}$ 的特征值为 $2,4,-1$，所以 $\boldsymbol{A}$ 的正惯性指数、负惯性指数分别为 $2,1$.

显然，与 $\boldsymbol{A}$ 合同的矩阵的正惯性指数、负惯性指数也应分别为 $2,1$，即有 2 个正特征值、1 个负特征值. 四个选项中的矩阵均为对角矩阵，主对角线上的元素即为其特征值，所以选项 (B) 正确.

408 证明 由

$$|\lambda E-A|=\begin{vmatrix}\lambda-1 & -1 & -1 & -1\\ -1 & \lambda-1 & -1 & -1\\ -1 & -1 & \lambda-1 & -1\\ -1 & -1 & -1 & \lambda-1\end{vmatrix}=(\lambda-4)\lambda^3=0$$

知 A 的特征值为 $4,0,0,0$.

由 B 为对角矩阵知 B 的特征值为 $4,0,0,0$. 显然，A,B 的特征值相同，所以 A 与 B 合同.

因为 A 为实对称矩阵，所以可对角化，B 本身即为对角矩阵，因此 A 与 B 相似.

409 答案 (D).

由

$$|\lambda E-A|=\begin{vmatrix}\lambda-3 & 0 & -1\\ 0 & \lambda-4 & 0\\ -1 & 0 & \lambda-3\end{vmatrix}=(\lambda-4)^2(\lambda-2)=0$$

知 A 的特征值为 $4,4,2$，所以 A 的正惯性指数为 3.

由

$$|\lambda E-B|=\begin{vmatrix}\lambda & 0 & -1\\ 0 & \lambda-2 & 0\\ -1 & 0 & \lambda\end{vmatrix}=(\lambda-1)(\lambda-2)(\lambda+1)=0$$

知 B 的特征值为 $1,2,-1$，所以 B 的正惯性指数、负惯性指数分别为 $2,1$.

显然，A 与 B 既不合同，也不相似.

评注

若两个矩阵的特征值相同，且都可对角化，则它们相似；相似的两个矩阵有相同的特征值；两个实对称矩阵合同的充要条件是其正惯性指数、负惯性指数分别相同.

410 答案 正定.

显然，对任意的 $\boldsymbol{x}=(x_1,x_2,x_3)^{\mathrm{T}}\neq\boldsymbol{0}$，有 $f(x_1,x_2,x_3)>0$，所以 $f(x_1,x_2,x_3)$ 正定.

411 答案 半正定.

显然，对任意的 $\boldsymbol{x}=(x_1,x_2,x_3)^{\mathrm{T}}\neq\boldsymbol{0}$，有 $f(x_1,x_2,x_3)\geqslant 0$. 因为存在 $\boldsymbol{x}^0=(0,0,1)^{\mathrm{T}}\neq\boldsymbol{0}$，使得 $f(\boldsymbol{x}^0)=0$，所以 $f(x_1,x_2,x_3)$ 半正定.

412 答案 正定.

$f(x_1,x_2,x_3)$ 的矩阵为

$$A=\begin{pmatrix}2 & 1 & 0\\ 1 & 1 & 0\\ 0 & 0 & 1\end{pmatrix}.$$

由

$$|\lambda E-A|=\begin{vmatrix}\lambda-2 & -1 & 0\\ -1 & \lambda-1 & 0\\ 0 & 0 & \lambda-1\end{vmatrix}=(\lambda-1)(\lambda^2-3\lambda+1)=0$$

知 $\boldsymbol{A}$ 的特征值为 $\lambda_1=1,\lambda_2=\frac{3+\sqrt{5}}{2},\lambda_3=\frac{3-\sqrt{5}}{2}$. 显然，$\boldsymbol{A}$ 的特征值均大于 0，所以 $f(x_1,x_2,x_3)$ 正定.

413 答案 正定.

$f(x_1,x_2,x_3)$ 的矩阵为

$$\boldsymbol{A}=\begin{pmatrix}1&1&1\\1&2&0\\1&0&3\end{pmatrix}.$$

因为 $\boldsymbol{A}$ 的各阶顺序主子式分别为

$$|1|=1>0,\begin{vmatrix}1&1\\1&2\end{vmatrix}=1>0,\begin{vmatrix}1&1&1\\1&2&0\\1&0&3\end{vmatrix}=1>0,$$

所以 $f(x_1,x_2,x_3)$ 正定.

414 答案 不定.

利用配方法将 $f(x_1,x_2,x_3)$ 化为标准形,

$$\begin{aligned}f(x_1,x_2,x_3)&=x_1^2+4x_1x_2+4x_2^2+2x_2^2+4x_2x_3\\&=(x_1+2x_2)^2+2(x_2^2+2x_2x_3)\\&=(x_1+2x_2)^2+2(x_2^2+2x_2x_3+x_3^2)-2x_3^2\\&=(x_1+2x_2)^2+2(x_2+x_3)^2-2x_3^2.\end{aligned}$$

作可逆线性变换

$$\begin{cases}y_1=x_1+2x_2\\y_2=x_2+x_3\\y_3=x_3\end{cases},\quad\begin{cases}x_1=y_1-2y_2+2y_3\\x_2=y_2-y_3\\x_3=y_3\end{cases},$$

则标准形为 $y_1^2+2y_2^2-2y_3^2$. 显然，$f(x_1,x_2,x_3)$ 不定.

415 答案 $-\frac{3}{2}<t<\frac{1}{2}$.

$f(x_1,x_2,x_3)$ 的矩阵为

$$\boldsymbol{A}=\begin{pmatrix}1&1&1\\1&2&-2t\\1&-2t&5\end{pmatrix}.$$

由 $\boldsymbol{A}$ 正定知 $\boldsymbol{A}$ 的各阶顺序主子式都大于 0，即

$$|1|=1>0,\begin{vmatrix}1&1\\1&2\end{vmatrix}=1>0,\begin{vmatrix}1&1&1\\1&2&-2t\\1&-2t&5\end{vmatrix}=4-(2t+1)^2>0,$$

解之得 $-\frac{3}{2}<t<\frac{1}{2}$.

416 证明 显然，$\boldsymbol{A}$ 为实对称矩阵. 设 $\boldsymbol{A}$ 的 k 阶顺序主子式为 D_k，则将 D_k 按第一行展开，有 $D_k=2D_{k-1}-D_{k-2}$. 于是，

$$\begin{aligned}D_k &= 2D_{k-1} - D_{k-2}\\ &= 2(2D_{k-2} - D_{k-3}) - D_{k-2}\\ &= 3D_{k-2} - 2D_{k-3}\\ &= 3(2D_{k-3} - D_{k-4}) - 2D_{k-3}\\ &= 4D_{k-3} - 3D_{k-4}\\ &= \cdots\cdots\\ &= (k-1)D_2 - (k-2)D_1\\ &= (k-1)\cdot 3 - (k-2)\cdot 2 = k+1.\end{aligned}$$

显然，$\boldsymbol{A}$ 的各阶顺序主子式都大于 0，所以 $\boldsymbol{A}$ 正定.

417 证明 (1) 设 $\boldsymbol{A}$ 为正定矩阵，则 $\boldsymbol{A}$ 与 $\boldsymbol{E}$ 合同. 若 $\boldsymbol{A}$ 与 $\boldsymbol{B}$ 合同，则由合同的传递性知 $\boldsymbol{B}$ 与 $\boldsymbol{E}$ 合同，所以 $\boldsymbol{B}$ 为正定矩阵.

(2) 设 $\boldsymbol{A},\boldsymbol{B}$ 为正定矩阵，则 $\boldsymbol{A},\boldsymbol{B}$ 都与 $\boldsymbol{E}$ 合同. 由合同的传递性知 $\boldsymbol{A}$ 与 $\boldsymbol{B}$ 合同.

418 证明 设 $\boldsymbol{A}$ 的任意一个特征值为 λ，则由 $\boldsymbol{A}^2 - 3\boldsymbol{A} + 2\boldsymbol{E} = \boldsymbol{O}$ 知 $\lambda^2 - 3\lambda + 2 = 0$，即 $\lambda = 1$ 或 $\lambda = 2$. 于是，$\boldsymbol{A}+\boldsymbol{E}$ 的特征值为 2 或 3，所以 $\boldsymbol{A}+\boldsymbol{E}$ 正定.

419 证明 因为 $(\boldsymbol{E}-\boldsymbol{A}^{-1})^{\mathrm{T}} = \boldsymbol{E} - (\boldsymbol{A}^{-1})^{\mathrm{T}} = \boldsymbol{E} - (\boldsymbol{A}^{\mathrm{T}})^{-1} = \boldsymbol{E} - \boldsymbol{A}^{-1}$，所以 $\boldsymbol{E}-\boldsymbol{A}^{-1}$ 为对称矩阵. 设 $\boldsymbol{A}$ 的任意一个特征值为 λ，则 $\boldsymbol{A}-\boldsymbol{E}$ 的特征值为 $\lambda - 1$，$\boldsymbol{E}-\boldsymbol{A}^{-1}$ 的特征值为 $1-\dfrac{1}{\lambda}$. 由 $\boldsymbol{A},\boldsymbol{A}-\boldsymbol{E}$ 正定知 $\lambda > 0, \lambda - 1 > 0$，即 $\lambda > 1$. 显然，$1-\dfrac{1}{\lambda} > 0$，因此 $\boldsymbol{E}-\boldsymbol{A}^{-1}$ 正定.

420 证明 因为 $\boldsymbol{A}$ 为反对称矩阵，所以 $\boldsymbol{A}^{\mathrm{T}} = -\boldsymbol{A}$. 于是，$(\boldsymbol{E}-\boldsymbol{A}^2)^{\mathrm{T}} = \boldsymbol{E} - (\boldsymbol{A}^2)^{\mathrm{T}} = \boldsymbol{E} - (\boldsymbol{A}^{\mathrm{T}})^2 = \boldsymbol{E} - (-\boldsymbol{A})^2 = \boldsymbol{E} - \boldsymbol{A}^2$，因此 $\boldsymbol{E}-\boldsymbol{A}^2$ 为对称矩阵. 设二次型 $f(\boldsymbol{x}) = \boldsymbol{x}^{\mathrm{T}}(\boldsymbol{E}-\boldsymbol{A}^2)\boldsymbol{x}$，则

$$\begin{aligned}f(\boldsymbol{x}) &= \boldsymbol{x}^{\mathrm{T}}\boldsymbol{E}\boldsymbol{x} - \boldsymbol{x}^{\mathrm{T}}\boldsymbol{A}^2\boldsymbol{x} = \boldsymbol{x}^{\mathrm{T}}\boldsymbol{x} - \boldsymbol{x}^{\mathrm{T}}\boldsymbol{A}\boldsymbol{A}\boldsymbol{x} = \boldsymbol{x}^{\mathrm{T}}\boldsymbol{x} + \boldsymbol{x}^{\mathrm{T}}(-\boldsymbol{A})\boldsymbol{A}\boldsymbol{x}\\ &= \boldsymbol{x}^{\mathrm{T}}\boldsymbol{x} + \boldsymbol{x}^{\mathrm{T}}\boldsymbol{A}^{\mathrm{T}}\boldsymbol{A}\boldsymbol{x} = \boldsymbol{x}^{\mathrm{T}}\boldsymbol{x} + (\boldsymbol{A}\boldsymbol{x})^{\mathrm{T}}(\boldsymbol{A}\boldsymbol{x}) = \|\boldsymbol{x}\|^2 + \|\boldsymbol{A}\boldsymbol{x}\|^2.\end{aligned}$$

对任意的 $\boldsymbol{x} \neq \boldsymbol{0}$，显然有 $\|\boldsymbol{x}\| > 0, \|\boldsymbol{A}\boldsymbol{x}\| \geqslant 0$，所以 $f(\boldsymbol{x}) > 0$，从而，$f(\boldsymbol{x})$ 正定. 当然，$\boldsymbol{E}-\boldsymbol{A}^2$ 也正定.

421 证明 设

$$\boldsymbol{A} = \begin{pmatrix} a_{11} & a_{12} & \cdots & a_{1n}\\ a_{12} & a_{22} & \cdots & a_{2n}\\ \vdots & \vdots & & \vdots\\ a_{1n} & a_{2n} & \cdots & a_{nn}\end{pmatrix},$$

则二次型 $f(\boldsymbol{x}) = \boldsymbol{x}^{\mathrm{T}}\boldsymbol{A}\boldsymbol{x}$ 正定. 由正定二次型的定义知

$$f(1,0,\cdots,0) = a_{11} > 0, f(0,1,\cdots,0) = a_{22} > 0, \cdots, f(0,0,\cdots,1) = a_{nn} > 0.$$

因此，$\boldsymbol{A}$ 的主对角线上的元素都大于 0.

评注

"定义法"有时会得到意想不到的效果.

422 答案　$k>2$.

设 $\boldsymbol{A}$ 的特征值为 λ，则由 $\boldsymbol{A}^2+2\boldsymbol{A}=\boldsymbol{O}$ 知 $\lambda^2+2\lambda=0$，即 $\lambda=0$ 或 $\lambda=-2$．再由 $r(\boldsymbol{A})=2$ 知 $\boldsymbol{A}$ 的特征值为 $-2,-2,0$．于是，$k\boldsymbol{E}+\boldsymbol{A}$ 的特征值为 $k-2,k-2,k$．要使 $\boldsymbol{A}+k\boldsymbol{E}$ 正定，应有 $k-2>0,k>0$，即 $k>2$．

评注

若 $\boldsymbol{A}$ 为可对角化的矩阵（如实对称矩阵），则 $r(\boldsymbol{A})=\boldsymbol{A}$ 的非零特征值的个数.

423 答案　$1+(-1)^{n+1}a_1a_2\cdots a_n\neq 0$.

作线性变换

$$\begin{cases} y_1=x_1+a_1x_2 \\ y_2=x_2+a_2x_3 \\ \quad\cdots\cdots \\ y_{n-1}=x_{n-1}+a_{n-1}x_n \\ y_n=x_n+a_nx_1 \end{cases},$$

则可将 $f(x_1,x_2,\cdots,x_n)$ 化为标准形 $y_1^2+y_2^2+\cdots+y_n^2$.

显然，标准形正定．因此，只要上述线性变换是可逆的，即可使 $f(x_1,x_2,\cdots,x_n)$ 正定．于是，

$$\begin{vmatrix} 1 & a_1 & 0 & \cdots & 0 & 0 \\ 0 & 1 & a_2 & \cdots & 0 & 0 \\ \vdots & \vdots & \vdots & & \vdots & \vdots \\ 0 & 0 & 0 & \cdots & 1 & a_{n-1} \\ a_n & 0 & 0 & \cdots & 0 & 1 \end{vmatrix}=1+(-1)^{n+1}a_1a_2\cdots a_n\neq 0,$$

所以当 $1+(-1)^{n+1}a_1a_2\cdots a_n\neq 0$ 时，$f(x_1,x_2,\cdots,x_n)$ 正定.

424 答案　(1) $4x_1^2+4x_2^2+x_3^2-8x_1x_2+4x_1x_3-4x_2x_3$；(2) 半正定.

(1) 设 $f(x_1,x_2,x_3)=\boldsymbol{x}^{\mathrm{T}}\boldsymbol{A}\boldsymbol{x}$，线性变换的系数矩阵

$$\boldsymbol{Q}=\begin{pmatrix} \frac{1}{\sqrt{2}} & -\frac{\sqrt{2}}{6} & \frac{2}{3} \\ \frac{1}{\sqrt{2}} & \frac{\sqrt{2}}{6} & -\frac{2}{3} \\ 0 & \frac{2\sqrt{2}}{3} & \frac{1}{3} \end{pmatrix},$$

易见 $\boldsymbol{Q}$ 的列向量组为单位正交向量组，所以 $\boldsymbol{Q}$ 为正交矩阵，即所给线性变换为正交变换．于是，标准形 $ay_1^2+by_2^2+9y_3^2$ 中的系数 $a,b,9$ 为 $\boldsymbol{A}$ 的特征值，且

$$\boldsymbol{Q}^{-1}\boldsymbol{A}\boldsymbol{Q}=\boldsymbol{Q}^{\mathrm{T}}\boldsymbol{A}\boldsymbol{Q}=\begin{pmatrix} a & & \\ & b & \\ & & 9 \end{pmatrix}=\boldsymbol{\Lambda}.$$

因为 $r(\boldsymbol{A})=r(\boldsymbol{\Lambda})=1$，所以 $a=b=0$．于是，

$$\boldsymbol{A}=(\boldsymbol{Q}^{\mathrm{T}})^{-1}\begin{pmatrix}0&&\\&0&\\&&9\end{pmatrix}\boldsymbol{Q}^{-1}=\boldsymbol{Q}\begin{pmatrix}0&&\\&0&\\&&9\end{pmatrix}\boldsymbol{Q}^{\mathrm{T}}$$

$$=\begin{pmatrix}\frac{1}{\sqrt{2}}&-\frac{\sqrt{2}}{6}&\frac{2}{3}\\\frac{1}{\sqrt{2}}&\frac{\sqrt{2}}{6}&-\frac{2}{3}\\0&\frac{2\sqrt{2}}{3}&\frac{1}{3}\end{pmatrix}\begin{pmatrix}0&&\\&0&\\&&9\end{pmatrix}\begin{pmatrix}\frac{1}{\sqrt{2}}&\frac{1}{\sqrt{2}}&0\\-\frac{\sqrt{2}}{6}&\frac{\sqrt{2}}{6}&\frac{2\sqrt{2}}{3}\\\frac{2}{3}&-\frac{2}{3}&\frac{1}{3}\end{pmatrix}$$

$$=\begin{pmatrix}4&-4&2\\-4&4&-2\\2&-2&1\end{pmatrix}.$$

因此，$f(x_1,x_2,x_3)=4x_1^2+4x_2^2+x_3^2-8x_1x_2+4x_1x_3-4x_2x_3$.

(2) 由 (1) 知 $f(x_1,x_2,x_3)$ 的标准形为 $9y_3^2$，所以其半正定.

425 答案 (1) 3；(2) 20.

(1) 由 $\boldsymbol{Ax}=\boldsymbol{0}$ 有非零解知

$$|\boldsymbol{A}|=\begin{vmatrix}a+3&1&2\\2a&a-1&1\\a-3&-3&a\end{vmatrix}=a(a+1)(a-3)=0,$$

即 $a=0$或$a=-1$或$a=3$.

由 $f(\boldsymbol{x})=\boldsymbol{x}^{\mathrm{T}}\boldsymbol{Bx}$ 正定知

$$|\boldsymbol{B}|=\begin{vmatrix}3&1&2\\1&a&-2\\2&-2&9\end{vmatrix}=23a-29>0,$$

即 $a>\dfrac{29}{23}$，所以 $a=3$.

(2) 由

$$|\lambda\boldsymbol{E}-\boldsymbol{B}|=\begin{vmatrix}\lambda-3&-1&-2\\-1&\lambda-3&2\\-2&2&\lambda-9\end{vmatrix}=(\lambda-1)(\lambda-4)(\lambda-10)=0$$

知 $\boldsymbol{B}$ 的特征值为 $\lambda_1=1,\lambda_2=4,\lambda_3=10$.

显然，$\boldsymbol{B}$ 为实对称矩阵，所以 $f(\boldsymbol{x})=\boldsymbol{x}^{\mathrm{T}}\boldsymbol{Bx}$ 可在某正交变换 $\boldsymbol{x}=\boldsymbol{Qy}$ 下化为标准形 $f=y_1^2+4y_2^2+10y_3^2$. 由于在正交变换 $\boldsymbol{x}=\boldsymbol{Qy}$ 下，$\boldsymbol{x}^{\mathrm{T}}\boldsymbol{x}=2\Leftrightarrow\boldsymbol{y}^{\mathrm{T}}\boldsymbol{y}=2\Leftrightarrow y_1^2+y_2^2+y_3^2=2$.

因此，所求最值问题等价于在条件 $y_1^2+y_2^2+y_3^2=2$ 下，求 $f=y_1^2+4y_2^2+10y_3^2$ 的最大值.

利用拉格朗日乘数法求解，构造拉格朗日函数

$$L(y_1,y_2,y_3,k)=y_1^2+4y_2^2+10y_3^2+k(y_1^2+y_2^2+y_3^2-2),$$

并令

$$\begin{cases} \dfrac{\partial L}{\partial y_1} = 2y_1 + 2ky_1 = 0 \\ \dfrac{\partial L}{\partial y_2} = 8y_2 + 2ky_2 = 0 \\ \dfrac{\partial L}{\partial y_3} = 20y_3 + 2ky_3 = 0 \\ \dfrac{\partial L}{\partial k} = y_1^2 + y_2^2 + y_3^2 - 2 = 0 \end{cases},$$

解之得 $y_1 = y_2 = 0, y_3 = \pm\sqrt{2}$，最大值为 20.

426 答案 (1) $\begin{pmatrix} \boldsymbol{A} & \boldsymbol{O} \\ \boldsymbol{O} & \boldsymbol{B}-\boldsymbol{C}^{\mathrm{T}}\boldsymbol{A}^{-1}\boldsymbol{C} \end{pmatrix}$；(2) 正定.

(1) 由 $\boldsymbol{D}$ 正定知其顺序主子式 $|\boldsymbol{A}|>0$，故 $\boldsymbol{A}$ 可逆. 于是，

$$\begin{aligned}
\boldsymbol{P}^{\mathrm{T}}\boldsymbol{D}\boldsymbol{P} &= \begin{pmatrix} \boldsymbol{E} & -\boldsymbol{A}^{-1}\boldsymbol{C} \\ \boldsymbol{O} & \boldsymbol{E} \end{pmatrix}^{\mathrm{T}} \begin{pmatrix} \boldsymbol{A} & \boldsymbol{C} \\ \boldsymbol{C}^{\mathrm{T}} & \boldsymbol{B} \end{pmatrix} \begin{pmatrix} \boldsymbol{E} & -\boldsymbol{A}^{-1}\boldsymbol{C} \\ \boldsymbol{O} & \boldsymbol{E} \end{pmatrix} \\
&= \begin{pmatrix} \boldsymbol{E} & \boldsymbol{O} \\ (-\boldsymbol{A}^{-1}\boldsymbol{C})^{\mathrm{T}} & \boldsymbol{E} \end{pmatrix} \begin{pmatrix} \boldsymbol{A} & \boldsymbol{C} \\ \boldsymbol{C}^{\mathrm{T}} & \boldsymbol{B} \end{pmatrix} \begin{pmatrix} \boldsymbol{E} & -\boldsymbol{A}^{-1}\boldsymbol{C} \\ \boldsymbol{O} & \boldsymbol{E} \end{pmatrix} \\
&= \begin{pmatrix} \boldsymbol{E} & \boldsymbol{O} \\ -\boldsymbol{C}^{T}(\boldsymbol{A}^{-1})^{\mathrm{T}} & \boldsymbol{E} \end{pmatrix} \begin{pmatrix} \boldsymbol{A} & \boldsymbol{C} \\ \boldsymbol{C}^{\mathrm{T}} & \boldsymbol{B} \end{pmatrix} \begin{pmatrix} \boldsymbol{E} & -\boldsymbol{A}^{-1}\boldsymbol{C} \\ \boldsymbol{O} & \boldsymbol{E} \end{pmatrix} \\
&= \begin{pmatrix} \boldsymbol{E} & \boldsymbol{O} \\ -\boldsymbol{C}^{\mathrm{T}}(\boldsymbol{A}^{\mathrm{T}})^{-1} & \boldsymbol{E} \end{pmatrix} \begin{pmatrix} \boldsymbol{A} & \boldsymbol{C} \\ \boldsymbol{C}^{\mathrm{T}} & \boldsymbol{B} \end{pmatrix} \begin{pmatrix} \boldsymbol{E} & -\boldsymbol{A}^{-1}\boldsymbol{C} \\ \boldsymbol{O} & \boldsymbol{E} \end{pmatrix} \\
&= \begin{pmatrix} \boldsymbol{E} & \boldsymbol{O} \\ -\boldsymbol{C}^{\mathrm{T}}\boldsymbol{A}^{-1} & \boldsymbol{E} \end{pmatrix} \begin{pmatrix} \boldsymbol{A} & \boldsymbol{C} \\ \boldsymbol{C}^{\mathrm{T}} & \boldsymbol{B} \end{pmatrix} \begin{pmatrix} \boldsymbol{E} & -\boldsymbol{A}^{-1}\boldsymbol{C} \\ \boldsymbol{O} & \boldsymbol{E} \end{pmatrix} \\
&= \begin{pmatrix} \boldsymbol{A} & \boldsymbol{C} \\ -\boldsymbol{C}^{\mathrm{T}}\boldsymbol{A}^{-1}\boldsymbol{A}+\boldsymbol{C}^{\mathrm{T}} & -\boldsymbol{C}^{\mathrm{T}}\boldsymbol{A}^{-1}\boldsymbol{C}+\boldsymbol{B} \end{pmatrix} \begin{pmatrix} \boldsymbol{E} & -\boldsymbol{A}^{-1}\boldsymbol{C} \\ \boldsymbol{O} & \boldsymbol{E} \end{pmatrix} \\
&= \begin{pmatrix} \boldsymbol{A} & \boldsymbol{C} \\ \boldsymbol{O} & \boldsymbol{B}-\boldsymbol{C}^{\mathrm{T}}\boldsymbol{A}^{-1}\boldsymbol{C} \end{pmatrix} \begin{pmatrix} \boldsymbol{E} & -\boldsymbol{A}^{-1}\boldsymbol{C} \\ \boldsymbol{O} & \boldsymbol{E} \end{pmatrix} \\
&= \begin{pmatrix} \boldsymbol{A} & -\boldsymbol{A}\boldsymbol{A}^{-1}\boldsymbol{C}+\boldsymbol{C} \\ \boldsymbol{O} & \boldsymbol{B}-\boldsymbol{C}^{\mathrm{T}}\boldsymbol{A}^{-1}\boldsymbol{C} \end{pmatrix} \\
&= \begin{pmatrix} \boldsymbol{A} & \boldsymbol{O} \\ \boldsymbol{O} & \boldsymbol{B}-\boldsymbol{C}^{\mathrm{T}}\boldsymbol{A}^{-1}\boldsymbol{C} \end{pmatrix}.
\end{aligned}$$

(2) 由 (1) 知 $\begin{pmatrix} \boldsymbol{A} & \boldsymbol{O} \\ \boldsymbol{O} & \boldsymbol{B}-\boldsymbol{C}^{\mathrm{T}}\boldsymbol{A}^{-1}\boldsymbol{C} \end{pmatrix}$ 与 $\boldsymbol{D}$ 合同. 因为 $\boldsymbol{D}$ 正定，所以 $\begin{pmatrix} \boldsymbol{A} & \boldsymbol{O} \\ \boldsymbol{O} & \boldsymbol{B}-\boldsymbol{C}^{\mathrm{T}}\boldsymbol{A}^{-1}\boldsymbol{C} \end{pmatrix}$ 也正定，从而其特征值均大于 0. 显然，$\boldsymbol{B}-\boldsymbol{C}^{\mathrm{T}}\boldsymbol{A}^{-1}\boldsymbol{C}$ 的特征值是 $\begin{pmatrix} \boldsymbol{A} & \boldsymbol{O} \\ \boldsymbol{O} & \boldsymbol{B}-\boldsymbol{C}^{\mathrm{T}}\boldsymbol{A}^{-1}\boldsymbol{C} \end{pmatrix}$ 的特征值的一部分，当然也均大于 0，因此 $\boldsymbol{B}-\boldsymbol{C}^{\mathrm{T}}\boldsymbol{A}^{-1}\boldsymbol{C}$ 也正定.

427 答案 (1) $\boldsymbol{\Lambda} = \begin{pmatrix} (k+2)^2 & & \\ & (k+2)^2 & \\ & & k^2 \end{pmatrix}$；(2) $k \neq -2$ 且 $k \neq 0$.

(1) 由

$$|\lambda E - A| = \begin{vmatrix} \lambda-1 & 0 & -1 \\ 0 & \lambda-2 & 0 \\ -1 & 0 & \lambda-1 \end{vmatrix} = (\lambda-2)^2\lambda = 0$$

知 A 的特征值为 $\lambda_1 = \lambda_2 = 2, \lambda_3 = 0$．于是，$B$ 的特征值为 $(k+2)^2, (k+2)^2, k^2$．显然，A 为实对称矩阵，故 B 也为实对称矩阵，因此 B 可对角化，且

$$B \sim \begin{pmatrix} (k+2)^2 & & \\ & (k+2)^2 & \\ & & k^2 \end{pmatrix} = \Lambda .$$

(2) 要使 B 正定，应有 $\begin{cases} (k+2)^2 > 0 \\ k^2 > 0 \end{cases}$，即 $k \neq -2$ 且 $k \neq 0$.

428 证明 因为 $B^{\mathrm{T}} = (A^{\mathrm{T}}A + \lambda E)^{\mathrm{T}} = (A^{\mathrm{T}}A)^{\mathrm{T}} + (\lambda E)^{\mathrm{T}} = A^{\mathrm{T}}A + \lambda E = B$，所以 B 为 n 阶对称矩阵.

设二次型 $f(x) = x^{\mathrm{T}}Bx$，则对任意一个 n 维非零列向量 x，有

$$f(x) = x^{\mathrm{T}}Bx = x^{\mathrm{T}}(A^{\mathrm{T}}A + \lambda E)x = x^{\mathrm{T}}(A^{\mathrm{T}}A)x + x^{\mathrm{T}}(\lambda E)x = (Ax)^{\mathrm{T}}(Ax) + \lambda x^{\mathrm{T}}x .$$

由 $x \neq 0$ 及内积的性质知 $(Ax)^{\mathrm{T}}(Ax) = (Ax, Ax) \geqslant 0, x^{\mathrm{T}}x = (x, x) > 0$．于是，$f(x) > 0$，即二次型 $f(x) = x^{\mathrm{T}}Bx$ 正定，从而 B 正定.

429 答案 (1) 略; (2) 正定.

(1) 设 A 的任意一个特征值为 λ，则由 $A^3 + A^2 + A = 3E$ 知 $\lambda^3 + \lambda^2 + \lambda = 3$，即 $(\lambda-1)(\lambda^2 + 2\lambda + 3) = 0$．显然，$\lambda = 1$，即 A 的 n 个特征值均为 1，故 A 正定.

(2) 由 A 与 B 合同知 B 也正定，故对任意一个 n 维非零列向量 x，有 $x^{\mathrm{T}}Bx > 0$．因为 $x^{\mathrm{T}}x > 0$，所以 $x^{\mathrm{T}}Bx + x^{\mathrm{T}}x > 0$，从而 $x^{\mathrm{T}}Bx + x^{\mathrm{T}}x$ 正定.

430 答案 正定.

设二次型 $f(x) = x^{\mathrm{T}}Bx$．易见 $f(x) = x^{\mathrm{T}}Bx = x^{\mathrm{T}}(A^{\mathrm{T}}A)x = (Ax)^{\mathrm{T}}(Ax)$．由内积的性质知 $(Ax)^{\mathrm{T}}(Ax) = (Ax, Ax) \geqslant 0$，且 $(Ax)^{\mathrm{T}}(Ax) = 0$ 当且仅当 $Ax = 0$．显然，$|A|$ 为范德蒙德行列式，且由 $a_i \neq a_j (1 \leqslant i \neq j \leqslant n)$ 知 $|A| = \prod\limits_{1 \leqslant j < i \leqslant n} (a_i - a_j) \neq 0$，所以 A 可逆．于是，对任意的 n 维非零列向量 x，有 $Ax \neq 0$，从而，$(Ax)^{\mathrm{T}}(Ax) > 0$，即 $f(x) > 0$，所以 $f(x)$ 正定，当然 B 也正定.

第7章　向量空间

431 证明 三阶矩阵的全体构成的集合记作 V，设 $v_1,v_2 \in V,\lambda \in \mathbf{R}$，则 $v_1+v_2 \in V,\lambda v \in V$，显然 V 构成线性空间.

432 证明 $0p = 0x^n + \cdots + 0x + 0 \not\subset P[x]$，即 $P[x]$ 对数乘运算不封闭，所以 $P[x]$ 不构成线性空间.

433 答案 不能.

行列式为零的两个矩阵的和的行列式未必为零，例如，

$$\boldsymbol{A}=\begin{pmatrix}0&1\\0&0\end{pmatrix},\boldsymbol{B}=\begin{pmatrix}0&0\\1&0\end{pmatrix},|\boldsymbol{A}|=0,|\boldsymbol{B}|=0\text{，而 }|\boldsymbol{A}+\boldsymbol{B}|=\begin{vmatrix}0&1\\1&0\end{vmatrix}=-1\neq 0\text{，}$$

因此 W 关于矩阵的加法运算不封闭，故 W 不能构成线性子空间.

434 答案 $(0,0,1)^{\mathrm{T}}$.

方法一：只要 $\boldsymbol{\alpha},\boldsymbol{\beta},\boldsymbol{\gamma}$ 线性无关，即可作为 $\mathbf{R}^3$ 的一个基，取 $\boldsymbol{\gamma}=(0,0,1)^{\mathrm{T}}$，显然 $\begin{vmatrix}1&1&0\\-1&1&0\\1&0&1\end{vmatrix}=$ $2\neq 0$，此时 $\boldsymbol{\alpha},\boldsymbol{\beta},\boldsymbol{\gamma}$ 是 $\mathbf{R}^3$ 的一个基.

方法二：设 $\boldsymbol{\gamma}=(x_1,x_2,x_3)^{\mathrm{T}}$，则 $\begin{vmatrix}1&1&x_1\\-1&1&x_2\\1&0&x_3\end{vmatrix}=\begin{vmatrix}1&1&x_1\\0&2&x_1+x_2\\0&-1&x_3-x_1\end{vmatrix}=2(x_3-x_1)+(x_1+x_2)=-x_1+$ $x_2+2x_3\neq 0$ 满足要求，所以 $\boldsymbol{\gamma}=(x_1,x_2,x_3)^{\mathrm{T}},-x_1+x_2+2x_3\neq 0$ 为满足条件的所有向量.

435 答案 构成线性空间，2 维.

设 $\alpha=(a_1x+a_0)\mathrm{e}^x \in V,\beta=(b_1x+b_0)\mathrm{e}^x \in V,\lambda\in\mathbf{R}$，则 $\alpha+\beta=[(a_1+b_1)x+(a_0+b_0)]\mathrm{e}^x\in V$，$\lambda\beta=(\lambda b_1x+\lambda b_0)\mathrm{e}^x\in V$，显然函数集合对函数的加法和数乘运算封闭，所以 V 构成线性空间，且这个线性空间是由 $\mathrm{e}^x,x\mathrm{e}^x$ 生成的，故它是 2 维线性空间.

436 答案 3，$x^2\mathrm{e}^x,x\mathrm{e}^x,\mathrm{e}^x$.

437 答案 $n-1$.

未知量有 n 个，系数矩阵的秩等于 1，齐次线性方程组的解对加法和数乘运算封闭，所以解空间是 $n-1$ 维线性空间.

438 答案 0，n.

当 $a=0$ 时，W 中 $n+1$ 元数组成为 n 元有序数组，所以 W 是 n 维的.

439 答案 2，$\begin{pmatrix}-3\\0\\1\\0\end{pmatrix},\begin{pmatrix}2\\-1\\0\\1\end{pmatrix}$.

解齐次线性方程组$\begin{cases}x_1-2x_2+3x_3-4x_4=0\\x_1+5x_2+3x_3+3x_4=0\end{cases}$，

$$\begin{pmatrix}1&-2&3&-4\\1&5&3&3\end{pmatrix}\to\begin{pmatrix}1&-2&3&-4\\0&7&0&7\end{pmatrix}\to\begin{pmatrix}1&-2&3&-4\\0&1&0&1\end{pmatrix}\to\begin{pmatrix}1&0&3&-2\\0&1&0&1\end{pmatrix},$$

得方程组的一般解为$\begin{cases}x_1=-3x_3+2x_4\\x_2=-x_4\end{cases}$（$x_3,x_4$为自由未知量），令$x_3,x_4$分别为$\begin{pmatrix}1\\0\end{pmatrix},\begin{pmatrix}0\\1\end{pmatrix}$，得方程组的基础解系为$\boldsymbol{\eta}_1=\begin{pmatrix}-3\\0\\1\\0\end{pmatrix},\boldsymbol{\eta}_2=\begin{pmatrix}2\\-1\\0\\1\end{pmatrix}$，所以$V$为2维线性空间且$\boldsymbol{\eta}_1=\begin{pmatrix}-3\\0\\1\\0\end{pmatrix},\boldsymbol{\eta}_2=\begin{pmatrix}2\\-1\\0\\1\end{pmatrix}$为$V$的一个基.

440 答案 $e^x,e^{-x},\sin x,\cos x$.

由微积分知识知这是一个常系数的齐次线性方程，特征方程为$\lambda^4-1=0$，分解因式，得$(\lambda+1)(\lambda-1)(\lambda+i)(\lambda-i)=0$，即$\lambda_1=-1,\lambda_2=1,\lambda_3=i,\lambda_4=-i$，从而方程的四个解分别为$e^x,e^{-x},\sin x,\cos x$，且这四个解线性无关，其线性组合构成方程的通解，所以$e^x,e^{-x},\sin x,\cos x$构成解空间的一个基，这个解空间是4维的.

441 答案 $r(\boldsymbol{A})=5$（或$|\boldsymbol{A}|\neq 0$），唯一.

因为$\boldsymbol{A}$的列向量是$\mathbf{R}^5$的一个基，所以列向量组线性无关，五阶方阵$\boldsymbol{A}$可逆，$|\boldsymbol{A}|\neq 0$，$r(\boldsymbol{A})=5$，此时$\boldsymbol{A}$的行向量组也线性无关，$r(\boldsymbol{A})=r(\boldsymbol{A},\boldsymbol{b})=5$，方程组$\boldsymbol{Ax}=\boldsymbol{b}$有唯一解.

442 答案 (C).

$\mathbf{R}^3$的一个基一定是三个线性无关的三维向量，选项(A)肯定不对，选项(B)的四个三维向量必线性相关，下面计算选项(C)和选项(D)的行列式的值，

$$\begin{vmatrix}1&-1&0\\2&2&8\\2&1&0\end{vmatrix}=-8\begin{vmatrix}1&-1\\2&1\end{vmatrix}=-24\neq 0,$$

$$\begin{vmatrix}1&-1&0\\2&2&8\\2&1&6\end{vmatrix}=2\begin{vmatrix}1&-1&0\\2&2&4\\2&1&3\end{vmatrix}=2\begin{vmatrix}1&-1&0\\0&4&4\\0&-1&-1\end{vmatrix}=0,$$

所以选项(C)的三个向量线性无关，故选(C).

443 答案 $(-1,-1,3)^{\mathrm{T}}$.

$\left(\begin{array}{ccc:c}1&1&1&1\\0&1&1&2\\0&0&1&3\end{array}\right)\to\left(\begin{array}{ccc:c}1&0&0&-1\\0&1&1&2\\0&0&1&3\end{array}\right)\to\left(\begin{array}{ccc:c}1&0&0&-1\\0&1&0&-1\\0&0&1&3\end{array}\right)$，所以向量$\boldsymbol{\alpha}$在这个基下的坐标为$(-1,-1,3)^{\mathrm{T}}$.

444 答案 $\boldsymbol{\alpha}_1,\boldsymbol{\alpha}_2$，2.

$\begin{pmatrix}1&-1&2\\0&-1&3\\-1&2&-5\end{pmatrix}\to\begin{pmatrix}1&-1&2\\0&-1&3\\0&1&-3\end{pmatrix}\to\begin{pmatrix}1&0&-1\\0&1&-3\\0&0&0\end{pmatrix}$，显然$\boldsymbol{\alpha}_1,\boldsymbol{\alpha}_2$线性无关，可生成$\mathbf{R}^3$的一个子空间，这个子空间是 2 维的，$\boldsymbol{\alpha}_3$在这个基下的坐标为$(-1,-3)^{\mathrm{T}}$，即$\boldsymbol{\alpha}_3=-\boldsymbol{\alpha}_1-3\boldsymbol{\alpha}_2$.

445 证明 设存在数x_1,x_2,x_3使得$x_1\boldsymbol{\beta}_1+x_2\boldsymbol{\beta}_2+x_3\boldsymbol{\beta}_3=\mathbf{0}$成立，因为$\boldsymbol{\beta}_1=\dfrac{1}{3}(2\boldsymbol{\alpha}_1+2\boldsymbol{\alpha}_2-\boldsymbol{\alpha}_3),\boldsymbol{\beta}_2=\dfrac{1}{3}(2\boldsymbol{\alpha}_1-\boldsymbol{\alpha}_2+2\boldsymbol{\alpha}_3),\boldsymbol{\beta}_3=\dfrac{1}{3}(\boldsymbol{\alpha}_1-2\boldsymbol{\alpha}_2-2\boldsymbol{\alpha}_3)$，代入得$x_1(2\boldsymbol{\alpha}_1+2\boldsymbol{\alpha}_2-\boldsymbol{\alpha}_3)+x_2(2\boldsymbol{\alpha}_1-\boldsymbol{\alpha}_2+2\boldsymbol{\alpha}_3)+x_3(\boldsymbol{\alpha}_1-2\boldsymbol{\alpha}_2-2\boldsymbol{\alpha}_3)=\mathbf{0}$，化简得$(2x_1+2x_2+x_3)\boldsymbol{\alpha}_1+(2x_1-x_2-2x_3)\boldsymbol{\alpha}_2+(-x_1+2x_2-2x_3)\boldsymbol{\alpha}_3=\mathbf{0}$. 由于$\boldsymbol{\alpha}_1,\boldsymbol{\alpha}_2,\boldsymbol{\alpha}_3$线性无关，因此

$$\begin{cases}2x_1+2x_2+x_3=0\\2x_1-x_2-2x_3=0\\-x_1+2x_2-2x_3=0\end{cases},$$

$$\begin{vmatrix}2&2&1\\2&-1&-2\\-1&2&-2\end{vmatrix}=27\neq0\Rightarrow x_1=x_2=x_3=0,$$

故$\boldsymbol{\beta}_1,\boldsymbol{\beta}_2,\boldsymbol{\beta}_3$线性无关，即$\boldsymbol{\beta}_1,\boldsymbol{\beta}_2,\boldsymbol{\beta}_3$也是线性空间$V$的一个基.

446 答案 (1) 略; (2) $k=0$，$c\begin{pmatrix}1\\0\\-1\end{pmatrix}$，其中$c$为任意的非零常数.

(1) 证明：由题意知

$$(\boldsymbol{\beta}_1,\boldsymbol{\beta}_2,\boldsymbol{\beta}_3)=(\boldsymbol{\alpha}_1,\boldsymbol{\alpha}_2,\boldsymbol{\alpha}_3)\begin{pmatrix}2&0&1\\0&2&0\\2k&0&k+1\end{pmatrix},$$

$$\begin{vmatrix}2&0&1\\0&2&0\\2k&0&k+1\end{vmatrix}=2\begin{vmatrix}2&1\\2k&k+1\end{vmatrix}=4\neq0\Rightarrow r(\boldsymbol{\beta}_1,\boldsymbol{\beta}_2,\boldsymbol{\beta}_3)=r(\boldsymbol{\alpha}_1,\boldsymbol{\alpha}_2,\boldsymbol{\alpha}_3)=3,$$

故$\boldsymbol{\beta}_1,\boldsymbol{\beta}_2,\boldsymbol{\beta}_3$线性无关，因此$\boldsymbol{\beta}_1,\boldsymbol{\beta}_2,\boldsymbol{\beta}_3$也是$\mathbf{R}^3$的一个基.

(2) 设$\boldsymbol{P}=\begin{pmatrix}2&0&1\\0&2&0\\2k&0&k+1\end{pmatrix}$，则$\boldsymbol{P}$为从基$\boldsymbol{\alpha}_1,\boldsymbol{\alpha}_2,\boldsymbol{\alpha}_3$到基$\boldsymbol{\beta}_1,\boldsymbol{\beta}_2,\boldsymbol{\beta}_3$的过渡矩阵，若$\boldsymbol{\xi}$在基$\boldsymbol{\alpha}_1,\boldsymbol{\alpha}_2,\boldsymbol{\alpha}_3$下的坐标为$\boldsymbol{x}=(x_1,x_2,x_3)^{\mathrm{T}}$，则$\xi$在基$\boldsymbol{\beta}_1,\boldsymbol{\beta}_2,\boldsymbol{\beta}_3$下的坐标为$\boldsymbol{P}^{-1}\boldsymbol{x}$，由题意知$\boldsymbol{P}^{-1}\boldsymbol{x}=\boldsymbol{x}\Rightarrow\boldsymbol{x}=\boldsymbol{P}\boldsymbol{x}\Rightarrow(\boldsymbol{P}-\boldsymbol{E})\boldsymbol{x}=\mathbf{0}$，因为$\xi\neq\mathbf{0}$，即齐次线性方程组$(\boldsymbol{P}-\boldsymbol{E})\boldsymbol{x}=\mathbf{0}$有非零解，得$|\boldsymbol{P}-\boldsymbol{E}|=\begin{vmatrix}1&0&1\\0&1&0\\2k&0&k\end{vmatrix}=\begin{vmatrix}1&1\\2k&k\end{vmatrix}=-k=0\Rightarrow k=0$，此时方程组的所有非零解为$c\begin{pmatrix}1\\0\\-1\end{pmatrix}$，其中$c$为任意的非零常数，所以$\boldsymbol{\xi}=c\begin{pmatrix}1\\0\\-1\end{pmatrix}$.

447 答案 $\begin{pmatrix} 0 & 0 & 1 \\ 1 & 0 & 0 \\ 0 & 1 & 0 \end{pmatrix}$，$(x_3, x_2, x_1)^{\mathrm{T}}$，$\begin{pmatrix} 0 & 1 & 1 \\ 1 & 0 & 1 \\ 1 & 1 & 0 \end{pmatrix}$.

设从 $\varepsilon_1, \varepsilon_2, \varepsilon_3$ 到 $\varepsilon_2, \varepsilon_3, \varepsilon_1$ 的过渡矩阵为 $\boldsymbol{P}$，则 $(\varepsilon_2, \varepsilon_3, \varepsilon_1) = (\varepsilon_1, \varepsilon_2, \varepsilon_3)\boldsymbol{P}$，所以

$$\boldsymbol{P} = (\varepsilon_1, \varepsilon_2, \varepsilon_3)^{-1}(\varepsilon_2, \varepsilon_3, \varepsilon_1) = (\varepsilon_2, \varepsilon_3, \varepsilon_1) = \begin{pmatrix} 0 & 0 & 1 \\ 1 & 0 & 0 \\ 0 & 1 & 0 \end{pmatrix}.$$

下一空同理.

448 答案 $\begin{pmatrix} -3 & \frac{16}{5} & -3 \\ -6 & \frac{23}{5} & -8 \\ -1 & -\frac{1}{5} & 1 \end{pmatrix}$.

设从 $\boldsymbol{\alpha}_1, \boldsymbol{\alpha}_2, \boldsymbol{\alpha}_3$ 到 $\boldsymbol{\beta}_1, \boldsymbol{\beta}_2, \boldsymbol{\beta}_3$ 的过渡矩阵为 $\boldsymbol{P}$，则 $(\boldsymbol{\beta}_1, \boldsymbol{\beta}_2, \boldsymbol{\beta}_3) = (\boldsymbol{\alpha}_1, \boldsymbol{\alpha}_2, \boldsymbol{\alpha}_3)\boldsymbol{P}$，所以

$$\boldsymbol{P} = (\boldsymbol{\alpha}_1, \boldsymbol{\alpha}_2, \boldsymbol{\alpha}_3)^{-1}(\boldsymbol{\beta}_1, \boldsymbol{\beta}_2, \boldsymbol{\beta}_3) = \begin{pmatrix} 3 & -1 & 0 \\ -2 & 1 & 1 \\ 2 & -1 & 4 \end{pmatrix}^{-1} \begin{pmatrix} -3 & 5 & -1 \\ -1 & -2 & -1 \\ -4 & 1 & 6 \end{pmatrix} = \begin{pmatrix} 1 & \frac{4}{5} & -\frac{1}{5} \\ 2 & \frac{12}{5} & -\frac{3}{5} \\ 0 & \frac{1}{5} & \frac{1}{5} \end{pmatrix} \begin{pmatrix} -3 & 5 & -1 \\ -1 & -2 & -1 \\ -4 & 1 & 6 \end{pmatrix}$$

$$= \begin{pmatrix} -3 & \frac{16}{5} & -3 \\ -6 & \frac{23}{5} & -8 \\ -1 & -\frac{1}{5} & 1 \end{pmatrix}.$$

449 答案 (1) $\begin{pmatrix} 1 & 1 & 5 & 2 \\ 1 & 1 & 3 & 1 \\ 2 & 3 & 2 & 1 \\ 0 & 1 & 1 & 1 \end{pmatrix}$；(2) $\begin{pmatrix} 4 & -7 & 2 & -3 \\ -3 & 5 & -1 & 2 \\ -2 & 4 & -1 & 1 \\ 5 & -9 & 2 & -2 \end{pmatrix} \begin{pmatrix} x_1 \\ x_2 \\ x_3 \\ x_4 \end{pmatrix}$；(3) 零向量.

(1) 因为 $(\boldsymbol{\alpha}_1, \boldsymbol{\alpha}_2, \boldsymbol{\alpha}_3, \boldsymbol{\alpha}_4) = (\varepsilon_1, \varepsilon_2, \varepsilon_3, \varepsilon_4)\boldsymbol{P}$，所以

$$\boldsymbol{P} = (\varepsilon_1, \varepsilon_2, \varepsilon_3, \varepsilon_4)^{-1}(\boldsymbol{\alpha}_1, \boldsymbol{\alpha}_2, \boldsymbol{\alpha}_3, \boldsymbol{\alpha}_4) = \begin{pmatrix} 1 & 1 & 5 & 2 \\ 1 & 1 & 3 & 1 \\ 2 & 3 & 2 & 1 \\ 0 & 1 & 1 & 1 \end{pmatrix},$$

这里，$\boldsymbol{P}$ 就是前一个基到后一个基的过渡矩阵.

(2) 因为 $\left(\begin{array}{cccc:cccc}1&1&5&2&1&0&0&0\\1&1&3&1&0&1&0&0\\2&3&2&1&0&0&1&0\\0&1&1&1&0&0&0&1\end{array}\right)\to\left(\begin{array}{cccc:cccc}1&0&0&0&4&-7&2&-3\\0&1&0&0&-3&5&-1&2\\0&0&1&0&-2&4&-1&1\\0&0&0&1&5&-9&2&-2\end{array}\right)$，所以

$$\boldsymbol{P}^{-1}=\begin{pmatrix}4&-7&2&-3\\-3&5&-1&2\\-2&4&-1&1\\5&-9&2&-2\end{pmatrix},$$

设向量 $(x_1,x_2,x_3,x_4)^{\mathrm{T}}$ 在后一个基下的坐标为 $(x_1',x_2',x_3',x_4')^{\mathrm{T}}$，则

$$(x_1',x_2',x_3',x_4')^{\mathrm{T}}=\boldsymbol{P}^{-1}(x_1,x_2,x_3,x_4)^{\mathrm{T}}=\begin{pmatrix}4&-7&2&-3\\-3&5&-1&2\\-2&4&-1&1\\5&-9&2&-2\end{pmatrix}\begin{pmatrix}x_1\\x_2\\x_3\\x_4\end{pmatrix}.$$

(3) 设存在向量 $\boldsymbol{\alpha}=(x_1,x_2,x_3,x_4)^{\mathrm{T}}$，满足

$$x_1\boldsymbol{\varepsilon}_1+x_2\boldsymbol{\varepsilon}_2+x_3\boldsymbol{\varepsilon}_3+x_4\boldsymbol{\varepsilon}_4=x_1\boldsymbol{\alpha}_1+x_2\boldsymbol{\alpha}_2+x_3\boldsymbol{\alpha}_3+x_4\boldsymbol{\alpha}_4,$$

则 $\boldsymbol{\alpha}=(x_1,x_2,x_3,x_4)^{\mathrm{T}}$ 为齐次线性方程组 $x_1(\boldsymbol{\alpha}_1-\boldsymbol{\varepsilon}_1)+x_2(\boldsymbol{\alpha}_2-\boldsymbol{\varepsilon}_2)+x_3(\boldsymbol{\alpha}_3-\boldsymbol{\varepsilon}_3)+x_4(\boldsymbol{\alpha}_4-\boldsymbol{\varepsilon}_4)=\mathbf{0}$ 的解，

$$\begin{pmatrix}0&1&5&2\\1&0&3&1\\2&3&1&1\\0&1&1&0\end{pmatrix}\to\begin{pmatrix}1&0&3&1\\0&1&5&2\\0&3&-5&-1\\0&1&1&0\end{pmatrix}\to\begin{pmatrix}1&0&3&1\\0&1&5&2\\0&0&-20&-7\\0&0&-4&-2\end{pmatrix}\to\begin{pmatrix}1&0&0&0\\0&1&0&0\\0&0&1&0\\0&0&0&1\end{pmatrix},$$

此方程组只有零解，所以只有零向量在这两个基下的坐标相同.

450 答案 (1) $a=3,b=2,c=-2$；(2) $\begin{pmatrix}1&1&0\\-\frac{1}{2}&0&1\\\frac{1}{2}&0&0\end{pmatrix}$.

(1) 由题意知 $b\begin{pmatrix}1\\2\\1\end{pmatrix}+c\begin{pmatrix}1\\3\\2\end{pmatrix}+\begin{pmatrix}1\\a\\3\end{pmatrix}=\begin{pmatrix}1\\1\\1\end{pmatrix}\Rightarrow\begin{cases}b+c+1=1\\2b+3c+a=1\\b+2c+3=1\end{cases}\Rightarrow\begin{cases}a=3\\b=2\\c=-2\end{cases}.$

(2) $\boldsymbol{\alpha}_2,\boldsymbol{\alpha}_3,\boldsymbol{\beta}$ 构成的矩阵记作 $\boldsymbol{A}$，则 $\boldsymbol{A}=\begin{pmatrix}1&1&1\\3&3&1\\2&3&1\end{pmatrix}\to\begin{pmatrix}1&1&1\\0&0&-2\\0&1&-1\end{pmatrix}\to\begin{pmatrix}1&1&1\\0&1&-1\\0&0&1\end{pmatrix},r(\boldsymbol{A})=3$，

所以 $\boldsymbol{\alpha}_2,\boldsymbol{\alpha}_3,\boldsymbol{\beta}$ 线性无关，是 $\mathbf{R}^3$ 的一个基.

设 $(\boldsymbol{\alpha}_1,\boldsymbol{\alpha}_2,\boldsymbol{\alpha}_3)=(\boldsymbol{\alpha}_2,\boldsymbol{\alpha}_3,\boldsymbol{\beta})\boldsymbol{P}$，则 $\boldsymbol{P}$ 为从 $\boldsymbol{\alpha}_2,\boldsymbol{\alpha}_3,\boldsymbol{\beta}$ 到 $\boldsymbol{\alpha}_1,\boldsymbol{\alpha}_2,\boldsymbol{\alpha}_3$ 的过渡矩阵，

$$\boldsymbol{P}=(\boldsymbol{\alpha}_2,\boldsymbol{\alpha}_3,\boldsymbol{\beta})^{-1}(\boldsymbol{\alpha}_1,\boldsymbol{\alpha}_2,\boldsymbol{\alpha}_3)=\begin{pmatrix}0&1&-1\\-\frac{1}{2}&-\frac{1}{2}&1\\\frac{3}{2}&-\frac{1}{2}&0\end{pmatrix}\begin{pmatrix}1&1&1\\2&3&3\\1&2&3\end{pmatrix}=\begin{pmatrix}1&1&0\\-\frac{1}{2}&0&1\\\frac{1}{2}&0&0\end{pmatrix}.$$